卓越工程师系列教材

嵌入式系统应用开发实践教程

杨 斌 著

U0207308

科学出版社

北京

内 容 简 介

嵌入式系统是一门"后PC时代"的新兴学科，融汇了计算机软硬件、网络、操作系统等多门技术，因此具有信息面广、知识量大等特点。本书将理论知识与实际应用相结合，选择以嵌入式应用开发必须掌握的基本知识为主要内容，通过多类实验加以应用说明，使学习者在快速掌握基础知识的同时具有一定的操作开发经验和动手能力。

全书共14章，内容囊括嵌入式系统裸机编程和嵌入式操作系统应用编程。本书既可作为普通高校相关专业教材，也可供嵌入式开发人员，信息技术工程师参考查阅。

图书在版编目(CIP)数据

嵌入式系统应用开发实践教程 / 杨斌著.—北京：科学出版社，2014.4
　　卓越工程师系列教材
　　ISBN 978-7-03-039915-1

Ⅰ.①嵌… Ⅱ.①杨… Ⅲ.①微型计算机-系统设计-高等学校-教材 Ⅳ.①TP360.21

中国版本图书馆 CIP 数据核字（2014）第 038585 号

责任编辑：杨 岭 于 楠 / 封面设计：墨创文化
责任校对：邓利娜 / 责任印制：余少力

科 学 出 版 社 出版
北京东黄城根北街16号
邮政编码：100717
http://www.sciencep.com

成都锦瑞印刷有限责任公司印刷
科学出版社发行　各地新华书店经销
*

2014 年 4 月第 一 版　　开本：787×1092 1/16
2017 年 1 月第三次印刷　　印张：24 1/2
字数：550 千字
定价：59.00 元

"卓越工程师系列教材"编委会

主　　编　蒋葛夫　翟婉明

副 主 编　阎开印

编　　委　张卫华　高　波　高仕斌

　　　　　彭其渊　董大伟　潘　炜

　　　　　郭　进　易思蓉　张　锦

　　　　　金炜东

前　言

嵌入式系统应用开发技术是一门公认的"高门槛"应用学科，其教学内容涉及信息技术的许多基础课程，并且要求学习者有一定的实际操作经验。在学习嵌入式系统过程中，困难之一是，对其中交织运用的其他学科知识无法遵循其原有的逻辑体系加以理解，而只能够通过实践环节加以领悟和掌握。

嵌入式应用系统相对桌面系统的最大区别在于其软、硬件系统构成的多样化，如千差万别的应用、多种多样的处理器和不同特色的操作系统。选择什么样的硬件和软件类型作为教学模型是构建嵌入式系统教学体系首先要考虑的问题。在分析国内国际当前应用现状及今后若干年内的发展趋势后，本教程选择目前市场主流的 ARM 嵌入式处理器及 Linux 操作系统作为课程学习对象。为兼顾高端的移动计算及智能控制双重应用需求，最终选择三星公司的以 ARM9 为内核的 S3C2440 嵌入式处理器。该处理器具有较高的性价比，在高端的手机、智能移动终端及工业控制、机器人、通信设备等诸多领域有着广泛的应用。

作为实践类教科书，本教程的内容组织有别于技术手册和原理类书籍，关键在于理论课程内容紧密配合并完全符合实践课程知识体系结构的逻辑性和完整性，并且能保证在有限的课时内学生对内容的接受性较高，以及具体操作过程的可完成性较高。本教程在使用中不断被修正完善，以期适合 64 实验学时的实践课程教学所需，其中裸机硬件实验和嵌入式 Linux 实验各占 32 学时。受课程课时数限制，本教程提取了各类嵌入式处理器都具有的最基本功能单元，以及嵌入式 Linux 编程所需的最基本知识点作为教学内容。建议安排实验时先进行嵌入式 Linux 与开发平台无关的实验，然后进行裸机实验，最后进行与实验平台有关的嵌入式 Linux 实验。

本教程力图在有限的课时内使读者掌握嵌入式系统应用开发最基本的概念、原理、工程方法及实践技能，故无法完全纳入读者感兴趣的所有嵌入式系统应用开发相关知识，学习者需要根据不同的应用需要参考更广泛的读物或网络资源。另外由于编著者水平有限再加上时间紧张，教程中难免有错误或遗漏之处，请读者发现后不吝指正。

在本教程的 4.4、5.1、5.3、5.4 节内容是根据武汉创维特公司 CVT 2440 实验教学平台用户手册内容编写的。另外，在实验内容的编排验证过程中，2011 级研究生胡志权、蒋正林、杨川、王福友、张旭等参与了部分实验内容的设计，并对实验参考程序进行了认真调试及优化。在此一并表示感谢。

作者

2014 年 1 月

导　　读

　　嵌入式系统应用开发技术是关于计算机如何针对嵌入式系统的具体应用进行设计开发的知识体系，是随着计算机进入"后 PC 时代"而催生的新兴学科。低廉的计算机硬件价格使计算机可以大量运用到有相关需求的应用领域，如军事、工业、通信业、农业、商业、娱乐业、医疗业等，计算机正以前所未有的速度和形态"嵌入"到人类活动的方方面面。各行各业都在试图引入计算机技术来提升产品性能、自动化水平和服务质量，以期获得更高的市场占有率及盈利水平。由于嵌入式系统应用开发技术是一门融汇了计算机硬件、软件、网络、操作系统、自动检测及控制、多媒体处理技术等多门类技术的综合知识体，被业界普遍认为是 "高门槛" 应用技术，目前能够胜任相关应用开发工作的技术人员严重短缺。如何利用有限的课时使学习者尽快迈进嵌入式应用开发这个学科的"大门"，并初步具备进行嵌入式应用开发必备的技能，是摆在我国高校面前一个急需解决的课题。

　　嵌入式系统应用开发技术不仅需要具备广泛的信息类理论基础知识，还需要掌握基本的实践技能和一定的工程应用经验，这也使得相关实践教学环节在嵌入式系统应用开发技术的学习过程中具有举足轻重的作用。有些企业开发人员甚至建议高校将实践教学课时数提高到整个课程课时数的百分之四十。由此可见，构建一套科学高效的实践教学体系是课程建设的关键。

　　与嵌入式系统有关的课程内容容量大、覆盖面广，在学校有限课时内应使学习者掌握哪些知识点是构建科学高效的教学体系的首要问题。在广泛的企业需求调研及学科知识逻辑层次分析的基础上，本课程选择以嵌入式应用开发入门必须掌握的软、硬件基本知识和技能为教学目标，筛选出适合课程课时数的嵌入式硬件和软件课程教学内容，并将之组织成实验内容和实验原理。

一、实验内容部分

　　实验内容是实践教学环节的主体，本教程编排了侧重硬件的嵌入式系统裸机硬件编程和侧重软件的嵌入式操作系统应用编程两部分内容。

　　（1）嵌入式系统裸机硬件编程。为兼顾嵌入式硬件开发和软件开发的共同需要，本教程选择了目前市场上主流的 ARM 处理器 S3C2440 嵌入式开发系统作为课程教学和实验实践平台，并根据课时数选择了各类嵌入式处理器普遍具备的最基本功能单元作为课程内容，从系统最底层裸机系统开始学习嵌入式系统硬件结构及程序设计方法，最后过渡到基于操作系统的嵌入式应用程序设计。在实验的前面部分编程语言以 ARM 汇编语言为主，目的是使读者更准确地领会硬件的工作原理及软件对硬件的具体操控过程。在已掌握汇编语言编程方法基础上，后面部分实验内容将逐步过度到采用 C 语言编程，因具体应用中大多以 C 语言为主。

　　（2）嵌入式操作系统应用编程。嵌入式系统与单片机系统的最主要的区别是可运行多任务操作系统。本教程选择了目前应用最为广泛的嵌入式 Linux 操作系统作为课程学习内容。因课时数限制，有关 Linux 操作系统的基础理论知识需要读者自行学习补充。针对大多数读者无工程应用开发的经验，本部分包括了 GCC 编程基础、嵌入式开发环境构建及嵌入式系统移植、嵌入式 Linux 操作系统编程基础及应用开发编程等循序渐进的内容。其中，与目标开发平台无关的编程内容需要读者课外在自己的 PC 机上多加练习。

二、实验原理部分

实验原理部分内容既是本课程理论课教学内容组成部分也是实践环节的编程参考，主要介绍 S3C2440 处理器与实验有关的功能单元内部结构及编程原理。由于此部分内容与实验内容紧密相关，为方便实验过程中参考查询，特将此部分与实验内容整合为一体。

目　　录

第一篇　实验内容部分

第二篇　实验原理部分

第一篇

实验内容部分

第1章　嵌入式系统实验教学开发系统资源简介

CVT-2440 是一款功能强大的嵌入式系统教学实验箱，提供了目前典型的嵌入式系统应用所需的主要功能单元。它可用于构建多种不同应用层次和需求的嵌入式应用系统，进行单元类嵌入式功能部件硬件实验，进行基于汇编语言或 C 语言的裸机应用程序开发实验，也可进行包括 Linux、Vxworks、Win/CE、μC-OS/II 乃至 Android 等主要嵌入式操作系统的基础类及综合应用实验。

1.1　实验开发系统的组成结构

实验箱内部主要组成结构及实验功能单元如图 1-1 所示，实物图如图 1-2 所示。

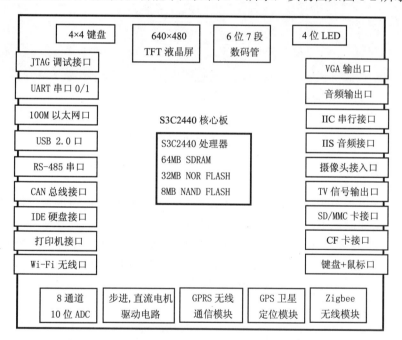

图 1-1　CVT-2440 实验箱组成及主要实验功能单元

1.1.1　教学实验系统功能电路模块

CVT-2440 实验箱采用了模块化结构形式，其硬件电路由以下可插接的三部分电路模组构成：核心电路板模组、底板基本配置电路模组和底板扩展电路模组。各部分的电路又按照不同的实验目的构建成不同的功能模块。例如，核心电路板内的存储器功能模块，底板基本配置电路内的各种人机交互功能模块、各种接口电路模块、A/D 模块、电机驱动模块等。又如，可扩展的 GPRS 模块、GPS 模块、DSP 模块、无线传感网络模块、各种传感器及驱动模块等。图 1-2 为 CVT-2440 实验箱的实物图。

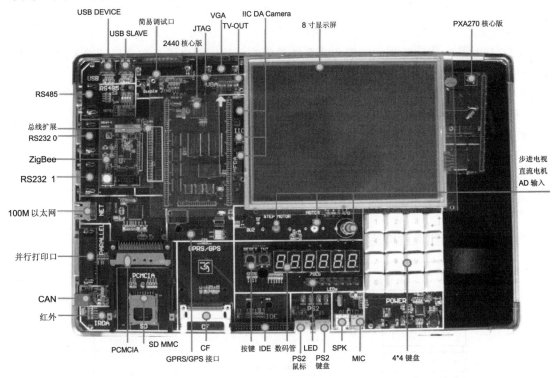

图 1-2　CVT-2440 实验箱实物图

1．核心板电路模组

为方便系统维护及更换不同的核心电路，实验箱的核心板电路模组设计为一块面积较小的可插接式 8 层印制板电路，含有 S3C2440 处理器在内的核心器件，主要包括：64MB SDRAM主存（由 2 片 32M×16 位的 SDRAM 存储器组成 16M×32 位存储体结构，地址为0x30000000~0x33ffffff）、32MB NOR Flash 存储器、8MB NAND Flash 存储器。

2．底板标准配置模组

CVT-2440 实验箱除了处理器核心板之外的功能部件都定制在实验箱的底板上，包括以下内容。

（1）多种类型的板载人机交互功能模块及接口：4 个可独立软件编程的 LED 灯。6 个七段共阳数码管、1 个可独立编程的 4×4 小键盘、1 个 8 英寸 640×480 分辨率 TFT 触摸液晶屏、1 个 PS2 键盘和一个 PS2 鼠标接口、一个标准 VGA 接口、一个摄像头接口、一个全电视信号 TV 输出口、一个麦克风音频输入口和一个耳机音频输出口。

（2）多种类型的串行通信接口：2 个 UART 异步串行接口、一个 IIC 总线接口（可进行 IC 卡、串行 E^2ROM 读写等实验）、一个 IIS 音频数据接口（可基于 DMA 操作进行立体声录音实验）、一个 10/100M 以太网通讯接口、一个 USB 2.0 主设备接口和一个 USB 从设备接口、一个 RS485 串行接口、一个 CAN 总线接口、一个红外线无线通信接口。

（3）多种类型的并行接口：一个标准计算机打印口（并口）、一个标准 IDE 硬盘接口、一个标准 CF 卡接口、一个标准 SD/MMC 卡接口、一个 PCMCIA 接口。

（4）多种类型的实验功能单元：一个用于外部中断 0 的测试实验的按键、两通道具有外部请求引脚的 DMA、可外接 PWM 定时器、包括 8 个外部中断源的 71 个通用 GPIO 口、8 通道 10 位 ADC、两相步进电机驱动。

（5）调试接口：一个 14 针标准 JTAG 调试接口，该接口用于高速仿真调试；简易 JTAG 调试接口，连接标准计算机并口进行调试。

3. 底板可扩展功能模块

底板可扩展功能模块包括：GPRS 无线通讯模块、GPS 全球定位系统模块、DSP 实验模块、Zigbee 无线传感网络模块。

1.1.2 教学实验系统的实验实训功能

CVT-2440 教学实验系统提供了硬件电路应用编程、驱动程序设计、嵌入式操作系统移植与应用程序设计、图形化应用开发等不同层次的实验功能和实验内容，可满足从基于底层硬件的裸机系统应用开发到基于不同操作系统的高层图形化应用开发的实验、实训教学要求。

1. 基于底层硬件的裸机系统应用开发实验

基于底层硬件的裸机系统应用开发方法和开发过程是掌握嵌入式系统设计及应用开发最基本的知识和技能基础，是学习嵌入式系统首先需要掌握的内容。本实验系统提供了多种多样的实验项目，主要包括：

嵌入式系统开发环境及工具运用实验；ARM 汇编语言编程实验；C 语言编程及与汇编语言混合编程实验；基于 GPIO 口的 LED、数码管及键盘实验；中断系统编程实验；PWM 定时器及看门狗定时器实验；实时时钟实验；UART 串口通信实验；A/D 变换及数据采集实验；直流及步进电机驱动实验；DMA 方式数据传输实验；触摸屏控制实验；LCD 液晶显示器实验；IIC 及 IC 卡读写实验；以太网数据传输及 TFTP 网络通信实验；数字音频接口实验；BootLoader 移植实验。

2. 基于嵌入式 Linux 操作系统的内核编程实验

在熟悉掌握了裸机系统应用开发方法后，就可以进一步学习基于操作系统的应用开发方法。尽管本实验系统支持 Linux、Win/CE、VxWorks、μC-OS/II 等嵌入式操作系统，但由于课时数限制，本课程主要针对嵌入式 Linux 的应用开发方法进行学习实验。相关的实验内容如下：

Linux 内核移植实验；Linux 基本应用程序编写实验；Linux 中断处理实验；Linux 下的定时器编程实验；Linux 串口通信实验；Linux 驱动程序编写实验；Linux 多线程应用程序设计实验；Linux 下的套接字编程实验；Linux 下的以太网驱动实验；Linux 下显示驱动及应用实验；Linux 下 USB 接口实验；Linux 下嵌入式数据库（SQLite）实验；Linux 下 web 服务器的移植与建立实验。

3. 基于 Linux 的图形化应用开发实验

嵌入式系统的高端应用开发主要涉及音、视频数据处理器及网络传输等内容，不仅需要嵌入式操作系统的支持，还需要具有美观的人机交互界面，因此图形化应用编程技术是嵌入式系统高端应用开发的基础。QT/Embedded 是一款跨平台的嵌入式图形化应用开发环境，目前由诺基亚公司维护管理，并以此作为许多智能手机的图形化应用开发平台。本实验系统规划的 QT/Embedded 应用开发实验项目如下：

QT/Embedded 实验环境建立及 QT Designer 运用实验；C++编程基础及"Hello World"实验；创建窗口、按钮等实验；进程通信及信号/槽运用编程实验；菜单及快捷键创建实验；工具条及状态栏创建实验；鼠标及键盘事件的处理实验；对话框创建实验；常用的绘图类及编程实验；QT 下的多线程编程实验；QT 下的套接字编程实验；QT 下的综合应用开发实例设计及实现。

1.2 S3C2440 嵌入式处理器简介

S3C2440 是三星公司继 S3C2410 后推出的一款基于 ARM 920T 内核的 16／32 位 RISC 微处理器，采用了 Harvard 结构分离的数据和指令高速缓存及低成本 AMBA 总线架构，以 0.13μm 工艺 COMS 标准宏单元和存储单元设计实现，是高性能低成本嵌入式应用领域以及低功耗高性能手持设备等应用领域广泛选用的一款低价格、低功耗、高性能嵌入式处理器。相对于 S3C2410 处理器，S3C2440 增加了 AC97 语音数据解码总线接口以及数字摄像头接口。其主要性能指标如下：

1.2V 内核、1.8V/2.5V/3.3V 储存器、3.3V 扩展 I/O 引脚电压、16KB 指令 Cache（I-Cache）、16KB 数据 Cache（D-Cache）；集成外部存储器控制单元（提供 SDRAM 控制器及外部存储器片选信号）；按 8 个存储区（BANK）管理的总共 1GB 外部存储器空间；支持从 NAND Flash 启动系统的 Stepping Stone 机制；集成 LCD 专用 DMA 的 LCD 控制器（支持最大 4K 色 STN 和 256K 色 TFT）；4 路拥有外部请求引脚的 DMA 控制器；3 路 URAT（支持 64 字节的发送/接收 FIFO 数据传输模式，IrDA1.0 红外编解码）；2 路 SPI；IIC 总线接口（多主支持）；IIS 音频编解码器接口；AC97 编解码器接口；2 路主 USB 设备控制和 1 路从 USB 设备控制（1.1 版）；1.0 版 SD 主接口、兼容 2.11 版 MMC 接口；4 路 PWM 定时器、1 路内部定时器和看门狗定时器；8 路 10 位 ADC 和触摸屏接口；具有日历功能的实时时钟 RTC；60 个内部、外部中断源；130 个通用多功能 I/O 口（含 24 个外部中断源）；摄像头接口（支持最大 4096×4096

的输入，2048×2048 缩放输入）；带多种功耗管理模式的电源及功耗控制单元；带 PLL 的片上时钟发生器。

1.3 嵌入式开发环境组成

嵌入式系统的典型开发环境由硬件和软件两部分组成。

硬件组成包括嵌入式系统目标电路板、开发用台式或笔记本电脑（常称为宿主机）和调试用仿真器。由于普通的 PC 类宿主机没有嵌入式系统目标板都具有的专用于调试的 JTAG 接口，所以调试用仿真器的主要作用是实现 PC 机 USB 口或并行接口（打印口）到 JTAG 接口信号的转换，有些内嵌有处理器的智能型仿真器可以大大提高仿真调试的速度。

通常的嵌入式系统开发软件主要是运行在宿主机内的集成开发环境，它提供了用于生成嵌入式目标电路板最终的系统及应用程序所需的图形化编辑、编译、链接、调试和下载等编程环境。若开发目标不是裸机电路板，则开发用软件还要包括目标板内驻留的 BootLoader 程序、嵌入式操作系统、预置的调试代理程序等。

因大多实验的目标针对的是嵌入式系统裸机电路板，所以需要掌握的是宿主机内的集成开发环境，如图 1-3 所示。

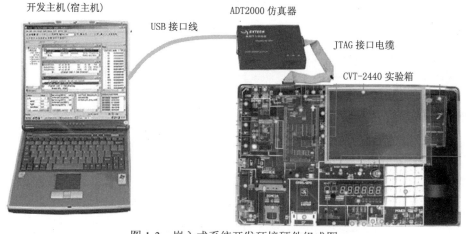

开发主机(宿主机)　　　USB 接口线　　　ADT2000 仿真器　　　JTAG 接口电缆　　　CVT-2440 实验箱

图 1-3　嵌入式系统开发环境硬件组成图

开发主机是嵌入式系统应用开发的工具平台，通常构建在 Windows 或 Linux 操作系统下，运行有多种不同用途的开发环境，用于完成嵌入式软件的开发，包括源程序的编辑、编译和链接。试验箱是嵌入式系统应用开发的目标，在开发主机中生成的目标代码最终将通过 JTAG 仿真器被下载到实验箱内运行、调试，调试成功的目标代码还可以通过程序烧写软件固化于实验板内的 Flash ROM 存储器中。ADT2000 仿真器的主要功能是实现开发主机标准接口（USB 或并行接口）到嵌入式系统 JTAG 接口的信号转换。如果嵌入式目标板内运行有可支持 TCP/IP 协议的调试代理程序，还可以通过以太网实现开发主机与目标板(实验箱)之间的程序下载或数据传输。

1.4 教学实验系统的系统资源及分配

一个嵌入式系统的系统资源包括硬件资源和软件资源两大部分。硬件资源通常都是以显式的方式展示给用户的，而且通常是相对固定不变，如系统具备的功能单元、不同类型的接口等。软件资源则是以隐式方式提供给用户的，而且通常存在一定的可变性和灵活应用性，如系统的内存分配、外中断源的分配、GPIO 口的分配、DMA 通道的分配等。

1.4.1 实验系统主要存储空间分配

尽管 S3C2440 处理器的有效存储空间是 1GB，但所构成的嵌入式系统并不一定要用尽所有的存储空间，用户可以根据具体的应用需要有选择性地使用其中部分空间。本实验系统由外部的 64MB 动态存储器 SDRAM、32MB NAND FLASH ROM 存储器组成，共占用的存储空间不到 100MB，而且 32MB NAND FLASH ROM 仅占用了 BANK0 内的部分空间，64MB 动态存储器 SDRAM 也仅占用了 BANK6 内的部分空间。另外剩余的 BANK1、BANK2、BANK3、BANK4、BANK5、BANK7 涵盖的存储空间还可以服务于实验电路板内的其他功

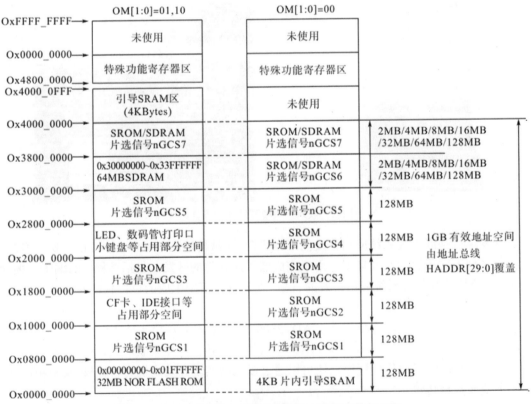

图 1-4   CVT-2440 嵌入式实验系统的存储器空间分配图

能部件。例如，BANK2 的部分存储空间服务于 CF 卡、IDE 控制器；BANK4 的部分存储空间服务于 LED、数码管、打印口、小键盘、SD 卡接口、PCMCIA 卡接口等外扩的功能单元。本实验系统的存储空间分配及与各存储区 BANK 的对应关系见图 1-4。实验箱内主要功能单元的地址分配见表 1-1。

表 1-1　CVT-2440 地址空间分配表

地址区间	说明	数据宽度	读/写属性
0x00000000~0x01FFFFFF	NOR FLASH 存储器地址空间,共 32MB	32bit	R/W
0x11000000~0x110000ff	IDE 读写地址空间	8/16bit	R/W
0x11000000~0x110007ff	CF 卡 I/O 模式	8/16bit	R/W
0x12000000~0x120007ff	CF 卡 MEMORY 模式属性寄存器	8/16bit	R/W
0x16000000~0x160000ff	CF 卡 MEMORY 模式公共寄存器	8/16bit	R/W
0x2000 0000	控制寄存器 0, 0=PCMCIA_RST;1=IDE_RST; 2=nCS_IDE0; 3=nCS_IDE1; 4=CF_RST; 5=PCMCIA_INPARK	8bit	W
0x2000 1000	控制寄存器 1, 5:nIOIS16　　2.1.0:UART SWITCH	8bit	W
0x2000 2000	控制寄存器 2, MOTOR_D,MOTOR_C,MOTOR_B,MOTOR_A	8bit	W
0x2000 3000	读输入状态选通(00 &SD_WP&SD_CD&PCMCIA_CD1&PCMCIA_CD2)	6bit	R
0x2000 4000	读版本号（0x11）	6bit	R
0x2000 5000	控制跑马灯, 高电平点亮（nCS LED）	8bit	W
0x2000 6000	数码管数据寄存器（nCS SEG1）	8bit	W
0x2000 7000	数码管片选寄存器, 低电平选通（nCS SEG2）	8bit	W
0x2000 8000	并行口数据总线片选	8bit	R/W
0x2000 9000	并行口控制总线片选	8bit	W
0x2000 A000	并行口状态总线片选	8bit	R
0x2000 B000	IDE 读写缓存区起始地址	16bit	R/W
0x2000 C000	小键盘行值选通（nCS KEYIN）	4bit	R
0x2000 C000	小键盘列值选通（nCS KEYOUT）	4bit	W
0x30000000~0x33FFFFFF	动态存储器 SDRAM 地址空间, 共 64MB	32 bit	R/W
nGCS2（片选 2）	DSP 扩展板		
nGCS5（片选 5）	CPLD 扩展板		

1. 32MB NOR FLASH 存储器的地址分配

BANK0 存储空间配置的 NOR FLASH ROM 存储器主要用于存储系统启动程序, 地址范围为 0x00000000～0x01ffffff, 共 32MB。本实验系统其空间组织见表 1-2。

表 1-2　NOR FLASH 存储空间分配表

开始地址	结束地址	用途
0x00000000	0x00040000	BOOTLOADER（u-boot）代码
0x00040000	0x00080000	u-boot 环境变量
0x00080000	0x00100000	用户程序区
0x00100000	0x00200000	Linux 内核映像文件 zImage
0x00200000	0x00600000	Linux Ramdisk 映像文件 ramdisk.gz
0x00600000	0x01080000	用户程序/数据区
0x01080000	0x01800000	JFFS2/CRAMFS 文件系统区
0x01800000	0x01ffffff	用户程序/数据区

2. 64MB SDRAM 存储器的地址分配

本教学实验系统中的内存 SDRAM 占用 BANK6 存储区，地址范围为 0x30000000～0x33ffffff，共 64MB。在不同的程序中，SDRAM 空间范围被分配成不同的区域，表 1-3 是实验测试程序所用的一个默认分配方式。

表 1-3　用户程序 SDRAM 空间分配表

开始地址	结束地址	用途
0x30000000	0x33ff0000	程序区/数据区
0x33ff0000	0x33ff8000	栈
0x33ffff00	0x33ffffff	中断向量表

1.4.2　实验系统部分外部中断分配

S3C2440 共有 EINT0~EINT23 24 个外部中断请求输入，而本实验系统用了其中的 11 个作为部分功能单元的中断请求，具体分配如表 1-4。

表 1-4　CVT-2440 外部中断分配表

中断口	说明	备注
EINT6 GPF6	SD 卡插入检测	GPIO10、GPIO101
EINT11 GPG3	CF 卡插入检测	GPIO52、GPIO53
EINT9 GPG1	CF 卡读写中断	CF_RDY=GPIO81
EINT11 GPG3	PCMCIA 卡插入	NO
EINT9 GPG1	PCMCIA 读写中断	—
EINT5 GPF5	CAN 中断请求	—
EINT4 GPF3	中断按键	NO
EINT3 GPF4	网口中断	GPIO83
EINT0 GPF0	IDE 中断	—
EINT1 GPF1	CPLD 扩展板	—
EINT2 GPF2	DSP 扩展板	—

1.4.3　实验系统 A/D 端口分配

S3C2440 内部集成了一个 8 通道 10 位 A/D 变换器，本实验系统直接引用了该功能单元，并将其中的 4 个做了如表 1-5 所示的固定用途。

表 1-5　CVT-2440 端口分配表

A/D 口	说明	备注
AIN0	A/D 采集口测试 0	用于 A/D 测试
AIN1	A/D 采集口测试 1	用于 A/D 测试
AIN5	采集触摸屏的 Y 坐标	用于触摸屏
AIN7	采集触摸屏的 X 坐标	用于触摸屏

1.4.4　实验系统外括实验功能单元的端口地址译码及部分口地址分配

一个嵌入式应用系统会含有许多不同的功能单元，而大部分的功能单元是由嵌入式处理器内部集成并直接供用户使用的。对于一些特殊的功能单元还需要由处理器扩展外部电路来实现。

嵌入式处理器扩展外部电路有两种方式。一种是直接采用处理器的 GPIO 引脚连接扩展的外部电路，这种方式的优点是电路连接简单直观编程容易，缺点是引脚的利用率不高，因为一个 GPIO 引脚只能传输一个 0/1 信号，而且只能固定服务一个对象。另一种方式是利用处理器的外部地址总线经过地址译码后产生不同功能单元的选择信号（片选或端口地址），然后再以数据总线进行数据传输的外部电路。后者是 Intel 等传统微处理器所采用的外部电路扩展方式，其优点是处理器的引脚利用率高，缺点是电路复杂。当一个系统外扩功能单元较多，引脚数目紧缺的情况下只能采用后者。

CVT-2440 实验系统综合运用了上述两种外部电路扩展方式，根据耗用引脚数目的多少来选择。由于要将扩展的外部电路端口地址映射到 CVT-2440 处理器空余的存储空间内，所以还要借用空余存储区 BANK 的片选输出信号。本实验系统中 BANK0 和 BANK6 分别由 NOR FLASH 和 SDRAM 存储器占用，其他的 BANK 区及其片选信号 nGCS1、nGCS2、nGCS3、nGCS4、nGCS5、nGCS7 都可服务于处理器外部扩展电路。

从表 1-1 不难看出，用于扩展外部电路的存储区主要集中在 BANK2(包含地址空间 0x10000000~0x17FFFFFF，片选信号为 nGCS2)和 BANK4(包含地址空间 0x20000000~0x27FFFFFF，片选信号为 nGCS4)。图 1-5 是涵盖外部扩展电路较多的 BANK4 地址空间内的部分功能单元地址译码电路原理图。

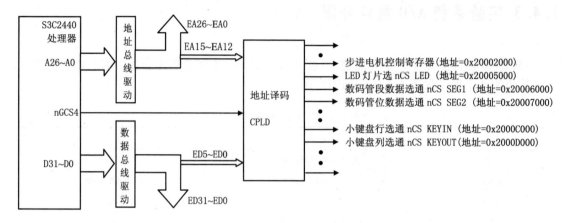

图 1-5 部分扩展电路采用地址译码方式寻址的电路原理图

第2章　实验开发环境建立及操作

2.1　ARM 处理器集成开发环境 ADS 简介

ARM 公司为了推广 ARM 处理器而推出了若干功能强大又易于使用的集成开发环境,这些开发环境运行在主流的软、硬件平台下。例如 X86 系列处理器硬件平台及 Windows 软件平台。它们通常可以实现源程序编辑、编译和链接,执行程序的仿真运行(代码在宿主机上运行),在 JTAG 控制下运行,下载到目标板 DRAM 中运行,将最终的程序烧写到目标板的 FLASH ROM 中去运行等操作。一个典型的开发环境结构如图 2-1 所示。

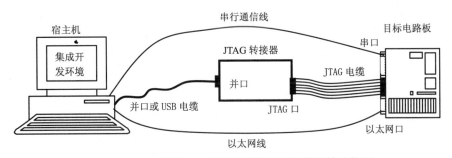

图 2-1　嵌入式应用系统开发环境结构图

在图 2-1 中,可通过宿主机上运行的集成开发环境实现对目标板电路的调试。调试过程主要是通过宿主机发送的 JTAG 调试命令和 ARM 处理器内部集成的 JTAG 逻辑相互呼应来实现的。由于宿主机没有 JTAG 接口,所以需要采用并口(打印口)或 USB 口外加 JTAG 转接器转换成 JTAG 信号形式,而串口主要用于在宿主机和目标板之间接收和发送一些调试信息,如目标板发送给宿主机的回显信息。以太网主要用于向目标板传输大批量的目标程序及数据,或者向目标板 FLASH 烧写程序。但是通过以太网的操作方式必须先要在目标板上安装 TCP/IP 协议栈及 TFTP 网络服务程序。

2.1.1　ADS1.2 集成开发环境的组成

ADS 集成开发环境是 ARM 公司推出的一款免费的 ARM 处理器应用开发和调试的综合性开发工具,英文全称为 ARM Developer Suite,成熟版本为 ADS 1.2。ADS 1.2 支持 ARM10 之前所有 ARM 系列处理器的开发,支持汇编、C、C++源程序,支持软件调试及 JTAG 硬件仿真调试,具有编译效率高、系统库功能强等特点,可以在 Windows 98/2000/XP 以及 RedHat

Linux 上运行，在功能和易用性上比其早期开发环境 SDT 都有所提高，是一款功能强大又易于使用的免费集成开发工具。ADS1.2 由 6 个部分组成，如表 2-1 如示。

表 2-1　ADS1.2 的组成部分

名称	描述	使用方式
代码生成工具	ARM 汇编器，ARM 指令集的 C、C++编译器，Thumb 指令集的 C、C++编译器，ARM 连接器	由 CodeWarrior IDE 调用
集成开发环境	CodeWarrior IDE	工程管理，编译连接
调试器	AXD, ADW/ADU, armsd	仿真调试
指令模拟器	ARMulator	由 AXD 调用
ARM 开发包	一些底层的例程，实用程序（如 fromELF）	一些实用程序由 CodeWarrior IDE 调用
ARM 应用库	C、C++函数库等	用户程序使用

由于用户一般直接操作的是 CodeWarrior IDE 集成开发环境和 AXD 调试器，所以本教程具体介绍这两部分软件的使用，其他部分的详细说明请参考 ADS1.2 在线帮助文档或相关资料。

2.1.2　CodeWarrior IDE 简介

ADS1.2 使用了 CodeWarrior IDE 集成开发环境，并集成了 ARM 汇编器、ARM 的 C / C++编译器、Thumb 的 C / C++编译器、ARM 连接器，其包含工程管理器、代码生成接口、语法敏感（对关键字以不同颜色显示）编辑器、源文件和类浏览器等。CodeWarrior IDE　主窗口如图 2-2 所示。

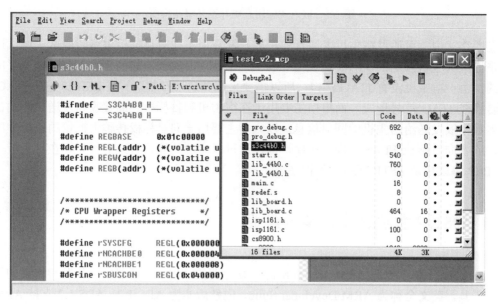

图 2-2　CodeWarrier IDE　主窗口

2.1.3 AXD 调试器简介

　　AXD 调试器为 ARM 扩展调试器（即 ARM extended Debugger），包括 ADW/ADU 的所有特性，支持纯软件仿真（ARMUlator）。AXD 可装载映像文件到目标内存，具有单步、全速和断点等调试功能，可观察变量、寄存器和内存中的数据。AXD 调试主窗口如图 2-3 所示。

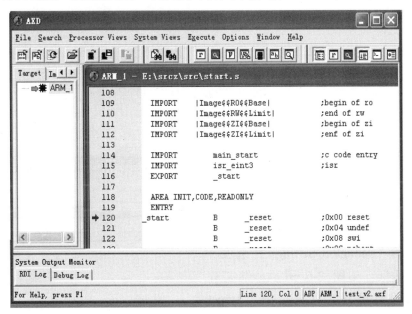

图 2-3　AXD 调试主窗口

2.2 ADS1.2 集成开发环境的基本操作实验

　　一个嵌入式系统项目通常由多个文件构成，其中包括不同语言（如汇编或 C）、不同类型（源文件或库文件）的文件。CodeWarrior 通过"工程（Project）"来管理一个项目相关的所有文件。因此，在正确编译这个项目代码前，需要先建立"工程"，并加入必要的源文件、库文件等。

2.2.1 建立项目

　　选择"File"菜单下的"New"选项，出现如图 2-4 所示的对话框。

　　选中"ARM Executable Image"选项，在右边的编辑框中输入工程名（例如 arm_test），在下面的"Location"栏中，点击"Set…"，选择放置工程的路径。

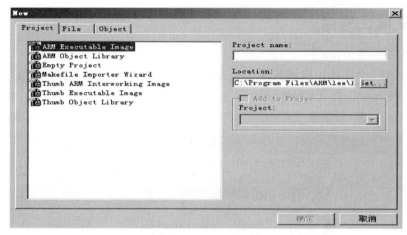

图 2-4 新建对话框

点击"确定"按钮，工程建立，如图 2-5 所示。

但这样的工程还并不能正确地被编译，还需要对工程的编译选项进行适当配置。点击菜单"Edit"下的"DebugRel Setting…"选项，弹出配置对话框，如图 2-6 所示。继续对 CodeWarrior 进行设置。首先选中"Target Settings"，将其中的"Linker"设置为"ARM Linker"。

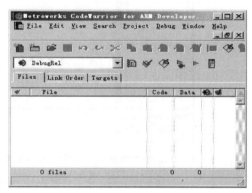

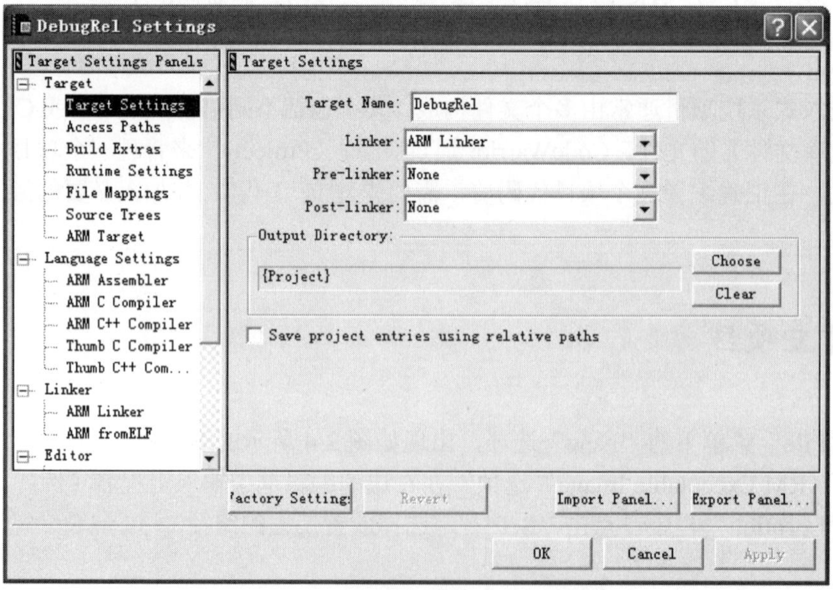

图 2-5 新建工程

图 2-6 工程配置对话框——目标设置

之后选中"Access Paths"，点击"Add"按钮添加头文件。如图 2-7 所示。

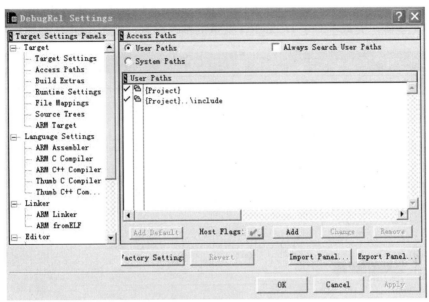

图 2-7　工程配置对话框——添加头文件

接着选中"ARM Linker"，对链接器进行设置，如图 2-8 所示。将"RO Base"的内容设置为 0x30000000 这个地址，将程序空间定位在 SDRAM 中，用于在此空间装载和运行程序。此地址为 SDRAM 起始地址，也是程序首地址。

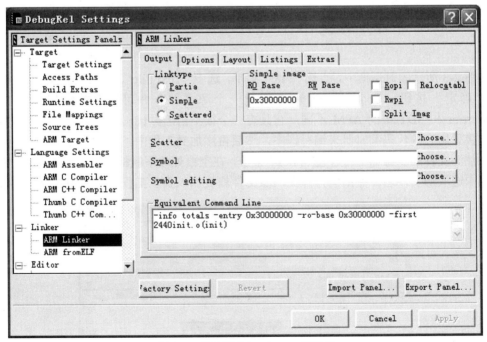

图 2-8　ARM Linker Output 的设置

　　选取"Layout"进行设置，如图 2-9 所示。在"Object/Symbol"选项中，将启动或复位时需最先启动的入口程序放在映象文件的最前面，此例入口程序名为 2440init.o。

　　通过以上步骤，完成了对于 DebugRel 变量的基本设置，点击"OK"按钮退出。

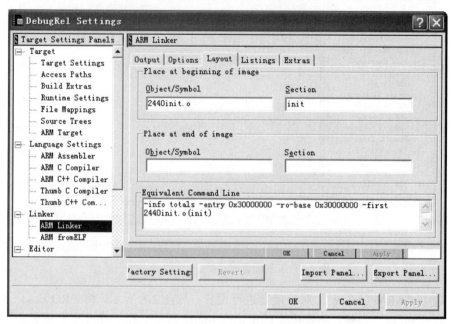

图 2-9　ARM Linker Layout 的设置

2.2.2　在工程中添加源文件

　　在图 2-3 所示的对话框中，点选"File"菜单，选中"Text File"，并设置好文件名和路径，点击"确定"按钮，CodeWarrior 就会新建一个源文件，并可以开始编辑该空文件。CodeWarrior 与 SDT 中的 APM 不同，它具有一个很不错的源代码编辑器，因此大多数时候可以直接采用它的代码编辑器来编写程序，然后再添加到工程中。

　　添加源文件的步骤如下：点选"Files"菜单，在空白处按下鼠标右键，点选"Add Files"，从目录中选取源文件名，点击"打开"，源文件就被加入到了工程中，如图 2-10 所示。

图 2-10　工程中添加源文件

用同样的方法，将"arm_test\"下所有的"*.c"、"*.s"和"*.h"源文件文件都添加到"source"中去。如图 2-11 所示。

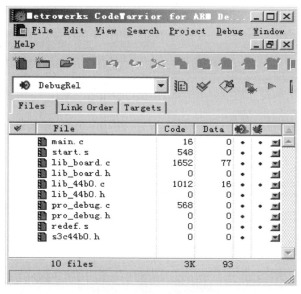

图 2-11　源文件添加完成

2.2.3 进行编译和链接

在图 2-11 中，新加入的文件还没有被编译过。在进行编译之前，必须正确设置该工程的工具配置选项。如果采用的是直接调入工程模板，有些选项已经在模板中保存了下来，可以不再进行设置。如果是新建工程，则必须按照以下步骤进行设置。

第一，选中所有的文件，点击 图标进行文件数据同步。第二，点击 图标，对文件进行编译（Compile）；第三，点击 按钮，对工程进行 Make。Make 的行为包括以下过程：编译和汇编源程序文件，产生"*.o"对象文件；链接对象文件和库产生可执行映像文件；产生二进制代码。

对工程 Make 之后将弹出"Errors and warnings"对话框，用于报告出错和警告信息。编译成功后的显示如图 2-12 所示。注意到左上脚标示的错误和警告数目都是 0。

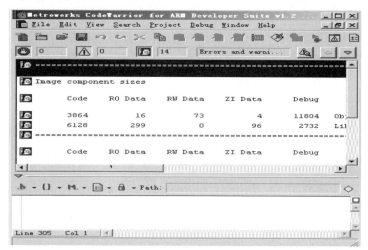

图 2-12　编译后的结果

Make 结束后将生成二进制文件 test.hex，该文件可被烧写到目标板的 FLASH 存储器中。点击 ▶ 图标，进入调试界面。AXD Debugger 界面如图 2-13 所示。

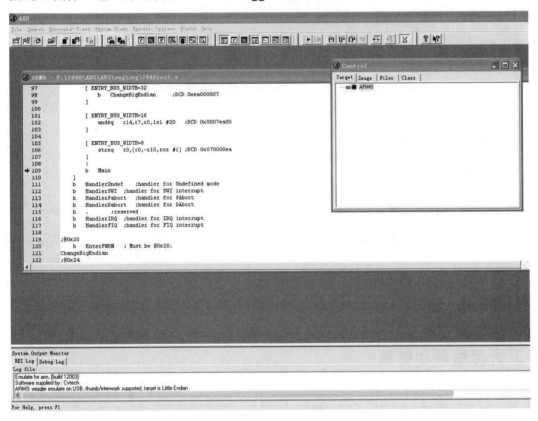

图 2-13　AXD Debugger 界面

点击 ▶ 图标，开始启动调试，进入 AXD 入口程序，如图 2-14 所示。

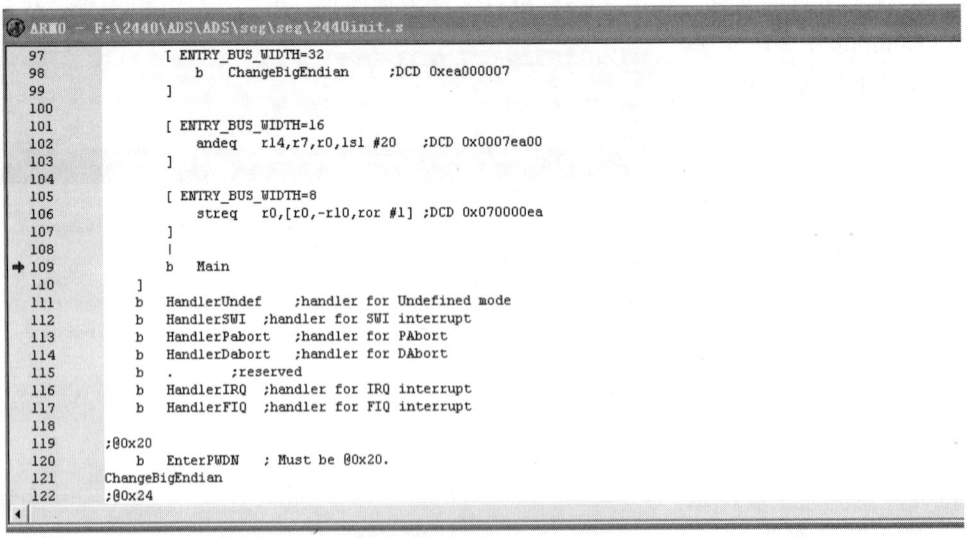

图 2-14　AXD Debugger 入口程序界

继续点击 ▶ 图标，进入 main 程序，如图 2-15 所示。点击 ⏸ 图标，可对正在调试的程序进行暂停。在 CodeWarrior 中点击 ▶ 图标，可以跳过调试步骤，直接运行程序。

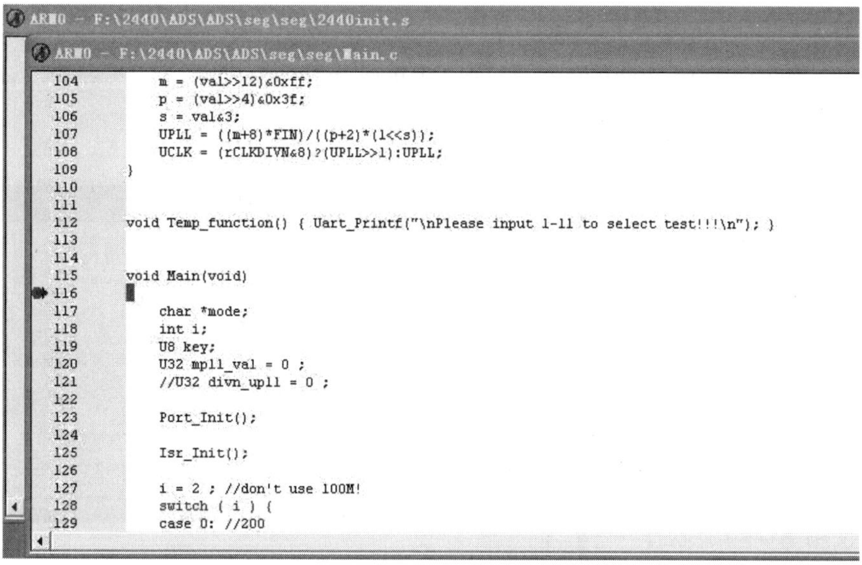

```
104        m = (val>>12)&0xff;
105        p = (val>>4)&0x3f;
106        s = val&3;
107        UPLL = ((m+8)*FIN)/((p+2)*(1<<s));
108        UCLK = (rCLKDIVN&8)?(UPLL>>1):UPLL;
109    }
110
111
112    void Temp_function() { Uart_Printf("\nPlease input 1-11 to select test!!!\n"); }
113
114
115    void Main(void)
116    {
117        char *mode;
118        int i;
119        U8 key;
120        U32 mpll_val = 0 ;
121        //U32 divn_upll = 0 ;
122
123        Port_Init();
124
125        Isr_Init();
126
127        i = 2 ; //don't use 100M!
128        switch ( i ) {
129        case 0: //200
```

图 2-15　AXD Debugger 主程序界面

2.2.4　程序的运行与调试方式

程序开发过程中有三种运行方式：宿主机内的仿真运行；下载到开发板 SDRAM 内的运行；烧写到实验开发板 NOR FLASH 存储器内运行。前两种主要用于程序调试阶段，而且在宿主机内的仿真运行方式只能是纯指令方式，无法对目标板硬件进行联调，但这两种运行方式可以直接在 ADS 环境下进行，其中宿主机内的仿真运行采用的是 ARMulator 环境并且无需目标板也可以执行。第三种方式是程序调试好后的最终运行方式，但由于 ADS 无法实现向 FLASH 存储器烧写最终执行程序的操作，目前都是采用另外的烧写程序来完成，例如 Flash Programmer 程序。

2.3　基于 ADS 开发环境的汇编语言及 C 语言编程练习实验

2.3.1　汇编语言程序设计实验 1

1.　实验目的

● 了解 ADS 1.2 集成开发环境。

● 掌握 ARM9TDMI 汇编指令的用法，并能编写简单的汇编程序。

● 掌握指令的条件执行和使用 LDR/STR 存取指令访问存储器。

2. 实验设备

● 硬件：CVT-2440 教学实验箱、PC 机一台。

● 软件：Windows 98/2000/2000、ADS 1.2 集成开发环境。

3. 实验内容

（1）使用 LDR 指令读取 0x30003000 上的数据，将数据加 1，若结果小于 15 则使用 STR 指令把结果写回原地址，若大于等于 15，则把 0 写回该地址。然后再次读取 0x30003000 上的数据，将数据加 1，再重复上述判断并循环执行。

（2）使用 ADS 1.2 软件，单步、全速运行程序，打开寄存器窗口监视 R0、R1 的值，打开存储器观察窗口监视 0x30003000 上的值。

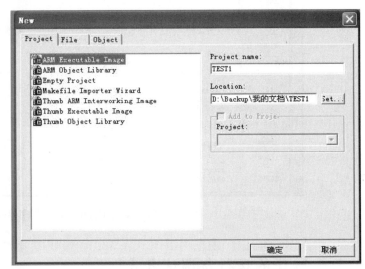

图 2-16　ADS1.2 下建立工程的主界面

4. 实验步骤

（1）启动 ADS 1.2，选择"File"菜单下的"New"选项，使用"ARM Executable Image"工程建立一个工程"TEST1"，如图 2-16 所示。

（2）建立汇编源文件"test1.S"，编写实验程序，然后添加到工程中，如图 2-17 所示。

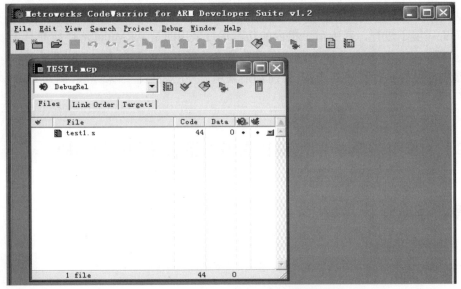

图 2-17　ADS1.2 下建立汇编源程序窗口

（3）点击菜单"Edit"下的"DebugRel Setting…"选项，弹出配置对话框，如图 2-18 所示。

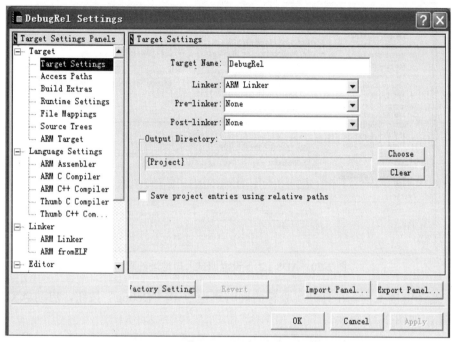

图 2-18　ADS 1.2 下建立汇编源程序窗口

然后选中"ARM　Linker"，对链接器进行设置，设置工程链接地址 RO Base 为 0x30000000，RW Base 为 0x30002000，如图 2-19 所示。

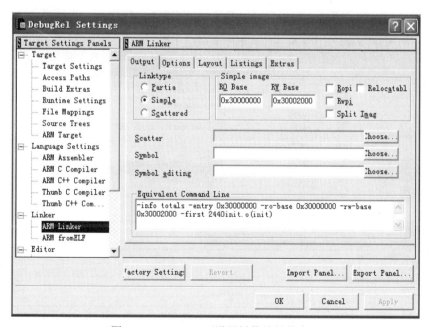

图 2-19　ADS 1.2 下设置链接地址的窗口

选取"Options"设置调试入口地址 Image entry point 为 0x30000000，如图 2-20 所示。

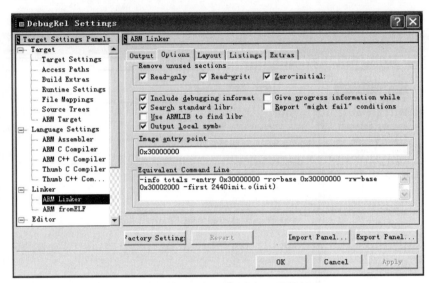

图 2-20   ADS 1.2 下设置调试入口地址的窗口

（4）编译链接工程，在打开实验箱的同时迅速点击|"Debug"按钮，启动 AXD 进行软件仿真调试，如图 2-21 所示。

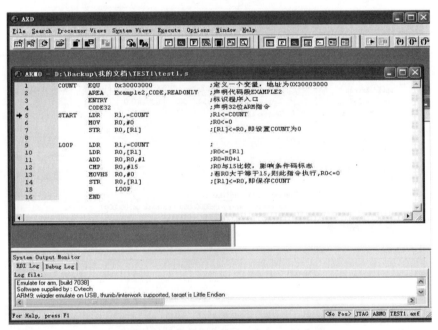

图 2-21   ADS 1.2 下选择进入调试功能的窗口

（5）进入 AXD 环境后，选择菜单 "Options" 下的 "Configure Target" 选项，如图 2-22 所示。

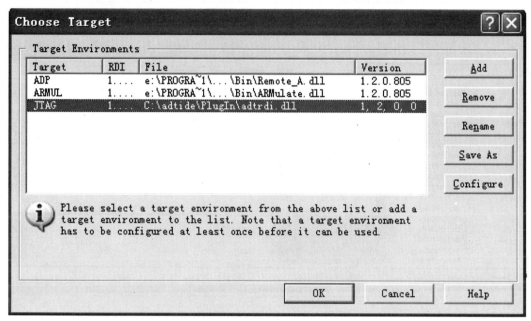

图 2-22　ADS 1.2 下进入调试选项的窗口 1

单击 "Add" 按钮，增加动态链接库文件 adtrdi.dll. 然后单击 "Configure" 选项做如图 2-23 所示的配置。

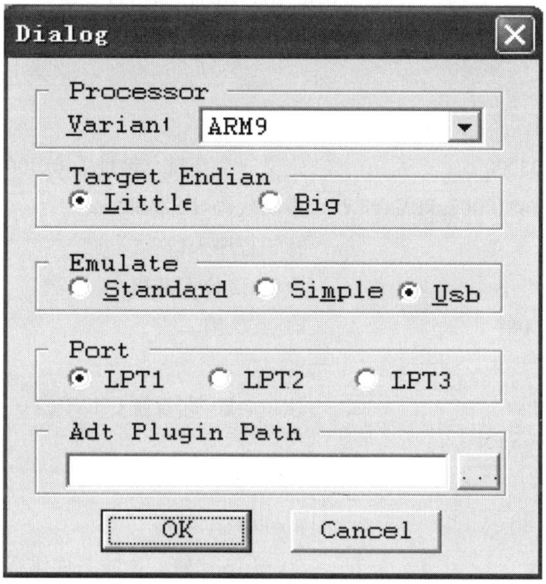

图 2-23　ADS 1.2 下进入调试选项的窗口

（6）打开寄存器窗口（Processor Registers），选择 "Current" 项监视 R0、R1 的值。打开存储器观察窗口（Memory）设置观察地址为 0x30003000，右击鼠标，在 "Size" 中选择显示方式为 32B，观察该地址的变化，如图 2-24 所示。

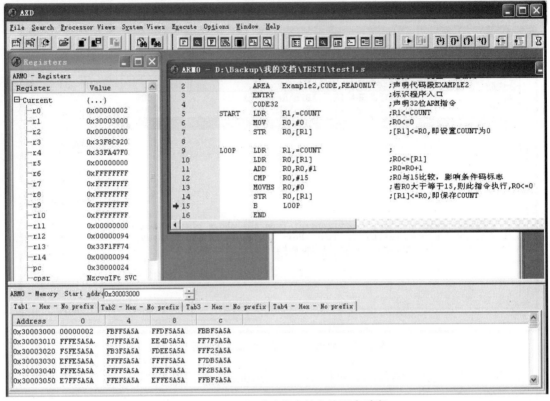

图 2-24   ADS1.2 调试功能中的存储器查看窗口

5. 实验参考程序

本实验参考程序如下。

COUNT	EQU	0x30003000	;定义一个变量，地址为 0x30003000
	AREA	Example2, CODE, READONLY	;声明代码段 EXAMPLE2
	ENTRY		;标识程序入口
	CODE32		;声明 32 位 ARM 指令
START	LDR	R1, =COUNT	;R1<=COUNT
	MOV	R0, #0	;R0<=0
	STR	R0, [R1]	;[R1]<=R0, 即设置 COUNT 为 0
LOOP	LDR	R1, =COUNT	;
	LDR	R0, [R1]	;R0<=[R1]
	ADD	R0, R0, #1	;R0=R0+1
	CMP	R0, #15	;R0 与 15 比较，影响条件码标志
	MOVHS	R0, #0	;若 R0 大于等于 15, 则此指令执行, R0<=0
	STR	R0, [R1]	;[R1]<=R0, 即保存 COUNT
	B	LOOP	
	END		

2.3.2　汇编语言程序设计实验 2

1. 实验目的

● 通过实验了解如何使用 ARM 汇编指令实现结构化程序编程。

2. 实验设备

● 硬件：CVT-2440 教学实验箱、PC 机一台。
● 软件：Windows98 /2000/XP、 ADS 1.2 集成开发环境。

3. 实验内容

（1）使用 ARM 汇编指令实现 if 条件执行。
（2）使用 ARM 汇编指令实现 for 循环结构。
（3）使用 ARM 汇编指令实现 while 循环结构。
（4）使用 ARM 汇编指令实现 do…while 循环结构。
（5）使用 ARM 汇编指令实现 switch 开关结构。

4. 实验步骤

（1） 思考如何使用 ARM 汇编指令实现结构化编程，具体的条件自己指定。比如用 if 条件执行"if(x>y) z=0"，设 x 为 R0，y 为 R1，z 为 R2，汇编代码如何编写。

（2）启动 ADS1.2，使用 ARM Executable Image 工程模板建立一个工程 TEST2，方法请参考实验 2.3.1。

（3）建立汇编源文件 test2.S，编写实验程序，然后添加到工程中。

（4）设置工程链接地址 RO Base 为 0x30000000，RW Base 为 0x30002000。设置调试入口地址 Image entry point 为 0x30000000，方法请参考实验 2.3.1。

（5）编译链接工程。在打开实验箱的同时迅速点击"debug"按钮，启动 AXD 进行软件仿真调试。

（6）进入 AXD 环境后，选择菜单"Options"下的"Configure Target"选项，如图 2-25 所示。

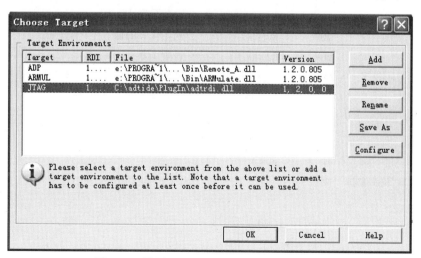

图 2-25　设置 AXD 调试功能中的选项窗口 1

单击"Add"按钮增加动态链接库文件 adtrdi.dll. 然后单击"Configure"选项做图 2-26 所示的配置。

（7）打开寄存器窗口（Processor Registers），选择"Current"项监视 R0、R1 的值。

（8）单步运行程序，判断程序是否按设计的程序逻辑执行。

5. 实验参考程序

实验参考程序如下

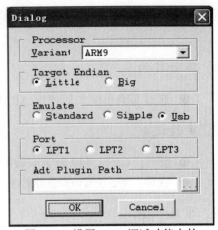

图 2-26　设置 AXD 调试功能中的
选项窗口 2

```
AREA    Example4,CODE,READONLY; 声明代码段 Example4
        ENTRY                   ; 标识程序入口
        CODE32                  ; 声明32位ARM指令


START   ; if(x>y) z=100;
        ;   else z=50;
        ; 设 x 为 R0，y 为 R1，z 为 R2（x、y、z 均为无符号整数）
        MOV     R0,#76          ; 初始化 x 的值
        MOV     R1,#243         ; 初始化 y 的值
        CMP     R0,R1           ; 判断 x>y?
        MOVHI   R2,#100         ; x>y 条件正确，z=100
        MOVLS   R2,#50          ; 条件失败，z=50
        ; for(i=0; i<10; i++)
        ; {   x++;
        ; }
        ; 设 x 为 R0，i 为 R2（i、x 均为无符号整数）
        MOV     R0,#0           ; 初始化 x 的值
        MOV     R2,#0           ; 设置 i=0
FOR_L1  CMP     R2,#10          ; 判断 i<10?
        BHS     FOR_END         ; 若条件失败，退出循环
        ADD     R0,R0,#1        ; 循环体，x++
        ADD     R2,R2,#1  ; i++
        B       FOR_L1
FOR_END NOP

        ; while(x<=y)
        ; {   x *= 2;
        ; }
        ; 设 x 为 R0，y 为 R1（x、y 均为无符号整数）
```

```
                MOV      R0, #1              ; 初始化 x 的值
                MOV      R1, #20             ; 初始化 y 的值
                B        WHILE_L2            ; 首先要判断条件
WHILE_L1        MOV      R0, R0, LSL #1      ; 循环体，x *= 2
WHILE_L2        CMP      R0, R1              ; 判断 x≤y？
                BLS      WHILE_L1            ; 若条件正确，继续循环
WHILE_END       NOP
                ; do
                ; {  x--;
                ; }  while(x>0);
                ; 设 x 为 R0 （x 为无符号整数）
                MOV     R0, #5              ; 初始化 x 的值
DOWHILE_L1      ADD     R0, R0 ,#-1         ; 循环体，x--
DOWHILE_L2      MOVS    R0, R0             ; R0 <= R0，并影响条件码标志
                BNE     DOWHILE_L1         ; 若 R0 不为 0(即 x 不为 0)，则继续循环
DOWHILE_END     NOP
                ; switch(key&0x0F)
                ; {  case  0:
                ;    case  2:
                ;    case  3:  x = key + y;
                ;              break;
                ;    case  5:  x = key - y;
                ;              break;
                ;    case  7:  x = key * y;
                ;              break;
                ;    default:  x = 168;
                ;              break;
                ; }
                ; 设 x 为 R0，y 为 R1，key 为 R2 （x、y、key 均为无符号整数）
                MOV     R1, #3             ; 初始化 y 的值
                MOV     R2, #2             ; 初始化 key 的值
SWITCH          AND     R2, R2, #0x0F      ; switch(key&0x0F)

CASE_0          CMP     R2, #0             ; case  0:
CASE_2          CMPNE   R2, #2             ; case  2:
CASE_3          CMPNE   R2, #3             ; case  3:
                BNE     CASE_5
                ADD     R0, R2, R1         ; x = key + y
                B       SWITCH_END         ; break
```

```
CASE_5      CMP  R2, #5              ; case  5:
            BNE        CASE_7
            SUB        R0, R2, R1     ; x = key - y
            B          SWITCH_END     ; break
CASE_7      CMP  R2, #7              ; case   7:
            BNE        DEFAULT
            MUL        R0, R2, R1     ; x = key * y
            B          SWITCH_END     ; break
DEFAULT     MOV        R0, #168       ; default: x = 168
SWITCH_END             NOP
HALT        B          HALT           ;死循环
            END
```

2.3.3 C 语言程序设计实验

1. 实验目的

● 通过实验了解使用 ADS 1.2 编写 C 语言程序，并运行。

2. 实验设备

● 硬件：CVT-2440 教学实验箱、PC 机一台。
● 软件：Windows 98 /2000/XP、ADS 1.2 集成开发环境。

3. 实验内容

编写一个汇编程序文件和一个 C 程序文件。汇编程序的功能是初始化椎栈指针和初始化 C 程序的运行环境，然后跳转到 C 程序运行，这就是一个简单的启动程序。C 程序使用加法运算计算 1 到 N 的和。

4. 实验步骤

（1）启动 ADS 1.2，使用 ARM Executable Image 工程建立一个工程 Program C。

（2）建立源文件 Startup.S 和 Test.c，编写实验程序，然后添加到工程中。

（3）设置工程链接地址 RO Base 为 0x30000000，RW Base 为 0x30002000。设置调试入口地址 Image entry point 为 0x30000000,方法请参考 2.3.1。

（4）设置位于开始位置的起始代码段，如图 2-27 所示。

（5）编译链接工程，在打开实验箱的同时迅速点击"Debug"按钮，启动 AXD 进行软件仿真调试。

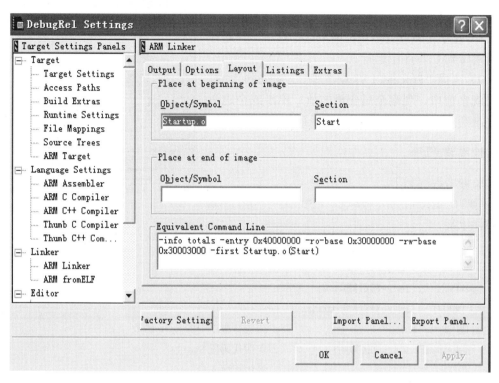

图 2-27   ADS 1.2 下设置实验程序入口地址的窗口

（6）进入 AXD 环境后，选择菜单"Options"下的"Configure Target"选项，如图 2-28 所示。单击"Add"按钮增加动态链接库文件 adtrdi.dll. 然后单击"Configure"选项做如图 2-29 所示的配置。

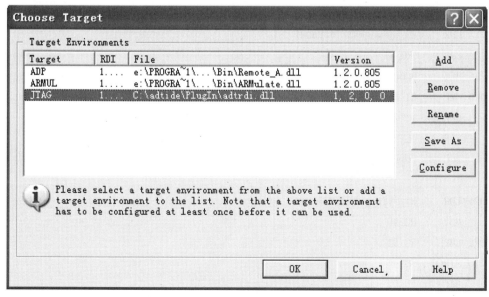

图 2-28   设置 AXD 调试环境选项的窗口 1

　　（7）在 Startup.S 的 "B Main" 处设置断点，然后全速运行程序。

　　（8）程序在断点处停止。单步运行程序，判断程序是否跳转到 C 程序中运行。

　　（9）选择 "Processor Views" 中 "Variables"，打开变量观察窗口，观察全局变量的值，单步或全速运行程序，判断程序的运算结果是否正确。

图 2-29　设置 AXD 调试环境选项的窗口 2

5. 实验参考程序

　　实验参考程序如下。

; 必要的汇编代码，用于初始化 C 程序的运行环境，然后进入 C 程序代码。

```
        IMPORT    |Image$$RO$$Limit|
        IMPORT    |Image$$RW$$Base|
        IMPORT    |Image$$ZI$$Base|
        IMPORT    |Image$$ZI$$Limit|
        IMPORT    Main              ; 声明 C 程序中的 Main 函数
        AREA Start, CODE, READONLY   ; 声明代码段 Start
        ENTRY                       ; 标识程序入口
        CODE32                      ; 声明 32 位 ARM 指令


Reset   LDR       SP, =0x40003F00
        ; 初始化 C 程序的运行环境
        LDR       R0, =|Image$$RO$$Limit|
        LDR       R1, =|Image$$RW$$Base|
        LDR       R3, =|Image$$ZI$$Base|
        CMP       R0, R1
        BEQ       LOOP1
LOOP0   CMP       R1, R3
        LDRCC     R2, [R0], #4
        STRCC     R2, [R1], #4
        BCC       LOOP0

LOOP1   LDR       R1, =|Image$$ZI$$Limit|
        MOV       R2, #0
LOOP2   CMP       R3, R1
        STRCC     R2, [R3], #4
        BCC       LOOP2
        B         Main            ; 跳转到 C 程序代码 Main 函数
```

```
    END

; C 语言实验参考程序
#define  uint8      unsigned char
#define  uint32     unsigned int
#define  N          100


uint32  sum;
// 使用加法运算来计算 1+2+3+...+(N-1)+N 的值。(N>0)
void  Main(void)
{  uint32  i;
    sum = 0;
   for(i=0; i<=N; i++)
   {  sum += i;
   }
   while(1);
}
```

2.4 基于调试接口 JTAG 的目标程序烧写实验

2.4.1 基于 JTAG 口的 FLASH 烧写环境简介

　　所谓的程序烧写实际是指将一个调试成功的执行程序写入并固化到目标电路板的 FLASH ROM 存储器中，目前采用最多的方法是通过处理器的 JTAG 接口来进行。

1. JTAG 转接器

　　JTAG 转接器也称为 JTAG 仿真器或调试器，作用是将 PC 机的并口信号转接为 JTAG 信号。宿主机上的集成开发环境运行的各种调试功能将以 JTAG 命令的方式发送到 ARM 处理器内，然后通过 ARM 处理器内的 JTAG 边界扫描逻辑译码为各种调试操作。JTAG 转接器实际上就是将并口的五根 I/O 线定义为 JTAG 的 TMS、TCK、TDI、TDO、TRST 信号线并将电平进行匹配（PC 机并口为 5V 的 TTL 电平，ARM 信号为 3.3V）。通过 JTAG 边界扫描口与 ARM CPU 核通信，属于完全非插入式(即不使用片上资源)调试，无需目标存储器，不占用目标系统的任何应用端口，而这些是驻留监控软件所必需的。

　　通过 JTAG 方式可以完成以下操作：读出/写入 CPU 的寄存器，访问控制 ARM 处理器内核；读出/写入内存，访问系统中的存储器；访问 ASIC 系统；访问 I/O 系统；控制程序单步执行和实时执行；实时地设置基于指令地址值或者基于数据值的断点。

另外，由于 JTAG 调试的目标程序是在目标板上执行，仿真更接近于目标硬件。因此，许多接口问题所产生的影响将降至最低，如高频操作限制、AC 和 DC 参数不匹配、电线长度的限制等。使用集成开发环境配合 JTAG 仿真器进行开发是目前采用最多的一种调试方式。

2. JTAG 转接器的两种接口方式

常用的 JTAG 接口有两种标准方式，一种为 14 针，另一种为 20 针，如图 2-30 所示。

VCC	1	2	VCC		VCC	1	2	GND
nTRST	3	4	GND		nTRST	3	4	GND
TDI	5	6	GND		TDI	5	6	GND
TMS	7	8	GND		TMS	7	8	GND
TCK	9	10	GND		TCK	9	10	GND
RTCK	11	12	GND		TDO	11	12	nSRST
TDO	13	14	GND		VCC	13	14	GND
nSRST	15	16	GND					
NC	17	18	GND					
NC	19	20	GND					

图 2-30 两种 JTAG 接口引脚定义

这两种 JTAG 接口的电气特性是一样的，因此可以把两者对应的引脚直接连起来进行转换。在本章实验 4 中采用的 S3C44B0 开发板上是 14 针 JTAG 接口。

3. JTAG 在线编程

JTAG 最初是用来对芯片进行调试的，基本原理是在器件内部定义一个 TAP（Test Access Port，测试访问口），通过专用的 JTAG 测试工具对内部节点进行测试。JTAG 测试允许多个器件通过 JTAG 接口串联在一起，形成一个 JTAG 链，能实现对各个器件分别进行测试。JTAG 接口的另外一个作用是实现 ISP（In-System Programmable，在线编程）功能，即对目标板上的 FLASH 等只读存储器进行直接的编程（写）操作。

JTAG 编程方式是在线编程。传统生产流程是先对芯片进行预编程，再将其装到电路板上，简化的流程为先固定器件到电路板上，再用 JTAG 编程。简化的流程大大加快了工程进度。JTAG 接口可对 PSD 芯片内部的所有部件进行编程。

在理论上，通过 JTAG 可以访问 CPU 总线上的所有设备，所以应该可以写 FLASH。但是 FLASH 写入方式和 RAM 大不相同，需要特殊的命令，而且不同的 FLASH 擦除所使用的编程命令不同，因此 JTAG 很难提供这一项功能。

2.4.2 Flash Programmer 烧写程序实验

因试验箱配套开发环境 ADT 自带有 Flash Programer 功能，省去了下载另外烧写软件的环节，下面对 ADT 下的程序烧写进行介绍。

（1）打开"Adtide"，选择"Debug->Flash Programer"，启动"Flash Programer"工具。如图 2-31 所示。

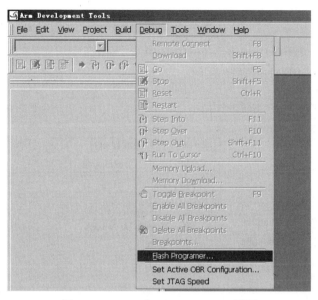

图 2-31 ADT 下 Flash Programer 界面

（2）对 Flash Programer 进行配置。按图 2-32 所示，对 Flash Programmer 进行设置。其中"Image"编辑框中为待烧写的 u-boot 映象，"Command Script"编辑框中为命令脚本。"Sector From"和"To"两个编辑框表示烧写到 Flash 的位置，此处由于 u-boot 映象必须烧写到第一个扇区，因此选择 1。"Target"选项可对 RAM 地址进行分配，即起始地址（From）设置为 0x30000000，终地址（To）设置为 0x32000000；在"Device"选项中选择 ARM9Usb。

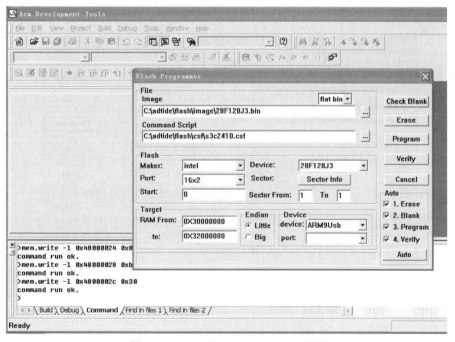

图 2-32 ADT 下 Flash Programer 配置

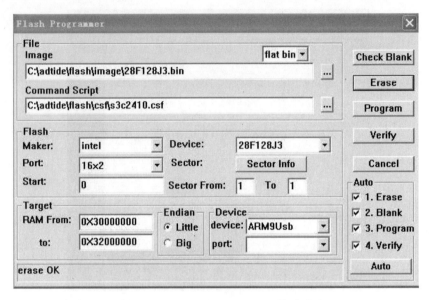

图 2-33　ADT 下 Flash Programer 擦除成功

　　（3）擦除扇区。设置完毕后点击右边的"Erase"按钮进行擦除操作，擦除结果将在对话框的下面的提示框中显示，如果显示"Erase OK"则表示擦除成功。否则请检查设置并重新擦除。如图 2-33 所示。

　　（4）编程写入。在擦除之后请点击右边的"Program"按钮进行编程操作，编程结果将在提示框中显示，如果显示"Program OK"则表示编程成功。否则请检查设置并重新编程。如图 2-34 所示。

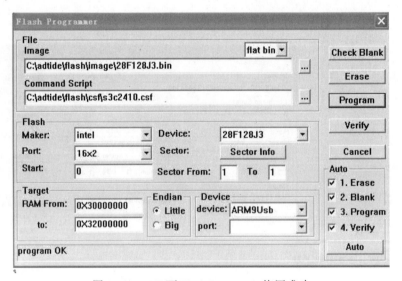

图 2.34　ADT 下 Flash Programer 烧写成功

第3章　嵌入式系统基本功能单元实验

3.1　嵌入式处理器基于三总线的外设扩展应用

3.1.1　LED 跑马灯实验

1. 实验目的

- 熟悉 ARM 芯片 I/O 口编程配置方法。
- 通过实验掌握 ARM 芯片 I/O 口控制 LED 显示的方法。

2. 实验设备

- 硬件：CVT-2440 教学实验箱，ADT2000 JTAG 调试器，PC 机。
- 软件：ADS 集成开发环境，Windows 98/2000/XP 操作系统。

3. 实验内容

学习嵌入式处理器通过外部扩展总线连接外设的电路原理。通过对简单外设（如使 LED 发光二极管变换显示)的编程掌握 ARM 处理器对总线扩展外设进行控制访问的程序实现方法。

4. 实验电路

LED 跑马灯实验电路图如图 3-1 所示。

CVT-2440 教学实验系统所采用的是 8 个 LED 跑马灯独立编程。它们的地址如表 3-1 所示。由于本实验箱 LED 跑马灯采用的是共阴极，因此点亮 LED 灯时需向其输出高电平。

5. 实验操作步骤

（1）将 ADT2000 仿真器一端连接至 PC 机 USB 口，另一端连接实验箱 JTAG 口，用于系统调试及向目标板下载程序。再用串口线将实验箱 UART0 串口与 PC 机串口连接。

（2）在 PC 机上运行 Windows 自带的超级终端串口通信程序（波特率为 115200，1 个停止位，无校验位，无硬件流控制）。

（3）使用 ADS 集成开发环境，打开实验例程下"LEDDem"子目录中的"led.mcp"工程，编译、链接通过后生成可下载的目标文件，并下载至目标板上运行。

（4）观察超级终端输出内容，根据提示观察 LED 灯的显示，如图 3-2 所示。

表 3-1 用权 S3C2440 LED 端口设置

端口地址	驱动器 74LVCH273 说明	数据信号	读/写属性
0x20005000	控制跑马灯，高电平点亮	ED7~ED0	W

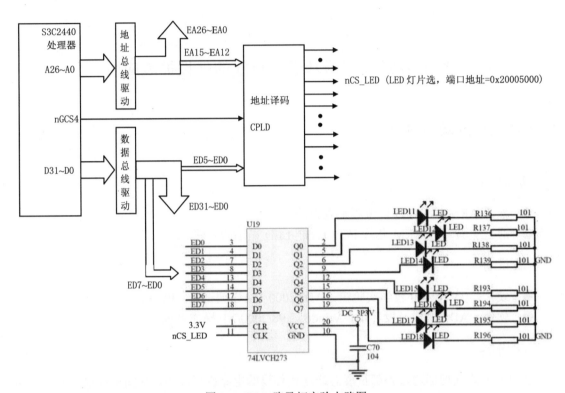

图 3-1　LED 跑马灯实验电路图

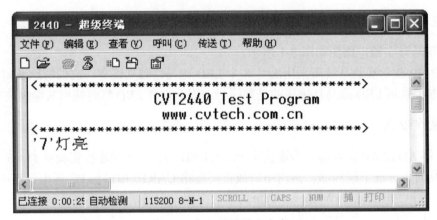

图 3-2　超级终端输出内容

6. 实验程序流程框图

本章的实验内容都基于裸机系统进行，因此所有程序的开始部分都是针对嵌入式处理器最基本功能单元的初始化，包括针对时钟功能单元进行的系统时钟频率设置以及系统中各种存储器的参数设置，在初始化期间还需要关闭看门狗定时器和所有的中断。图 3-3 是本实验的程序流程框图。

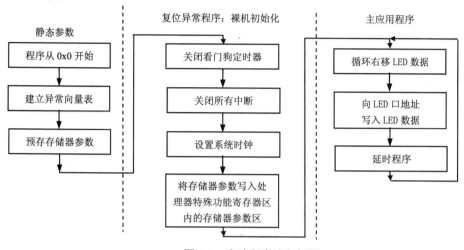

图 3-3　实验程序流程框图

7. 实验参考程序

（1）本实验汇编语言程序如下。

```
;*******口地址及数据符合化定义区*******
pWTCON          EQU   0x53000000    ;  看门狗定时器口地址
pLOCKTIME       EQU   0x4c000000    ;  锁定时间计数值寄存器地址
pCLKDIVN        EQU   0x4c000014    ;  时钟控制寄存器地址
pUPLLCON        EQU   0x4c000008    ;  锁相环 UPLL 控制寄存器地址
pMPLLCON        EQU   0x4c000004    ;  锁相环 MPLL 控制寄存器地址
pBWSCON         EQU   0x48000000    ;  数据总线宽度与等待状态控制寄存器地址
pINTMSK         EQU   0x4a000008    ;  中断屏蔽寄存器地址
pGPECON         EQU   0x56000040    ;  GPIO E 口控制寄存器地址
pGPEDAT         EQU   0x56000044    ;  GPIO E 口控制寄存器地址
pGPEUP          EQU   0x56000048    ;  E 口上拉电阻控制寄存器地址。本例为低电平驱动不需要上拉电阻
vCLKDIVN        EQU   0x4           ;  时钟分频控制寄存器值，  DIVN_UPLL=0b，HDIVN=10b，PDIVN=0b
vUPLLCON        EQU   0x00038022    ; UPLL 控制寄存器值,Fin=12M，Uclk=48M，MDIV=0x38，PDIV=2，SDIV=2
vMPLLCON        EQU   0x0005c011    ; MPLL 控制寄存器值,Fin=12M，Fclk=400M，SDIV=1，PDIV=1，MDIV=0x5c
;*****以下为各存储器 BANK 数据宽度设置数据*****
DW16            EQU   (0x1)
DW32            EQU   (0x2)
B1_BWSCON       EQU   (DW16)        ;  BANK1 预留数据宽度设置参数
B2_BWSCON       EQU   (DW16)        ;  BANK2 预留数据宽度设置参数
B3_BWSCON       EQU   (DW16)        ;  BANK3 预留数据宽度设置参数
B4_BWSCON       EQU   (DW32)        ;  BANK4 预留数据宽度设置参数
B5_BWSCON       EQU   (DW16)        ;  BANK5 预留数据宽度设置参数
```

```
B6_BWSCON      EQU (DW32)          ; SDRAM(K4S561632C) 32MBx2,  32bit
B7_BWSCON      EQU (DW32)          ; BANK7 预留数据宽度设置参数
;***** Bank 0 存储器参数区*****
B0_Tacs        EQU  0x3            ;0clk
B0_Tcos        EQU  0x3            ;0clk
B0_Tacc        EQU  0x7            ;14clk
B0_Tcoh        EQU  0x3            ;0clk
B0_Tah         EQU  0x3            ;0clk
B0_Tacp        EQU  0x1
B0_PMC         EQU  0x0            ;normal
;***** Bank 6 SDRAM 存储器参数区
B6_MT          EQU  0x3            ; SDRAM
B6_Trcd        EQU  0x1            ; 3clk
B6_SCAN        EQU  0x1            ; 9bit
;***** SDRAM 动态存储器所需的刷新参数区
REFEN          EQU  0x1            ; 刷新允许
TREFMD         EQU  0x0            ; CBR(CAS before RAS)/自动刷新
Trp            EQU  0x1            ; 3clk
Tsrc           EQU  0x1            ; 5clk    Trc= Trp(3)+Tsrc(5) = 8clock
Tchr           EQU  0x2            ; 3clk
REFCNT         EQU  1268           ; 1268;1463 ;HCLK=105MHz,  (2048+1-7.81*100);75M->1463
;******* 以下为代码区 *******
     AREA      Init,CODE,READONLY
     ENTRY
     EXPORT    __ENTRY
__ENTRY
ResetEntry                        ; 首先在 0x0 地址建立异常向量表：为 7 个异常的跳转指令
     b    _reset                  ; 跳转到复位异常处理程序 _reset 去运行
     b    .                       ; 死循环，为未定义指令异常预留
     b    .                       ; 死循环，为软件中断异常预留
     b    .                       ; 死循环，为指令预取中止异常预留
     b    .                       ; 死循环，为数据访问中止异常预留
     b    .                       ; 死循环，为 ARM 公司预留
     b    .                       ; 死循环，为普通中断 IRQ 预留
     b    .                       ; 死循环，为快中断 FIQ 预留
;** 预存开机后需要提取并设置到特殊功能寄存器内存储器参数区的数据，含数据宽度、刷新模式和频率等
SMRDATA
DCD
(0+(B1_BWSCON<<4)+(B2_BWSCON<<8)+(B3_BWSCON<<12)+(B4_BWSCON<<16)+(B5_BWSCON<<20)+(B6_BWSCON<<
24)+(B7_BWSCON<<28))
DCD (B0_Tacs<<13)+(B0_Tcos<<11)+(B0_Tacc<<8)+(B0_Tcoh<<6)+(B0_Tah<<4)+(B0_Tacp<<2)+(B0_PMC))
DCD (B4_Tacs<<13)+(B4_Tcos<<11)+(B4_Tacc<<8)+(B4_Tcoh<<6)+(B4_Tah<<4)+(B4_Tacp<<2)+(B4_PMC))
```

```
DCD  ((B6_MT<<15)+(B6_Trcd<<2)+(B6_SCAN))                           ;GCS6
DCD  ((REFEN<<23)+(TREFMD<<22)+(Trp<<20)+(Tsrc<<18)+(Tchr<<16)+REFCNT)
DCD  0x32       ;SCLK 节能模式，存储容量 128M/128M
DCD  0x30       ;MRSR6 CL=3clk
DCD  0x30       ;MRSR7 CL=3clk
; ******以下为复位异常处理程序，主要完成时钟及存储器的初始化******
_reset                      ; 复位异常处理程序，是开机或复位后首先运行的程序
    ldr  r0,=pWTCON         ; 关闭看门狗定时器
    ldr  r1,=0x0
    str  r1,[r0]
    ldr  r0,=pINTMSK
    ldr  r1,=0xffffffff     ;关闭所有一级中断请求，中断屏蔽寄存器 32 位有效位，1=关闭，0=开通
    str  r1,[r0]
    ldr  r0,=pLOCKTIME      ;设置 PLL 锁定时间，0~15 位为 MPLL 锁定时间，16~31 位为 UPLL 锁定时间
    ldr  r1,=0x00ffffff
    str  r1,[r0]
    ldr  r0,=pCLKDIVN       ; 时钟分频控制寄存器,具体内容参见实验原理篇第 2 章表 2-11
    ldr  r1,=vCLKDIVN       ; vCLKDIVN=0x04, UCLK=UPLL, HCLK=FCLK/4, PCLK=HCLK=100M
    str  r1,[r0]            ; 设置时钟控制寄存器内容
    ldr  r0,=pUPLLCON       ; 设置 UPLL
    ldr  r1,=vUPLLCON       ; Fin=12MHz, UCLK=48MHz
    str  r1,[r0]
    nop                     ; S3C2440 要求对 UPLL 设置后至少需要延时 7 个时钟周期
    nop
    nop
    nop
    nop
    nop
    nop
    ldr  r0,=pMPLLCON       ; 设置 MPLL
    ldr  r1,=vMPLLCON       ; Fin=12MHz, FCLK=400MHz
    str  r1,[r0]
;**** 设置 SDRAM 存储器参数，最多 13 个，占 52 字节****
    adrl r0, SMRDATA        ; SDRAM 参数区起始地址
    ldr  r1,=pBWSCON        ; 特殊功能寄存器区内存储器参数区首地址=0x48000000
    add  r2, r0, #52        ; SMRDATA 参数区结尾地址
0
    ldr  r3, [r0], #4       ; 将 DRAM 参数区的数据逐个传送到 0x48000000 起始的特殊功能寄存器区
    str  r3, [r1], #4
    cmp  r2, r0
    bne  %B0               ; 跳转到后向（Back）0 标号处运行
```

```
;  *******以下为主程序区*******
Main
          ldr  r1,=0x01010101
LOOP      mov  r1,r1,ror#1              ;循环右移一位
          ldr  r0,= 0x20005000         ;LED 灯的控制口地址为 0x20005000，后 8 位有效，高电平点亮
          str  r1,[r0]                 ;把 r1 的值赋给 LED 控制口地址，点亮对应的 LED 灯
          ldr  r2,=0xfffff             ;延时
L1        sub  r2,r2,#1
          cmp  r2,#0
          beq  LOOP                    ;r2 为 0 则跳转到继续移位
          b    L1                      ;r2 不为 0 继续延时
          LTORG
          END
```

（2）C 语言程序。此处 C 语言程序仅对应前面汇编语言程序中的主程序"Main"部分，异常向量表及存储器参数设置、裸机初始化部分仍然需要汇编语言程序实现。

```
//Main 函数
while(1)
{
      for(i=0;i<0x8;i++)
      {
          Uart_Printf("\r'%d'灯亮",i);
          LED_Display(i);
          Delay(1000);
      }
      for(i=0x8;i>0;i--)
      {
          Uart_Printf("\r'%d'灯亮",i-1);
          LED_Display(i);
          Delay(1000);
      }
}
//LED_Display 函数：
  void LED_Display(int data)
  {
   int tmp=0x01,ab=0;
   for(ab=0;ab<data-1;ab++)
   tmp=tmp<<1;
   *((U8*) 0x20005000) = tmp;          //LED 灯的地址为 0x20005000
  }
```

3.1.2 数码管显示实验

1. 实验目的

- 通过实验掌握利用外扩的三总线挂带外设的方法。
- 掌握八段数码管的显示控制方法。

2. 实验设备

- 硬件：CVT-2440 教学实验箱，ADT2000 JTAG 仿真器，PC 机。
- 软件：ADS IDE 集成开发环境、Windows98/2000/XP 操作系统。

3. 实验内容

编写程序使六个八段数码管循环显示 0～9、A～F 字符。

4. 实验电路

嵌入式系统中，经常使用八段数码管来显示数字或符号。八段数码管具有显示清晰、亮度高、使用电压低、寿命长的特点，因此使用非常广泛。

八段数码管由八个发光二极管组成，其中七个长条形的发光管排列成"日"字形，右下角一个点形的发光管作为显示小数点用。八段数码管主要可用于显示 0~F 等十六进制数（含十进制数）以及部分英文字母。八段数码管有共阴和共阳两种封装形式，前者是将一个数码管内的 8 个发光二极管的阴极（负极）连接在一起，而由各发光二极管阳极接收 8 位段码数据，段码中数据为 1（高电平）的段在阴极为 0（低电平）条件下将发光。后者是将一个数码管内的 8 个发光二极管阳极（正极）连接在一起，而由各发光二极管阴极接收段码数据，段码中数据为 0（低电平）的段在阴极为 1（高电平）条件下将发光。两种不同封装形式的发光二极管电路如图 3-4 所示。

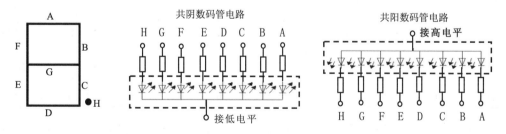

图 3-4　八段数码管的段码数据及引脚对应关系

用 8 段数码管可以构造出 0～F 共 16 个十六进制数，如表 3-2 所示。其数字对应的段码数据见表 3-3。

表 3-2　十六进制数 8 段数码管显示方式表

内容	显示结果	内容	显示结果	内容	显示结果	内容	显示结果
0		4		8		C	
1		5		9		D	
2		6		A		E	
3		7		B		F	

表 3-3　8 段数码管显示十六进制数段码数据表

字符	H	G	F	E	D	C	B	A	共阴极	共阳极
0	0	0	1	1	1	1	1	1	3FH	C0H
1	0	0	0	0	0	1	1	0	06H	F9H
2	0	1	0	1	1	0	1	1	5BH	A4H
3	0	1	0	0	1	1	1	1	4FH	B0H
4	0	1	1	0	0	1	1	0	66H	99H
5	0	1	1	0	1	1	0	1	6DH	92H
6	0	1	1	1	1	1	0	1	7DH	82H
7	0	0	0	0	0	1	1	1	07H	F8H
8	0	1	1	1	1	1	1	1	7FH	80H
9	0	1	1	0	1	1	1	1	6FH	90H
A	0	1	1	1	0	1	1	1	77H	88H
b	0	1	1	1	1	1	0	0	7CH	83H
C	0	0	1	1	1	0	0	1	39H	C6H
d	0	1	0	1	1	1	1	0	5EH	A1H
E	0	1	1	1	1	0	0	1	79H	86H
F	0	1	1	1	0	0	0	1	71H	78EH
-	0	1	0	0	0	0	0	0	40H	BFH
.	1	0	0	0	0	0	0	0	80H	7FH
熄灭	0	0	0	0	0	0	0	0	00H	FFH

　　八段数码管的显示方式静态显示和动态显示两种。静态显示是用一组数据及控制信号分别作用于固定的数码管，并且在数码管显示一个字符时送给数码管的段码数据保持不变。这种方式电路和程序实现简单，但电路资源利用率低。

　　动态显示是让多个数码管共享一组数据及控制信号线，并且利用人眼的视觉惰性快速变换为每位数码管提供的数据及控制信号，使得不同的数码管显示不同的字符。在程序实现过程中，这种方式利用了逐位快速轮循显示的方法，即在一个轮循显示周期中，让每位数码管在一定时间内都显示一次各自的数（段显示码）。当轮循显示周期的数目大于每秒钟 50 次时，人的眼睛就因视觉惰性而感觉到显示的是多位静止的 8 段数。图 3-5 是一个采用动态显示方式的 6 位共阳数码管及驱动电路原理电路图。

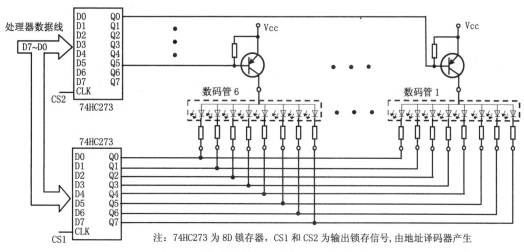

图 3-5　6 位共阳数码管动态显示原理电路

本实验的电路结构采用了与图 3-5 相同的动态显示方式，包含 SEG1~SEG6 共 6 位 8 段共阳数码管，电路如图 3-6。因篇幅限制，图中只画出了其中一位数码管 SEG6 的驱动电路，其他 5 位数码管的驱动电路与此相同。接口电路中的 U20 为 8D 锁存器 74HC273，用于锁存和驱动数码管的 8 个段数据，只有当锁存控制信号 CKL 有效时其输入数据采可以被传输到输出端。所需的锁存信号 nCS SEG1 来自系统地址译码电路（参见前图 1-5），对应端口地址为 0x20006000。U21 也是 8D 锁存器 74HC273，但只有 D5~D0 为有效位，用于锁存和驱动数码管的 6 个位选择信号，所需的锁存信号 nCS SEG2 对应端口地址为 0x20007000。

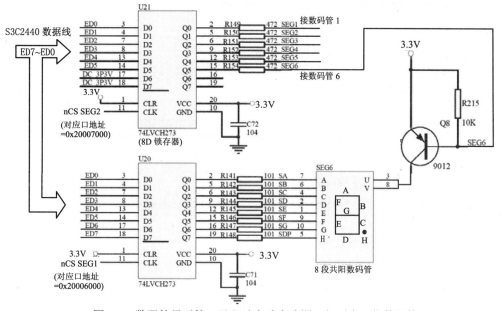

图 3-6　数码管显示接口及驱动实验电路图（仅画出 1 位数码管）

2 个锁存器的锁存控制信号 nCS SEG1、nCS SEG2 的属性见表 3-4。

表 3-4　　数码管接口电路锁存控制信号属性

信号名称	有效电平	端口地址	功能	数据宽度	读/写属性
nCS SEG1	低电平	0x20006000	数码管 8 位段数据锁存	8bit	W
nCS SEG2	地电平	0x20007000	数码管 6 个位选信号锁存	8bit	W

　　数码管采用动态显示方式，数码管的段数据驱动和位数据驱动都用了同一组数据信号 ED7~ED0。用户显示程序需先向地址 0x20006000 输出某位数码管的段码数据（所产生的 nCS SEG1 信号会将 8 位段码数据锁存在 U20 输出端），然后再向地址 0x20007000 输出 6 位仅其中一位为 0 的选择数据（所产生的 nCS SEG2 信号会将 6 位位选择数据锁存在 U21 输出端），此时只有 6 位数据中为 0 的位驱动的数码管显示 8 位段码数据的内容。经过一定的延时后（大约为 3.3mS），再输出下一数码管需要显示的段码及位码。不断重复前面过程，6 个数码管将显示出 6 个不同的数据。

5. 实验操作步骤

　　（1）将 ADT2000 仿真器的一端连接至 PC 机 USB 口，另一端连接实验箱 JTAG 口，用于系统调试及向目标板下载程序。再用串口线将实验箱 UART0 串口与 PC 机串口连接。

　　（2）在 PC 机上运行 Windows 自带的超级终端串口通信程序(波特率为 115200，1 个停止位，无校验位，无硬件流控制)

　　（3）　使用 ADS 集成开发环境，打开实验例程下 seg 子目录中的 seg.mcp 工程，并进行编译、链接，生成可下载的目标文件后下载到目标板上运行。

　　（4）观察超级终端输出内容，根据提示观察数码管的显示，如图 3-7 所示。

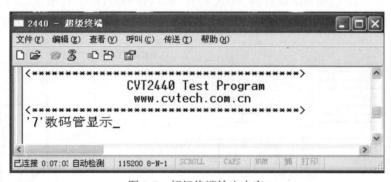

图 3-7　超级终端输出内容

　　（5）实验板上的四个八段数码管循环显示 0~F 字符。

　　（6）理解和掌握实验后可修改参考程序代码，按自己要求显示。

6. 实验参考程序

　　（1）汇编语言程序。"Main"标号前面的初始化程序与本章 2.3.1 节汇编语言程序 Main 标号之前的完全一样，故略之。

```
Main      ldr r4,=seg7table         ; r4 存储 seg7table 的地址
          ldr r2,=0x00              ; r2 记录数码管的值
LOOP      cmp r2,#0x0f              ; 比较数码管的值是否为 F
          bne L1                    ; 如果不为 F 则跳转到 L1
L2        cmp r2,#0x0               ; 比较数码管的值是否为 0
          beq L1                    ; 如果为数码管的值 0，则跳转到 L1
          ldr r0,=0x20007000        ; 数码管 6 个位选信号锁存器地址 nCS SEG2
          ldr r1,=0x00             ; 把数码管全部选定
          str r1,[r0]              ; 把 6 个数码管全部选定
          ldr r0,= 0x20006000      ; 数码管 8 位段数据锁存器地址 nCS SEG1
          sub r2,r2,#1             ; r2 减 1，即完成从 F 到 0 的显示
          add r1,r4,r2             ; r1 记录当前数码管数据所在的地址
          ldr  r1,[r1]            ; 把数码管所要显示的值加载到 r1 中
          str r1,[r0]             ; 显示数码管的值
          bl Delay                ; 延时
          b L2                    ; 跳转到 L2
L1        ldr r0,=0x20007000       ; 数码管 6 个位选信号锁存器地址 nCS SEG2
          ldr r1,=0x00            ; 把数码管全部选定
          str r1,[r0]            ; 把 6 个数码管全部选定
          ldr r0,= 0x20006000     ; 数码管 8 位段数据锁存器地址 nCS SEG1
          add r2,r2,#1            ; r2 加 1，即完成从 0 到 F 的显示
          add  r1,r4,r2           ; r1 记录当前数码管数据所在的地址
          ldrb r1,[r1]           ; 把数码管所要显示的值加载到 r1 中
          str r1,[r0]            ; 显示数码管的值
          bl Delay               ; 延时
          b LOOP                 ; 跳转到 LOOP
;以下为延时子程序
Delay     stmfd     sp!,{r8,r9,lr}; 保护当前现场
          ldr  r3,=0x8ffff;       ; 延时
LOOP1     sub r3,r3,#1
          cmp r3,#0
          bne LOOP1
          ldmfd   sp!,{r8,r9,pc}   ; 返回原程序
          LTORG
;以下为数码管显示字符数据区
          AREA RamData,DATA,READWRITE
seg7table DCB 0xc0,0xf9,0xa4,0xb0,0x99,0x92,0x82,0xf8,0x80,0x90,0x88,0x83,0xc6,0xa1,0x86,0x8e
          END
```

（2）C 语言参考程序如下。

```
//Main 函数
    while(1)
```

```
    {
        for(i=0;i<0xf;i++)
        {
            Seg_Display(i);
            Delay(1000);
        }
    }
//Seg Display 函数：
unsigned char seg7table[16] = {0xc0, 0xf9, 0xa4, 0xb0, 0x99, 0x92, 0x82, 0xf8, 0x80, 0x90, 0x88,
0x83, 0xc6,   0xa1, 0x86, 0x8e};/* 0, 1, 2, 3, 4, 5, 6, 7, 8, 9, A, B, C, D, E, F*/
void Seg_Display(int data)
{
    *((U8*) 0x20007000) = 0x00;              //选定所有的六个数码管
    *((U8*) 0x20006000) = seg7table[data];        //数码管显示所要求的数字
}
```

3.1.3 4×4 键盘实验

1. 实验目的

● 通过实验掌握行列式键盘工作原理及按键识别过程。
● 掌握 S3C2440 处理器系统下行列式键盘识别程序的设计思想及实现方法。

2. 实验设备

● 硬件：CVT-2440 教学实验箱，ADT2000 JTAG，PC 机。
● 软件：ADS IDE 集成开发环境，Windows 98/2000/XP 操作系统。

3. 实验内容

针对实验箱内的 4×4 行列式小键盘，编写行列扫描方式的按键识别程序，并将获得的按键扫描码转换为对应的十六进制值显示在 8 段数码管上。

4. 实验原理

键盘电路通常采用行列式结构形式，一个 4×4 的键盘接口电路见图 3-8。它由跨接在 4 根行线和 4 根列线交叉处的 16 个按键组成的，初始状态下 4 根行线和 4 根列线在电压作用下呈现高电平。行列式键盘电路通常采用的按键识别方法有行列扫描法和行列反转法。

（1）行列扫描法。它的实现原理是先向键盘 4 根行线输出某一行为低电平，其他行为高电平的行数据，然后读取列值，若某列值为低电平，则表明同时为低电平的行和列的交叉处按键被按下，否则扫描下一行。因输出低电平的行是从第一行开始逐行遍历的，故称行扫描法。行扫描法的优点是行值始终为输出，列值始终为输入，故接口电路简单。缺点是不同行列位置按键的识别时间不同。

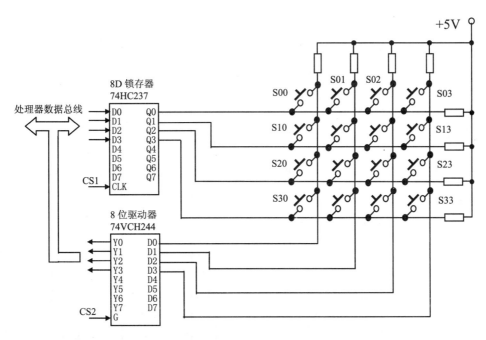

注：CS1 为输出锁存信号，CS2 为选通信号，由地址译码器提供。

图 3-8　行列式键盘结构及接口电路

（2）行列反转法。它是行列扫描法的改进方法，实现原理是输出所有行为低电平的行数据后读取列值，如果出现有低电平的列线值，表明有键按下。然后将原本用于读取（输入）数据的列线接口电路反转为输出并将读到的列值原封不动输出到原来的列线上，接着将原本用于输出数据的行线接口电路反转为输入并读入所有行值，输出的列值和读入的行值中同为低电平的行、列交叉位置就是按键位置，4 位行值和 4 位列值可组合成 8 位的扫描码，唯一表述某个按键。

（3）键盘识别程序的有关说明。第一，在上述两种行列式键盘识别方法中都需要先运行一段相同的是否有键按下的判断程序，实现原理是输出全部为低电平的行(或列)值，然后读列(或行)值。如果读到的数据出现有低电平的列值，表明有键按下。第二，由于按键大部分是由金属簧片制成的，按键按下时会产生"抖动"现象，即簧片会在按下的较短时间内(一般为几十微秒到几毫秒)像弹簧一样与触点时而接触时而断开，从而造成触点数据不稳定的情况。所以通常在读到首个键值后需要插入几毫秒的防抖动延迟时间，然后再重新读一次键值，结果相同则为可靠的按键值。第三，在上述行列式键盘的识别方法中，"行"和"列"是相对的，将行按列对待同时将列按行对待所实现的行扫描法效果是一样的。例如本实验箱的行列式键盘电路就采用了输出列值输入行值的电路结构方式。

5. 实验电路

实验箱上是 4×4 的键盘矩阵，有 16 个按键，由一块 74HC273 锁存器和 74LVCH244 缓冲器完成键盘识别。实验电路如图 3-9 所示。

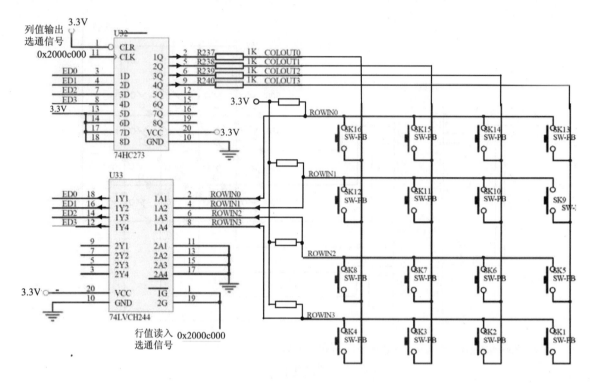

图 3-9 4×4 行列键盘及接口电路图

本实验电路采用了行列扫描式键盘接口电路，并且输出的是列数据，输入的是行数据。用于控制向行列式键盘输出列数据的接口电路是 8D 锁存器 74HC273，只有当控制信号 CLK 有效时，该器件输入端数据才会送达输出端，而提供 CLK 信号的是第 1 章图 1-5 所示的地址译码功能单元产生的 nCS KEYOUT 信号，对应的端口地址为 0x2000C000。用于控制从行列式键盘输入列数据的接口电路是 8 位数据缓存器 74LVCH244，只有当控制信号 1G 和 2G 同时有效时，该器件输入端(1A1~1A4)数据时才会送达输出端(1Y1~1Y4)，而提供此控制信号的是第 1 章图 1-5 所示的地址译码功能单元产生的 nCS KEYIN 信号，对应的端口地址也是 0x2000C000。基于该电路的按键识别程序实现过程如下（具体流程图如图 3-10 所示）。

（1）判断是否有键按下。S3C2440 处理器先通过 8D 锁存器 74HC273 的低 4 位向行列键盘输出全部为 0 的列数据，然后从 8 位数据缓存器 74LVCH244 的输出端低 4 位读入行值并判断是否有为 0 的行，如果没有就继续反复这一过程，如果有，表明有键按下，就转入后续的按键识别程序。

（2）向端口地址 0x2000C000 输出仅一位为 0（低电平）的列数据。

（3）从端口地址 0x2000C000 输入行数据。

（4）将 4 位列数据和 4 位行数据组合成 8 位的扫描码。

（5）将扫描码转换为键值。

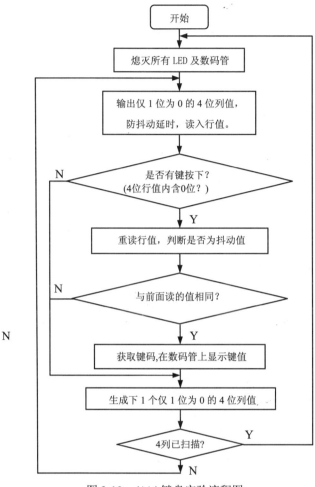

图 3-10　4×4 键盘实验流程图

6. 实验操作步骤

(1) 准备实验环境。使用 ADT 2000 JTAG 口连接目标板上的 JTAG 口，用于下载可执行的文件，使用串口线连接实验板上的 UART0 和 PC 机。

(2) 在 PC 机上运行 Windows 自带的超级终端通信程序(波特率为 115200，1 个停止位，无校验位，无硬件流控制)。

(3) 在 ADS IDE 集成开发环境下打开实验例程目录下 keyboard 子目录中的 keyboard.cmp 工程，编译、链接通过后，将可执行文件下载到目标板上运行。

(4) 观察超级终端输出的内容，如图 3-11 所示。

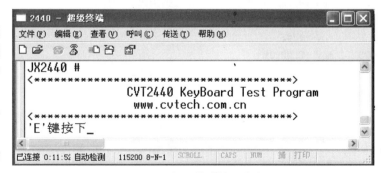

图 3-11　超级终端输出内容

（5）用户按下实验系统的 4×4 键盘，验证八段数码及串口的显示结果。

（6）理解和掌握实验后，编写程序采用其他的方式检测按键。

7. 实验参考程序

（1）汇编语言程序，裸机初始化程序与本章 3.1.1 节汇编语言程序内"Main"标号之前的完全一样，故略之。

```
Main
        ldr r0,=0x20005000      ; 熄灭所有的 LED
        ldr r1,=0x00
        str r1,[r0]
        ldr r0,=0x20006000      ; 熄灭所有的数码管
        ldr r1,=0x0ff
        str r1,[r0]
        ldr r0,=0x20007000
        ldr r1,=0x0
        str r1,[r0]
LOOP0   ldr r3,=0x1             ; r3 内最低位的 1 不断左移，标示扫描的列
LOOP1   cmp r3,#0x10            ; 当 1 移位到 D4 位时表明所有 4 列已全部扫描完
        beq LOOP0              ; 如果全部扫描完，则重新扫描
        ldr r2,=0x0ff          ;
        bic r2,r2,r3           ; 根据 r3 内 1 的位置清零 r2 内对应位，保持 r2 低 4 位内仅 1 位为 0
        ldr r0,=0x2000c000     ; 设置列数据锁存器 74HC273 选通信号地址
        str r2,[r0]            ; 将仅含 1 位为 0 的列数据输出到键盘所有列
        bl Delay              ; 延迟，防抖动
        ldr r0,=0x2000c000     ; 设置行数据驱动器 74LVCH244 选通信号地址
        ldr r1,[r0]            ; 读取键盘 4 位行数据赋予 r1
        and r1,r1,#0x0f        ; 只保留读取数据的低 4 位，高位清 0
        cmp r1,#0x0f           ; 判断 r1 内的低 4 位行数据是否有为 0 的位（是否有键按下）
        bne LOOP2             ; 如果不相等则说明有为 0 的位（有按键按下），跳转到 LOOP2
        mov r3,r3,lsl #1       ; 如果相等则说明没有按键按下，r3 左移一位，扫描下一列
        b LOOP1               ; 继续扫描
LOOP2   bl Delay              ; 延时
        mov r4,r1             ; 将 r1 的值赋给 r4
        and r3,r3,#0x0f        ; 列扫描码
        and r4,r4,#0x0f        ; 行扫描码
        mov r2,#0x0           ; r2 清零，r2 记录列号
        mov r1,#1
LOOP3   mov r0,#0x0f
        bic r0,r0,r1          ;r0 按位取反
        cmp r0,r4            ;比较 r0 与 r4 的值
        beq LOOP4            ;如果相等则跳转到 LOOP4
        mov r1,r1,lsl #1      ;r0 左移一位
        add r2,r2,#1         ;r2 加 1
        b LOOP3
LOOP4   mov r4,r2            ;保存列号
```

```
                mov r2, #0x0             ;r2 清零，此时 r2 保存行号
LOOP5           mov r0, #0x1
                mov r0, r0, lsl r2       ;r0 左移 r2 位
                cmp r0, r3              ;r0 与 r3 比较
                beq LOOP6              ;相等则跳转到 LOOP6
                add r2, r2, #1          ;r2 加 1
                b LOOP5
LOOP6           ldr r0, =seg7table      ;取 seg7table 的地址
                mov r4, r4, lsl #2
                add r4, r4, r2          ;r4 保存偏移地址
                add r0, r0, r4          ;取键值的地址
                ldrb r1, [r0]           ;取键值

                ldr r0, =0x20006000     ;数码管数据口地址
                str r1, [r0]
                ldr r0, =0x20007000     ;数码管控制口地址
                mov r1, #0x00           ;把数码管全部选定
                str r1, [r0]            ;点亮数码管
                b LOOP0
                LTORG
Delay                                   ; 延时子程序
                stmfd  sp!, {r8, r9, lr}  ; 保存现场
                ldr r7, =0x62
LOOP9           ldr r6, =0x50
LOOP8           sub r6, r6, #1
                cmp r6, #0
                bne LOOP8
                sub r7, r7, #1
                cmp r7, #0
                bne LOOP9
                ldmfd  sp!, {r8, r9, pc}  ; 恢复现场并返回主程序
                LTORG
        AREA RamData, DATA, READWRITE
seg7table DCB 0x8e, 0x83, 0x88, 0xc0, 0x86, 0x90, 0x80, 0xf8, 0xa1, 0x82, 0x92, 0x99, 0xc6, 0xb0, 0xa4, 0xf9
        END
```

（2）C 语言参考程序如下。

```
//Main 函数（部分）:
    while(1)
    {
        unsigned char ch;
        ch = Key_GetKeyPoll();        //查询是否有按键按下，如果有函数返回按键值
        if(ch != 0)
        {
            Seg_Display(ch);
```

```c
            Uart_Printf("\r'%c'键按下", ch);
        }
    }
//Key_GetKeyPoll()函数:
char Key_GetKeyPoll()
{
    int row;
    unsigned char  ascii_key, input_key, input_key1, key_mask = 0x0F;
    for( row = 0; row < 4; row++)
    {
    *keyboard_port_scan = output_0x10000000 & (~(0x00000001<<row));   //将row列置低电平
        Delay(3);                               // 延时
        input_key = (*keyboard_port_value) & key_mask; // 并获取第一次扫描值 //
        if(input_key == key_mask)   continue;       // 没有按键
            // 延时，再次获取扫描值，如果两次的值不等，则认为是一个干扰
        Delay(3);
        if ((((*keyboard_port_value) & key_mask) != input_key) continue;// 等待按键松开
        while(1)
        {
        *keyboard_port_scan = output_0x10000000 & (~(0x00000001<<row));//置row列低电平
            Delay(3);
            input_key1 = (*keyboard_port_value) & key_mask;//并获取第一次扫描值
                if(input_key1 == key_mask)  break;          //没有按键
        }
                ascii_key = key_get_char(row, input_key);  查表
        return ascii_key; //显示结果
    }
    return 0;
}
//Seg_Display 函数
#define U8 unsigned char
unsigned char seg7table[16] = {
// 0    1    2    3    4    5    6    7    8    9    A    B    C    D    E    F
0xc0, 0xf9, 0xa4, 0xb0, 0x99, 0x92, 0x82, 0xf8, 0x80, 0x90, 0x88, 0x83, 0xc6, 0xa1, 0x86, 0x8e,
};
void Seg_Display(char seg_data)
{
    int seg_data1=0;
    if(seg_data>='0'&&seg_data<='9')
    seg_data1=seg_data-'0';
    else
    seg_data1=seg_data-'A'+10;
    *((U8*)0x20007000)=0x00;
    *((U8*)0x20006000)=seg7table[seg_data1];
}
```

```
//Key_get_char 函数
char key_get_char(int row, int col)
{
    char key = 0;
    switch( row )
    {
    case 0:
        if((col & 0x01) == 0) key = 'F';
        else if((col & 0x02) == 0) key = 'E';
        else if((col & 0x04) == 0) key = 'D';
        else if((col & 0x08) == 0) key = 'C';
        break;
    case 1:
        if((col & 0x01) == 0) key = 'B';
        else if((col & 0x02) == 0) key = '9';
        else if((col & 0x04) == 0) key = '6';
        else if((col & 0x08) == 0) key = '3';
        break;
    case 2:
        if((col & 0x01) == 0) key = 'A';
        else if((col & 0x02) == 0) key = '8';
        else if((col & 0x04) == 0) key = '5';
        else if((col & 0x08) == 0) key = '2';
        break;
    case 3:
        if((col & 0x01) == 0) key = '0';
        else if((col & 0x02) == 0) key = '7';
        else if((col & 0x04) == 0) key = '4';
        else if((col & 0x08) == 0) key = '1';
        break;
    default:
        break;
    }
        return key;
}
```

3.2 嵌入式处理器的 GPIO 口外设扩展应用

——GPIO 口跑马灯实验

1. 实验目的

● 熟悉 ARM 芯片 I/O 口编程配置方法。

● 通过实验掌握 ARM 芯片 I/O 口控制 LED 显示的方法。

2. 实验设备

● 硬件：CVT-2440 开发实验板，JTAG 仿真器及 PC 机。
● 软件：ADS1.2 集成开发环境，Windows 98/2000/XP 操作系统。

3. 实验内容

　　嵌入式处理器的 GPIO 口通常是多功能复用引脚，通过将 GPIO 编程为通用输出口，并驱使 LED 变换显示。掌握 GPIO 口的设置方法，熟悉 S3C2440 的 GPIO 口配置寄存器。

4. 实验电路及实验原理

　　（1）实验电路。本实验要求通过 S3C2440 的 4 个 GPIO 口 GPE7~GPE10，在程序的作用下驱使 4 个发光二极管不断地变换显示(俗称跑马灯)，电路连接如图 3-12 所示。

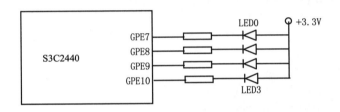

图 3-12　GPIO 应用例采用的电路

　　发光二极管 LED0~LED3 正极接 3.3V 电源，负极通过限流电阻和芯片的 GPE7~GPE10 引脚相连。当设置 GPE7~GPE10 为输出后，通过向 PDATE 寄存器中相应的位写入 0 或 1 可以使管脚 GPE7~GPE10 输出低电平或高电平。当管脚输出低电平时，LED 点亮；当管脚输出高电平时，LED 熄灭。

　　（2）实验原理。S3C2440 芯片共有 130 个 GPIO 多功能 I/O 引脚，分成 A、B、C、D、E、F、G、H、J 共 9 组端口分别进行编程管理。每组端口都可以通过各自的 GPIO 控制寄存器选择每个引脚的功能，被选择为通用输入/输出的引脚通过对各组数据寄存器的读/写实现数据的输入/输出，而那些被选择为专属某个特定功能部件的引脚只能服务于该功能部件，否则需要重新设置。这些引脚在起作用之前一定要通过它们所属组的控制寄存器进行功能设置，否则它们将按照控制寄存器内的初始值所规定的功能工作。

　　本实验所用的 GPE7~GPE10 引脚所属 E 组功能及编程相关寄存器说明见表 3-5～3-9。

表 3-5　E 组 GPIO 引脚功能表

GPE引脚	引脚可选的功能			
GPE15	输入/输出	IICSDA	—	—
GPE14	输入/输出	IICSCL	—	—
GPE13	输入/输出	SPICLK0	—	—
GPE12	输入/输出	SPIMOSI0	—	—

续表

GPE引脚	引脚可选的功能			
GPE11	输入/输出	SPIMISO0	—	—
GPE10	输入/输出	SDDAT3	—	—
GPE9	输入/输出	SDDAT2	—	—
GPE8	输入/输出	SDDAT1	—	—
GPE7	输入/输出	SDDAT0	—	—
GPE6	输入/输出	SDCMD	—	—
GPE5	输入/输出	SDCLK	—	—
GPE4	输入/输出	I2SSDO	AC_SDATA_OUT	—
GPE3	输入/输出	I2SSDI	AC_SDATA_IN	—
GPE2	输入/输出	CDCLK	AC_nRESET	—
GPE1	输入/输出	I2SSCLK	AC_BIT_CLK	—
GPE0	输入/输出	I2SLRCK	AC_SYNC	—

表 3-6　E 组 GPIO 相关寄存器端口地址及初始值

名称	地址	读/写	功能描述	初始值
GPECON	0x56000040	R/W	E组GPIO引脚功能设置寄存器	0x0
GPEDAT	0x56000044	R/W	E组GPIO引脚I/O数据寄存器	未定义
GPEUP	0x56000048	R/W	E组GPIO引脚上拉电阻寄存器	0x0

表 3-7　E 组控制寄存器 GPECON 的位功能表

GPE引脚	寄存器位	位功能
GPE15	[31:30]	00 = 输入，01 = 输出，10 = IICSDA，11 = 保留（漏极开路无上拉电阻）
GPE14	[29:28]	00 = 输入，01 = 输出，10 = IICSCL，11 = 保留（漏极开路无上拉电阻）
GPE13	[27:26]	00 = 输入，01 = 输出，10 = SPICLK0，11 = 保留
GPE12	[25:24]	00 = 输入，01 = 输出，10 = SPIMOSI0，11 = 保留
GPE11	[23:22]	00 = 输入，01 = 输出，10 = SPIMISO0，11 = 保留
GPE10	[21:20]	00 = 输入，01 = 输出，10 = SDDAT3，11 = 保留
GPE9	[19:18]	00 = 输入，01 = 输出，10 = SDDAT2，11 = 保留
GPE8	[17:16]	00 = 输入，01 = 输出，10 = SDDAT1，11 = 保留
GPE7	[15:14]	00 = 输入，01 = 输出，10 = SDDAT0，11 = 保留
GPE6	[13:12]	00 = 输入，01 = 输出，10 = SDCMD，11 = 保留
GPE5	[11:10]	00 = 输入，01 = 输出，10 = SDCLK，11 = 保留
GPE4	[9:8]	00 = 输入，01 = 输出，10 = I2SDO，11 = AC_SDATA_OUT
GPE3	[7:6]	00 = 输入，01 = 输出，10 = I2SDI，11 = AC_SDATA_IN
GPE2	[5:4]	00 = 输入，01 = 输出，10 = CDCLK，11 = AC_nRESET
GPE1	[3:2]	00 = 输入，01 = 输出，10 = I2SSCLK，11 = AC_BIT_CLK
GPE0	[1:0]	00 = 输入，01 = 输出，10 = I2SLRCK，11 = AC_SYNC

表 3-8　E 组数据寄存器 GPECON 的位功能表

GPEDAT	寄存器有效位	位功能
GPE[15:0]	[15:0]	每位对应一根引脚，有3种可选功能。当引脚设置为输入时，位状态就是引脚状态，当引脚设置为输出时，位状态就是引脚状态。而设置为其他功能单元辅助信号的引脚，状态不定

表 3-9　E 组上拉电阻设置寄存器 GPEUP 的位功能

GPEUP	寄存器有效位	位功能描述
GPE[13:0]	[13:0]	每位对应一根引脚，0 = 上拉电阻连接，1 = 上拉电阻断开

由此可以看出，本实验用到的 GPE7~GPE10 引脚可以程序设置为：输入、输出或 SD 卡控制器的 4 位数据信号线 SDDAT0~SDDAT3。初始值 0x0 设定的功能为输入，本实验需要的功能为输出，所以对应 GPE7~GPE10 的数据位需要设置为 GPE[21:14]=01010101B，组内其余引脚保留初始值 0，则最终需要设置的控制寄存器值为：0x00154000。另外需保持各引脚的内部上拉电阻为默认的连通状态（注：本例中的 LED 为低电平驱动，可以不要内部上拉电源的支持，若将这些引脚设置为上拉电阻断开态可以减少功耗）。

5. 实验程序流程框图

本程序主要为进行嵌入式裸机系统必须首先完成的系统初始化工作，包括：建立异常向量表、设置预存存储器参数、设置系统时钟频率、利用预存的存储器参数初始化处理器内嵌的存储器控制器。本实验程序流程框图如图 3-13 所示。

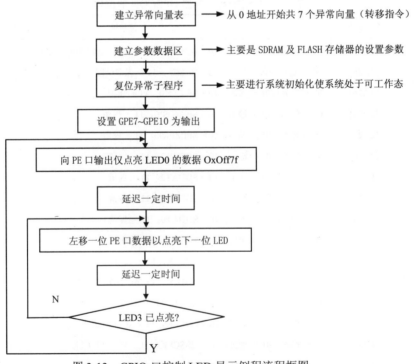

图 3-13　GPIO 口控制 LED 显示例程流程框图

6. 实验参考程序

（1）汇编语言参考程序。程序从地址 0x00 开始到标号"Main"之前的内容与本章 3.1.1 节汇编语言程序内标号"Main"之前的完全一样，故略之。本程序由于增加了对 GPIO 的操作，所以需要在数据的符号化定义区增加针对 GPIO 相关口地址的定义段。

```
;******口地址及数据定义区******
;以下为需要在数据符号化定义区增加的 GPIO 定义语句
pGPECON        EQU  0x56000040    ; GPIO E 口控制寄存器地址
pGPEDAT        EQU  0x56000044    ; GPIO E 口控制寄存器地址
pGPEUP         EQU  0x56000048    ; E 口上拉电阻控制寄存器地址。本例为低电平驱动不需要上拉电阻
;**其他的数据符号化定义语句以及从 0x00 开始到标号 Main 之间的程序可引用前面程序内容，此处省略**
; 以下为主程序，实现 LED3~LED0 逐位点亮并循环往复
Main
                ldr r0, =pGPECON       ; GPIO 口 E 组控制寄存器口地址
                ldr r1, =0x0015400     ; 设置 GPE7~GPE10 为输出，其余为初始态
                str r1, [r0]
aa              ldr  r6, =pGPEDAT      ; 向 PE 口输出数据 0xef
                ldr  r7, =0x0000ff7f   ; 仅点亮 LED0，即仅 GPEDAT[7]=0，其余有效位为 1
                str  r7, [r6]
                ldr  r0, =0xfffff
bb              sub  r0, r0, #1        ;延迟
                bne  bb
dd              ldr  r7, r7, LSL#1     ; 0 左移一位，显示下一位
                str  r7, [r6]
                ldr  r0, =0xfffff
cc              sub  r0, r0, #1        ; 延迟
                bne  cc
                and  r7, r7, #0x000400 ; LED3 已点亮？即 GPEDAT[10]=0？
                bne  dd
                b    aa
                LTORG
                END
```

（2）C 语言参考程序，对应上面汇编语言的 main 程序部分，请自行编写。

3.3 嵌入式处理器的中断系统

——S3C2440 中断实验

1. 实验目的

● 掌握 S3C2440 处理器的中断处理机制及中断响应过程。
● 掌握与 S3C2440 中断相关寄存器的运用及中断系统编程方法。

2. 实验设备

● 硬件：CVT-2440 教学实验箱、JTAG 仿真器及 PC 机。
● 软件：PC 机操作系统 Windows 98/2000/XP、ADS 1.2 集成开发环境。

3. 实验内容及要求

（1）运用 ADS 集成开发环境进行汇编语言应用程序的编辑、编译、链接、调试及运行。

（2）实践 S3C2440 裸机系统下基于中断方式的应用程序构建、中断源的判别、外部中断源 EINTn 的使用及程序编写过程。

（3）重点理解裸机系统主程序内建立中断响应所需的环境和初始化设置功能模块编程的过程及方法，以及中断处理程序的组成及编写方法。

（4）以实验箱内与按钮连接的外部中断 Eint3 为中断源，按一次按钮产生一次中断请求。编程实现以下中断处理应用要求：每中断一次就将实验箱上的发光二极管 LED0~LED3 依次点亮后再熄灭；每中断一次进行一次加 1 计数，在使十六进制数显示在发光二极管 LED0~LED3 的同时也显示在 8 段数码管上。

4. 实验操作步骤

（1）准备实验环境：使用 JTAG 线将 ADT2000 仿真器和 CVT-2440 教学实验箱连接起来。

（2）在 PC 机上打开 ADS 集成开发环境，新建 ARM Executive Image 项目，输入程序，编译、链接后，通过 AXD 调试器将程序下载到目标板。

（3）编辑、编译、链接、运行调试实验程序，选择相应的功能模块，观察实验结果。如果正确，每按下一次中断信号按钮后实验板会响应外部中断，并将在实验箱上的发光二极管 LED0~LED3 及 8 段数码管上观察到正确的结果。

5. 实验原理电路

在图 3-14 中，当按下中断信号按钮时将产生 EINT3 中断请求信号，处理器响应中断后在中断处理程序内向 LED 以及 8 段数码管输出显示数据。

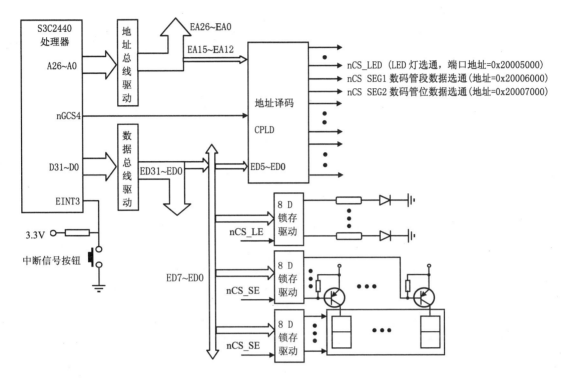

图 3-14　中断实验电路

6. 实验程序流程框图

本实验外部中断 EINT3 常态为高电平，当按下 INT 按钮将使 EINT3 引脚产生低电平。实验设置 EINT3 引脚中断有效信号为下降沿触发。与中断响应有关并且需要进行设置的寄存器包括：GPIO F 组控制寄存器 GPFCON、中断模式寄存器 INTMOD、中断屏蔽寄存器 INTMSK、外部中断控制寄存器 EXTINT0。具体针对裸机系统的编程过程包括：

（1）建立异常向量表；

（2）预存存储器设置参数；

（3）初始化时钟及存储器单元；

（4）编写中断源判别子程序；

（5）为程序中用到的工作模式分配堆栈区并初始化各自的堆栈指针；

（6）初始化与 INT3 中断有关的 F 组 GPIO 及中断相关寄存器；

（7）向 LED 输出初始值，开放并等待中断；

（8）编写中断处理子程序，变换 LED 的输出值、清除中断悬挂寄存器、中断返回；

（9）在可执行代码以外的区域建立二级中断向量表。

以上程序实现过程中的前 3 步可以参考本章前面各实验内容。其余步骤流程图如图 3-15 所示。

图中所示的程序流程中与中断处理相关的主程序及中断处理子程序内容详细描述如下。

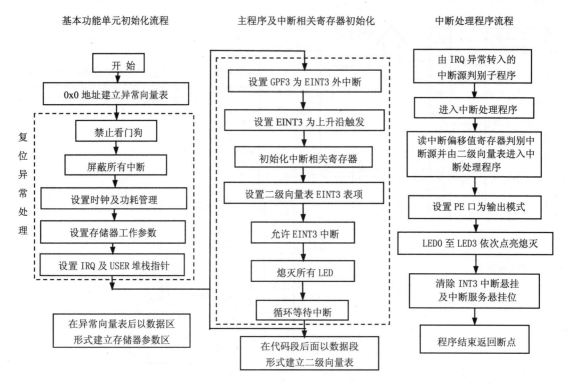

图 3-15　S3C2440 中断处理过程编程流程图

（1）建立两级向量表。异常向量表：以跳转指令形式建立在以 0x00000000 地址起始的 8 个字单元中。二级中断向量表：以数据段形式建立在代码段后面，预留 128 字节空单元。

（2）基本功能单元初始化部分。它为程序中用到的各工作模式分配堆栈区并设置堆栈指针值(注意转换工作模式)。

（3）主程序内与中断处理有直接关系的程序模块。设置 INT3 工作模式为 IRQ（此过程中需要屏蔽所有中断）；初始化与中断源 INT3 有关的 GPIO 寄存器；提取中断处理程序入口地址并写入二级向量表中为 INT3 预留的字单元；开放所有可能禁止中断的因素。

（4）中断处理子程序有以下相关内容。

中断源判别子程序部分。处理器响应中断时首先由异常向量表内 IRQ 异常跳转进入子程序，程序完成中断源判别并寻址转移到后续的中断处理程序中。

中断处理程序部分。第一，修正 LR 为 LR-4。因 ARM 处理器的三级流水线编程结构，使得处理器自动保存的 PC 值是当前指令地址加 8（ARM 指令时），所以实际的返回地址需要将保存的 PC 值减 4。第二，保存现场。由于处理器响应 IRQ 中断时自动完成的内部事务移交有：PC 值保存到 LR、CPSR 保存到 SPSR 中、CPSR 内的 I 位置 1(禁止 IRQ 再次中断)、PC 值设为 0x00000018，因此其他将被中断处理程序破坏的寄存器内容需要用户编写程序加以保存。例如：中断服务实体程序；如果允许中断嵌套需要将 CPSR 内的 I 位清 0；清 0 有关的悬挂寄存器当前响应位；将 LR 值设置到 PC 内返回被中断程序。

在中断处理程序中，为了防止堆栈区的溢出，首先要认真评估堆栈区的大小，同时在中断处理时要尽量减少函数调用的层次，否则将产生一些不可预知的错误。

（5）S3C2440 处理器的 IRQ 中断处理过程如下：当某中断源发出中断请求时，CPU 在完成内部事务移交后置 PC 为 0x00000018，执行其中的跳转指令，进入中断源识别程序段运行；中断源识别程序段根据偏移地址寄存器 INTOFFSET 产生二级向量表内的偏移地址，然后与二级向量表起始地址相加生成的新的向量表地址，并执行其中的跳转指令，进入中断处理程序运行；执行完中断处理程序后返回被中断程序断点处继续运行后面程序。

7．实验参考程序

（1）实验参考程序 1。本程序主要实现外部中断 EINT3 的中断响应。实验结果为按一次 EINT3 按钮就进行一次中断处理程序的执行，实现二极管(LED3~LED0)的依次点亮。汇编语言程序如下。

```
;******口地址及数据符号化定义区******
pWTCON        EQU  0x53000000   ; 看门狗定时器口地址
pLOCKTIME     EQU  0x4c000000   ; 锁定时间计数值寄存器地址
pCLKDIVN      EQU  0x4c000014   ; 时钟控制寄存器地址
pUPLLCON      EQU  0x4c000008   ; 锁相环 UPLL 控制寄存器地址
pMPLLCON      EQU  0x4c000004   ; 锁相环 MPLL 控制寄存器地址
pBWSCON       EQU  0x48000000   ; 设置数据总线宽度与等待状态控制寄存器地址
pSRCPND       EQU  0x4a000000   ; 中断源悬挂寄存器地址
pINTPND       EQU  0x4a000010   ; 中断悬挂寄存器地址
pINTMOD       EQU  0x4a000004   ; 中断模式寄存器地址
pINTMSK       EQU  0x4a000008   ; 中断屏蔽寄存器地址
pINTSUBMSK    EQU  0x4a00001c   ; 子中断源屏蔽寄存器地址
pINTOFFSET    EQU  0x4a000014   ; 中断源偏移地址寄存器地址
pGPFCON       EQU  0x56000050   ; GPIO F 口控制寄存器地址
pGPFUP        EQU  0x56000058   ; F 口上拉电阻控制寄存器地址
DATA_EREA     EQU  0x33FF_FF00  ; IRQ 中断二级向量表起始地址
vCLKDIVN      EQU  0x4          ; 时钟分频控制寄存器值，DIVN_UPLL=0b,HDIVN=10b,PDIVN=0b
vUPLLCON      EQU  0x00038022   ; UPLL 控制寄存器值，Fin=12M,Uclk=48M,MDIV=0x38,PDIV=2,SDIV=2
vMPLLCON      EQU  0x0005c011   ; MPLL 控制寄存器值，Fin=12M,Fclk=400M,SDIV=1,PDIV=1,MDIV=0x5c
;*****以下为各存储器 BANK 数据宽度设置数据*****
DW16          EQU  (0x1)
DW32          EQU  (0x2)
B1_BWSCON     EQU  (DW16)       ; BANK1 预留数据宽度设置参数
B2_BWSCON     EQU  (DW16)       ; BANK2 预留数据宽度设置参数
B3_BWSCON     EQU  (DW16)       ; BANK3 预留数据宽度设置参数
B4_BWSCON     EQU  (DW32)       ; BANK4 预留数据宽度设置参数
B5_BWSCON     EQU  (DW16)       ; BANK5 预留数据宽度设置参数
B6_BWSCON     EQU  (DW32)       ; SDRAM(K4S561632C) 32MBx2, 32bit
B7_BWSCON     EQU  (DW32)       ; BANK7 预留数据宽度设置参数
;***** Bank 0 存储器参数区*****
B0_Tacs       EQU  0x3          ;0clk
```

```
B0_Tcos          EQU  0x3              ;0clk
B0_Tacc          EQU  0x7              ;14clk
B0_Tcoh          EQU  0x3              ;0clk
B0_Tah           EQU  0x3              ;0clk
B0_Tacp          EQU  0x1
B0_PMC           EQU  0x0              ;normal
;***** Bank 6 SDRAM 存储器参数区
B6_MT            EQU  Qx3              ; SDRAM
B6_Trcd          EQU  0x1              ; 3clk
B6_SCAN          EQU  0x1              ; 9bit
;***** SDRAM 动态存储器所需的刷新参数区
REFEN            EQU  0x1              ; 刷新允许
TREFMD           EQU  0x0              ; CBR(CAS before RAS)/自动刷新
Trp              EQU  0x1              ; 3clk
Tsrc             EQU  0x1              ; 5clk    Trc= Trp(3)+Tsrc(5) = 8clock
Tchr             EQU  0x2              ; 3clk
REFCNT           EQU  1268             ; 1268;1463 ;HCLK=105MHz, (2048+1-7.81*100);75M->1463
;*******以下数据为 CPSR 中各工作模式的设置位信息********
USERMODE         EQU  0x10             ; 用户模式
IRQMODE          EQU  0x12             ; IRQ 模式
SVCMODE          EQU  0x13             ; 管理模式
MODEMASK         EQU  0x1f             ; 预定义的屏蔽数据，用于清 0 CPSR 各模式位
NOINT            EQU  0xc0             ; 预定义的屏蔽数据，用于清 0 CPSR 内的 I、F 位
; *****以下数据为管理模式、IRQ 模式及用户模式堆栈指针数据******
UserStack        EQU  0x33ff4800       ; 用户模式堆栈区起始地址
SVCStack         EQU  0x33ff5800       ; 管理模式堆栈区起始地址
IRQStack         EQU  0x33ff7000       ; IRQ 模式堆栈区起始地址


;*******以下为代码区********
     AREA     Init,CODE,READONLY
     ENTRY
     EXPORT   __ENTRY
__ENTRY
ResetEntry                        ; 以下为异常向量表，仅复位异常和 IRQ 中断有定义
     b   _reset                   ; 跳转到复位异常处理程序 _reset 去运行
     b   .                        ; 死循环，为未定义指令异常预留
     b   .                        ; 死循环，为软件中断异常预留
     b   .                        ; 死循环，为指令预取中止异常预留
     b   .                        ; 死循环，为数据访问中止异常预留
     b   .                        ; 死循环，为 ARM 公司预留
     b   IsrIRQ                   ; 跳转到中断源判别程序 IsrIRQ 去运行
     b   .                        ; 死循环，为快中断 FIQ 预留
```

SMRDATA 　　　　　　; 以下为预存的 SDRAM 参数, 包括数据宽度, 刷新模式和频率, 存储器容量等
DCD
(0+(B1_BWSCON<<4)+(B2_BWSCON<<8)+(B3_BWSCON<<12)+(B4_BWSCON<<16)+(B5_BWSCON<<20)+(B6_BWSCON<<
24)+(B7_BWSCON<<28))
DCD (B0_Tacs<<13)+(B0_Tcos<<11)+(B0_Tacc<<8)+(B0_Tcoh<<6)+(B0_Tah<<4)+(B0_Tacp<<2)+(B0_PMC))
DCD (B4_Tacs<<13)+(B4_Tcos<<11)+(B4_Tacc<<8)+(B4_Tcoh<<6)+(B4_Tah<<4)+(B4_Tacp<<2)+(B4_PMC))
DCD ((B6_MT<<15)+(B6_Trcd<<2)+(B6_SCAN))　　　　　　　　　　　　　　　　　　　;GCS6
DCD ((REFEN<<23)+(TREFMD<<22)+(Trp<<20)+(Tsrc<<18)+(Tchr<<16)+REFCNT)
DCD 0x32　　　　;SCLK power saving mode, BANKSIZE 128M/128M
DCD 0x30　　　　;MRSR6 CL=3clk
DCD 0x30　　　　;MRSR7 CL=3clk
;*****以下 IsrIRQ 为中断源判别程序, 作用是读取 INTOFFSET 内容并计算出所寻址的中断向量在二级向量
;表内的偏移地址, 然后与 IRQ 二级向量表起始地址相加生成向量表地址, 将地址内的向量送入 PC, 进入中
;断处理程序运行*****
IsrIRQ　　　　　　　　　　　; 中断源判别子程序, 在响应中断时调用
　　　sub sp, sp, #4　　　　　　; 在堆栈为最终索引出的二级向量表内容(中断处理程序地址)预留字空间
　　　stmfd　　sp!, {r8-r9}　　; 压栈保存 r8 和 r9 内容
　　　ldr r9, =pINTOFFSET
　　　ldr r9, [r9]　　　　　　; 将中断偏移值寄存器 INTOFFSET 内容读到 r9
　　　ldr r8, =HandleEINT0　　; 将二级向量表起始地址送 r8 (本实验 HandleEINT0=0x33FF_FF00)
　　　add r8, r8, r9, lsl #2　; r9=INTOFFSET 值×4 = 二级向量表偏移地址, r8=r8+r9=向量地址
　　　ldr r8, [r8]　　　　　　; r8=向量内容 (中断处理程序地址)
　　　str r8, [sp, #8]　　　　; 先将向量内容存入前面预留的堆栈字单元
　　　ldmfd　　sp!, {r8-r9, pc}; 从堆栈恢复 r8 和 r9, 同时将向量内容(中断处理程序地址)送入 PC
　　　LTORG
_reset　　　　　　　　　　　; 复位异常处理程序, 是开机或复位后首先运行的程序
　　　ldr r0, =pWTCON　　　　; 关闭看门狗定时器
　　　ldr r1, =0x0
　　　str r1, [r0]
　　　ldr r0, =pINTMSK
　　　ldr r1, =0xffffffff　　;关闭所有一级中断请求, 中断屏蔽寄存器 32 位有效位, 1=关闭, 0=开通
　　　str r1, [r0]
　　　ldr r0, =pINTSUBMSK
　　　ldr r1, =0x7fff　　　　;关闭所有子中断(二级中断)请求, 0~14 位为有效位。1=关闭, 0=开通
　　　str r1, [r0]
　　　ldr r0, =pLOCKTIME　　;设置 PLL 锁定时间。0~15 位=MPLL 锁定时间, 16~31 位=UPLL 锁定时间
　　　ldr r1, =0x00ffffff
　　　str r1, [r0]
　　　ldr r0, =pCLKDIVN　　　; 时钟分频控制寄存器
　　　ldr r1, =vCLKDIVN　　　; vCLKDIVN=0x04。UCLK=UPLL, HCLK=FCLK/4, PCLK=HCLK=100M
　　　str r1, [r0]　　　　　　; 设置时钟控制寄存器内容
　　　ldr r0, =pUPLLCON　　　; 设置 UPLL
　　　ldr r1, =vUPLLCON　　　; Fin=12MHz, UCLK=48MHz

```
        str   r1, [r0]
        nop                          ; S3C2440 要求对 UPLL 设置后至少需要延时 7 个时钟周期
        nop
        nop
        nop
        nop
        nop
        nop
        ldr   r0, =pMPLLCON          ; 设置 MPLL
        ldr   r1, =vMPLLCON          ; Fin=12MHz, FCLK=400MHz
        str   r1, [r0]
;**** 设置 SDRAM 存储器参数，最多 13 个，占 52 字节****
        adrl  r0, SMRDATA            ; SDRAM 参数区起始地址
        ldr   r1, =pBWSCON           ; 特殊功能寄存器区内存储器参数区首地址=0x48000000
        add   r2, r0, #52            ; SMRDATA 参数区结尾地址
0
        ldr   r3, [r0], #4           ; 将 DRAM 参数区的数据逐个传送到 0x48000000 起始的特殊功能寄存器区
        str   r3, [r1], #4
        cmp   r2, r0
        bne   %B0                    ; 跳转到后向（Back）0 标号处运行
;********初始化可能用到的不同工作模式下的堆栈区，即设置它们的堆栈指针********
InitStacks                           ; 初始化可能用到的工作模式下的堆栈区
        mrs   r0, cpsr
        bic   r0, r0, #MODEMASK|NOINT  ; 清 0，CPSR 内的工作模式位，以及 I、F 位(允许中断)
        orr   r1, r0, #IRQMODE
        msr   cpsr_cxsf, r1          ; IRQ 模式
        ldr   sp, =IRQStack          ; IRQ 堆栈指针=0x33FF_7000
        orr   r1, r0, #USERMODE
        msr   cpsr_cxsf, r1          ; 用户模式
        ldr   sp, =UserStack         ; 用户模式堆栈指针=0x33FF_4800
        ldr   pc, =Main              ; 此后程序将跳转到 Main 去运行
        LTORG
;*********主程序区**********
Main
        ldr  r0, =pINTMOD            ; 设置中断全部采用 IRQ 模式
        ldr  r1, =0x0
        str  r1, [r0]
        ldr  r0, =pGPFCON            ; 初始化 F 口，使 GPF3 为外部中断 EINT3 功能
        ldr  r1, =0x080             ; 仅设置 GPF3 为 EINT3 功能，其他位保留默认值 0
        str  r1, [r0]
        ldr  r0, =pGPFUP            ; GPIO F 口上拉电阻寄存器，0=允许上拉电阻，1=禁止上拉电阻
        ldr  r1, =0xff             ; 禁止使用上拉电阻
        str  r1, [r0]
```

```
        ldr r0, = HandleEINT0+0x0c   ; HandleEINT0+0x0c = INT3 向量在二级向量表内地址
        adrl r1, interrupt          ; INT3 中断服务程序入口地址
        str r1, [r0]                ; 向二级向量表存放 INT3 中断服务程序入口地址
        ldr r0, =0x20005000         ; 熄灭所有的 LED
        ldr r1, =0x00
        str r1, [r0]
        ldr r0, =pINTMSK            ; 打开 INT3 中断
        ldr r1, =0x0FFFFFFF7
        str r1, [r0]                ;
wait_server
        b .                         ; 死循环等待中断
;
        mrs r0, cpsr               ; 模式切换, 由中断模式返回用户模式, 主要开启中断使能
        bic  r0, r0, #MODEMASK|NOINT   ; 清 0 CPSR 内的工作模式位
        orr r1, r0, #USERMODE       ; 设置工作模式为用户模式
        msr cpsr_cxsf, r1
        b wait_server              ; 死循环, 等待中断请求
        LTORG
;****EINT3 中断服务子程序(输出 0001、0011、0111、1111 依次点亮 LED3~LED0)****
interrupt
        stmfd sp!, {r0,r1, lr}     ; 保存现场
LOOP0   ldr r0, =0x20005000        ; 取 LED 灯驱动器端口地址 0x20005000, 以此产生 nCS_LED 选通信号
        ldr r1, =0x01
        str r1, [r0]               ; 点亮第 1 个 LED 灯(LED11)
        bl Delay                   ; 延迟
        ldr r0, =0x20005000        ;
        ldr r1, =0x03
        str r1, [r0]               ; 点亮第 2 个 LED 灯(LED12)
        bl Delay                   ; 延迟
        ldr r0, =0x20005000        ;
        ldr r1, =0x07
        str r1, [r0]               ; 点亮第 3 个 LED 灯(LED13)
        bl Delay                   ; 延迟
        ldr r0, =0x20005000        ; 点亮第 4 个 LED 灯
        ldr r1, =0x0f
        str r1, [r0]
        bl Delay                   ;延迟
        ldr r0, =0x20005000        ;熄灭所有 LED 灯
        ldr r1, =0x00
        str r1, [r0]
        ldr r0, =pSRCPND           ; 清 0 中断源悬挂寄存器 EINT3 位
        mov r1, #8
        str r1, [r0]
```

```
        ldr r0, =pINTPND          ; 清 0 中断悬挂寄存器 EINT3 位
        str r1, [r0]
        ldmfd sp!, {r0, r1, pc}   ; 恢复 r8、r9 内容, 返回: 运行 'wait_server b.' 下条指令
        LTORG
;********延迟子程序********
Delay                             ; 延时子程序
        stmfd    sp!, {r7, lr}    ; 压栈保存 r8、r9、lr
        ldr r7, =0x7a120          ; 设置倒计时计数初值
LOOP9   sub r7, r7, #1            ; 计数值减 1
        cmp r7, #0                ; 是否减为 0
        bne LOOP9                 ; 否, 继续减 1
        ldmfd    sp!, {r7, pc}    ; 是, 恢复 r8、r9, 返回调用点
    LTORG
;****IRQ 中断二级向量表, 本实验起始地址设为 0x33FF_FF00。其中的表项为各中断处理程序入口地址,
; 需要在主程序中提取后填入对应的地址内, 然后由中断源判别程序 IsrIRQ 在响应中断时进行索取****
AREA  RamData, DATA, READWRITE
^ DATA_EREA
HandleEINT0          #    4       ; IRQ 中断二级向量表起始地址= 0x33FF_FF00
HandleEINT1          #    4
HandleEINT2          #    4
HandleEINT3          #    4       ; 外中断 EINT3 二级向量表地址= 0x33FF_FF0C
    END
```

对应汇编语言内 **Main** 和 **Interrupt** 部分的 C 语言程序如下。

```
#define GLOBAL_CLK 1              //定义时钟, option.h 中使用
#include "def.h"                  //定义各种数据类型
#include "2440lib.h"              //2440lib.c 中函数申明
#include "option.h"               //时钟全局变量定义、RAM 起始地址、中断服务起始地址定义
#include "2440addr.h"             //各寄存器地址定义, 中断号定义
#include "interrupt.h"            //定义 interrupt 中函数申明

void delay(void);                 // 函数申明
void __irq eint3_isr(void);       //设置 eint3_isr 函数属性为中断处理函数, 且为 IRQ 中断

void Main(void)                   //对应前面汇编语言从 main 到 b wait_server 部分的程序
{
    /* 配置 C 语言环境运行系统时钟 */
    U32 mpll_val ;
    ChangeClockDivider(2, 1);
    mpll_val = 0 ;
    mpll_val = (92<<12)|(1<<4)|(1);
    ChangeMPllValue((mpll_val>>12)&0xff, (mpll_val>>4)&0x3f, mpll_val&3);
```

```
    /* 初始化 GPIO 端口 */
    Port_Init();
    /* 中断初始化 */
    Isr_Init();                              //屏蔽所有中断
    /* 请求中断 */
    Irq_Request(IRQ_EINT3,(void *)eint3_isr);   //将中断处理函数首地址放入中断向量表
    /* 使能中断 */
    Irq_Enable(IRQ_EINT3);                   //打开外部中断 3
    while(1) ;                               //等待外部中断
}


/*  eint3_isr 为中断处理子程序，用于响应 EINT3 中断，实现后四位 Led 灯依次点亮和熄灭   */
void eint3_isr(void)          //对应前面汇编语言从 interrupt 到 ldmfd sp!,{r8,r9,pc}部分的程序
{
    int nLed;
    Irq_Clear(IRQ_EINT3);                        //清除中断状态寄存器 SRCPND 和 INTPND。
    for(nLed=0x1;nLed<=0xf;nLed=nLed<<1)    //循环移位
    {
    *((unsigned char *)0x20005000) =nLed; //点亮对应 LED 灯
    delay();                              //程序延时
    }
}
void delay()                            //延时子程序
{
    int index = 0;
    for ( index = 0 ; index < 200000; index++);
}
```

（2）实验参考程序 2。本程序实现发光二极管 LED3~LED0 以计数方式显示，同时将计数值在指定的 8 段数码管上同步显示。参考中断服务程序如下。

```
****汇编语言中断处理程序 （汇编语言程序的其他部分与前参考程序 1 相同）***
interrupt
        stmfd sp!,{r0-r4,lr}
        ldr r3, =seg8table          ;r3 保存数码管显示数据首地址
        ldr r2, =0x0                ;用于计数，显示数据从 0~xF
LOOP0   cmp r2,#16                  ;若还没有计数到 0xF 时候，则继续计数否则结束服务
        beq over_server
        ldr r0, =0x20005000         ;将当前值用 LED 显示处理
        mov r1,r2
        str r1,[r0]
        ldr r0, =0x20007000         ;选定要用于显示计数的数码管
        ldr r1, =0x1f
        str r1,[r0]
```

```
        ldr  r0, =0x20006000          ; 数码管显示当前计数值
        mov  r4, r2
        mov  r4, r4, lsl #2           ; 地址每次加 4
        add  r1, r3, r4
        ldr  r1, [r1]
        str  r1, [r0]
        bl   Delay                    ; 延迟
        bl   Delay
        add  r2, r2, #1
        b    LOOP0
over_server
        ldr  r0, =pSRCPND             ; 清除中断源悬挂寄存器 EINT3 位
        mov  r1, #8                   ; 向 SRCPND 寄存器的 EINT3 位写 1 将清 0 该位
        str  r1, [r0]
        ldr  r0, =pINTPND             ; 清除中断悬挂寄存器 EINT3 位
        str  r1, [r0]                 ; 向 INTPND 寄存器的 EINT3 位写 1 将清 0 该位
        ldmfd sp!, { r0-r4, pc}
        LTORG
;其中，数据定义为：
;seg8table
;DCD 0xc0, 0xf9, 0xa4, 0xb0, 0x99, 0x92, 0x82, 0xf8, 0x80, 0x90, 0x88, 0x83, 0xc6, 0xa1, 0x86, 0x8e
```

仅对应 C 语言中断处理程序 eint3_isr 部分的代码如下。

```c
void eint3_isr(void)
{
    int nLed;
    Irq_Clear(IRQ_EINT3);
    for(nLed=0x1;nLed<=0xf;nLed++)
    {
    *((unsigned char *)0x20005000) =nLed;
    Seg_Display(nLed);
    delay();
    }
}


/*   需在 2440lib.c 内增加的数码管显示码表   */
#define U8 unsigned char   // 以下为数码管显示码表，上面注释的数字是数码管显示的值
unsigned char seg7table[16] = {
 /*   0        1        2        3        4        5        6        7     */
    0xc0,    0xf9,    0xa4,    0xb0,    0x99,    0x92,    0x82,    0xf8,
 /*   8        9        A        B        C        D        E        F     */
    0x80,    0x90,    0x88,    0x83,    0xc6,    0xa1,    0x86,    0x8e,
};
//*****************数码管显示子程序*********************
```

```
void Seg_Display(int data)
{
    *((U8*) 0x20007000) = 0x00;
    *((U8*) 0x20006000) = seg7table[data];          //显示数码管
}
```

3.4　嵌入式处理器的定时机制应用实验

1．实验目的

● 通过实验掌握定时器组成结构及工作原理。

● 通过实验掌握定时器的编程方法。

2．实验设备

● 硬件：CVT-2440 教学实验箱、JTAG 仿真器及 PC 机。

● 软件：PC 机操作系统 Windows 98/2000/XP、ADS 1.2 集成开发环境。

3．实验内容及要求

● 了解定时器以及脉宽调制器的工作原理。

● 采用定时器件产生周期为 1 秒的定时输出信号，并以中断方式触发处理程序实现 LED0~LED3 循环显示，每一秒变化一次，系统时钟为 50MHz。

4．实验电路及实验原理

本实验电路与图 3-14 所示的中断实验电路基本相同，不同处仅在于将手动按钮产生的外中断 EINT3 中断请求信号改为由定时器 4 产生的规则定时输出中断请求信号，该定时信号可通过编程设置不同的频率。由于定时器 4 的定时输出信号是在处理器内部连接到中断系统的，所以在外电路上没有对应的外部引脚，但其定时输出信号将规则地触发中断系统，本实验将利用该中断定时变换 LED 的显示状态。

从编程角度看，本实验与前面的中断实验相比，仅仅是增加了针对定时器 4 进行初始化设置的内容。内容包括对用于设置定时器工作方式和定时周期的寄存器进行编程，对为定时器 4 中断请求服务的中断功能单元的相关寄存器进行编程，具体说明如下。

第一，在符号化定义语句中增加对定时器 4 工作方式及中断服务相关寄存器的定义，程序如下。

```
pTCFG0      EQU  0x51000000    ; 定时器配置寄存器 0
pTCFG1      EQU  0x51000004    ; 定时器配置寄存器 1
pTCNTB4     EQU  0x5100003c    ; 定时器 4 计数缓冲寄存器
pTCON       EQU  0x51000008    ; 定时器控制寄存器
```

第二，在程序中增加设置定时器 4 工作方式及定时周期的程序段。需要设置的寄存器包括：定时器配置寄存器 0TCFG0、定时器配置寄存器 1TCFG1、定时器 4 的计数缓存寄存器 TCNTB4、定时器控制寄存器 TCON。

第三，因中断服务对象由 EINT3 变为定时器 4，所以需要修改中断系统各寄存器的内容。

第四，构建包含从 EINT0 到 INTT_IMER4 的共 15 个字单元的二级中断向量表。

第五，修改中断处理程序标号名及部分应用内容（有关定时中断计数值 int_count 的操作）。

5．实验操作步骤

（1）准备实验环境：使用 JTAG 线连接 ADT2000 仿真器和 CVT-2440 教学实验箱。

（2）在 PC 机上打开 ADS 集成开发环境，新建 ARM Executive Image 项目，输入程序，编译、链接后，通过 AXD 调试器将程序下载到目标板。

（3）运行实验程序，选择相应的功能模块，观察实验结果。

（4）如果正确，每隔一秒钟位于最右端的一个 LED 灯将亮灭一次。

6．实验程序流程框图

实现上述要求的程序流程框图如图 3-16 所示。

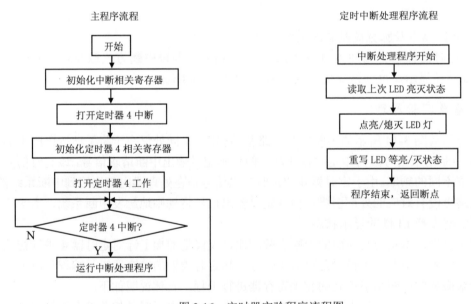

图 3-16　定时器实验程序流程图

7．实验参考程序

（1）汇编语言参考程序。本程序实现定时器 4 定时中断，要求定时器 4 每 1 秒钟产生一次定时中断，每隔一秒钟位于最右端的 LED 灯将亮灭一次。

```
pWTCON          EQU   0x53000000      ；看门狗定时器控制寄存器
pLOCKTIME       EQU   0x4c000000      ；锁定时间寄存器
```

pCLKDIVN	EQU	0x4c000014	; 时钟分频控制寄存器
pUPLLCON	EQU	0x4c000008	; UPLL 控制寄存器
pMPLLCON	EQU	0x4c000004	; MPLL 控制寄存器
pBWSCON	EQU	0x48000000	; 数据宽度控制寄存器
pSRCPND	EQU	0x4a000000	; 中断源悬挂寄存器
pINTPND	EQU	0x4a000010	; 中断悬挂寄存器
pTCFG0	EQU	0x51000000	; 定时器配置寄存器 0
pTCFG1	EQU	0x51000004	; 定时器配置寄存器 1
pTCNTB4	EQU	0x5100003c	; 定时器 4 计数缓冲寄存器
pTCON	EQU	0x51000008	; 定时器控制寄存器
pINTMOD	EQU	0x4a000004	; 中断模式寄存器
pINTMSK	EQU	0x4a000008	; 中断屏蔽寄存器
pINTSUBMSK	EQU	0x4a00001c	; 子中断源屏蔽寄存器
pINTOFFSET	EQU	0x4a000014	; 中断偏移值寄存器
DATA_AREA	EQU	0x33FFFF00	; 异常二级向量表及 IRQ 中断二级向量表起始地址
vCLKDIVN	EQU	0x4	; 时钟分频控制寄存器值, DIVN_UPLL=0b, HDIVN=10b, PDIVN=0b
vUPLLCON	EQU	0x00038022	; UPLL 控制寄存器值, Fin=12M, Uclk=48M, MDIV=0x38, PDIV=2, SDIV=2
vMPLLCON	EQU	0x0005c011	; MPLL 控制寄存器值, Fin=12M, Fclk=400M, SDIV=1, PDIV=1, MDIV=0x5c

; ***** 以下为各存储器 BANK 数据宽度设置数据 *****

DW16	EQU	(0x1)	
DW32	EQU	(0x2)	
B4_BWSCON	EQU	(DW32)	; BANK4 预留数据宽度设置参数
B6_BWSCON	EQU	(DW32)	; SDRAM(K4S561632C) 32MBx2, 32-bit

; ***** Bank 0 存储器参数区, 对应后面的 SMRDATA 设置数据内具体值 *****

B0_Tacs	EQU	0x3	;0clk
B0_Tcos	EQU	0x3	;0clk
B0_Tacc	EQU	0x7	;14clk
B0_Tcoh	EQU	0x3	;0clk
B0_Tah	EQU	0x3	;0clk
B0_Tacp	EQU	0x1	
B0_PMC	EQU	0x0	;normal

; ***** Bank 4 存储器参数区 *****

B4_Tacs	EQU	0x1;0	;0clk
B4_Tcos	EQU	0x1;0	;0clk
B4_Tacc	EQU	0x6;7	;14clk
B4_Tcoh	EQU	0x1;0	;0clk
B4_Tah	EQU	0x1;0	;0clk
B4_Tacp	EQU	0x0	
B4_PMC	EQU	0x0	;normal

; ***** Bank 6 SDRAM 存储器参数区 *****

B6_MT	EQU	0x3	; SDRAM
B6_Trcd	EQU	0x1	; 3clk

```
B6_SCAN        EQU  0x1              ; 9bit
;***** SDRAM 动态存储器所需的刷新参数区*****
REFEN          EQU  0x1              ; 刷新允许
TREFMD         EQU  0x0              ; CBR(CAS before RAS)/自动刷新
Trp            EQU  0x1              ; 3clk
Tsrc           EQU  0x1              ; 5clk    Trc= Trp(3)+Tsrc(5) = 8clock
Tchr           EQU  0x2              ; 3clk
REFCNT         EQU  1268             ; 1268;1463 ;HCLK=105MHz, (2048+1-7.81*100);75M->1463

;*******以下数据为 CPSR 中各工作模式的设置位信息********
USERMODE       EQU  0x10             ; 用户模式
IRQMODE        EQU  0x12             ; IRQ 模式
SVCMODE        EQU  0x13             ; 管理模式
MODEMASK       EQU  0x1f             ; 预定义的屏蔽数据,用于清 0 CPSR 各模式位
NOINT          EQU  0xc0             ; 预定义的屏蔽数据,用于清 0 CPSR 内的 I、F 位
; *****以下数据为管理模式、IRQ 模式及用户模式堆栈指针数据******
UserStack      EQU  0x33ff4800       ; 用户模式堆栈区起始地址
SVCStack       EQU  0x33ff5800       ; 管理模式堆栈区起始地址
IRQStack       EQU  0x33ff7000       ; IRQ 模式堆栈区起始地址

;*******以下为代码区********
    AREA       Init,CODE,READONLY
    ENTRY
    EXPORT     __ENTRY
__ENTRY
ResetEntry
    b     _reset              ; 跳转到复位异常处理程序 _reset 去运行
    b     .                   ; 死循环,为未定义指令异常预留
    b     .                   ; 死循环,为软件中断异常预留
    b     .                   ; 死循环,为指令预取中止异常预留
    b     .                   ; 死循环,为数据访问中止异常预留
    b     .                   ; 死循环,为 ARM 公司预留
    b     IsrIRQ              ; 跳转到中断源判别程序 IsrIRQ 去运行
    b     .                   ; 死循环,为快中断 FIQ 预留
;***** 以下为 BANK0、BANK4 存储区和 BANK6 SDRAM 设置参数数据,包括数据宽度、刷新模式和频率*****
SMRDATA
DCD
(0+(B1_BWSCON<<4)+(B2_BWSCON<<8)+(B3_BWSCON<<12)+(B4_BWSCON<<16)+(B5_BWSCON<<20)+(B6_BWSCON<<
24)+(B7_BWSCON<<28))     ; 本数据针对数据宽度寄存器 BWSCON
DCD (B0_Tacs<<13)+(B0_Tcos<<11)+(B0_Tacc<<8)+(B0_Tcoh<<6)+(B0_Tah<<4)+(B0_Tacp<<2)+(B0_PMC))
DCD (B4_Tacs<<13)+(B4_Tcos<<11)+(B4_Tacc<<8)+(B4_Tcoh<<6)+(B4_Tah<<4)+(B4_Tacp<<2)+(B4_PMC))
DCD ((B6_MT<<15)+(B6_Trcd<<2)+(B6_SCAN))     ;GCS6
```

```
DCD  ((REFEN<<23)+(TREFMD<<22)+(Trp<<20)+(Tsrc<<18)+(Tchr<<16)+REFCNT)
DCD  0x32                        ; SCLK 节能模式, BANKSIZE 128M/128M
DCD  0x30                        ; MRSR6 CL=3clk
DCD  0x30                        ; MRSR7 CL=3clk
```

; *****以下 IsrIRQ 为中断源判别程序，作用是读取 INTOFFSET 内容并计算出所寻址的中断向量在二级向量
; 表内的偏移地址，然后与 IRQ 二级向量表起始地址相加生成向量表地址，将地址内的向量送入 PC，进入
; 中断处理程序运行*****

```
IsrIRQ
    sub  sp, sp, #4               ; 在堆栈为最终索引出的二级向量表内容(中断处理程序地址)预留字空间
    stmfd    sp!, {r8-r9}         ; 压栈保存 r8, r9 内容
    ldr  r9, =pINTOFFSET
    ldr  r9, [r9]                 ; 将中断偏移值寄存器 INTOFFSET 内容读到 r9
    ldr  r8, =HandleEINT0         ; 将二级向量表起始地址送 r8（本实验 HandleEINT0=0x33FF_FF00）
    add  r8, r8, r9, lsl #2       ; r9=INTOFFSET 值×4 = 二级向量表偏移地址, r8=r8+r9=向量地址
    ldr  r8, [r8]                 ; r8=向量内容（中断处理程序地址）
    str  r8, [sp, #8]             ; 先将向量内容存入前面预留的堆栈字单元
    ldmfd    sp!, {r8-r9, pc}     ; 从堆栈恢复 r8 和 r9, 同时将向量内容(中断处理程序地址)送入 PC
    LTORG
_reset                           ; 复位异常处理程序，是开机或复位后首先运行的程序
    ldr  r0, =pWTCON             ; 看门狗定时器
    ldr  r1, =0x0                ; 关闭看门狗定时器
    str  r1, [r0]
    ldr  r0, =pINTMSK            ; 中断屏蔽寄存器, 32 位有效位, 1 为关闭, 0 为开通
    ldr  r1, =0xffffffff         ; 关闭所有一级中断请求。
    str  r1, [r0]
    ldr  r0, =pLOCKTIME          ; 设置 PLL 锁定时间。
    ldr  r1, =0x0fffffff         ; 0~15 位为 MPLL 锁定时间, 16~31 位为 UPLL 锁定时间
    str  r1, [r0]
    ldr  r0, =pCLKDIVN          ; 时钟分频控制寄存器
    ldr  r1, =vCLKDIVN          ; vCLKDIVN=0x04. UCLK=UPLL, HCLK=FCLK/4, PCLK=HCLK=100M
    str  r1, [r0]                ; 设置时钟控制寄存器内容
    ldr  r0, =pUPLLCON          ; 设置 UPLL
    ldr  r1, =vUPLLCON          ; Fin=12MHz, UCLK=48MHz
    str  r1, [r0]
    nop                          ; S3C2440 要求对 UPLL 设置后至少需要延时 7 个时钟周期
    nop
    nop
    nop
    nop
    nop
    nop
    ldr  r0, =pMPLLCON          ; 设置 MPLL
```

```
    ldr  r1, =vMPLLCON          ; Fin=12MHz, FCLK=400MHz
    str  r1, [r0]
;**** 设置 SDRAM 存储器参数，最多 13 个，占 52 字节****
    adrl r0, SMRDATA            ; SDRAM 参数区起始地址
    ldr  r1, =pBWSCON           ; 特殊功能寄存器区内存储器参数区首地址为 0x48000000
    add  r2, r0, #52            ; SMRDATA 参数区结尾地址
0
    ldr  r3, [r0], #4           ; 将 DRAM 参数区的数据逐个传送到 0x48000000 起始的特殊功能寄存器区
    str  r3, [r1], #4
    cmp  r2, r0
    bne  %B0                    ; 跳转到后向（Back）0 标号处运行
;********初始化可能用到的不同工作模式下的堆栈区，即设置它们的堆栈指针********
InitStacks                      ; 初始化可能用到的工作模式下的堆栈区
    mrs  r0, cpsr
    bic  r0, r0, #MODEMASK|NOINT   ; 清 0 CPSR 内的工作模式位，以及 I、F 位
    orr  r1, r0, #IRQMODE
    msr  cpsr_cxsf, r1          ; IRQ 模式
    ldr  sp, =IRQStack          ; IRQ 堆栈指针为 0x33FF_7000
    orr  r1, r0, #USERMODE
    msr  cpsr_cxsf, r1          ; 用户模式
    ldr  sp, =UserStack         ; 用户模式堆栈指针为 0x33FF_4800
    ldr  pc, =Main              ; 此后程序将跳转到 SDRAM 中去运行
    LTORG
;*********主程序区**********
Main
    ldr  r0, =pINTMOD           ; 设置中断模式全部为 IRQ 模式
    ldr  r1, =0x0
    str  r1, [r0]
    ldr  r0, =0x33FFFF58        ; 0x33FFFF58 为定时器 4 在二级向量表中的地址
    adrl r1, HandleTime4        ; 提取定时器 4 中断处理程序地址
    str  r1, [r0]               ; 将定时器 4 中断处理程序地址填入二级向量表
    ldr  r0, =0x20005000        ; 熄灭所有 LED 灯
    ldr  r1, =0x00
    str  r1, [r0]
    ldr  r0, =0x20007000        ; 熄灭所有数码管（数码管位选通地址）
    ldr  r1, =0x0
    str  r1, [r0]
    ldr  r0, =0x20006000
    ldr  r1, =0xff
    str  r1, [r0]
;
    ldr  r0, =pTCFG0            ; 定时器配置寄存器 0。0~7 决定定时器 0 和 1 的预分频系数
    ldr  r1, =0x0000f900 ; 8~15 决定定时器 2、3、4 的预分频系数。16~23 决定死区长度，24~31 保留
```

```
        str r1, [r0]            ; 定时器 0、1 预分频系数为 0（此实验不用），定时器 4 预分频为 249


        ldr r0, =pTCFG1         ; 定时器配置寄存器 1
        ldr r1, =0x00020000    ; 粗分频系数设置，此处设置定时器 4 粗分频系数为 1/8
        str r1, [r0]
        ldr r0, =pTCNTB4        ; 定时器 4 的计数缓存寄存器
        ldr r1, =0x00005DC0    ; 48000000/(249+1)/8/24000=1Hz
        str r1, [r0]
        ldr r0, =pTCON         ; 定时器控制寄存器
        ldr r1, =0x00600000    ; 设置定时器 4 为自动重载，手动更新 TCNTB4，不启动定时器 4
        str r1, [r0]
        ldr r0, =pTCON         ; 定时器控制寄存器
        ldr r1, =0x00500000    ; 再次设置定时器 4 自动重载，取消手动更新，开启定时器 4
        str r1, [r0]
        ldr r0, =pINTMSK       ; 中断屏蔽寄存器
        ldr r1, =0xFFFFBFFF    ; 仅打开定时器 4 中断
        str r1, [r0]
wait_server
        b .                    ; 本地死循环等待定时器 4 定时中断
        mov  r0, r5            ; r5 = cpsr 内容，在中断处理程序内载入
        bic  r0, r0, #MODEMASK|NOINT ; 清 0 cpsr 内工作模式位及 I、F 位
        orr r1, r0, #USERMODE  ; 设置工作模式为用户模式
        msr cpsr_cxsf, r1
        b wait_server          ; 跳转到 wait_server
        LTORG
HandleTime4                    ; 定时器 4 中断处理程序
        stmfd sp!, {r0, r1, lr}
        ldr r1, =int_count     ; int_count = 中断次数计数值缓存，建立在后面的数据区 RamData
        ldr r1, [r1]           ; 取 int_count 单元内的值
        ldr r0, =0x20005000    ; 8 个发光二极管的选通地址
        str r1, [r0]           ; 将 int_count 单元内的值输出到 8 个发光二极管 LED
        cmp r1, #0             ; int_count 单元内的值是否为 0
        beq step1              ; 是，转移到 step1
        ldr r0, =int_count     ; 否，取 int_count 地址
        mov r1, #0
        str r1, [r0]           ; 向 int_count 单元内写 0
        b step2
step1   ldr r0, =int_count     ;
        mov r1, #1
        str r1, [r0]           ; 向 int_count 单元内写 1
step2   ldr r0, =pINTSUBMSK    ; 子中断源屏蔽寄存器
```

```
        ldr  r1,=0x7fff        ; 禁止所有子中断源
        str  r1,[r0]
        ldr  r0,=pSRCPND       ; 中断源悬挂寄存器
        mov  r1,#1
        mov  r1,r1,lsl #14     ; 清 0 中断源悬挂寄存器内的定时器 4 请求位
        str  r1,[r0]
        ldr  r0,=pINTPND       ; 中断悬挂寄存器
        str  r1,[r0]           ; 清 0 中断悬挂寄存器内的定时器 4 请求位
        ldmfd    sp!,{r0,r1,pc}
        LTORG
AREA RamData, DATA, READWRITE; 定义数据段，用于预留和存放中断二级向量表各表项
^ DATA_AREA
        int_count DCD     0x1
        HandleEINT0       #  4            ; 地址为 0x33FF_FF00
        HandleEINT1       #  4
        HandleEINT2       #  4
        HandleEINT3       #  4
        HandleEINT4_7     #  4            ; 地址为 0x33FF_FF10
        HandleEINT8_23    #  4
        HandleCAM         #  4
        HandleBATFLT      #  4
        HandleTICK        #  4            ; 地址为 0x33FF_FF20
        HandleWDT         #  4
        HandleTIMER0      #  4
        HandleTIMER1      #  4
        HandleTIMER2      #  4            ; 地址为 0x33FF_FF30
        HandleTIMER3      #  4
        HandleTIMER4      #  4            ; 地址为 0x33FF_FF38
    END
```

（2）以下为 C 语言参考程序。

```
#define GLOBAL_CLK 1            //定义时钟, option.h 中使用
#include "def.h"               //定义各种数据类型
#include "2440lib.h"           //2440lib.c 中函数申明
#include "option.h"            //时钟全局变量定义、RAM 起始地址、中断服务起始地址定义
#include "2440addr.h"          //各寄存器地址定义, 中断号定义
#include "interrupt.h"         //定义 interrupt 中函数申明
/* 函数申明 */
void __irq HandleTime4(void);  //设置 HandleTime4 函数属性为中断处理函数, 且为 IRQ 中断
static int on_off=1;           //on_off 控制 led 灯两灭, 1 点亮, 0 熄灭
void time4_init(void);         //初始化函数申明
```

```
/*以下为主程序 Main */
void Main(void)
{
/* 配置 C 语言环境运行系统时钟 */
U32 mpll_val ;
ChangeClockDivider(2,1);
mpll_val = 0 ;
mpll_val = (92<<12)|(1<<4)|(1);
ChangeMPllValue((mpll_val>>12)&0xff, (mpll_val>>4)&0x3f, mpll_val&3);
/* 初始化 GPIO 端口 */
Port_Init();
/* 中断初始化 */
Isr_Init();                              //屏蔽所有中断
 /* 请求中断,将中断服务程序 HandleTime4 的起始地址填写入中断向量表*/
 Irq_Request(IRQ_TIMER4,(void *)HandleTime4);
Irq_Enable(IRQ_TIMER4);          //使能中断,打开定时器 4 中断
time4_init();                    //定时器寄存器初始化
while(1) ;                       //等待中断
}


void HandleTime4(void)   //定时器 4 中断服务程序
{
    Irq_Clear(IRQ_TIMER4);                        // 清除状态寄存器
    *((unsigned char *)0x20005000) =((on_off++)%2);   // 输出 led 灯状态
}


/*以下为定时器初始化设置程序*/
void time4_init(void)
{
rTCFG0 = 0x0000f900;   //定时器配置寄存器 0。0~7 决定定时器 0 和 1 的预分频系数
                //8~15 决定定时器 2、3、4 的预分频系数。16~23 决定死区长度,24~31 保留
                //定时器 0、1 预分频系数为 0(此实验不用),定时器 4 预分频为 249

rTCFG1 = 0x00020000;//定时器配置寄存器 1,粗分频系数设置,此处设置定时器 4 粗分频系数为 1/8
rTCNTB4 = 0x61a8;  //定时器 4 的计数缓存寄存器,50000000/(249+1)/8/25000=1Hz
                //定时器控制寄存器设置,设置定时器 4 为自动重载,更新 TCNTB4,停止定时器 4
rTCON = 0x00600000;
rTCON = 0x00500000;   //配置定时器 4 自动重载,开启定时器 4
}
```

3.5 嵌入式处理器的异步串行通信机制

——UART 串行通信基本方式实验

1. 实验目的

● 了解 S3C2440 处理器 UART 相关控制寄存器的使用方法。
● 熟悉 S3C2440 处理器串行口（UART）的结构、串行通信的原理。
● 掌握 ARM 处理器 UART 串行通信基本方式下的软件编程方法。

2. 实验设备

● 硬件：CVT-2440 教学实验箱、JTAG 仿真器及 PC 机。
● 软件：PC 机操作系统 Windows 98/2000/XP、ADS 1.2 集成开发环境。

3. 实验内容及要求

● 运用 ADS 集成开发环境进行项目的生成，编辑，调试。
● 学习 S3C2440 UART 相关寄存器的功能，熟悉 S3C2440 系统硬件的 UART 相关接口。
● 使用汇编语言编写基于 S3C2440 处理器的单字符串口通信裸机程序。
● 监视串行口 UART0 动作，并将 UART0 接收到的字符回送 PC 机显示。

4. 实验原理

（1）串行接口外部电路连接。嵌入式系统广泛所用的 UART 异步串行通信方式，是经由如图 3-17 所示的、被称为 DB9 的 9 针孔 D 型连接头连接的三线串行通信方式，包括一对收发交叉连接的信号线和一根共用的地线。显然 9 根信号线中的大部分没有使用，这些信号主要用于连接调制解调器。

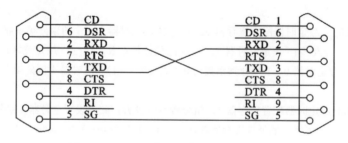

图 3-17 UART 串口通信外部电路连接图

S3C2440 的 UART 串口功能单元没有提供符合 RS-232C 串口通信信号标准的所有信号线，其电路内部只提供了用于基带数据传输的数据发送与接收信号线 RXD 和 TXD，以及两根联络信号线：请求发送（RTS）和清除发送（CTS）。而其他联络信号线，如数据终端就绪（DTR）、数据设备就绪（DSR）、以及用于连接调制解调器的载波检测(DCD)、振铃信号（RIC）

等则没有提供。所以通常只能用于无联络信号方式以及简单联络信号方式下两个串口的直接连接和通信。如果要实现用到 DTR、DSR 信号的连接和通信，或者要连接调制解调器等设备，就必须借用空闲的 GPIO 口通过仿真方式进行。

（2）异步串口使用的 GPIO 引脚定义。S3C2440 的三个串口 UART0、UART1 和 UART2 的信号引脚 RXD、TXD、RTS 和 CTS 分别与 GPIO H 组中的多个引脚复用，在对相关寄存器初始化前一定要先定义串口的引脚功能及开通上拉电阻。相关的引脚分配及设置寄存器见表 3-10、表 1-11、表 3-12、表 3-13。

表 3-10　H 组 GPIO 引脚功能表

GPH引脚	引脚可选的功能			
GPH10	输入/输出	CLKOUT1	—	—
GPH9	输入/输出	CLKOUT0	—	—
GPH8	输入/输出	UEXTCLK	—	—
GPH7	输入/输出	RXD2	nCTS1	—
GPH6	输入/输出	TXD2	nRTS1	—
GPH5	输入/输出	RXD1	—	—
GPH4	输入/输出	TXD1	—	—
GPH3	输入/输出	RXD0	—	—
GPH2	输入/输出	TXD0	—	—
GPH1	输入/输出	nRTS0	—	—
GPH0	输入/输出	nCTS0	—	—

表 3-11　H 组相关寄存器端口地址及初始值

寄存照	地址	读/写	功能描述	初始值
GPHCON	0x56000070	R/W	H组GPIO引脚功能设置寄存器	0x0
GPHDAT	0x56000074	R/W	H组GPIO引脚I/O数据寄存器	未定义
GPHUP	0x56000078	R/W	H 组 GPIO 引脚上拉电阻寄存器	0x0

表 3-12　H 组控制寄存器 GPHCON 的位功能表

GPH引脚	寄存器位	位功能
GPH10	[21:20]	00 = 输入，01 = 输出，10 = CLKOUT1，11 = 保留
GPH9	[19:18]	00 = 输入，01 = 输出，10 = CLKOUT0，11 = 保留
GPH8	[17:16]	00 = 输入，01 = 输出，10 = UEXTCLK，11 = 保留
GPH7	[15:14]	00 = 输入，01 = 输出，10 = RXD2，11 = nCTS1
GPH6	[13:12]	00 = 输入，01 = 输出，10 = TXD2，11 = nRTS1
GPH5	[11:10]	00 = 输入，01 = 输出，10 = RXD1，11 = 保留
GPH4	[9:8]	00 = 输入，01 = 输出，10 = TXD1，11 = 保留
GPH3	[7:6]	00 = 输入，01 = 输出，10 = RXD0，11 = 保留
GPH2	[5:4]	00 = 输入，01 = 输出，10 = TXD0，11 = 保留
GPH1	[3:2]	00 = 输入，01 = 输出，10 = nRTS0，11 = 保留0
GPH0	[1:0]	00 = 输入，01 = 输出，10 = nCTS0，11 = 保留

表 3-13 H 组上拉电阻设置寄存器 GPHUP 的位功能表

GPHUP	寄存器有效位	位功能描述
GPH[10:0]	[10:0]	每位对应一根引脚，0 = 上拉电阻连接，1 = 上拉电阻断开

（3）数据接收和发送采用的工作模式。S3C2440 的 UART 串口可以选择两种工作模式。一种是单字符收发模式；一种是基于 FIFO 数据缓存器的多字符收发模式。前者因需要多次调用单字符收发过程才能实现多字符收发，所以数据传输率较低，但编程相对简单且易于实现。后者数据传输率较高，而且可以启动 DMA 方式进行数据传输，但编程相对复杂。本实验采用容易学习掌握的单字符收发模式。

一个典型的 UART 数据帧格式如图 3-18 所示。其中的有效数据位有 4 种选择，奇偶校验位可以选奇校验、偶校验或无校验，停止位则有 1 位、1.5 位或 2 位等 3 种选择。常用的波特率有 110bit/s、150 bit/s、300 bit/s、600 bit/s、1200 bit/s、2400 bit/s、4800 bit/s、9600 bit/s 等。

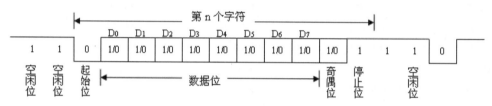

图 3-18 UART 串通信数据帧格式

UART 单字符数据收发可以采用中断或查询方式，考虑到数据接收时数据到达的不可预见性以及发送数据的灵活性，所以通常数据接收采用中断方式，而数据发送采用查询方式。

（4）单字符数据收发工作方式编程相关寄存器有以下三类。一是需初始化设置的寄存器，包括线控寄存器 ULCONn、控制寄存器 UCONn 和波特率因子寄存器 UBRDIVn。二是数据收发过程中需要查询的寄存器，包括状态寄存器 UTRSTATn 和错误状态寄存器 UERSTATn。三是数据收发目的寄存器，包括数据接收寄存器 URXHn 和数据发送寄存器 UTXHn（URXHn、UTXHn 对应大、小端格式具有不同的端口地址，常用的是小端格式）。

5. 实验操作步骤

第一，准备实验环境：使用 JTAG 转接器 ADT2000，将 PC 机和基于 S3C2440 的实验开发板相连接。安装 ADT2000 USB Emulator 驱动程序，并运行 JTAG 调试代理。

第二，在 PC 机上打开 ADS 集成开发环境，新建 uart 工程，并参照前面的实验修改 uart 的 "DegugRel" 配置（注意是修改 ARM Linker 配置）。

第三，参考给的例程编写单字符串口通信汇编程序，并保存为 "uart_o_ass.s" 文件，将该文件加入到工程文件中。

第四，将计算机的串口连接到教学实验系统的 uart0 上。

第五，运行超级终端，选择正确的 com 口，并将 com 口属性设置为：波特率为 115200、无奇偶校验（None）、数据位数为 8 和停止位数为 1，无流控，超级终端的配置如图 3-19 所示。

第六，编译工程，并通过 AXD 调试程序，如果程序正确运行，在超级终端输入以回车键结束的字符串将回显到超级终端，如图 3-20 所示。

图 3-19　超级终端配置图　　　　　　图 3-20　单字符串口通信测试结果

6. 实验注意事项

在实验的过程中需要注意以下几点：在工程配置的时候，程序起始地址要配置正确（对于 S3C2440 采用 0x30000000）；UART 运行采用的是小端模式（Little Endian）；进行 AXD 调试的方法是先按重启按钮（RESET）或者开机启动的瞬间（避免 u-boot 运行）点击"Debug"进入。

7. 实验程序流程图

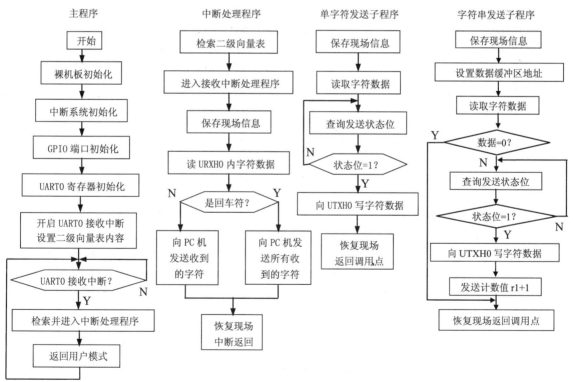

图 3-21　UART 串行通信主程序及有关子程序流程图

    UART 串行数据收发流程如图 3-21 所示，程序可以分为主程序、中断响应程序、单字符发送子程序和字符串发送子程序四个部分。主程序主要完成系统初始化并等待 UART0 接收中断。中断响应程序包括中断源判别程序段和中断处理子程序。单字符发送子程序将会由中断处理程序调用，用于将当前收到的字符发送到 PC 机。字符串发送子程序通过不断调用单字符发送子程序的方式，将以回车符作为字符接收结束标志的所有收到的字符发送到 PC 机超级终端。

8. 实验参考程序

    （1）汇编语言参考程序(对应图 3-21 程序流程)如下。

```
;*****所用到的寄存器地址设置*****
pWTCON          EQU  0x53000000        ; 看门狗定时器口地址
pLOCKTIME       EQU  0x4c000000        ; 锁定时间计数值寄存器地址
pCLKDIVN        EQU  0x4c000014        ; 时钟分频控制寄存器
pUPLLCON        EQU  0x4c000008        ; UPLL 控制寄存器
pMPLLCON        EQU  0x4c000004        ; MPLL 控制寄存器
pBWSCON         EQU  0x48000000        ; 设置数据总线宽度与等待状态控制寄存器地址
pSRCPND         EQU  0x4a000000        ; 中断源悬挂寄存器
pSUBSRCPND      EQU  0x4a000018        ; 子中断源悬挂寄存器
pINTPND         EQU  0x4a000010        ; 中断悬挂寄存器
pINTMOD         EQU  0x4a000004        ; 中断模式寄存器地址
pINTMSK         EQU  0x4a000008        ; 中断屏蔽寄存器地址
pINTSUBMSK      EQU  0x4a00001c        ; 子中断状态源寄存器地址
pINTOFFSET      EQU  0x4a000014        ; 中断源偏移地址寄存器地址
pGPHCON         EQU  0x56000070        ; GPIO H 口控制寄存器地址
pGPHUP          EQU  0x56000078        ; H 口上拉电阻控制寄存器地址
pUMCON0         EQU  0x5000000c        ; UART0 的 MODEM 控制寄存器
pULCON0         EQU  0x50000000        ; UART0 线路控制寄存器
pUCON0          EQU  0x50000004        ; UART0 控制寄存器
pUBRDIV0        EQU  0x50000028        ; UART0 波特率因子寄存器
pUTRSTAT0       EQU  0x50000010        ; UART0 状态寄存器
pUTXH0          EQU  0x50000020        ; 小端模式:发送寄存器
pURXH0          EQU  0x50000024        ; 小端模式:接收寄存器
;*****所用到的变量值初始化*****
DATA_AREA       EQU  0x33FFFF00        ; 异常二级向量表及 IRQ 中断二级向量表起始地址
vCLKDIVN        EQU  0x5               ; 时钟分频控制寄存器值, DIVN_UPLL=0b,HDIVN=10b,PDIVN=01b
vUPLLCON        EQU  0x00038022        ; UPLL 控制寄存器值,Fin=12M,Uclk=48M,MDIV=0x38,PDIV=2,SDIV=2
vMPLLCON        EQU  0x0005c011        ; MPLL 控制寄存器值,Fin=12M,Fclk=400M,MDIV=0x5c,PDIV=1,SDIV=1
;*****以下为各存储器 BANK 数据宽度设置数据*****
DW16            EQU  (0x1)
DW32            EQU  (0x2)
B1_BWSCON       EQU  (DW16)            ; AMD Flash(AM29LV160DB), 16bit,  for nCS1
B2_BWSCON       EQU  (DW16)            ; PCMCIA(PD6710), 16bit
```

```
B3_BWSCON        EQU (DW16)              ; Ethernet(CS8900), 16bit
B4_BWSCON        EQU (DW32)              ; Intel Strata(28F128), 32bit, for nCS4
B5_BWSCON        EQU (DW16)              ; A400/A410 Ext, 16bit
B6_BWSCON        EQU (DW32)              ; SDRAM(K4S561632C) 32MBx2, 32bit
B7_BWSCON        EQU (DW32)              ; N.C.
;***** Bank 0 存储器参数区，对应后面的 SMRDATA 设置数据内具体值 *****
B0_Tacs          EQU 0x3                 ;0clk
B0_Tcos          EQU 0x3                 ;0clk
B0_Tacc          EQU 0x7                 ;14clk
B0_Tcoh          EQU 0x3                 ;0clk
B0_Tah           EQU 0x3                 ;0clk
B0_Tacp          EQU 0x1
B0_PMC           EQU 0x0                 ;normal
;***** Bank 4 存储器参数区*****
B4_Tacs          EQU 0x1;0               ;0clk
B4_Tcos          EQU 0x1;0               ;0clk
B4_Tacc          EQU 0x6;7               ;14clk
B4_Tcoh          EQU 0x1;0               ;0clk
B4_Tah           EQU 0x1;0               ;0clk
B4_Tacp          EQU 0x0
B4_PMC           EQU 0x0                 ;normal
;***** Bank 6 SDRAM 存储器参数区*****
B6_MT            EQU 0x3                 ; SDRAM
B6_Trcd          EQU 0x1                 ; 3clk
B6_SCAN          EQU 0x1                 ; 9bit
;***** SDRAM 动态存储器所需的刷新参数区*****
REFEN            EQU 0x1                 ;Refresh enable
TREFMD           EQU 0x0                 ;CBR(CAS before RAS)/Auto refresh
Trp              EQU 0x1                 ;3clk
Tsrc             EQU 0x1                 ;5clk    Trc= Trp(3)+Tsrc(5) = 8clock
Tchr             EQU 0x2                 ;3clk
REFCNT           EQU 1268                ;1463;1268;HCLK=105MHz, (2048+1-7.81*100);75M->1463
;*******以下数据为 CPSR 中有关工作模式的设置位信息********
USERMODE         EQU 0x10
IRQMODE          EQU 0x12
SVCMODE          EQU 0x13
MODEMASK         EQU 0x1f
NOINT            EQU 0xc0
; *****以下数据为管理模式、IRQ 模式及用户模式堆栈指针数据******
UserStack        EQU 0x33ff4800
SVCStack         EQU 0x33ff5800
IRQStack         EQU 0x33ff7000
```

```
;*******以下为代码区********
    AREA    Init,CODE,READONLY
    ENTRY
    EXPORT    __ENTRY
__ENTRY
ResetEntry
    b    _reset                    ; 跳转到复位异常处理程序 _reset 去运行
    b    .                         ; 死循环，为未定义指令异常预留
    b    .                         ; 死循环，为软件中断异常预留
    b    .                         ; 死循环，为指令预取中止异常预留
    b    .                         ; 死循环，为数据访问中止异常预留
    b    .                         ; 死循环，为 ARM 公司预留
    b    IsrIRQ                    ; 跳转到中断源判别程序 IsrIRQ 去运行
    b    .                         ; 死循环，为快中断 FIQ 预留
;*****以下为 SDRAM 参数设置，包括数据宽度，刷新模式和频率*****
SMRDATA
    DCD    (0+(B1_BWSCON<<4)+(B2_BWSCON<<8)+(B3_BWSCON<<12)+(B4_BWSCON<<16)+(B5_BWSCON<<20)
        +(B6_BWSCON<<24)+(B7_BWSCON<<28))
    DCD    ((B0_Tacs<<13)+(B0_Tcos<<11)+(B0_Tacc<<8)+(B0_Tcoh<<6)+(B0_Tah<<4)+(B0_Tacp<<2)
        +(B0_PMC))                ;GCS0
    DCD    0
    DCD    0
    DCD    0                         ;GCS3
    DCD    ((B4_Tacs<<13)+(B4_Tcos<<11)+(B4_Tacc<<8)+(B4_Tcoh<<6)+(B4_Tah<<4)+(B4_Tacp<<2)
        +(B4_PMC))                ;GCS4
    DCD    0
    DCD    ((B6_MT<<15)+(B6_Trcd<<2)+(B6_SCAN))        ;GCS6
    DCD    0
    DCD    ((REFEN<<23)+(TREFMD<<22)+(Trp<<20)+(Tsrc<<18)+(Tchr<<16)+REFCNT)
    DCD    0x32                     ;SCLK 节能模式，BANKSIZE 128M/128M
    DCD    0x30                     ;MRSR6 CL=3clk
    DCD    0x30                     ;MRSR7 CL=3clk
```

; ********以下 IsrIRQ 为中断源判别程序，作用是读取 INTOFFSET 内容并计算出所寻址的中断向量在
; 二级向量表内的偏移地址，然后与 IRQ 二级向量表起始地址相加生成向量表地址，将地址内的向量送入 PC，
; 进入中断处理程序运行********

```
IsrIRQ
    sub    sp,sp,#4             ; 在堆栈为最终索引出的二级向量表内容(中断处理程序地址)预留字空间
    stmfd  sp!,{r8-r9}         ; 压栈保存 r8，r9 内容
    ldr    r9,=pINTOFFSET
    ldr    r9,[r9]             ; 将中断偏移值寄存器 INTOFFSET 内容读到 r9
    ldr    r8,=HandleEINT0     ; 将二级向量表起始地址送 r8（本实验 HandleEINT0=0x33FF_FF00）
    add    r8,r8,r9,lsl #2     ; r9=INTOFFSET 值×4 为二级向量表偏移地址，r8=r8+r9 为向量地址
```

```
        ldr  r8,[r8]              ; r8=向量内容（中断处理程序地址）
        str  r8,[sp,#8]          ; 先将向量内容存入前面预留的堆栈字单元
        ldmfd  sp!,{r8-r9,pc}     ; 从堆栈恢复 r8 和 r9,同时将向量内容(中断处理程序地址)送入 PC
; *****以下为复位异常处理程序，主要完成系统初始化******
_reset                           ; 复位异常处理程序，是开机或复位后首先运行的程序
        ldr  r0,=pWTCON          ; 看门狗定时器
        ldr  r1,=0x0             ; 关闭看门狗定时器
        str  r1,[r0]
        ldr  r0,=pINTMSK         ; 中断屏蔽寄存器,32 位有效位, 1 为关闭, 0 为开通。
        ldr  r1,=0xffffffff      ; 关闭所有一级中断请求。
        str  r1,[r0]
        ldr  r0,=pINTSUBMSK      ; 子中断屏蔽寄存器，0~14 为有效设置位, 1 为关闭, 0 为开通。
        ldr  r1,=0x7fff          ; 关闭所有子中断请求
        str  r1,[r0]
        ldr  r0,=pLOCKTIME       ; 设置 PLL 锁存时间
        ldr  r1,=0x0fffffff      ; 0~15 位为 MPLL 锁定时间, 16~31 位为 UPLL 锁定时间。
        str  r1,[r0]
        ldr  r0,=pCLKDIVN        ; 时钟分频控制寄存器
        ldr  r1,=vCLKDIVN        ; vCLKDIVN=0x05。UCLK=UPLL, HCLK=FCLK/4, PCLK=HCLK/2=50M
        str  r1,[r0]
        ldr  r0,=pUPLLCON        ; 设置 MPLL
        ldr  r1,=vUPLLCON        ; Fin 为 12.0MHz, UCLK 为 48MHz
        str  r1,[r0]
        nop                      ; S3C2440 要求对 UPLL 设置后至少需要延时 7 个时钟周期
        nop
        nop
        nop
        nop
        nop
        nop
        ldr  r0,=pMPLLCON        ; 设置 MPLL
        ldr  r1,=vMPLLCON        ; Fin 为 12.0MHz, FCLK 为 400MHz
        str  r1,[r0]
;**** 设置 SDRAM 存储器参数，最多 13 个，占 52 字节****
        adrl r0, SMRDATA         ; SDRAM 参数区起始地址
        ldr   r1,=pBWSCON        ; 特殊功能寄存器区内存储器参数区首地址为 0x48000000
        add  r2, r0, #52         ; SMRDATA 参数区结尾地址
0
        ldr  r3, [r0], #4        ; 将 DRAM 参数区的数据逐个传送到 0x48000000 起始的特殊功能寄存器区
        str  r3, [r1], #4
        cmp  r2, r0
        bne  %B0                 ; 跳转到后向（Back）0 标号处运行
;*******初始化可能用到的不同工作模式下的堆栈区,即设置它们的堆栈指针*******
```

```
InitStacks                        ; 初始化可能用到的工作模式下的堆栈区
    mrs  r0, cpsr
    bic  r0, r0, #MODEMASK|NOINT   ; 清 0 CPSR 内的工作模式位, 以及 I、F 位
    orr  r1, r0, #IRQMODE
    msr  cpsr_cxsf, r1            ; IRQ 模式
    ldr  sp, =IRQStack           ; IRQ 堆栈指针为 0x33FF_7000
    orr  r1, r0, #USERMODE
    msr  cpsr_cxsf, r1           ; 用户模式
    ldr  sp, =UserStack          ; 用户模式堆栈指针为 0x33FF_4800
    ldr  pc, =Main               ; 此后程序将跳转到 SDRAM 中去运行
    LTORG

;***串口通信主程序区, 选择 IRQ 中断非 FIFO 模式, UART0 接收采用中断方式, 发送采用查询方式***
Main
    ;******** 初始化串口 UART0 相关寄存器 ************
    ldr  r0, =pGPHCON    ; GPIO H 组控制寄存器
    ldr  r1, =0x0a0      ; 设置 GPH2 为串行数据发送端 TxD0, GPH3 为接收端 RxD0, 其余保留默认值 0
    str  r1, [r0]
    ldr  r0, =pGPHUP     ; GPIO H 组上拉电阻寄存器
    ldr  r1, =0x7f3      ; GPH2 和 GPH3 上拉电阻接通, 其余禁止
    str  r1, [r0]
    ldr  r0, =pINTMOD    ; 中断模式寄存器设置
    ldr  r1, =0x0        ; 选择 IRQ 模式
    str  r1, [r0]
    ldr  r0, =pULCON0    ; UART0 线控寄存器
    ldr  r1, =0x3        ; 设置 UART0 帧格式为: 8 位有效数据, 1 位停止位, 无校验, 禁止红外
    str  r1, [r0]
    ldr  r0, =pUCON0     ; UART0 控制寄存器
    ldr  r1, =0x345      ; 收发为中断或查询方式,产生接收错误中断,收发中断请求信号为电平形式,
    str  r1, [r0]        ; 波特率发生器输入时钟为 PCLK(本实验为 50MHz), 其余取默认值
    ldr  r0, =pUBRDIV0   ; 波特率设置寄存器
    ldr  r1, =0x01a      ; UBRDIV0=(PCLK/(115200*16))-1 (取整) ≈26=0x01a
    str  r1, [r0]
    ;*************清 0 有关的悬挂寄存器*****************
    ldr  r0, =pSRCPND    ; 中断源悬挂寄存器
    ldr  r1, =0xffffffff ; 0 为未请求, 1 为已请求, 向对应位写 1 清 0 已有的中断请求
    str  r1, [r0]        ; 清 0 所有主中断源
    ldr  r0, =pINTPND    ; 中断悬挂寄存器
    ldr  r1, =0xffffffff ; 0 为未请求, 1 为已请求, 向对应位写 1 清除中断请求
    str  r1, [r0]        ; 清 0 中断悬挂寄存器所有位
    ldr  r0, =pSUBSRCPND ; 子中断源悬挂寄存器, 0~14 位有效
    ldr  r1, =0x7ffff    ; 0 为未请求, 1 为已请求, 向对应位写 1 清 0 已有的中断请求
    str  r1, [r0]        ; 清 0 所有子中断源
```

```
;******发送超级终端提示信息************
    ldr r0,=string1
    ldr r1,=0x0            ; r1，初值为 0 的发送数据计数器
    bl uart_puts          ; 向 PC 机输出字符串 string1
get_init
    ldr r0,=string2
    ldr r1,=0x0            ; r1，初值为 0 的发送数据计数器
    bl uart_puts          ; 向 PC 机输出字符串 string2
    ldr r0,=dataInput     ; 接收数据缓冲区起始地址
    ldr r1,=0x0           ; r1，初值为 0 的接收数据计数器
    ldr r2,=HandleUART0   ; 设置 UART0 的 IRQ 中断服务程序在二级向量表内的入口地址
    adrl r3,handleUart0_rx ; 提取中断服务程序的入口地址并置入二级向量表内
    str r3,[r2]
    ldr r2,=pINTSUBMSK    ; 开启子中断屏蔽挂寄存器的 RXD0 位
    ldr r3,=0x7fe         ; 0 为中断服务有效，1 为中断服务无效
    str r3,[r2]
    ldr r2,=pINTMSK       ; 开启中断屏蔽挂寄存器的 UART0 位
    ldr r3,=0xefffffff    ; 0 为中断服务有效，1 为中断服务无效
    str r3,[r2]
get_start
    b .                   ; 死循环等待 UART0 的 RXD0 中断
    mrs r2,cpsr           ; 从中断模式切换为用户模式，并允许响应 IRQ 中断请求
    bic  r2,r2,#MODEMASK|NOINT
    orr r2,r2,#USERMODE
    msr cpsr_cxsf,r2
    b get_start
    LTORG

;****** 接收中断服务子程序，非 FIFO 模式 ******
handleUart0_rx
    stmfd sp!,{r0-r3,lr}
    ldr r2,=pURXH0        ; 数据接收缓冲寄存器
    ldr r3,[r2]           ; r3 为读出的数据
    and r3,r3,#0xff       ; 只保留字数据中的最低字节，即有效字符数据
    cmp r3,#0x0d          ; 判断收到的字符是否为回车符
    beq stop_flag         ; 是，转 stop_flag(以回车符结束输入)
    strb r3,[r0,r1]       ; 将字符数据写入接收数据缓存区
    bl uart_putc          ; 将收到的字符再发回发送方供对方使用
    add r1,r1,#1          ; 否，接收数据计数值加 1
    b rx_return           ; 中断返回
stop_flag
    mov r3,#0             ; 将字符串结束标识符 '0' 存入接收数据缓存区
    strb r3,[r0,r1]
```

```
    ldr r0, =string3        ; 向 PC 机输出字符串 string3
    ldr r1, =0x0
    bl uart_puts
    ldr r0, =dataInput      ; 接收数据缓存区起始地址
    ldr r1, =0x0
    bl uart_puts            ; 将接收到的数据全部输出到 PC 机
    ldr r0, =enterKey       ; 输出回车换行符
    ldr r1, =0x0
    bl uart_puts
    ldr r0, =string2
    ldr r1, =0x0            ; r1 为初值为 0 的发送数据计数器
    bl uart_puts            ; 向 PC 机输出字符串 string2
    ldr r0, =dataInput      ; 接收数据缓冲区起始地址
    ldr r1, =0x0            ; r1 为初值为 0 的接收数据计数器
rx_return                   ; 中断返回。先清除中断，以备后续中断得以响应
    ldr r2, =pSUBSRCPND     ; 子中断源悬挂寄存器，0~14 位有效
    ldr r3, =0x7ffff        ; 0 为未请求，1 为已请求, 清除所有子中断请求
    str r3, [r2]
    ldr r2, =pSRCPND        ; 中断源悬挂寄存器
    ldr r3, =0xffffffff     ; 0 为未请求，1 为已请求, 清除所有中断请求
    str r3, [r2]
    ldr r2, =pINTPND        ; 中断悬挂寄存器
    ldr r3, =0xffffffff     ; 0 为未请求，1 为已请求, 清除所有中断请求
    str r3, [r2]
    ldmfd sp!, { r0-r3, pc} ; 恢复 r8 和 r9 内容，返回调用点


;**********单字符发送子程序***********
uart_putc
    stmfd sp!, {r0, r1, lr}
send_wait
    ldr r0, =pUTRSTAT0      ; UART0 收发状态寄存器
    ldr r1, [r0]
    tst r1, #0x02           ; 判断发送缓冲寄存器是否空
    beq send_wait          ; 不空 (UTRSTAT0[1]=0)，继续查询等待
    ldr r0, =pUTXH0         ; 空，将 r3 字符数据写入发送缓冲寄存器
    str r3, [r0]
    ldmfd  sp!, {r0, r1, pc} ; 恢复 r8 和 r9 内容，返回调用点


;**********字符串发送子程序***********
uart_puts
    stmfd sp!, {r0-r4, lr}
str_wait
    ldrb r2, [r0, r1]      ; 判断发送数据是否为结束标识, r0 为字符串起始地址, r1 为初值为 0 的计数值
```

```
        tst r2,#0xff
        beq str_return
char_wait
        ldr r3,=pUTRSTAT0       ; UART0 收发状态寄存器
        ldr r4,[r3]             ; UART0 收发状态寄存器查询
        tst r4,#0x02            ; 判断发送缓冲寄存器是否空
        beq char_wait           ; 不空，继续查询等待
        ldr r3,=pUTXH0          ; 空，向发送缓冲寄存器输出字符数据
        str r2,[r3]
        add r1,r1,#1            ; r1 计数值加 1
        b str_wait
str_return
        ldmfd sp!,{ r0-r4,pc}   ; 恢复 r8 和 r9 内容，返回调用点
        LTORG
        ALIGN


;**********数据区**********
        AREA RamData, DATA, READWRITE
string1
        DCB 13,10,"-----UART 单字符串行通信实验-------"
        DCB 13,10,"请将 UART0 与 PC 串口进行连接，然后启动超级终端程序(115200, 8, N, 1)"
        DCB 13,10,"从现在开始您从超级中端发送的字符串（回车键结束）将被同时回显至超级终端"
        DCB 13,10,"注意：本次实验采用中断方式接收，查询方式发送数据，其他方式请读者自行实验。",0
string2  DCB  13,10,"Please input:",0
string3  DCB  13,10,"   You input:",0
enterKey DCB  13,10,0
dataInput SPACE 1000


; *****以下是 32 个中断请求的二级中断向量表（中断处理程序地址表），每个表项预留 4 个字节空间
^ DATA_AREA                     ; 二级向量表起始地址为 0x33FF_FF00
        HandleEINT0       #   4   ; 0x33FF_FF00 = 二级向量表起始地址
        HandleEINT1       #   4   ; 0x33FF_FF04
        HandleEINT2       #   4   ; 0x33FF_FF08
        HandleEINT3       #   4   ; 0x33FF_FF0C
        HandleEINT4_7     #   4   ; 0x33FF_FF10
        HandleEINT8_23    #   4
        HandleCAM         #   4
        HandleBATFLT      #   4
        HandleTICK        #   4   ; 0x33FF_FF20
        HandleWDT         #   4
        HandleTIMER0      #   4
        HandleTIMER1      #   4
        HandleTIMER2      #   4   ; 0x33FF_FF30
```

```
HandleTIMER3        #     4
HandleTIMER4        #     4
HandleUART2         #     4
HandleLCD           #     4      ; 0x33FF_FF40
HandleDMA0          #     4
HandleDMA1          #     4
HandleDMA2          #     4
HandleDMA3          #     4      ; 0x33FF_FF50
HandleMMC           #     4
HandleSPI0          #     4
HandleUART1         #     4
HandleNFCON         #     4      ; 0x33FF_FF60
HandleUSBD          #     4
HandleUSBH          #     4
HandleIIC           #     4
HandleUART0         #     4      ; 本实验将要用到的向量单元，具体值由主程序运行过程中填入
HandleSPI1          #     4
HandleRTC           #     4
HandleADC           #     4
END
```

（2）C语言参考程序。在 PC 机上打开 ADS 集成开发环境，新建 uart 工程，并修改 uart 的工程配置（注意在"DebugRel Settings->Target->Access Paths"中添加头文件路径）；将 "2440lib.c、a2440init.s、2440slib.s 和 nand.c"加入到 uart 中将参考例程保存为 main.c 文件 并加入到工程文件中。

在实验例程中，与串口相关的寄存器定义在include\2410addr.h文件中，定义如下。

```
#define rULCON0      (*(volatile unsigned *)0x50000000) //UART 0 Line control
#define rUCON0       (*(volatile unsigned *)0x50000004) //UART 0 Control
#define rUFCON0      (*(volatile unsigned *)0x50000008) //UART 0 FIFO control
#define rUMCON0      (*(volatile unsigned *)0x5000000c) //UART 0 Modem control
#define rUTRSTAT0    (*(volatile unsigned *)0x50000010) //UART 0 Tx/Rx status
#define rUERSTAT0    (*(volatile unsigned *)0x50000014) //UART 0 Rx error status
#define rUFSTAT0     (*(volatile unsigned *)0x50000018) //UART 0 FIFO status
#define rUMSTAT0     (*(volatile unsigned *)0x5000001c) //UART 0 Modem status
#define rUBRDIV0     (*(volatile unsigned *)0x50000028) //UART 0 Baud rate divisor

#define rULCON1      (*(volatile unsigned *)0x50004000) //UART 1 Line control
#define rUCON1       (*(volatile unsigned *)0x50004004) //UART 1 Control
#define rUFCON1      (*(volatile unsigned *)0x50004008) //UART 1 FIFO control
#define rUMCON1      (*(volatile unsigned *)0x5000400c) //UART 1 Modem control
#define rUTRSTAT1    (*(volatile unsigned *)0x50004010) //UART 1 Tx/Rx status
#define rUERSTAT1    (*(volatile unsigned *)0x50004014) //UART 1 Rx error status
```

```
#define rUFSTAT1    (*(volatile unsigned *)0x50004018) //UART 1 FIFO status
#define rUMSTAT1    (*(volatile unsigned *)0x5000401c) //UART 1 Modem status
#define rUBRDIV1    (*(volatile unsigned *)0x50004028) //UART 1 Baud rate divisor

#define rULCON2     (*(volatile unsigned *)0x50008000) //UART 2 Line control
#define rUCON2      (*(volatile unsigned *)0x50008004) //UART 2 Control
#define rUFCON2     (*(volatile unsigned *)0x50008008) //UART 2 FIFO control
#define rUMCON2     (*(volatile unsigned *)0x5000800c) //UART 2 Modem control
#define rUTRSTAT2   (*(volatile unsigned *)0x50008010) //UART 2 Tx/Rx status
#define rUERSTAT2   (*(volatile unsigned *)0x50008014) //UART 2 Rx error status
#define rUFSTAT2    (*(volatile unsigned *)0x50008018) //UART 2 FIFO status
#define rUMSTAT2    (*(volatile unsigned *)0x5000801c) //UART 2 Modem status
#define rUBRDIV2    (*(volatile unsigned *)0x50008028) //UART 2 Baud rate divisor

#ifdef __BIG_ENDIAN
#define rUTXH0    (*(volatile unsigned char *)0x50000023) //UART 0 Transmission Hold
#define rURXH0    (*(volatile unsigned char *)0x50000027) //UART 0 Receive buffer
#define rUTXH1    (*(volatile unsigned char *)0x50004023) //UART 1 Transmission Hold
#define rURXH1    (*(volatile unsigned char *)0x50004027) //UART 1 Receive buffer
#define rUTXH2    (*(volatile unsigned char *)0x50008023) //UART 2 Transmission Hold
#define rURXH2    (*(volatile unsigned char *)0x50008027) //UART 2 Receive buffer

#define WrUTXH0(ch) (*(volatile unsigned char *)0x50000023)=(unsigned char)(ch)
#define RdURXH0()   (*(volatile unsigned char *)0x50000027)
#define WrUTXH1(ch) (*(volatile unsigned char *)0x50004023)=(unsigned char)(ch)
#define RdURXH1()   (*(volatile unsigned char *)0x50004027)
#define WrUTXH2(ch) (*(volatile unsigned char *)0x50008023)=(unsigned char)(ch)
#define RdURXH2()   (*(volatile unsigned char *)0x50008027)

#define UTXH0    (0x50000020+3)   //Byte_access address by DMA
#define URXH0    (0x50000024+3)
#define UTXH1    (0x50004020+3)
#define URXH1    (0x50004024+3)
#define UTXH2    (0x50008020+3)
#define URXH2    (0x50008024+3)

#else //Little Endian
#define rUTXH0 (*(volatile unsigned char *)0x50000020) //UART 0 Transmission Hold
#define rURXH0 (*(volatile unsigned char *)0x50000024) //UART 0 Receive buffer
#define rUTXH1 (*(volatile unsigned char *)0x50004020) //UART 1 Transmission Hold
#define rURXH1 (*(volatile unsigned char *)0x50004024) //UART 1 Receive buffer
#define rUTXH2 (*(volatile unsigned char *)0x50008020) //UART 2 Transmission Hold
#define rURXH2 (*(volatile unsigned char *)0x50008024) //UART 2 Receive buffer

#define WrUTXH0(ch) (*(volatile unsigned char *)0x50000020)=(unsigned char)(ch)
```

```
#define RdURXH0()   (*(volatile unsigned char *)0x50000024)
#define WrUTXH1(ch) (*(volatile unsigned char *)0x50004020)=(unsigned char)(ch)
#define RdURXH1()   (*(volatile unsigned char *)0x50004024)
#define WrUTXH2(ch) (*(volatile unsigned char *)0x50008020)=(unsigned char)(ch)
#define RdURXH2()   (*(volatile unsigned char *)0x50008024)

#define UTXH0       (0x50000020)      //Byte_access address by DMA
#define URXH0       (0x50000024)
#define UTXH1       (0x50004020)
#define URXH1       (0x50004024)
#define UTXH2       (0x50008020)
#define URXH2       (0x50008024)
    #endif
```

本实验使用 S3C2440 的系统内部时钟（PCLK）作为 UART 的时钟，因此在进行操作之前必须进行一些必要的初始化，包括通过函数 ChangeClockDivider 正确配置系统时钟以及 APB 总线时钟，函数定义如下。

```
/*函数名: ChangeClockDivider, 功能: 配置HCLK和PCLK, 返还值: void */
void ChangeClockDivider(int hdivn, int pdivn)
{
    rCLKDIVN = (hdivn<<1) | pdivn;
    if(hdivn)
        MMU_SetAsyncBusMode();
    else
        MMU_SetFastBusMode();
}
```

通过函数 ChangeMPllValue 配置系统主时钟，参数 mdiv、pdiv 和 sdiv 为分频因子。通过选择不同的分频因子可以获得不同的系统主时钟，函数定义如下。

```
/* 函数名: ChangeUPllValue, 功能: 设置 UPLL 值 */
void ChangeUPllValue(int mdiv, int pdiv, int sdiv)
{
    rUPLLCON = (mdiv<<12) | (pdiv<<4) | sdiv;
}
```

串口的基本操作有三个：串口初始化、发送数据和接收数据。这些操作都是通过编程设置串口相关寄存器，下面将分别说明。

第一，串口初始化，其程序如下。

```
/* 函数名: Uart_Init。功能: 串口初始化。参数: int pclk, PB总线时钟, 0时使用缺省值PCLK。
 int baud:波特率 /
void Uart_Init(int pclk, int baud)
{   int i;
    if(pclk == 0)
    pclk    = PCLK;
    rUFCON0 = 0x0;    //UART channel 0 FIFO control register, FIFO disable
```

```
    rUFCON1 = 0x0;     //UART channel 1 FIFO control register, FIFO disable
    rUFCON2 = 0x0;     //UART channel 2 FIFO control register, FIFO disable
    rUMCON0 = 0x0;     //UART chaneel 0 MODEM control register, AFC disable
    rUMCON1 = 0x0;     //UART chaneel 1 MODEM control register, AFC disable
    /* 串口0 */
    rULCON0 = 0x3;     //线控寄存器0：常规模式,无奇偶校验,1位停止位,8位有效数据
//    以下rUCON0的选项设置为：波特率主时钟选择PCLK，收/发为中断或查询方式。具体位定义如下：
//    [11:10] | [9] | [8] |     [7]     | [6]  |   [5]    |   [4]    |    [3:2]     |  [1:0]
// Clock Sel|Tx Int|Rx Int|Rx Time Out|Rx err|Loop-back|Send break|Transmit Mode|Receive Mode
//     00   |  1   |  0   |    0      |  1   |   0     |    0     |    01       |    01
    rUCON0  = 0x245;                         // UART 控制寄存器0
    rUBRDIV0=( (int)(pclk/16./baud) -1 );    //波特率分频器0
    /* 串口1 */
    rULCON1 = 0x3;
    rUCON1  = 0x245;
    rUBRDIV1=( (int)(pclk/16./baud) -1 );
    /* 串口2 */
    rULCON2 = 0x3;
    rUCON2  = 0x245;
    rUBRDIV2=( (int)(pclk/16./baud) -1 );
    for(i=0;i<100;i++);
}
```

　　第二，发送数据函数，其程序如下。

```
/* 函数名：Uart_SendByte，功能：通过串口发送字符，参数：int data:待发送字符 */
void Uart_SendByte(int data)
{
    if(whichUart==0)
    {
        if(data=='\n')
        {
            while(!(rUTRSTAT0 & 0x2));
            WrUTXH0('\r');
        }
        while(!(rUTRSTAT0 & 0x2));    //Wait until THR is empty
        WrUTXH0(data);
    }
    else if(whichUart==1)
    {
        if(data=='\n')
        {
            while(!(rUTRSTAT1 & 0x2));
            rUTXH1 = '\r';
        }
        while(!(rUTRSTAT1 & 0x2));    //Wait until THR is empty
        rUTXH1 = data;
```

```
    }
    else if(whichUart==2)
    {
        if(data=='\n')
        {
            while(!(rUTRSTAT2 & 0x2));
            rUTXH2 = '\r';
        }
        while(!(rUTRSTAT2 & 0x2));    //Wait until THR is empty
        Delay(10);
        rUTXH2 = data;
    }
}
```

第三，接收数据函数，其程序如下。

```
/* 函数名：Uart_Getch，功能：从串口接收字符，若无字符收到则一直等待，返还值：char接收到的字符，
参数：void  */
char Uart_Getch(void)
{
    if(whichUart==0)
    {
        while(!(rUTRSTAT0 & 0x1)); //Receive data ready
        return RdURXH0();
    }
    else if(whichUart==1)
    {
        while(!(rUTRSTAT1 & 0x1)); //Receive data ready
        return RdURXH1();
    }
    else if(whichUart==2)
    {
        while(!(rUTRSTAT2 & 0x1)); //Receive data ready
        return RdURXH2();
    }
}
```

本实验主函数程序参考如下。

```
#include "2410lib.h"
/* 函数名：Main，功能：实现与PC机串口0通信实验主程序 */
void Main(void)
{
    U8 key;
    U32 mpll_val = 0 ;
    int consoleNum;
    unsigned char ch = 'a';
    unsigned char temp[256];
```

```
int k=0;
/* 初始化端口 */
Port_Init();
/* 初始化中断处理程序 */
Isr_Init();
/* 配置系统时钟 */
key = 14;
mpll_val = (92<<12)|(1<<4)|(1);
//init FCLK=400M, so change MPLL first
ChangeMPllValue((mpll_val>>12)&0xff, (mpll_val>>4)&0x3f, mpll_val&3);
ChangeClockDivider(key, 12);
cal_cpu_bus_clk();
/* 初始化端口 */
consoleNum = 0;    // Uart 1 select for debug.
Uart_Init( 0,115200 );
Uart_Select(consoleNum);
/* 打印提示信息 */
Uart_Printf("\n-------UART单字符串行通行实验-------");
Uart_Printf("\n请将UART0与PC串口进行连接，然后启动超级终端程序(115200, 8, N, 1)");
Uart_Printf("\n从现在开始您从超级终端发送的一个个字符将被同时回显在超级终端上\n");
Uart_Printf("Please Input String:  ");
/* 开始回环测试 */
while(1)
{
    /*从超级终端获得当前输入字符*/
    ch = Uart_Getch();
    /*向PC机超级终端回显当前输入字符*/
    Uart_SendByte(ch);
    if(ch == 0x0d)
    {   /*对回车符'\n'处理，并回显当前输入的一行字符串*/
        Uart_SendByte(0x0a);
        temp[k]='\0';
        Uart_Printf("The String You Input:  ");
        Uart_Printf((char *)temp);
        Uart_Printf("\n\nPlease Input String:  ");
        k=0;
    }
    else
    {
        temp[k++]=ch;
    }
}
}
```

3.5.2 UART 串行通信 FIFO 模式实验

1. 实验目的

● 了解 S3C2440 处理器 UART 的 FIFO 模式下相关寄存器的使用。
● 熟悉 S3C2440 处理器 UART 的 FIFO 结构及其通信原理。
● 掌握 ARM 处理器多字符串行通信的软件编程方法。

2. 实验设备

● 硬件：CVT-2440 教学实验箱、JTAG 仿真器及 PC 机。
● 软件：PC 机操作系统 Windows 98/2000/XP、ADS 1.2 集成开发环境。

3. 实验内容及要求

● 运用 ADS 集成开发环境进行项目的生成，编辑、调试。
● 学习 S3C2440 UART 的 FIFO 模式下相关寄存器的功能。
● 编程实现以下内容：采用 FIFO 模式，从 UART0 以 8 Byte 为触发等级，中断方式接收 PC 机发送过来的字符并存储在缓冲区；采用 16 个 Byte 为触发等级，中断方式发送接收到的数据回显至 PC 端。

4. 实验原理

本章实验 7 介绍了 UART 每次仅收发一个字符的基本工作模式的编程方法，本实验介绍每次可收发多达 64 个字符的 FIFO 工作模式的有关概念以及 FIFO 在中断方式下的编程方法。

（1）FIFO 概念。FIFO 是英文 First In First Out 的缩写，是一种先进先出的数据缓存器，与普通存储器相比，它没有外部读写地址线，这样使用起来就非常简单。但缺点是只能按顺序写入数据，顺序地读出数据，其数据地址由内部读写指针自动加一完成，不能像普通存储器那样，可以由地址线决定读取和写入某个地址。FIFO 是数据传输系统中及其重要的一环，尤其在处理 2 个处于不同时钟域的系统接口部分，合理地使用 FIF0，不但能对接口处数据传输的输入输出速率进行有效匹配，不使数据发生复写、丢失和无效读入等情况，而且还会提高系统中数据的传输效率。FIFO 将要发送和已经接收的数据集中起来进行操作，避免了频繁的总线操作，减轻了 CPU 的负担。因此，基于 FIFO 方式的串口通信目前应用十分广泛。

（2）FIFO 中断请求。S3C2440 的 UART 有 7 个状态（Tx/Rx/Error）信号：溢出错误、奇偶错误、帧错误、断点条件、接收 FIFO/Buffer 数据准备就绪、发送 FIFO/Buffer 空和发送移位寄存器空。这些状态信号由相应的 UART 状态寄存器（UTRSTATn/UERSTATn）来声明。

表 3-14　与 FIFO 工作模式有关的中断

类型	FIFO 模式	非 FIFO 模式
Rx 中断	若每次接收的数据达到 FIFO 的触发水平，则 Rx 中断产生；若 FIFO 为非空且在 3 个字时间内没有接收到数据，则 Rx 中断也将产生（接收超时）；	若每次接收数据变为"满"，则接收移位寄存器产生一次中断

续表

类型	FIFO 模式	非 FIFO 模式
Tx 中断	若每次发送的数据达到了发送 FIFO 的触发水平或者 FIFO 发送结束（即发送 FIFO 为空），则 Tx 中断产生	若每次发送数据变为"空"，则发送缓存寄存器产生 1 次中断
错误中断	帧错，若奇偶校验错和断点条件信号被发现且以字节为单位被接收，则将产生 1 个错误中断	所有的错误立即产生 1 个错误中断，如果另 1 个错误中断同时发生，则只会产生 1 个中断

当处于接收错误状态时，如果在控制寄存器（UCONn）中接收错误状态中断使能位被置为 1，则出现溢出错误、奇偶校验错误、帧错误及断点错误，它们都可作为 1 种错误状态发出错误中断请求。当接收错误状态中断请求被发现时，会引起中断请求信号被 UERSTATn 所识别。如果控制器中的接收模式被选定为中断模式，则当接收器从接收移位寄存器向接收 FIFO 传输数据时，会激活接收 FIFO 的可引起接收中断的"满"状态信号。同样，如果控制器中的发送模式被选定为中断模式，则当发送 FIFO 中的数据为空或者减少到设定的阈值时，将会引起发送中断的。如表 3-14 所示。

（3）FIFO 模式下 UART 结构及通信原理。

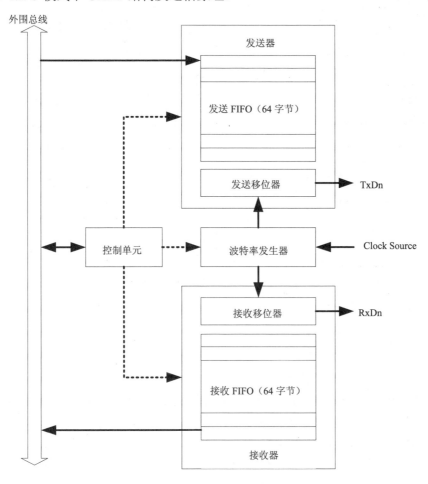

图 3-22　FIFO 模式下 UART 结构框图

S3C2440 UART 在 FIFO 模式下，实现多字符收发的功能单元为：一个 64 字节的发送数据 FIFO 缓存器及 8 位的数据移位寄存器（发送器）、一个 64 字节的接收缓存器及 8 位的数据移位寄存器（接收器）以及相应的控制逻辑单元，如图 3-22 所示。下面介绍采用中断方式实现 FIFO 多字符数据收发的程序流程。

第一，发送部分。要发送的数据先是被写到发送 FIFO 中，最多可以预存 64 个字节，只要发送 FIFO 不满，数据只管往里连续写入，写入完成后就直接退出发送子程序。随后，FIFO 真正发送完成后或者发送 FIFO 中数据字节数减少到设定的阈值时，将自动产生中断，通知主程序发送完毕或者发送 FIFO 中的数据很少了。

第二，接收部分。数据接收端（RxDn）将串行数据逐位移到移位寄存器中，移满一个字节后，数据就被推送到接收 FIFO（最多可以存放 64 个字节）中，当接收 FIFO 中数据字节数达到设定的阈值产生中断时，中断服务处理程序读取接收 FIFO 中的数据。

对于 S3C2440 来说，实现中断方式的 FIFO 数据收发功能，流程图如图 3-23 所示。S3C2440 有 3 个 UART 口，本实验只是针对 UART0 口进行 FIFO 模式下多字符通信实现。

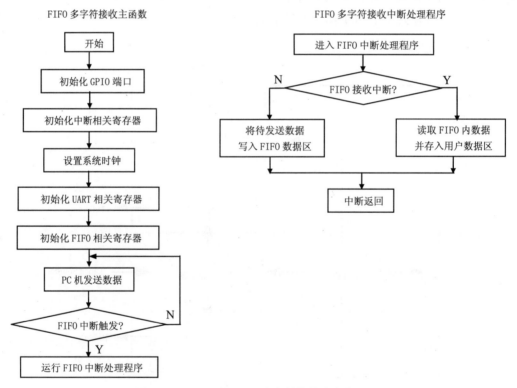

图 3-23　UART 的 FIFO 多字符接收流程图

（4）实验参考代码及说明。FIFO 重启时，输入和输出的指针都指向 FIFO 中的第 1 个存储位置。FIFO 的每次写入操作会使输入指针指向 FIFO 的下 1 个存储位置，相应地每次读取操作会使 FIFO 的输出指针指向 FIFO 的上 1 个存储位置。若指针需要从最后 1 个存储位置移动到第 1 个存储位置，则 FIFO 会自动实现这一过程而不需要任何对指针的重启操作。FIFO 内部除了包含输入和输出端口之外，通常还有其他状态标志输出，如空状态和满状态。当 FIFO

已空时不能进行读取操作，当 FIFO 已满时不能进行写入操作。下面针对 FIFO 相关配置及操作程序做说明，其他的 UART 配置与本实验类似。另因程序结构及内容大部分与单字符串行通信相同，本实验仅提供了 C 语言参考程序。

为了使 FIFO 正常运行，必须配置相关的寄存器，如 FIFO 的控制寄存器 rUFCONn 以及中断相关寄存器。参考程序如下。

```
/* UART_FIFO_init 初始化：设置串口 FIFO 模式有关寄存器，设置中断方式有关寄存器 */
    void Uart0_FifoInit(void)
{    //设置 FIFO：Tx 16 个 Byte 触发，Rx 8 个 Byte 触发，复位 Tx 和 Rx，并允许 FIFO。
     rUCON0 = 0x2c5;        // Rx 超时使能。rUCON0 = 0x245; Rx 超时禁用）
     rUFCON0 = 0x5f ;       // Tx 16 个 Byte 触发
     rSUBSRCPND |= 0x3 ;    // INT_TXD0/INT_RXD0
     rSRCPND |= 1<<28 ;
     rINTPND |= 1<<28 ;
     Irq_Request(IRQ_UART0, (void*)Uart0_FifoInterrupt);      //注册中断函数
     rINTSUBMSK &= ~(0x3) ;   //INT_TXD0/INT_RXD0  //open UART interrupt
     rINTMSK &= ~(0x1<<28) ;
}
```

数据缓存区设定如下。
```
#define KEY_BUF_LEN  100              //数据缓存区设定
unsigned char dataBuf[KEY_BUF_LEN] = {0};
int dataIsReady = 0;
int keyBufRdPt = 0;
int keyBufWtPt = 0;
```

配置寄存器完成后，就必须编写收发 FIFO 中断服务程序。当接收 FIFO 中接收的字节数达到所设定的阈值（本例程设置的是 8 个字节）时，程序产生接收中断，并将接收 FIFO 中数据存入数据缓冲区 dataBuf 中。当发送 FIFO 发送结束或者发送 FIFO 中字节数达到设定的阈值时，程序产生发送中断，并将发送缓存区 dataBuf 中的数据发送至发送 FIFO 中，直到发送 FIFO 满或者发送缓存区空。退出中断时，根据主从关系，先清除 SUBSRCPND 寄存器，再清 SRCPND 寄存器。参考程序如下。

```
/* 中断处理函数：置 1 清除中断，注意顺序，先子中断后父中断 */
void __irq Uart0_FifoInterrupt(void)
{
    unsigned char *ps = dataBuf;
    char tmp;
    int i;
    //当接收到的数据量达到接收 FIFO 设定的触发条件或者产生接收超时//
    if(rSUBSRCPND & BIT_SUB_RXD0)      产生接收中断
    {
     rINTSUBMSK |= BIT_SUB_RXD0;
```

```
    while(((rUFSTAT0&0x3f)>0))  //直到接收FIFO寄存器为空
    {                                 //接收存储在缓存区里
        tmp = rURXH0;
          *(ps+(keyBufWtPt++)) = tmp;
          if(keyBufWtPt == KEY_BUF_LEN)
            keyBufWtPt = 0;
          if(tmp == 0x0d)  //对换行符的处理
                *(ps+(keyBufWtPt++)) = 0x0a;
          if(keyBufWtPt == KEY_BUF_LEN)
            keyBufWtPt = 0;
    }
      dataIsReady = 1;
      rSUBSRCPND = BIT_SUB_RXD0;
}
//当发送FIFO为空或者减少到设定的触发条件时触发发送中断
else if(rSUBSRCPND & BIT_SUB_TXD0)
{
 rINTSUBMSK |= BIT_SUB_TXD0;
        while((!(rUFSTAT0&(1<<14))) && (keyBufRdPt != keyBufWtPt))
        {                                 //直到发送FIFO满或者缓存区dataBuf为空
            rUTXH0 = *(ps+(keyBufRdPt++));
            if(keyBufRdPt == KEY_BUF_LEN)
                    keyBufRdPt = 0;
            for(i=0; i<100;i++);
        }
        dataIsReady = 0;
        rSUBSRCPND = BIT_SUB_TXD0;
    }
    rSRCPND = BIT_UART0;
    rINTPND = BIT_UART0;
    if(dataIsReady)
        rINTSUBMSK &= ~(BIT_SUB_TXD0);
else
    rINTSUBMSK &= ~(BIT_SUB_RXD0);
}
```

本实验Main函数如下。

/* Main；本例程选择串口0（UART0）实现FIFO多字符通信，FIFO发送（2440->PC）采用查询方式，接收（PC->2440）采用中断触发方式，并设定8个字节触发，即当键盘输入8个字符时产生中断，调用FIFO中断处理程序将输入的8个字符通过超级终端回显至PC机*/

```
    int Main(void)
    {
        U8 key;
```

```
U32 mpll_val = 0 ;
int consoleNum;
Port_Init();            // 初始化端口
Isr_Init();            // 初始化中断处理程序
/* 配置系统时钟 */
key = 14;
mpll_val = (92<<12)|(1<<4)|(1);
/* init FCLK=400M, so change MPLL first */
ChangeMPllValue((mpll_val>>12)&0xff, (mpll_val>>4)&0x3f, mpll_val&3);
ChangeClockDivider(key, 12);
cal_cpu_bus_clk();
/* 初始化端口 */
consoleNum = 0;
Uart_Init( 0,115200 );
Uart0_FifoInit() ;
Uart_Select(consoleNum);
    while(1){}   // 进入死循环，等待键盘输入字符
    return 0 ;
}
```

5. 实验操作步骤

第一，准备实验环境：使用 JTAG 转接器 ADT2000，将 PC 机和基于 S3C2440 的实验开发板相连接。安装 ADT2000 USB Emulator 驱动程序，并运行 JTAG 调试代理。

第二，在 PC 机上打开 ADS 集成开发环境，新建"uart_fifo"工程，并修改"uart_fifo"的工程配置（注意在"DebugRel Settings->Target->Access Paths"中添加头文件路径）。

第三，加入"2440lib.c、a2440init.s、2440slib.s、nand.c"及"interrupt.c"到"uart_fifo"中，且"include"文件中加入"interrupt.h"头文件。

第四，参考给的例程编写单字符串口通信主程序，并保存为 main.c 文件，将该文件加入到工程文件中。

第五，将计算机的串口连接到教学实验系统的 uart0 上。

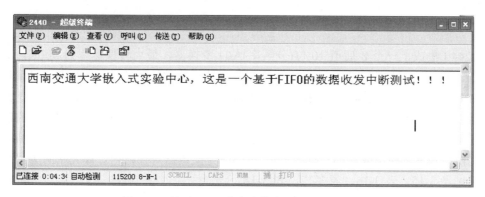

图 3-24　基于 FIFO 的多字符串行通信测试结果

第六，编译工程并使用 AXD 进行调试运行，运行结果如图 3-24 所示，当从键盘输入 8 个字符时就会调用中断读取输入数据并回显之。

6. 实验注意事项

由于 UART 中断涉及到 SUBSRCPND 寄存器，因此在中断处理程序中要先清空 SUBSRCPND 寄存器，再清空 SRCPND 寄存器，否则就会出现一个中断响应两次的情况。因为 SRCPND 寄存器的相关状态位由 SUBSRCPND 寄存器决定，如果先清空 SRCPND 寄存器，而没有清空 SUBSRCPND 寄存器，SRCPND 寄存器的相关位还是会被置 1 而引起中断。

3.6 嵌入式处理器的 A/D 变换及应用

3.6.1 A/D 变换实验

1. 实验目的

- 通过实验掌握模数转换（A/D）的原理。
- 了解模拟输入通道中采样保持的原理和作用。
- 掌握 S3C2440 处理器的 A/D 转换功能。

2. 实验设备

- 硬件：CVT-2440 教学实验箱、JTAG 仿真器及 PC 机。
- 软件：PC 机操作系统 Windows 98/2000/XP、ADS 1.2 集成开发环境。

3. 实验内容及要求

- 掌握逐次逼近 A/D 变换器的工作原理及数据采集程序设计方法。
- 利用 S3C2440 集成的 A/D 模块，将实验箱内电位器产生的模拟电压值转换为数字量并在数码管上加以显示，要求在调节电位器时可连续显示当前电压数值。

4. 实验原理及程序实现过程

S3C2440 集成了一个 8 通道 10 位(分辨率)A/D 变换器，最大转换速率为 500K。其结构特点是在 A/D 变换器内直接融合了用于触摸屏数据转换的硬件和软件编程结构，可编程选择将部分 A/D 通道用于触摸屏数据转换。控制 A/D 变换器工作的主要编程对象是 A/D 变换控制寄存器，它集配置寄存器、控制寄存器、状态寄存器功能于一身。通过 A/D 变换控制寄存器可设置预分频值、工作模式、模拟通道，之后就可通过它启动 A/D 变换，还可以通过它查询是否转换结束。转换结束后的数据将存放在 A/D 变换数据寄存器内。有关这两个寄存器的具体定义见表 3-15、表 3-16、表 3-17、表 3-18。

表 3-15　A/D 变换控制寄存器的端口地址及初始值

寄存器名称	地址	读写状态	功能描述	初始值
ADCCON	0x58000000	R/W	A/D 转换控制器	0x3F4C

表 3-16　A/D 变换控制寄存器的位功能

ADCCON	位	描述	初始值
ECFLG	[15]	A/D 转换状态标志（只读）	0x0
PRSCEN	[14]	A/D 转化器预分频器允许位：0=禁止，1=允许	0x0
PRSCVL	[13:6]	A/D 转换器预分频值 A/D 转换频率=PCLK/(PRSCVL+1)	0xFF
SEL_MUX	[5:3]	模拟通道输入选择 000: AIN0　001: AIN1　010: AIN2　011: AIN3 100: AIN4　101: AIN5　110: AIN6　111: AIN7	0x0
STDBM	[2]	系统电源开关　0: 正常模式　1: 休眠模式	1
READ START	[1]	A/D 变换读启动功能禁止/允许：0=禁止，1=允许	0x0
ENABLE START	[0]	A/D 变换启动：0=无操作，1=启动 A/D 转换 该位当[1]=0 时无效，并且在转换开始后自动清除	0

表 3-17　A/D 变换数据寄存器的端口地址及初始值

寄存器名称	地址	读写状态	描述	初始值
ADCDAT0	0x5800000C	R	A/D 变换数据寄存器	—

表 3-18　A/D 变换数据寄存器的位定义

ADCDAT	位	描述	初始状态
ADCDAT	[9:0]	A/D 变换输出数据值	—

本实验采用查询方式，通过调节 CVT-2440 实验箱内的 AIN0 电位器，改变通道 0 输入模拟信号，然后运行程序采集 A/D 变换后的数字量数据，并与用万用表测量的模拟值进行比较。A/D 变换的实现过程如下：（1）通过设置 ADCCON 寄存器内的[14]和[13:6]位设置采样频率所需的预分频值；（2）通过设置 ADCCON 寄存器内的[5:3]位选择模拟通道、设置[2]位选择工作模式；（3）通过设置 ADCCON 寄存器内的[1]和[2]位启动 A/D 变换；转换开始后通过查询 ADCCON 寄存器的[15]位判断转换是否结束；转换结束后读取 ADCDAT 寄存器的相关位获取转换后的数据。

5. 实验操作步骤

CVT-2440 实验箱中通过 AIN0 可调电阻能改变通道 0 的输入信号。本实验就是采集通道 0 的信号，通过调节可调电阻，改变其输入模拟信号，以观察 A/D 采样效果。

首先，准备实验环境。使用 JTAG 转接器，通过 PC 机的并行口将 PC 机和基于 S3C2440 的实验开发板相连接。安装 ARM JTAG 驱动程序，并运行 JTAG 调试代理。

　　其次，在 PC 机上打开 ADS 集成开发环境，新建 ARM Executive Image 项目，输入程序，编译、链接后，通过 AXD 调试器将程序下载到目标板。

　　最后，运行实验程序，观察实验结果。如果正确，数码管上左端三位上显示 A/D 变换后的 16 进制的转换数据，理论范围为 0x0~0x3FF。

6. A/D 变换过程的程序流程

　　A/D 变换过程的主程序流程框图如图 3-25 所示。

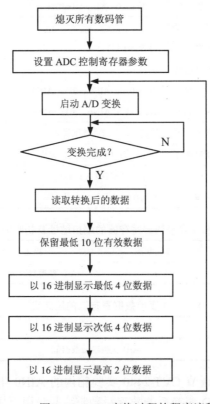

图 3-25　A/D 变换过程的程序流程

7. 实验参考程序

　　本程序采用查询方式，采样频率为 2.5MHz（50MHz/(19+1)，19 为预分频值），采样时间间隔为 2.5us。AD 变换实现步骤如下：根据变换频率计算预分频值；设置预分频值和模拟通道到 ADCCON；通过设置 ADCCON 的第 0 位为 1,开始 ADC；确定转换开始后，通过查询 ADCCON[15](转换标志结束位)是否为 1 判断是否转换结束；如果转换结束，读取 ADCDATO[0~9],即转换后的数据。

　　（1）汇编语言参考程序。此部分程序除了在数据定义区增加如下的定义段外，与本章 3.1.1 节汇编语言程序内 Main 标号之前的完全一样，故略之。

;*******口地址及数据定义区*******

;以下为增加的定义语句

```
pADCCON          EQU  0x58000000      ; ADC 控制寄存器地址
pADCDAT0         EQU  0x5800000C      ; ADC 数据寄存器 0 地址
;*****以下为各存储器 BANK 数据宽度设置数据*****
;省略
Main                                  ; 主程序区
        ldr r0, =0x20005000           ; 熄灭所有 LED 灯
        ldr r1, =0x00
        str r1, [r0]
        ldr r0, =0x20007000           ; 数码管片选
        ldr r1, =0x0
        str r1, [r0]
        ldr r0, =0x20006000           ; 熄灭所有数码管
        ldr r1, =0xff
        str r1, [r0]
        ldr r0, =pADCCON              ; 设置预分频位有效，预分频值设置为 19，0 通道
        ldr r1, =0x44C0               ; 普通操作模式，A/D 变换开始后自动清零
        str r1, [r0]
LOOP    ldr r0, =pADCCON
        ldr r1, =0x44c1               ;启动 A/D 变换
        str r1, [r0]
check1  ldr r0, =pADCCON             ;等待启动位清零
        ldr r1, [r0]
        tst r1, #1
        bne check1
check2  ldr r0, =pADCCON             ;查询 A/D 变换是否结束
        ldr r1, [r0]
        tst r1, #0x8000
        beq check2
        ldr r0, =pADCDAT0            ;读取转换数据
        ldr r2, [r0]
        ldr r3, =0x3ff               ;取后十位转换数据
        AND r2, r2, r3
        mov r3, r2
        mov r2, r3
        ldr r1, =0x0f                ;取低四位转换数据显示
        AND r1, r1, r2
        ldr r0, =seg7table           ;获得数码管数据起始地址
```

```
        add r0, r0, r1
        ldrb r1, [r0]

        ldr r0, =0x20006000
        str r1, [r0]
        ldr r0, =0x20007000
        ldr r1, =0xfe
        str r1, [r0]                    ;显示低四位十六进制数据
        bl Delay
        mov r2, r2, lsr #4              ;右移四位，显示下一个四位十六进制数
        ldr r1, =0x0f
        AND r1, r1, r2
        ldr r0, =seg7table
        add r0, r0, r1
        ldrb r1, [r0]
        ldr r0, =0x20006000
        str r1, [r0]
        ldr r0, =0x20007000
        ldr r1, =0xfd
        str r1, [r0]
        bl Delay
        mov r2, r2, lsr #4              ;右移四位，显示高位四位十六进制数
        ldr r1, =0x0f
        AND r1, r1, r2
        ldr r0, =seg7table
        add r0, r0, r1
        ldrb r1, [r0]
        ldr r0, =0x20006000
        str r1, [r0]
        ldr r0, =0x20007000
        ldr r1, =0xfb
        str r1, [r0]
        bl Delay
        b LOOP
        LTORG
Delay
        stmfd       sp!, {r8, r9, lr}
```

```
                ldr  r7,=0x62
LOOP9           ldr  r6,=0x50
LOOP8           sub  r6,r6,#1
                cmp  r6,#0
                bne  LOOP8
                sub  r7,r7,#1
                cmp  r7,#0
                bne  LOOP9
                ldmfd    sp!,{r8,r9,pc}
        LTORG
        AREA RamData, DATA, READWRITE
seg7table DCB
        0xc0,0xf9,0xa4,0xb0,0x99,0x92,0x82,0xf8,0x80,0x90,0x88,0x83,0xc6,0xa1,0x86,0x8e
        END
```

（2）本实验 C 语言参考程序如下。

```
/* 包含文件 */
#include "def.h"
#include "2410lib.h"
#include "option.h"
#include "2410addr.h"
#include "interrupt.h"
/*主程序 Main.c：函数名：Main。功能：A/D 变换实验主程序。返还值：void。参数：void*/
void Main(void)
{   // 配置系统时钟
    ChangeClockDivider(2,1);
    U32 mpll_val = 0 ;
    mpll_val = (92<<12)|(1<<4)|(1);
    ChangeMPllValue((mpll_val>>12)&0xff, (mpll_val>>4)&0x3f, mpll_val&3);

    Port_Init();            // 初始化 GPIO 端口
    Uart_Init(0,115200);  // 初始化串口
    Uart_Select(0);

    PRINTF("\n---A/D 采样程序---\n");  // 打印提示信息/
    PRINTF("\n 请将 UART0 与 PC 串口进行连接，然后启动超级终端程序(115200, 8, N, 1)\n");
    PRINTF("\n 从现在开始您将在超级终端上看到采样值，旋动旋钮 AIN2 和 AIN3 改变模拟输入\n");
    /* 开始测试 */
```

```
    Test_Adc();
    while(1)
    { }
}


#define  ADC_FREQ    2500000


int ReadAdc(int ch);            //返还值为 int
void Test_Adc(void)
{
    int i;
    int a0=0, a1=0, a2=0, a3=0, a4=0, a5=0, a6=0, a7=0;  //初始化各变量
    PRINTF("----------A/D 测试--------\n");
    PRINTF("旋动 AIN0, AIN1 旋钮改变模拟输入,任意键退出\n");
    while(1)
    {   a0=Adc_Get_Data(0, ADC_FREQ);
        a1=Adc_Get_Data(1, ADC_FREQ);
        PRINTF("\rAIN0: %04d AIN1: %04d", a0,a1);
    }
    rADCCON=(0<<14)|(19<<6)|(7<<3)|(1<<2);   //待机模式
    PRINTF("\n");
    PRINTF("--------A/D 测试结束------\n\n");
}
```

3.6.2 A/D 变换器应用:触摸屏控制实验

1. 实验目的

● 了解触摸屏的基本概念与原理。
● 编程实现并掌握对触摸屏的控制。

2. 实验设备

● 硬件:CVT-2440 教学实验箱、PC 机一台。
● 软件:Windows98/XP/2000、ADS 1.2 集成开发环境。

3. 实验内容

● 编程实现触摸屏坐标到液晶屏 LCD 坐标的校准。

● 编程实现触摸屏坐标的采集以及 LCD 坐标的计算。

4. 预备知识

● 学习 A/D 变换实验。
● 学习触摸屏原理。
● 了解触摸屏与显示屏的坐标转换。

5. 实验原理及实验电路

（1）四线电阻触摸屏结构原理简介。触摸屏按结构及工作原理的不同分为表面声波屏、电容屏、电阻屏和红外屏几种。每一类触摸屏都有其各自的优缺点，下面简单介绍一下本实验采用的四线电阻触摸屏结构原理。

电阻触摸屏实际上是一块透明的多层复合薄膜，以一层玻璃或硬塑料平板作为基层，表面涂有一层透明的具有一定电阻值的 ITO 氧化铟金属导电层，上面再盖一层涂有相同 ITO 涂层且外表面经过硬化处理、光滑防擦的塑料层，在上下两个涂层之间有许多细小的（小于 1/1000 英寸）的透明隔离点把两层导电层隔开以绝缘。当触压屏幕表面时，上下两层在触摸点位置将产生连接，如图 3-26 所示。因不同的触摸点在 X 和 Y 方向相对参考点具有不同的电阻值，将产生不同模拟电压，将这两个模拟电压经 A/D 变换为数字量，然后通过公式计算或查表换算就得到触摸屏的 X 和 Y 坐标值。按照获取触摸屏 X 和 Y 方向两个模拟电压方式的不同，电阻式触摸屏可分为四线电阻式、五线电阻式、六线电阻式等多种结构。本实验所采用的四线电阻式触摸屏具有 4 根引出线，分别是 XP、XM、YP 和 YM（如图 3-27 所示）。XP 和 XM 用于输出 X 方向模拟电压，YP 和 YM 用于输出 Y 方向模拟电压，它需要两个 A/D 变换数据通道进行模数转换。四线电阻式触摸屏具有结构简单、工作稳定、解析度高、响应速度快和价格低廉等优点，是目前广泛采用的一款触摸屏。

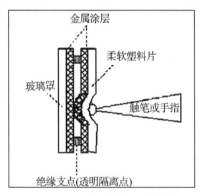

图 3-26　电阻触摸屏结构示意图

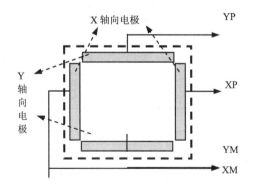

图 3-27　四线电阻触摸屏结构示意图

（2）触摸屏与显示器的配合。触摸屏在实际使用中需要附着在显示器(一般为液晶屏)的表面，因触点产生的是模拟电压，理论上可以与同尺寸下的各种分辨率液晶屏配合。配合过程如下：首先需要将触摸点产生的 X、Y 方向模拟电压值送 A/D 变换器转换为数字值；然后将该组数值通过计算或查表去拟合最接近的显示器各点阵数据；最后将其对应为屏幕的坐标值。需要注意的是相同尺寸的液晶屏可以有不同的分辨率，例如，常用的 7 寸液晶屏就有

640×480、800×600、1024×768 等多种显示点阵分辨率。

（3）实验电路说明。本实验系统所使用的四线电阻式触摸屏与 A/D 变换器的电路连接图如图 3-28 所示。图中看到触摸屏占用了 A/D 变换器四个 AD 通道，但由于触摸屏内部电路已将其中的 AD6 和 AD4 引脚连接为接地端，所以实际上 X 方向数据仅使用了 AD7、Y 方向数据仅使用了 AD5。与 AD6 和 AD4 连接的晶体管相当于开关，负责将 AD6 和 AD4 接地。

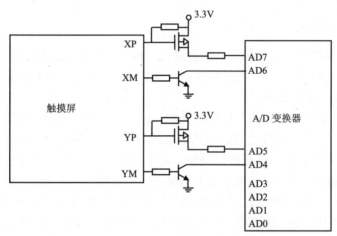

图 3-28　触摸屏实验电路连接图

6. 实验程序流程分析

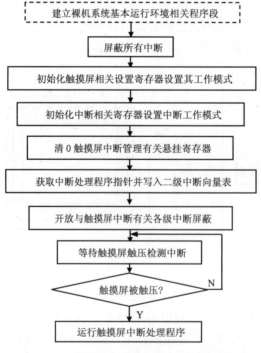

图 3-29　触摸屏工作主程序流程图

触摸屏的工作需要经历两个阶段，第一阶段是检测触摸屏是否被触压。当检测到触摸屏被触压时将产生触摸屏中断信号 INTTSC。第二阶段是在响应 INTTSC 中断的中断处理程序内实施对触摸点数据的 A/D 变换及采集，变换可以采用查询方式，也可以采用中断方式，但所用的中断信号为 INTADC 而非 INTTSC。第一阶段触笔检测可以选择是落笔过程或抬笔过程触发中断。本实验程序将在主程序内实现第一阶段的主要功能，而在中断处理程序内实现第二阶段的功能。

（1）主程序功能及实现流程。鉴于本实验是在裸机环境下进行的，所以完整的实验程序应该包括对裸机系统基本工作环境进行初始化的程序段，因这些内容在前面的实验中已被反复提及，本处就不再赘述。下面仅详细分析与触摸屏工作有关的程序段内容。主程序内与触摸屏直接相关的程序内容分两部分，第一部分是针对与触摸屏工作有关的寄存器进行初始化编程，设置其工作方式。第二部分是控制触摸屏的工作流程。主程序主要内容及流程如图3-29 所示。

1）设置 A/D 控制寄存器 ADCCON。在触摸屏工作前，首先需要通过 A/D 控制寄存器 ADCCON 设置主时钟预分频值 PRSCVL，以确定 AD 变换器的工作时钟频率，ADCCON 寄存器的位设置功能见图 3-16。

由触摸屏原理可知道，A/D 变换器工作频率计算公式如下：

$$A/D \text{ 工作频率 } = \text{ 系统主时钟}/(\text{预分频值}+1) \tag{3-1}$$

在本实验中系统主时钟 PCLK 为 50MHz，AD 工作频率选择为 1.25MHz，则可算得：

$$PRSCVL+1 = 50 \times 10^6 / 1.25 \times 10^6 = 40 \tag{3-2}$$

所以完成一次 AD 变换的最短时间为：$5/1.25 \times 10^6$ 即 $4\mu S$。除了将 STDBM 选为 0 外，ADCCON 内的其他选项，都取缺省值。

2）设置触摸屏控制寄存器 ADCTSC。通过触摸屏控制寄存器可设置自动中断方式(XY_PST=11)及触笔落下中断方式(UD_SEN=0)，并且暂时断开触摸屏与 AD 变换器的连接(YM_SEN, YP_SEN, XM_SEN, XP_SEN, PULL_UP 分别为 1、1、0、1、0)，另外因本实验采用查询方式进行 AD 变换，故还要选择普通 AD 变换方式(AUTO_PST=0)。触摸屏控制寄存器的位功能如表 3-19 所示。

表 3-19　ADC 触摸屏控制寄存器的位功能

ADCTSC	位	功能描述	初始值
UD_SEN	[8]	检测触笔起落状态。0=检测触笔按下中断信号，1=检测触笔抬起中断信号	0
YM_SEN	[7]	YM 开关选通。0=YM 输出驱动无效(Hi-z)，1=YM 输出驱动有效(GND)	0
YP_SEN	[6]	YP 开关选通。0=YP 输出驱动有效(Ext -vol)，1=YP 输出驱动无效(AIN5)	1
XM_SEN	[5]	XM 开关选通。0=XM 输出驱动无效(Hi-z)，1=XM 输出驱动有效(GND)	0
XP_SEN	[4]	XP 开关选通。0=XP 输出驱动有效(Ext -vol)，1=XP 输出驱动无效(AIN7)	1
PULL_UP	[3]	上拉开关选通。0=XP 上拉有效，1=XP 上拉无效	1
AUTO_PST	[2]	自动连续转换 X 坐标和 Y 坐标。0=普通 ADC 转换，1=自动连续测量 X 和 Y 坐标	0
XY_PST	[1:0]	手动测量 X 坐标和 Y 坐标。 00=无操作模式，01=X 坐标测量，10=Y 坐标测量，11=等待中断模式	0

3）设置 AD 延迟寄存器 ADCDLY。通过 AD 延迟寄存器 ADCDLY 可设置从检测到触笔中断到开始进行 AD 变换的延迟时间，本实验选择设置值为 50000，对应的延迟时间为 13.56ms。

AD 延迟寄存器的位功能见表 3-20。

表 3-20   A/D 变换启动延迟寄存器的位功能

ADCDLY	位	功能描述	初始值
DELAY	[15:0]	常规转换模式：X/Y坐标模式。自动坐标模式：AD转换开始延迟值。 等待中断模式：当触笔按下发生在睡眠模式时，几毫秒延迟后将产生用于退出睡眠模式的唤醒信号。不可设为 0 值。	0x00FF

4）与触摸屏中断工作方式相关寄存器的初始化设置。与触摸屏工作有关的中断管理结构如图 3-30 所示。

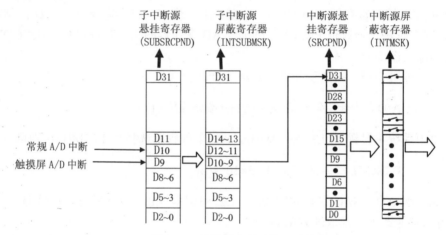

图 3-30   触摸屏中断源管理结构图

与触摸屏中断有关的寄存器有：子中断源悬挂寄存器SUBSRCPND、中断源悬挂寄存器SRCPND、中断悬挂寄存器INTPDN、子中断屏蔽寄存器SUBINTMSK 和中断屏蔽寄存器INTMSK。

在程序的初始化设置过程中需要先屏蔽所有中断并清0各悬挂寄存器，所有初始化设置完成后需要开放对触摸屏中断源的屏蔽。需要注意的是：在中断处理程序完成中断处理返回断点之前需要再次清0各悬挂寄存器，以便能够响应下一次触摸屏中断。

5）触摸屏的工作流程控制。本实验程序的主程序部分主要内容是建立触摸屏工作必需的初始化设置以及为产生和响应触摸屏触笔检测中断所需的初始化设置，而后程序将进入等待触笔检测中断的死循环内。另外为了使实验结果更直观，程序内还增加了通过串口在 PC 机和实验箱直接进行数据传输的程序段（函数）。

（2）中断处理程序功能及流程。触摸屏中断处理程序是在响应触笔检测中断信号后调用的程序，流程图如图3-31的所示。

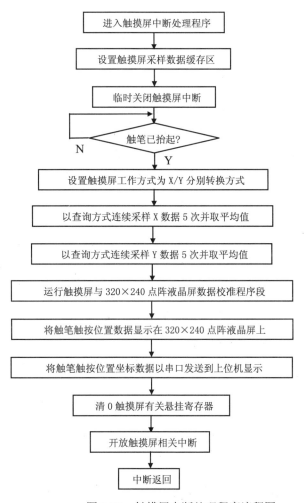

图 3-31　触摸屏中断处理程序流程图

通过上述方式采集的坐标是相对于触摸屏的坐标，需要转换成为液晶屏坐标。即使是相同尺寸的液晶屏也会有不同的分辨率，所以触摸屏在配合具体的液晶屏工作前都需要进行校准工作，即把整个触摸屏都部署到特定分辨率液晶屏的每个点阵上，让所有的触点都对应到一个唯一的液晶屏像素点上。

例如，针对分辨率为 320×240 的液晶屏，首先分别点击触摸屏(下覆盖液晶屏)左上角(0,0)和右下角(319,239)并获取其 A/D 转换后的采样值（Px_min, Py_min）和（Px_max, Py_max），然后通过计算实现触摸屏坐标到 LCD 坐标的转换。若(X,Y)为待求点的触摸屏坐标，(Px,Py)为触摸屏(X,Y)点的 A/D 采样值。具体的计算公式为：

$$X=320-320\times(Px-Px\_max)/(Px\_min-Px\_max) \tag{3-3}$$

$$Y=240-240\times(Py-Py\_max)/(Py\_min-Py\_max) \tag{3-4}$$

7. 实验步骤

（1）参照模板工程 touch(modules\touch\touch.apj)，新建一个工程 touch，添加相应的文件，并修改 touch 的工程设置。

（2）创建 touch.c 并加入到工程 touch 中。

（3）编写程序分别校正 LCD 左上角和右下角坐标。

（4）编写程序采集触摸屏坐标屏将其转换到 LCD 坐标并通过串口打印出来。

（5）编译 touch，下载程序并运行，并观察输出结果。

C 语言参考程序如下。

```c
/* 包含文件 */
#define GLOBAL_CLK 1
#include "def.h"
#include "2440lib.h"
#include "option.h"
#include "2440addr.h"
#include "interrupt.h"

#include <string.h>
#include "2440addr.h"
#include "2440lib.h"
#include "Ts_sep.h"
#include "def.h"

#define PRSCVL 39
static U32 cpu_freq;
static U32 UPLL;
int consoleNum;
#define TS_JUSTIFY_LEFTTOP   1
#define TS_JUSTIFY_RIGHTBOT  2
#define TS_START             3

int ts_status = TS_JUSTIFY_LEFTTOP;
int ts_lefttop_x, ts_lefttop_y, ts_rightbot_x, ts_rightbot_y;
int ts_lcd_x, ts_lcd_y;

/***********定义中断处理响应函数***************/
void __irq Adc_or_TsSep(void);                          //定义 A/D 中断服务程序为 IRQ 中断

//C 语言运行环境时钟设置
```

```
/*****************************************/
static void cal_cpu_bus_clk(void)
{
    U32 val;
    U8 m, p, s;
    val = rMPLLCON;
    m = (val>>12)&0xff;
    p = (val>>4)&0x3f;
    s = val&3;
    FCLK = ((m+8)*(FIN/100)*2)/((p+2)*(1<<s))*100;
    val = rCLKDIVN;
    m = (val>>1)&3;
    p = val&1;
    val = rCAMDIVN;
    s = val>>8;
    switch (m) {
    case 0:
        HCLK = FCLK;
        break;
    case 1:
        HCLK = FCLK>>1;
        break;
    case 2:
        if(s&2)
            HCLK = FCLK>>3;
        else
            HCLK = FCLK>>2;
        break;
    case 3:
        if(s&1)
            HCLK = FCLK/6;
        else
            HCLK = FCLK/3;
        break;
    }
    if(p)
        PCLK = HCLK>>1;
    else
        PCLK = HCLK;
```

```
        if(s&0x10)
            cpu_freq = HCLK;
        else
            cpu_freq - FCLK;
    val = rUPLLCON;
    m = (val>>12)&0xff;
    p = (val>>4)&0x3f;
    s = val&3;
    UPLL = ((m+8)*FIN)/((p+2)*(1<<s));
    UCLK = (rCLKDIVN&8)?(UPLL>>1):UPLL;
}
```

/*****************中断处理函数主体申明*********************/
//中断服务处理程序
```
void Adc_or_TsSep(void)
{
    int i;                              //定义变量
    U32 Ptx[6], Pty[6];                 //定义坐标存储数组，用于多次测量取坐标的平均值

        rINTSUBMSK |= (BIT_SUB_ADC|BIT_SUB_TC); //屏蔽中断（ADC和TC），防止有新的中断产生
if(rADCTSC & 0x100)                     //检测ADC触摸屏控制寄存器ADCTSC[8]，检测笔触抬
//起中断。若为1，则表示笔触抬起，则打印信息
    {
        Uart_Printf("\nStylus Up!!\n");
        rADCTSC &= 0xff;                // Set stylus down interrupt
    }
    else
    {
        Uart_Printf("\nStylus Down!!\n");//打印笔触按下提示
    /* 读X坐标，设置ADC触摸屏控制寄存器：检测触笔按下中断信号，YM输出驱动无效，YP输出驱动无
效，XM输出驱动有效，XP输出驱动有效，XP上拉无效，普通A/D变换，X坐标测量*/

        rADCTSC=(0<<8)|(0<<7)|(1<<6)|(1<<5)|(0<<4)|(1<<3)|(0<<2)|(1);
        for(i=0;i<5;i++)                //连续测量五次取平均值
        {
            rADCCON|=0x1;               // 启动ADC控制寄存器ADCCON，开始A/D转换
            while(rADCCON & 0x1);       // 检查ADC控制寄存器ADCCON[0]，A/D转换是否结束，该位
// 在启动后，开始转换，转换结束后自动清零
            while(!(0x8000&rADCCON));   // 检查ADC控制寄存器ADCCON，标志位是否为0
```

```
        Ptx[i]=(0x3ff&rADCDAT0);        // 在 ADCDAT0 寄存器中取转换完成的 X 坐标数据
    }
    Ptx[5]=(Ptx[0]+Ptx[1]+Ptx[2]+Ptx[3]+Ptx[4])/5;                //取五次取平局值
    //读 Y 坐标,设置 ADC 触摸屏控制寄存器,检测触笔按下中断信号,YM 输出驱动无效,YP 输出驱
动有效,XM 输出驱动有效,XP 输出驱动有效,XP 上拉无效,普通 ADC 转换,Y 坐标测量*/
    rADCTSC=(0<<8)|(1<<7)|(0<<6)|(0<<5)|(1<<4)|(1<<3)|(0<<2)|(2);

    for(i=0;i<5;i++)
    {
    rADCCON|=0x01;        // 启动 ADC 控制寄存器 ADCCON,开始 ADC 转换。
    while(rADCCON & 0x01);                // 检查 ADC 控制寄存器 ADCCON[0],A/D 转换是否结束,
// 该位在启动后,开始转换,转换结束后自动清零。
        while(!(0x8000&rADCCON));        // 检查 ADC 控制寄存器 ADCCON,标志位是否为 0
        Pty[i]=(0x3ff&rADCDAT1);        // 在 ADCDAT1 寄存器中取转换完成的 Y 坐标数据
    }
    Pty[5]=(Pty[0]+Pty[1]+Pty[2]+Pty[3]+Pty[4])/5;
    /* 读 X 坐标,设置 ADC 触摸屏控制寄存器:检测触笔抬起中断信号,YM 输出驱动有效,YP 输出驱
动无效,XM 输出驱动无效,XP 输出驱动无效,XP 上拉有效,普通 ADC 转换,等待中断模式*/
    rADCTSC=(1<<8)|(1<<7)|(1<<6)|(0<<5)|(1<<4)|(0<<3)|(0<<2)|(3);
    Uart_Printf("TOUCH Position = (%04d, %04d)        ", Ptx[5], Pty[5]);
    if(ts_status == TS_JUSTIFY_LEFTTOP)        //屏幕校准状态监测,首先校准左上角
    {
    ts_lefttop_x = Ptx[5];
    ts_lefttop_y = Pty[5];
    ts_status = TS_JUSTIFY_RIGHTBOT;
    Uart_Printf("\nLeft top (0, 0) -> (%04d, %04d)\n", ts_lefttop_x, ts_lefttop_y);
    Uart_Printf("    请触摸屏幕右下角位置\n");
    }else if(ts_status == TS_JUSTIFY_RIGHTBOT)                //校准右下角
    {
    ts_rightbot_x = Ptx[5];
    ts_rightbot_y = Pty[5];
    ts_status = TS_START;
    Uart_Printf("\nRight  bottom  (319,  239)  ->  (%04d,  %04d)\n",  ts_rightbot_x,
ts_rightbot_y);
        Uart_Printf("[2] 请点击触摸屏\n");                //校准完成,开始触屏测试
    }else
    {
    ts_lcd_x = 320 - (Ptx[5] - ts_rightbot_x) * 1.0 / (ts_lefttop_x - ts_rightbot_x) * 320.0;
    ts_lcd_y = (Pty[5] - ts_lefttop_y) * 1.0 / (ts_rightbot_y - ts_lefttop_y) * 240.0;
```

```
        if(ts_lcd_x > 319) ts_lcd_x = 319;
        if(ts_lcd_x < 0) ts_lcd_x = 0;
        if(ts_lcd_y > 239) ts_lcd_x = 239;
        if(ts_lcd_y < 0) ts_lcd_x = 0;
        Uart_Printf("LCD Position = (%04d, %04d)\n", ts_lcd_x, ts_lcd_y);
        }
    }

    rSUBSRCPND |= BIT_SUB_TC;              //清除子悬挂寄存器的值，往该位写1，BIT_SUB_TC
    rINTSUBMSK =~ (BIT_SUB_TC);            //打开屏蔽寄存器 BIT_SUB_TC 屏蔽位
    ClearPending(BIT_ADC);                //清除悬挂寄存器
}


/*** 触屏测试初始化 ***/
void Ts_Sep(void)
{   //打印提示信息
    Uart_Printf("------触摸屏测试------\n");
    Uart_Printf("[1] 触摸屏校准\n    请触摸屏幕左上角位置\n");
ts_status = TS_JUSTIFY_LEFTTOP;          //设置左上角校准状态
    rADCDLY = (50000);                   //设置 A/D 变换启动延时
/*设置 A/D 变换控制寄存器：允许 A/D 转换器预分频器，预分频值 39，正常模式，A/D 转换启动功能禁止，
A/D 转换启动无操作*/
rADCCON = (1<<14) | (PRSCVL<<6) | (0<<3) | (0<<2) | (0<<1) | (0);


    /*设置 ADC 触摸屏控制寄存器：检测触笔按下中断信号，YM 输出驱动有效(GND)，YP 输出驱动无效
(AIN5)，XM 输出驱动无效，XP 输出驱动无效(AIN7)，XP 上拉有效，普通 ADC 转换，等待中断*/
    rADCTSC=(0<<8) | (1<<7) | (1<<6) | (0<<5) | (1<<4) | (0<<3) | (0<<2) | (3);
    pISR_ADC    = (unsigned)Adc_or_TsSep;    // 填写中断处理程序的入口地址 pISR_ADC
    rINTMSK      &=~(BIT_ADC);               // 打开 ADC 中断屏蔽 位 BIT_ADC
    rINTSUBMSK     &=~(BIT_SUB_TC);          // 打开 ADC 子中断 rINTSUBMSK 屏蔽位 BIT_SUB_TC
    while(1);                                // 等待中断

    rINTSUBMSK |= BIT_SUB_TC;                // 清除中断屏蔽寄存器
    rINTMSK    |= BIT_ADC;
    Uart_Printf("----触摸屏测试结束----\n");
}


/*** 函数名：Main，功能：触摸屏实验主程序，返还类型：void，参数：void  ***/
void Main(void)
```

```
{
    /* 配置系统时钟 */
    U8 key;
    U32 mpll_val = 0 ;
    mpll_val = (92<<12)|(1<<4)|(1);
    ChangeMPllValue((mpll_val>>12)&0xff, (mpll_val>>4)&0x3f, mpll_val&3);
    ChangeClockDivider(14, 12);
    cal_cpu_bus_clk();

    /* 初始化端口 */
    Port_Init();
consoleNum = 0;          // Uart 0 select for debug.
    Uart_Init( 0,115200 );    //串口初始化，参数 0 表示使用系统时钟 PCLK,115200 表示设置波特率
    Uart_Select( consoleNum );  //选择串口 0
    Uart_SendByte('\n');          //发送一个回车换行符。
    /* 打印提示信息 */
    Uart_Printf("\n---触摸屏测试程序---\n");
    Uart_Printf("\n 请将 UART0 与 PC 串口进行连接，然后启动超级终端程序(115200, 8, N, 1)\n");
    /* 开始回环测试 */
    Ts_Sep();
    while(1);
}
```

8. 实验报告要求

（1）常见的触摸屏有哪几种，说明各自的优缺点。

（2）以四线电阻式触摸屏为例，说明电阻式触摸屏的工作原理。

（3）举例说明触摸屏坐标与屏幕坐标之间的转换。

（4）编写程序实现以中断方式采集触摸屏坐标。

第4章　Linux 开发环境构建及 C 语言应用编程基础

4.1 嵌入式 Linux 开发环境构建实验

1. 实验目的

● 掌握 Linux 系统的安装方法，对 Linux 有初步认识，并且加深对 Linux 中的基本概念的理解，熟悉 Linux 文件系统目录结构。
● 掌握 Linux 常用命令的使用方法。

2. 预备知识

● Linux 系统基本概念，以及安装需求。
● Linux 文件及文件系统。
● Linux 常用基本命令。

3. 实验内容

● 安装 Linux 操作系统。
● Linux 常用命令。

4. 实验步骤

（1）安装 Linux 操作系统。基于 vmware 虚拟机安装 Linux(Fedora 10)操作系统，具体步骤如下：

下载 Linux 版本 VMware7.1.4 虚拟机并安装；

搜集主机硬件信息；

新建虚拟机，并配置安装选项；

安装 Linux 操作系统；

安装完成后，用普通用户登录到 Linux 系统；

使用文件浏览器熟悉文件的目录结构；

在实验报告中，写出 Linux 根目录下文件结构。

（2）Linux 常用命令的使用方法。常用命令如下：

第一，用户系统相关命令，包括用户切换(su)、用户管理(useradd 和 passwd)、系统管理命令(ps 和 kill)、文件系统挂载命令(mount)；

第二，文件相关命令，包括 cd、ls、mkdir、cat、cp、mv、rm、chmod、grep、find、ln；

第三，压缩打包相关命令，包括 gzip、tar。

第四，网络相关命令，包括 ifconfig(要求能够修改本机 IP 地址、子网掩码、网关)。

5. 思考题

（1）Linux 下的文件系统和 windows 下的文件系统有什么区别？

（2）Linux 中的文件有哪些类，这样分类有什么好处？

（3）更改目录的名称，如把/home/embedded 变为/home/swjtu？

（4）如何将文件属性变为"-rwxrw-r—"？

（5）在实验报告中，写出命令基本使用方法，包括参数形式，如 ifconfig etho up。

4.2 嵌入式 Linux 下 C 语言编程基础实验 1

1. 实验目的

- 熟悉 vi 的基本操作。
- 掌握 C 语言编程工具链的安装方法。
- 熟悉使用 gcc 编译器的常用选项。
- 熟悉使用 gdb 的调试技术。
- 了解 makefile 的基本使用方法。

2. 预备知识

- Linux 下 C 语言编程基础。
- gcc 编译器的基本原理。
- gdb 基本调试技术。
- makefile 基本原理及语法规范。

3. 基础知识

（1）gcc 基础。初学 Linux 时最好从命令行入手，这样可以熟悉从编写程序、编译、调试和执行的整个过程。编写程序可以用 vi 或其他编辑器编写。编译则使用 gcc 命令。gcc 命令提供了非常多的命令选项，但并不是所有都要熟悉，这里我们介绍几个常用的命令选项即可（假设源程序文件名为 test.c）。

1）无选项编译链接。

用法：#gcc test.c。

作用：将 test.c 预处理、汇编、编译并链接形成可执行文件。这里未指定输出文件，默认输出为 a.out。

2）选项 –o。

用法：#gcc test.c -o test。

作用：将 test.c 预处理、汇编、编译并链接形成可执行文件 test。-o 选项用来指定输出文件的文件名。

3）选项 –E。

用法：#gcc -E test.c -o test.i。

作用：将 test.c 预处理并输出 test.i 文件。

4）选项 -S。

用法：#gcc -S test.i。

作用：将预处理输出文件 test.i 汇编成 test.s 文件。

5）选项 –c。

用法：#gcc -c test.s。

作用：将汇编输出文件 test.s 编译输出 test.o 文件。

6）无选项链接。

用法：#gcc test.o -o test。

作用：将编译输出文件 test.o 链接成最终可执行文件 test。

7）选项 –O。

用法：#gcc -O1 test.c -o test。

作用：使用编译优化级别 1 编译程序。级别越大优化效果越好，但编译时间越长。

（2）多个源文件的编译方法。如果有多个源文件，基本上如下有两种编译方法（假设有两个源文件为 test.c 和 testfun.c）。

1）多个文件一起编译。

用法：#gcc testfun.c test.c -o test。

作用：将 testfun.c 和 test.c 分别编译后链接成 test 可执行文件。

2）分别编译各个源文件，之后链接编译后输出的目标文件。

用法：#gcc -c testfun.c。作用：将 testfun.c 编译成 testfun.o。

用法：#gcc -c test.c。作用：将 test.c 编译成 test.o。

用法：#gcc -o testfun.o test.o -o test。作用：将 testfun.o 和 test.o 链接成 test。

第一种方法编译时需要重新编译所有文件，而第二种方法可以只重新编译被修改的文件。

（3）Makefile 基础。Make 工具最主要也是最基本的功能就是通过 makefile 文件来描述源程序之间的相互关系并自动维护编译工作。makefile 文件需要按照某种语法进行编写，文件中需要说明如何编译各个源文件并链接生成可执行文件，并要求定义源文件之间的依赖关系。makefile 文件是许多编译器，包括 Windows NT 下的编译器，维护编译信息的常用方法，只是在集成开发环境中，用户可通过界面修改 makefile 文件而已。

关于 Makefile 详细的使用及书写规则，注意参考相关书籍。

4. 实验内容

（1）C 语言编程工具链的安装。

（2）编写"Hello World"测试程序。

（3）使用 gdb 调试程序。

（4）编写包含多文件的 makefile。

5. 实验步骤

（1）　C 语言编程工具链的安装：下载 gcc 和 gdb 安装包，并解压。在实验报告中，写出编程工具链安装结果信息，

（2）　编写 "HellloWorld" 测试程序，使用 Vi 编辑器，编写 "Hello world"。在实验报告上，写出相应代码。使用 gcc 编译器，对源代码进行编译，在实验报告上，写出相应命令。使用 gcc 编译器，对目标文件进行链接，生成可执行文件，在实验报告上，写出相应命令。运行可执行文件，并查看结果。

（3）使用 gdb 调试程序，实验步骤参考教材 3.7.2.节内容。

（4）编写包含多文件的 makefile。分别编写头文件(add.h)和代码文件(add.c)，其中头文件包含系统头文件以及加法函数的声明部分；源代码文件包含加法函数的实现以及 main 函数；使用 makefile 文件，来编译源代码，并生成可执行文件。上述文件都使用 Vi 编辑器编写，并在实验报告上，写出相应源代码。

6. 思考题

如何在 Linux 下综合运用 vi、gcc 编译器和 gdb 调试器开发 Fabinacci 数列程序？

4.3　嵌入式 Linux 下 C 语言编程基础实验 2

1. 实验目的

● 进一步熟悉 Linux 下 C 语言开发环境，包括 gcc 编译器和 gdb 调试工具。
● 理解 Linux 中 C 语言基本数据类型。
● 在 Linux 中实现 C 语言基本数据结构。
● 掌握 Linux 中 C 语言对文件基本操作。

2. 预备知识

● Linux 中 C 语言基本概念。
● 队列、链表和堆栈等数据结构的基本概念。
● Linux 中文件管理的基本概念。

3. 实验内容

● C 语言基本数据类型实验。
● C 语言实现基本数据结构：队列的实现、栈的实现、线性表的实现。
● C 语言文件基本操作。

4. 实验步骤

（1）　C 语言基本数据类型实验。在 Linux 操作系统中，使用 C 语言基本数据类型编写

程序，并输出不同数据类型所占用的内存空间(至少 5 种)，在实验报告册上，写出不同数据类型所占用的内存空间字节数。

（2）利用 C 语言实现基本数据结构。

第一，队列的实现。结合队列的特点(先进先出 FIFO)及基本操作，采用顺序存储结构，实现入队、出队操作。在实验报告册上，写出源代码。

第二，栈的实现。结合栈的特点(先进后出 FILO)及基本操作，采用顺序存储结构，实现入栈、出栈操作，在实验报告册上，写出源代码。

第三，线性表的实现。线性表是在链式存储结构上建的链表，实现插入结点和删除结点运算。在实验报告册上，写出源代码。节点可以定义如下。

```
struct node
{
            int key;
            struct node *next;
};
```

（3）C 语言文件的基本操作。使用 C 语言操作文件的相关函数，实现文件的创建、删除、以及修改文件内容等操作。在实验报告册上，写出源代码。

4.4 Linux 内核移植实验

1. 实验目的

- 掌握交叉编译环境的建立和使用。
- 熟悉 Linux 开发环境，掌握 Linux 内核的配置和裁减。
- 了解 Linux 的启动过程。

2. 实验内容

- 了解 Linux 交叉开发环境建立运用及内核剪裁过程。
- 根据嵌入式目标系统（教学实验系统）的硬件资源，配置并编译 Linux 核心。
- 向目标系统下载并运行 Linux 内核，检查运行结果。

3. 预备知识

- 了解 Linux 的一些基本操作命令以及 Linux 系统下用户环境的设置。
- 了解交叉编译工具的组成以及这些工具的使用。

4. 实验设备

- 硬件：CVT-2440 教学实验箱、PC 机。
- 软件：PC 机操作系统、虚拟机、Linux 开发环境

5. 实验原理

从本实验开始的 Linux 相关实验均是在 Linux 操作系统下进行，推荐使用 Fedora10 或者 Fedora10，本实验要求有基本的 Linux 平台操作知识。

（1）Linux 内核移植。Linux 是一种很受欢迎的操作系统，它与 UNIX 系统兼容，开放源代码。它原本被设计为桌面系统，现在广泛应用于服务器领域，并正逐渐应用于嵌入式设备。

Linux 内核的移植可以分为板级移植和片级移植。片级移植比板级移植要复杂许多，需要对 Linux 内核有详尽的了解，不适合于教学。本实验采用已经包含 S3C2440X ARM920T 处理器的移植包，并在此基础上介绍 Linux 板级移植的基本过程和方法。

图 4-1 所示为本实验所采用的实验环境以及开发流程。在主机的 Fedora10 或者 Ubuntu 操作系统下安装 Linux 发行包以及交叉编译器 arm-linux-gcc。然后对 Linux 进行配置 (makemenuconfig)以适合本实验系统，配置完成后进行编译生成 Linux 映像文件 zImage。然后通过 u-boot 将该文件下载到目标板并执行。

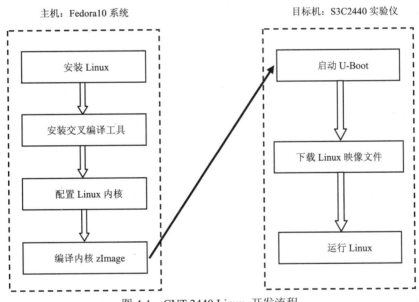

图 4-1　CVT-2440 Linux 开发流程

（2）Linux 内核源代码的安装。本实验系统的 Linux 发行文件为 linux-2.6.30.4-eb1630. tar.gz，在 Fedora10 下将该文件拷贝到"/opt/cvtech"目录下，然后在该目录下执行"tar zxvf linux-2.6.30.4-eb1630.tar.gz"，当 tar 程序运行完毕后，在"/opt/cvtech"目录下会有一个 linux-2.6.30.4 的新目录，这个目录就是 Linux 的源码根目录，里面有进行 Linux 内核开发的所有的源代码。

（3）Linux 交叉编译环境的建立和使用。通常程序是在一台计算机上编译，然后再分布到其他将要使用的计算机上。当主机系统（运行编译器的系统）和目标系统（产生的程序将在其上运行的系统）不兼容时，就进行交叉编译。除了能提高兼容性外，交叉编译还有以下两种适用场合：当目标系统对其可用的编译工具没有本地设置时；当主机系统比目标系统要快得多，或者具有多得多的可用资源时。

本实验的主机采用 x86 体系结构的 Fedora10 或者 Fedora10 系统。目标系统是 S3C2440XARM920T 处理器。

gnu 的交叉编译器包括以下组件：gcc 交叉编译器，即在宿主机上开发编译目标系统上可运行的二进制文件；Binutils 辅助工具，如 objdump、objcopy 等；gdb 调试器。

（4）Linux 内核的配置和编译。Linux 的源代码组织结构如下：根目录为 "/opt/cvtech/linux-2.6.30.4"。内核的文件组织结构如下。

Arch-arm：与架构和平台相关的代码都放在 arch 目录下。针对 ARM 的 Linux，有一个子目录和它对应即 arm。

drivers：这个目录包含了所有的设备驱动程序。驱动程序又被分成 "block"、"char"、"net" 等几种类型。

fs：有支持多种文件系统的源代码，几乎一个目录就是一个文件系统，如 MSDOS、VFAT、proc 和 ext2 等。

include：相关的头文件。它们被分成通用和平台专用两部分。目录 "asm-$(ARCH)" 包含了平台相关的头文件，在它下面进一步分成 "arch-$(MACHINE)" 以及 "arch-$(PROCESSOR)" 等子目录。与板子相关的头文件放在 "arch-$(MACHINE)" 下，与 CPU 相关的头文件放在 "arch-$(PROCESSOR)" 下。例如，对于没有 MMU 的处理器，"arch-arm" 用于存放硬件相关的定义。

init：含一些启动 kernel 所需做的初始化动作，并设置参数，它含有一个 main.c，针对外围设备进行初始化。

ipc：提供进程间通信机制的源代码，如信号量、消息队列和管道等。

kernel：包含进程调度算法的源代码，以及与内核相关的处理程序，例如系统调用。

mm：该目录用来存放内存管理的源代码，包括 MMU。

net：支持网络相关的协议源代码。

lib：包含内核要用到的一些常用函数。例如字符串操作、格式化输出等。

script：这个目录包含了在配置和编译内核时要用到的脚本文件。

配置和编译 Linux 核心的方法如下。

```
cd/opt/oltah/linux-2.6-30.4 make menuconfig
```

启动菜单配置工具后，选择 "Load an Alternate Configuration File" 选项，然后确认（用上下移动键，将蓝色光标移动到选项，然后键入回车键）。该选项将载入 CVT-2440 的标准配置文件 config-jx2440，该文件保存在 "/opt/cvtech/linux-2.6.30.4" 目录下，请不要修改这个文件。

在提示框中键入 config-2440 配置文件名，然后选择 "Ok" 按钮确认，将退回到主菜单。然后按 "Esc" 键退出，并将提示是否保存，请选择 "Yes" 按钮保存。如图 4-2 所示。

此时可以通过 make 或者 make zImage 进行编译，它们的差别在于 make zImage 将 make 生成的核心进行压缩，并加入一段解压的启动代码，本实验采用 make zImage 编译，方法如下。

```
$make zImage
```

生成的 Linux 映像文件 zImage 保存在"/opt/cvtech/linux-2.6.30.4/arch/arm/ boot/"目录下。

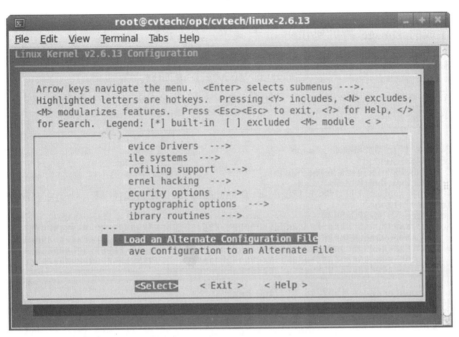

图 4-2　CVT-2440 Linux 配置

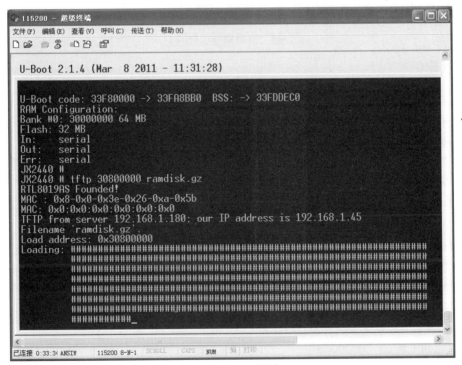

图 4-3　显示结果

（5）下载 Linux 核心并运行。编译成功后的 Linux 核心为上述 zImage 文件。通过 CVT-2440 的 u-boot 将该核心 zImage 下载到 SDRAM 中，另外内核启动过程将加载 RAMDISK 文件系统，因此需要先将/tftpboot/ramdisk.gz 下载到 SDRAM 中，然后才能运行内核。具体过程如下。

先将生成的 zImage 拷贝到/tftpboot 目录下，方法如下。

$cp /opt/cvtech/linux-2.6.30.4/arch/arm/boot/zImage   /tftpboot

然后启动 u-boot，并在 u-boot 中使用 tftp 下载 ramdisk.gz 和 zImage。如图 4-3、图 4-4、图 4-5 所示。

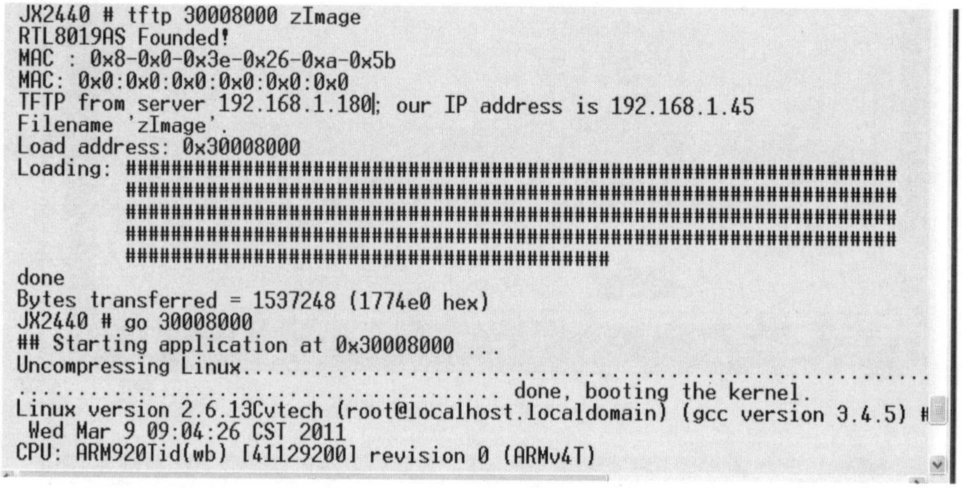

```
JX2440 # tftp 30008000 zImage
RTL8019AS Founded!
MAC : 0x8-0x0-0x3e-0x26-0xa-0x5b
MAC: 0x0:0x0:0x0:0x0:0x0:0x0:0x0:0x0
TFTP from server 192.168.1.180; our IP address is 192.168.1.45
Filename 'zImage'.
Load address: 0x30008000
Loading: ###############################################################
         ###############################################################
         ###############################################################
         ###############################################################
         ####################################################
done
Bytes transferred = 1537248 (1774e0 hex)
JX2440 # go 30008000
## Starting application at 0x30008000 ...
Uncompressing Linux.............................................
.................................................... done, booting the kernel.
Linux version 2.6.13Cvtech (root@localhost.localdomain) (gcc version 3.4.5) #
   Wed Mar 9 09:04:26 CST 2011
CPU: ARM920Tid(wb) [41129200] revision 0 (ARMv4T)
```

图 4-4   内核烧写过程演示

6. 实验步骤

（1）编译 Linux 核心，具体如下。

```
$cd /opt/cvtech/linux-2.6.30.4
$make menuconfig
```

选择 "Load an Alternate Configuration File"，加载 config-2440 配置文件，保存并退出。之后进行编译，具体如下。

```
$make zImage
```

编译成功后，拷贝 zImage 到下载目录。

```
$cp /opt/cvtech/linux-2.6.30.4/arch/arm/boot/zImage /tftpboot
```

（2）下载 Linux 核心并运行。启动 u-boot，设置 IP 地址，并设置 tftp 服务器。在 u-boot 中使用 tftp 下载 ramdisk.gz 和 zImage，具体如下。

```
JX2440 # tftp 30800000 ramdisk.gz
JX2440 # tftp 30008000 zImage
JX2440 # go 30008000
```

（3）重新配置 Linux，删除网络、显示器、触摸屏等硬件，编译、下载并运行。

```
JX2440 # tftp 30800000 ramdisk.gz
RTL8019AS Founded!
MAC : 0x8-0x0-0x3e-0x26-0xa-0x5b
MAC: 0x0:0x0:0x0:0x0:0x0:0x0
TFTP from server 192.168.1.180; our IP address is 192.168.1.45
Filename 'ramdisk.gz'.
Load address: 0x30800000
Loading: #############################################################
done
Bytes transferred = 4632504 (46afb8 hex)
JX2440 # tftp 30008000 zImage
RTL8019AS Founded!
MAC : 0x8-0x0-0x3e-0x26-0xa-0x5b
MAC: 0x0:0x0:0x0:0x0:0x0:0x0
TFTP from server 192.168.1.180; our IP address is 192.168.1.45
Filename 'zImage'.
Load address: 0x30008000
Loading: #############################################################
done
Bytes transferred = 871740 (d4d3c hex)
JX2440 #go 30008000
Uncompressing
Linux....................................................................         done,
booting the kernel.
Linux version 2.6.13-rmk7-pxa1 (root@Linux-Lizm) (gcc version 3.4.5 20010315
(release)) #133 四 11 月 18 11:07:55 CST 2004
CPU: ARM/CIRRUS Arm920Tsid(wb) revision 0
Machine: Samsung-SMDK2440
......
```

图 4-5　烧写过程

7. 思考题

（1）交叉编译环境包括哪些工具，它的作用是什么？

（2）简述 Linux 的启动过程。

4.5 基于目标板的 Linux 应用程序开发流程实验

1. 实验目的

- 熟悉 CVT-2440 教学系统中的 Linux 开发环境。
- 掌握简单的 Linux 应用程序 helloworld 的编译。
- 掌握 CVT-2440 教学系统中 Linux 应用程序的调试。

2. 实验内容

- 编写 helloworld 应用程序。
- 编写 Makefile 文件。
- 编译 helloworld 应用程序。
- 下载并调试 helloworld 应用程序。

3. 预备知识

- C 语言的基础知识。
- 程序调试的基础知识和方法。
- Linux 的基本操作。

4. 实验设备

- 硬件：CVT-2440 嵌入式实验箱、PC 机 Pentium500 以上，硬盘 10G 以上。
- 软件：PC 机操作系统、虚拟机、Linux 开发环境。

5. 实验原理

helloworld 程序是一个只在输出控制台（计算机屏幕或者串口控制台）上打印出"Hello, World!"字串的程序，该程序通常是计算机程序设计语言的初学者所要学习编写的第一个程序。它也可以用来确定编译器、程序开发环境以及运行环境是否安装正确。

通过编写 helloworld 程序，可让读者了解嵌入式 Linux 应用程序开发和 PC 机中 Linux 应用程序开发的异同。

（1）交叉编译。通常，程序是在一台计算机上进行编译，然后再分布到其他计算机上。当主机系统（运行编译器的系统）和目标系统（产生的程序将在其上运行的系统）不兼容时，就需要进行交叉编译。另外，当目标系统对其可用的编译工具没有本地设置时，或当主机系统比目标系统要快得多，具有多得多的可用资源时，也可以进行交叉编译提高效率。

本实验所使用的开发系统是 x86 体系结构的 Linux 系统(RedHat9.0)，而本实验目的是要开发能够运行在 CVT-2440 教学实验箱中的 Linux 应用程序。由于 CVT-2440 教学实验箱中的 Linux 本身不具有编译工具，因此我们必须在 RedHat9.0 中进行交叉编译。编译完成后将执行码下载到 CVT-2440 教学实验箱中的 Linux，然后运行或者调试。RedHat9.0 的主机系统的 CPU

速度、接口等软硬件资源都比 CVT-2440 教学实验箱中的 Linux 要丰富得多，因此在其上进行交叉编译效率要高得多。

　　为在同一平台编译能够在不同平台上运行的程序，就要使用不同的编译器。在 Redhat9.0 中，编译 x86 平台采用 gcc 编译器，而编译 ARM 平台采用 arm-elf-gcc 或者 arm-linux-gcc 编译器。在本实验箱中，所有 Linux 实验均采用 arm-linux-gcc 编译器编译。

　　（2）helloworld 的编译。helloworld 是最简单的应用程序，通过如下命令进行编译。

```
gcc -o helloworld helloworld.c
```

　　其中 "-o" 指定输出文件到 helloworld，helloworld.c 为编译的源文件。该命令执行后，将对 helloworld.c 文件进行编译，并将生成 helloworld 可执行文件，这就是在指定平台上可以运行的程序。如果使用 gcc 进行编译即为可在 x86 平台上运行的程序，如果使用 arm-linux-gcc 进行编译则为可以在 ARM 平台上运行的程序。

　　（3）Makefile 文件。Makefile 文件的作用类似于 DOS 系统下的批处理文件，通过编写 Makefile 文件，用户可以将一个很复杂的程序（可能包含上百个甚至更多的源文件或者目录）通过简单的 make 命令进行编译。

6. 实验步骤

　　（1）建立工作目录。本实验以及后续的所有实验中用 "$" 符号表示在主机的 Linux 控制台上输入的命令行。用 "#" 符号表示在目标机的 Linux 控制台上输入的命令行。建立工作目录命令如下。

```
$cd /opt/cvtech/examples
$mkdir helloworld
$cd helloworld
```

　　（2）编写程序源代码。Linux 下的文本编辑器有很多，常用的是 vim 和 Xwindow 界面下的 gedit 等，我们在开发过程中推荐使用 vi，读者需要学习 vi 的操作方法，可参考 vi 的操作指南。

　　实际的源代码较简单，具体如下。

```
#include <stdio.h>
int main(){
        printf("Hello, World!\n");
}
```

　　（3）在主机端编译并运行 helloworld 程序。具体如下。

```
$gcc -o helloworld helloworld.c
$./helloworld
```

结果将在主机的显示器上打印如下字符串。

```
Hello, World!
```

（4）编译在目标机运行的 helloworld 程序，命令如下。

```
$arm-linux-gcc -o helloworld helloworld.c
```

由于编译器采用的是 arm-linux-gcc 编译器，因此使用上述命令编译出来的程序只能在 ARM 处理器上运行，不能在 x86 平台下运行，如果在 RedHat9.0 中运行该程序将出现如下错误结果。

```
$./helloworld
bash: ./helloworld: cannot execute binary file
```

（5）下载 helloworld 程序到 CVT-2440 中调试。CVT-2440 通过 NFS 将主机的/tftpboot/目录挂接到目标机的/mnt/nfs 目录中，因此，需要将第四步编译的程序 helloworld 拷贝到主机的/tftpboot/目录或其子目录下，拷贝命令如下。

```
$cp helloworld /tftpboot/
```

在主机端输入如下命令将主机端/tftpboot/目录挂接到/mnt/nfs/目录下。

```
#mount 192.168.1.180:/tftpboot/ /mnt/nfs -o lock
```

然后就可以运行 helloworld 程序，具体如下。

```
#cd /mnt/nfs/
#./helloworld
```

正确的结果将在 MiniCom 上打印如下字符串。

```
Hello, World!
```

（6）编写 Makefile 文件。使用 vi 编辑 Makefile，注意其中每行前面的空格位置必须使用"Tab"键。具体命令如下。

```
CC = arm-linux-gcc
LD = arm-linux-ld
EXEC = helloworld
OBJS = helloworld.o

CFLAGS +=
LDFLAGS +=

all: $(EXEC)

$(EXEC): $(OBJS)
        $(CC) $(LDFLAGS) -o $@ $(OBJS) $(LDLIBS$(LDLIBS_$@))
```

```
        cp $(EXEC) /tftpboot/
```

```
clean:

        -rm -f $(EXEC) *.elf *.gdb *.o
```

上述为一个典型的 Makefile 脚本文件的格式。下面简单介绍各个部分的含义。

第一，所采用的编译器和链接器具体如下。

```
CC = arm-linux-gcc
LD = arm-linux-ld
```

第二，生成的执行文件和链接过程中的目标文件，命令如下。

```
EXEC = helloworld
OBJS = helloworld.o
```

第三，编译和链接的参数，具体如下。

```
$(EXEC): $(OBJS)
CFLAGS +=
LDFLAGS +=
```

第四，编译命令如下。执行完成将生成 helloworld 映像文件。

```
$(CC) $(LDFLAGS) -o $@ $(OBJS) $(LDLIBS$(LDLIBS_$@))
```

第五，清除命令如下。

```
clean:
        -rm -f $(EXEC) *.elf *.gdb *.o $(OBJS):
```

第六，使用 make 进行编译。使用如下命令编译 ARM 平台的 helloworld 程序。

```
$make clean
$make
arm-linux-gcc   -c -o helloworld.o helloworld.c
arm-linux-gcc  -o helloworld helloworld.o
```

使用如下命令编译 x86 平台的 helloworld 程序。

```
$make clean
$make CC=gcc
gcc    -c -o helloworld.o helloworld.c
gcc  -o helloworld helloworld.o
```

由以上结果可知，利用不同平台上的不同编译器运行相同程序，将得到相同的结果。

7. 实验操作

第一，输入如下命令。

```
$cd /opt/cvtech/examples
$cd helloworld
$make
$cp helloworld /tftpboot/
```

第二，连接好串口，并打开超级终端工具。第三，打开实验箱，启动 Linux，并在超级终端下输入如下命令。

```
#mount 192.168.1.180:/tftpboot /mnt/nfs -o nolock
#cd /mnt/nfs
#./helloworld
```

最终实验结果如图 4-6 所示。

```
[root@Cvtech nfs]# ./helloworld
Hello, World!
[root@Cvtech nfs]#
```

图 4-6　实验结果

8. 实验报告要求

（1）简述交叉编译的基本概念，简述 x86 平台和 ARM 平台编译环境的异同。

（2）简述 Makefile 文件的作用和基本组成。

（3）在 CVT-2440 中怎样将编写的应用程序下载到 Linux 中，怎样在 Linux 中运行该程序？

第5章　嵌入式 Linux 操作系统编程基础

5.1 嵌入式 Linux 下的进程及多线程编程实验

1. 实验目的

● 了解 Linux 下多线程程序设计的基本原理。
● 学习 pthread 库函数的使用。

2. 实验内容

● 编写 thread 应用程序。
● 编写 Makefile 文件。
● 下载并调试 thread 应用程序。

3. 预备知识

● C 语言的基础知识。
● 程序调试的基础知识和方法。
● Linux 的基本操作。
● 掌握 Linux 下的程序编译与交叉编译过程。

4. 实验设备

● 硬件：CVT-2440 嵌入式实验箱、PC 机 Pentium500 以上，硬盘 10G 以上。
● 软件：PC 机操作系统 Fedora10 开发环境。

5. 基础知识

（1）进程及多线程。在 Linux 系统下，启动一个新的进程必须分配给它独立的地址空间，建立众多的数据表来维护它的代码段、堆栈段和数据段，这是一种"昂贵"的多任务工作方式。运行于一个进程中的多个线程，它们彼此之间使用相同的地址空间，共享大部分数据，启动一个线程所花费的空间远远小于启动一个进程所花费的空间，而且，线程间彼此切换所需的时间远远小于进程间切换所需要时间。

另外线程间具有非常方便的通信机制。对不同进程来说，它们具有独立的数据空间，要进行数据的传递只能通过通信的方式进行，这种方式费时、不方便。线程则不然，由于同一进程下的线程之间共享数据空间，所以一个线程的数据可以直接为其他线程所用。

（2） 多线程程序设计。Linux 系统下的多线程遵循 POSIX 线程接口，称为 pthread。编写 Linux 下的多线程程序，需要使用头文件 pthread.h，连接时需要使用库 libpthread.a。Linux 下 pthread 的实现是通过系统调用 clone 来实现的。clone 是 Linux 所特有的系统调用，它的使用方式类似 fork。下面介绍主要的多线程 API 函数。

1）pthread_create。函数 pthread_create 用来创建一个线程，它的原型如下。

```
extern int pthread_create __P ((pthread_t *__thread, __const pthread_attr_t
*__attr, void *(*__start_routine) (void *), void *__arg));
```

第一个参数为 pthread_t 类型的指向线程标识符的指针，pthread_t 定义如下。

```
typedef unsigned long int pthread_t;
```

第二个参数用来设置线程属性。第三个参数是线程运行函数的起始地址。最后一个参数是运行函数的参数。如果不需要参数，该参数可以设为空指针。

当创建线程成功时，函数返回 0，否则说明创建线程失败，常见的错误返回代码为 EAGAIN 和 EINVAL。前者表示系统限制创建新的线程，例如线程数目过多。后者表示第二个参数代表的线程属性值非法。创建线程成功后，新创建的线程则运行参数三和参数四确定的函数，原来的线程则继续运行下一行代码。

2）pthread_join。函数 pthread_join 用来等待一个线程的结束，函数原型如下。

```
extern int pthread_join __P ((pthread_t __th, void **__thread_return));
```

第一个参数为被等待的线程标识符，第二个参数为用户定义的指针，它可以用来存储被等待线程的返回值。这个函数是一个线程阻塞的函数，调用它的函数将一直等待到被等待的线程结束为止，当函数返回时，被等待线程的资源被收回。

3）pthread_exit。一个线程的结束有两种途径，一种是函数结束了，调用它的线程也就结束了；另一种方式是通过函数 pthread_exit 来实现。它的函数原型如下

```
extern void pthread_exit __P ((void *__retval)) __attribute__ ((__noreturn__));
```

唯一的参数是函数的返回代码，只要 pthread_join 中的第二个参数 thread_return 不是 NULL，这个值将被传递给 thread_return。最后要说明的是，一个线程不能被多个线程等待，否则第一个接收到信号的线程成功返回，其余调用 pthread_join 的线程则返回错误代码 ESRCH。

6. 实验说明

（1）建立工作目录，命令如下。本实验以及后续的所有实验中用'$'符号表示在 Linux 控制台上输入的命令行。

```
$cd /opt/cvtech/examples
$mkdir thread-test
$cd thread-test
```

（2）编写 pthread 程序源代码。实际的源代码较简单，下面的代码为一个简单的多线程应用程序，具体如下。

```c
/*thread.c*/
/********************************
NAME:pthread.c
     COPYRIGHT:www.cvtech.com.cn
********************************/
#include<stddef.h>
#include<stdio.h>
#include<unistd.h>
#include"pthread.h"

void reader_function(void);
void writer_function(void);
char buffer;
int buffer_has_item=0;
pthread_mutex_t mutex;
main()
{
    pthread_t reader;
    pthread_mutex_init(&mutex,NULL);
    pthread_create(&reader,NULL,(void*)&reader_function,NULL);
    writer_function();
    return 0;
}

void writer_function(void)
{
    while(1)
    {
        pthread_mutex_lock(&mutex);
        if(buffer_has_item==0){
            buffer='s';
            printf("write test\n");
            buffer_has_item=1;
        }
        pthread_mutex_unlock(&mutex);
    }
}

void reader_function(void)
{
```

```
    while(1)
    {
        pthread_mutex_lock(&mutex);
        if(buffer_has_item==1){
            buffer='\0';
            printf("read test\n");
            buffer_has_item=0;
        }
        pthread_mutex_unlock(&mutex);
    }
}
```

（3）编写 Makefile 文件、编译 pthread 程序。正确的话将生成 pthread 程序，命令如下。

```
$make clean
$make
$cp pthread /tftpboot/
```

（4）下载 pthread 程序到 CVT-2440 中调试，命令如下。

```
#mount 192.168.1.180:/tftpboot/ /mnt/nfs -o nolock
#cd /mnt/nfs/
#./pthread
```

重复运行两次，则前后两次结果不一样，这是两个线程争夺 CPU 资源的结果。

7. 实验步骤

连接好串口，并打开超级终端工具。打开实验箱，启动 Linux。在超级终端下输入如下命令。

```
#mount 192.168.1.180:/tftpboot /mnt/nfs -o nolock
#cd /mnt/nfs
#./pthread
```

实验结果如图 5-1 所示。

```
[root@Cvtech nfs]# ./pthread
write test
read test
write test
read test
write test
read test
write test
```

图 5-1   实验结果

8. 思考题

（1）简述 Linux 下的多线程编程。

（2）简述基本的 Linux 多线程 API 函数及其使用方法。

5.2 嵌入式 Linux 进程通信编程实验

1. 实验目的

- 了解 Linux 进程间的通信机制及实现方法。
- 了解各 Linux 进程间通信方式的适用场合。
- 掌握共享内存实现方法。

2. 实验内容

- 编写一个写者程序 write，实现共享内存中数据的写入。
- 编写一个读者程序 read，实现以一定时间间隔，从共享内存中读出数据，当读到 quit 时退出。

3. 预备知识

- C 语言的基础知识。
- 程序调试的基础知识和方法。
- Linux 的基本操作。
- 掌握 Linux 下的程序编译与交叉编译过程。

4. 实验设备

- 硬件：CVT-2440 嵌入式实验箱、PC 机 Pentium500 以上、硬盘 10G 以上；
- 软件：PC 机操作系统 Fedora10 开发环境。

5. 基础知识

　　一个大型的应用系统，往往需要众多进程相互协作，这时进程间的通信就显得尤为重要。Linux 下的进程通信手段基本上继承了 Unix 平台上的进程通信手段。对 Unix 发展做出重大贡献的 AT&T 及 BSD，在进程间通信方面的侧重点有所不同。前者对 Unix 早期的进程间通信手段进行了系统的改进和扩充，形成了"system V IPC"，通信进程局限在单个计算机内；后者则跳过了该限制，形成了基于套接口（socket）的进程间通信机制。Linux 则把两者都继承了下来，如图 5-2 所示。

　　Linux 下的进程间通信方式有如下几种。

　　（1）管道（Pipe）及有名管道（named pipe）。管道可用于具有亲缘关系进程间的通信，有名管道克服了管道没有名字的限制，因此，除具有管道所具有的功能外，它还允许无亲缘关系进程间的通信。

　　普通的 Linux shell 允许重定向，而重定向使用的就是管道。管道是单向的、先进先出的、无结构的、固定大小的字节流，它把一个进程的标准输出和另一个进程的标准输入连接在一起。写进程在管道的尾端写入数据，读进程在管道的起始端读出数据。数据读出后将从管道中移走，其他读进程都不能再读到这些数据。管道提供了简单的流控制机制。进程试图读空管道时，在有数据写入管道前，进程将一直阻塞。同样管道已经满时，进程再试图写管道，在其他进程从管道中移走数据之前，写进程将一直阻塞。

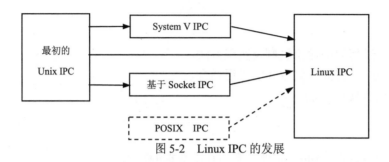

图 5-2   Linux IPC 的发展

（1）管道创建与关闭。创建一个简单的管道，可以使用系统调用 pipe()。它接受一个参数，也就是一个包括两个整数的数组。如果系统调用成功，此数组将包括管道使用的两个文件描述符。创建一个管道之后，一般情况下进程将产生一个新的进程，具体介绍如下。

系统调用：pipe()。

原型：int pipe(int fd[2])。fd[0]用于读取管道，fd[1]用于写入管道。

返回值：如果系统调用成功，返回 0；如果系统调用失败返回-1。

Errno 若为 EMFILE，则表示没有空亲的文件描述符；若为 EMFILE，则表示系统文件表已满；若为 EFAULT，则表示 fd 数组无效。管道的创建程序如下。

```c
#include<unistd.h>
#include<errno.h>
#include<stdio.h>
#include<stdlib.h>
int main()
{
    int pipe_fd[2];
    if(pipe(pipe_fd)<0){
        printf("pipe create error\n");
        return -1;
    }
    else
        printf("pipe create success\n");
    close(pipe_fd[0]);
    close(pipe_fd[1]);
}
```

管道主要用于不同进程间通信。实际上，通常先创建一个管道，再通过 fork 函数创建一个子进程。子进程写入和父进程读的命名管道如图 5-3 所示。

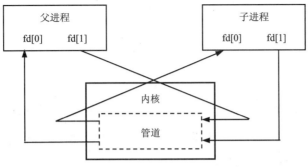

图 5-3　子进程读-父进程写示意

　　可以通过打开两个管道来创建一个双向的管道。但需要在子进程中正确地设置文件描述符。在系统调用 fork（）中必须调用 pipe（），否则子进程将不会继承文件描述符。当使用半双工管道时，任何关联的进程都必须共享一个相关的祖先进程。因为管道存在于系统内核之中，所以任何不在祖先进程之中的进程都将无法进行寻址。管道实例见 pipe_rw.c。

```c
/* pipe_rw.c */
#include<unistd.h>
#include<memory.h>
#include<errno.h>
#include<stdio.h>
#include<stdlib.h>
int main()
{
    int pipe_fd[2];
    pid_t pid;
    char buf_r[100];
    char* p_wbuf;
    int r_num;
    memset(buf_r, 0, sizeof(buf_r));
    if(pipe(pipe_fd)<0){
        printf("pipe create error\n");
        return -1;
    }

    if((pid=fork())==0){
        printf("\n");
        close(pipe_fd[1]);
        sleep(2);
        if((r_num=read(pipe_fd[0], buf_r, 100))>0){
            printf("%d numbers read from be pipe is %s\n", r_num, buf_r);
```

```
        }
        close(pipe_fd[0]);
        exit(0);
    }else if(pid>0){
        close(pipe_fd[0]);
        if(write(pipe_fd[1],"Hello",5)!=-1)          printf("parent write success!\n");
        if(write(pipe_fd[1]," Pipe",5)!=-1)          printf("parent wirte2 succes!\n");
        close(pipe_fd[1]);
        sleep(3);
        waitpid(pid,NULL,0);
        exit(0);
    }
}
```

2）标准流管道。与 linux 文件操作有文件流的标准 I/O 一样，管道的操作也支持基于文件流的模式。接口函数具体如下。

库函数：popen（）。

原型：FILE *open (char *command,char *type)。

返回值：如果成功，返回一个新的文件流。如果无法创建进程或者管道，返回 NULL。

管道中数据流的方向是由第二个参数 type 控制的。此参数可以是 r 或者 w，分别代表读或写。但不能同时为读和写。在 Linux 系统下，管道将会以参数 type 中第一个字符代表的方式打开。

使用 popen（）创建的管道必须使用 pclose（）关闭。其实，popen（）与 pclose（）和标准文件输入/输出流中的 fopen（）与 fclose（）十分相似，具体如下。

库函数：pclose（）。

原型：int pclose（FILE *stream）。

返回值：返回系统调用 wait4（）的状态。

如果 stream 无效，或者系统调用 wait4（）失败，则返回—1。此库函数等待管道进程运行结束，然后关闭文件流。库函数 pclose（）在使用 popen（）创建的进程上执行 wait4（）函数，它将破坏管道和文件系统。标准流管道编程实例如下。

```
#include<stdio.h>
#include<unistd.h>
#include<stdlib.h>
#include<fcntl.h>
#define BUFSIZE 1024
int main()
{
        FILE *fp;
        char *cmd="ps -ef";
```

```
char buf[BUFSIZE];
buf[BUFSIZE]='\0';
if((fp=popen(cmd,"r"))==NULL)          perror("popen");
while((fgets(buf,BUFSIZE,fp))!=NULL)
printf("%s",buf);
pclose(fp);
exit(0);
}
```

3）命名管道。命名管道和一般的管道基本相同，不同点如下：命名管道是在文件系统中作为一个特殊的设备文件而存在；不同祖先的进程之间可以通过管道共享数据；当共享管道的进程执行完所有的 I/O 操作以后，命名管道将继续保存在文件系统中以便以后使用。

管道只能由相关进程使用，它们共同的祖先进程创建了管道。但是，通过命名管道，不相关的进程也能交换数据。命名管道创建与操作如下。

```
#include<sys/types.h>
#include<sys/stat.h>
int mkfifo(const char *pathname,mode_t mode);
```

若成功则返回为 0，若出错返回-1

一旦已经用 mkfifo 创建了一个命名管道，就可用 open 打开它。一般的文件 I/O 函数 (close,read,write,unlink 等）都可用于命名管道。当打开一个命名管道时，非阻塞标志（O_NONBLOCK）将产生下列影响：若没有说明 O_NONBLOCK，以只读打开命名管道会阻塞到以写打开该命名管道的其他进程；如果说明了 O_NONBLOCK，则只读进程打开并立即返回。但是，如果没有进程已经为读进程而打开一个命名管道，那么将出错返回，其 errno 为 ENXIO。

类似于管道，若写一个尚无进程为读而打开的命名管道，则产生信号 SIGPIPE。若某个命名管道的最后一个写进程关闭了该管道，则将为该命名管道的读进程产生一个文件结束标志。

命名管道相关出错信息有：EACCES（无存取权限）；EEXIST（指定文件不存在）；ENAMETOOLONG（路径名太长）；ENOENT（包含的目录不存在）；ENOSPC（文件系统余空间不足）；ENOTDIR（文件路径无效）；EROFS（指定的文件存在于只读文件系统中）。编程实例如下。

```
/* fifo_write.c */
#include<sys/types.h>
#include<sys/stat.h>
#include<errno.h>
#include<fcntl.h>
#include<stdio.h>
#include<stdlib.h>
```

```
#include<string.h>
#define FIFO "/tmp/myfifo"
main(int argc,char** argv)
{
        char buf_r[100];
        int fd;
        int nread;
        if((mkfifo(FIFO,O_CREAT|O_EXCL)<0)&&(errno!=EEXIST))
                printf("cannot create fifoserver\n");
        printf("Preparing for reading bytes....\n");
        memset(buf_r,0,sizeof(buf_r));
        fd=open(FIFO,O_RDONLY|O_NONBLOCK,0);
        if(fd==-1){
                perror("open");
                exit(1);
          }
        while(1){
                memset(buf_r,0,sizeof(buf_r));
                if((nread=read(fd,buf_r,100))==-1){
                        if(errno==EAGAIN)
                        printf("no data yet\n");
                }
                printf("read %s from FIFO\n",buf_r);
                sleep(1);
                }
        pause();
        unlink(FIFO);
}
```

fifo_read.c 源文件如下。

```
/* fifo_read.c*/
#include<sys/types.h>
#include<sys/stat.h>
#include<errno.h>
#include<fcntl.h>
#include<stdio.h>
#include<stdlib.h>
#include<string.h>
#define FIFO_SERVER "/tmp/myfifo"
```

```
main(int argc, char** argv)
{
        int fd;
        char w_buf[100];
        int nwrite;
        if((fd==-1)&&(errno==ENXIO))
                printf("open error;no reading process\n");
        fd=open(FIFO_SERVER, O_WRONLY|O_NONBLOCK, 0);
        if(argc==1)
                printf("Please send something\n");
                strcpy(w_buf, argv[1]);
        if((nwrite=write(fd, w_buf, 100))==-1){
                if(errno==EAGAIN)
                        printf("The FIFO has not been read yet. Please try later\n");
        }
        else
            printf("write %s to the FIFO\n", w_buf);
}
```

（2）信号（Signal）。信号是比较复杂的通信方式，用于通知接受进程有某种事件发生。除了用于进程间通信外，进程还可以发送信号给进程本身。linux 除了支持 Unix 早期信号语义函数 sigal 外，还支持语义符合 Posix.1 标准的信号函数 sigaction（实际上，该函数是基于 BSD 的，BSD 为了实现可靠信号机制，又能够统一对外接口，用 sigaction 函数重新实现了 signal 函数）。

信号是软件中断。信号机制是 Unix 系统中最为古老的进程之间的通信机制。它用于在一个或多个进程之间传递异步信号，举例如下。

第一，当用户按某些终端键时会产生信号。如在终端上按 DELETE 键通常产生中断信号（SIGINT）。这是停止一个已失去控制程序的方法。

第二，硬件异常产生信号。除数为 0、无效的存储访问等异常通常可由硬件检测到，并通知内核，然后内核为该条件发生时正在运行的进程产生适当的信号。例如，对于执行一个无效存储访问的进程产生一个 SIGSEGV 信号。

第三，进程用 kill(2)函数可将信号发送给另一个进程或进程组。接收信号进程和发送信号进程必须相同，或发送信号进程的所有者必须是超级用户。

第四，用户可用 Kill（ID 值）命令将信号发送给其他进程。常用此命令终止一个失控的后台进程。

第五，当检测到某种软件条件已经发生，内核通知有关进程时也会产生信号。这里并不是指硬件产生条件（如被 0 除），而是软件条件。例如 SIGURG（在网络连接上传来非规定波特率的数据）、SIGPIPE（在管道的读进程已终止后一个进程写此管道）以及 SIGALRM（进程所设置的闹钟时间已经超时）等信号。

内核为进程生产信号以此来响应不同的事件，这些事件就是信号源。主要信号源介绍如下。异常：进程运行过程中出现异常。其他进程：一个进程可以向另一个或一组进程发送信号。终端中断：Ctrl-c、Ctrl-\等。作业控制：前台、后台进程的管理。分配额：CPU 超时或文件大小突破限制。通知：通知进程某事件发生，如 I/O 就绪等。报警：计时器到时。

　　Linux 常用的信号如下：SIGHUP 为从终端上发出的结束信号；SIGINT 为来自键盘的中断信号（Ctrl+c）；SIGQUIT 为来自键盘的退出信号；SIGFPE 为浮点异常信号（例如浮点运算溢出）；SIGKILL 用于结束接收信号的进程；SIGALRM 为进程的定时器到时，发送的信号；SIGTERM 为 kill 命令生出的信号；SIGCHLD 为标识子进程停止或结束的信号；SIGSTOP 为来自键盘（Ctrl+z)或调试程序的停止扫行信号。

　　Linux 信号中的信号处理操作有以下三种。

　　1）忽略此信号。大多数信号都可使用这种方式进行处理，但有两种信号却决不能被忽略，它们是 SIGKILL 和 SIGSTOP。因为它们向超级用户提供一种使进程终止或停止的可靠方法。另外，如果忽略某些由硬件异常产生的信号（例如非法存储访问或除以 0），则进程的行为是未定义的。

　　2）捕捉信号。为了捕捉信号，内核就必须在信号发生时，调用用户指定的函数以执行用户的处理方式。如果捕捉到 SIGCHLD 信号，则表示子进程已经终止，所以此信号的捕捉函数可以调用 waitpid 以取得该子进程的进程 ID 以及它的终止状态。

　　3）执行系统默认动作。对大多数信号的系统默认动作是终止该进程。每一个信号都有一个默认动作，它是当进程没有给这个信号指定处理程序时，内核对信号的处理方式。默认动作有以下五类。

　　第一，异常终止（abort)：在进程的当前目录下，把进程的地址空间内容、寄存器内容保存到一个叫做 core 的文件中，而后终止进程。

　　第二，退出（exit)：不产生 core 文件，直接终止进程。

　　第三，忽略（ignore)：忽略该信号。

　　第四，停止（stop)：挂起该进程。

　　第五，继续（contiune)：如果进程被挂起，恢复进程的动作，否则忽略信号。

　　kill 函数不仅可以中止进程，也可以向进程发送其他信号。raise 函数运行向进程自身发送信号，具体如下。

```
#include<sys/types.h>
#include<signal.h>
int kill(pid_t pid,int signo);
int raise(int signo);
```

　　若成功则函数为 0，若出错则为-1。

　　kill 的 pid 参数有四种不同的情况：一是 pid 大于 0，表示将信号发送给进程 ID 为 pid 的进程；二是 pid 等于 0，表示将信号发送给与其进程组 ID 相同的所有进程；三是 pid 小于 0，表示将信号发送给进程组 ID 为 pid 绝对值的所有进程；四是 pid 为-1，POSIX.1 未定义种情况。kill 函数代码如下。

```
/*kill.c*/
```

```
#include<stdio.h>
#include<stdlib.h>
#include<signal.h>
#include<sys/types.h>
#include<sys/wait.h>
int main()
{
    pid_t pid;
    int ret;
    if((pid==fork())<0){
            perro("fork");
            exit(1);
        }
    if(pid==0){
            raise(SIGSTOP);
            exit(0);
        }
    else {
            printf("pid=%d\n",pid);
            if((waitpid(pid,NULL,WNOHANG))==0){
            if((ret=kill(pid,SIGKILL))==0)
                    printf("kill %d\n",pid);
            else{
                    perror("kill");
                }
            }
        }
}
```

使用 alarm 函数可以设置一个时间值（闹钟时间），当所设置的时间值被超过后，产生 SIGALRM 信号。如果不忽略或不捕捉信号，则其默认动作是终止该进程，具体如下（它返回 0 或以前设置的闹钟时间的余留秒数）。

```
#include<unistd.h>
unsigned int alarm(unsigned int secondss);
```

参数 seconds 的值是秒数，经过了指定的 seconds 秒后产生信号 SIGALRM。每个进程只能有一个闹钟时间。如果在调用 alarm 时，以前已为该进程设置过闹钟时间，而且它还没有超时，则该闹钟时间的余留值作为本次 alarm 函数调用的值返回，以前登记的闹钟时间则被新值代换。如果有以前登记的尚未超过的闹钟时间，而且 seconds 值是 0，则取消以前的闹钟时间，其余留值仍作为函数的返回值。

pause 函数使用调用进程挂起直至捕捉到一个信号，只有执行了信号处理程序并从其返回时，pause 才返回，具体如下（成功则函数返回，否则返回-1，errno 设置为 EINTR）。

```
#include<unistd.h>
int pause(void);
```

alarm 函数的代码如下。

```
/*alarm.c*/
#include<unistd.h>
#include<stdio.h>
#include<stdlib.h>
int main()
{
    int ret;
    ret=alarm(5);
    pause();
    printf("I have been waken up.\n",ret);
}
```

当系统捕捉到某个信号时，可以忽略该信号或是使用指定的处理函数来处理该信号，或者使用系统默认的方式。信号处理的主要方式有两种，一种是使用简单的 signal 函数，另一种是使用信号集函数组。

Signal 函数具体如下。

```
signal()
#include<signal.h>
void (*signal (int signo,void (*func)(int)))(int)
```

成功则返回为以前的信号处理配置，若出错则返回为 SIG_ERR

Signal 函数中参数 func 的值如果为指定 SIGIGN，则向内核表示忽略此信号（有两个信号 SIGKILL 和 SIGSTOP 不能忽略）。如果为指定 SIGDFL，则表示接到此信号后的动作是系统默认动作。当指定函数地址时，我们称此为捕捉此信号，称此函数为信号处理程序(signal handler)或信号捕捉函数(signal-catching funcgion)。signal 函数原型太复杂了，如果使用下面的 typedef，则可以使其简化。

```
type void sign(int);
sign *signal(int,handler *);
```

signal 函数编程实例如下。

```
/*mysignal.c*/
#include<signal.h>
#include<stdio.h>
```

```
#include<stdlib.h>
void my_func(int sign_no)
{
        if(sign_no==SIGINT)
            printf("I have get SIGINT\n");
        else if(sign_no==SIGQUIT)
            printf("I have get SIGQUIT\n");
}
int main()
{
        printf("Waiting for signal SIGINT or SIGQUTI\n");
        signal(SIGINT,my_func);
        signal(SIGQUIT,my_func);
        pasue();
        exit(0);
}
```

另一种信号处理的方式是信号集函数组，它包含如下模块：创建函数集、登记信号集、检测信号集。

第一，创建函数集，具体介绍如下。Signemptyset 表示初始化信号集合为空。Sigfillset 表示初始化信号集合为所有的信号集合。Sigaddset 表示将指定信号添加到现存集中。Sigdelset 表示从信号集中删除指定信号。Sigismember 表示查询指定信号是否在信号集中。若成功，则前四个函数返回 0，第五个函数返回 1。若出错，则前四个函数返回-1，第五个函数返回 0。

```
#include<signal.h>
int sigemptyset(sigset_t* set);
int sigfillset(sigset_t* set);
int sigaddset(sigset_t* set,int signo );
int sigdelset(sigset_t* set,int signo);
int sigismember(const sigset_t* set,int signo);
```

第二，登记信号集。登记信号集主要用于决定进程如何处理信号，判断出当前进程阻塞能不能传递给该信号的信号集。这首先使用 Sigprocmask 函数判断检测或更改信号屏蔽字，然后使用 Sigaction 函数改变进程接受到特定信号之后的行为。

一个进程的信号屏蔽字可以规定当前阻塞而不能递送给该进程的信号集。调用函数 Sigprocmask 可以检测或更改进程的信号屏蔽字，Sigprocmask 函数具体介绍如下。

```
#include<signal.h>
int sigprocmask(int how,const sigset_t* set,sigset_t* oset);
```

若成功则返回为 0，若出错则返回为-1。Sigprocmask 函数中的参数具体解释如下。

oset 是非空指针，进程是当前信号屏蔽字，通过 oset 返回。若 set 是一个非空指针，则参数 how 指示如何修改当前信号屏蔽字。how 参数设定如下。

Sig_block：该进程新的信号屏蔽字是其当前信号屏蔽字和 set 指向信号集的并集。set 包含了我们希望阻塞的附加信号。

Sig_nublock：该进程新的信号屏蔽字是其当前信号屏蔽字和 set 所指向信号集的交集。set 包含了我们希望解除阻塞的信号。

Sig_setmask：该进程新的信号屏蔽是 set 指向的值。如果 set 是个空指针，则不改变该进程的信号屏蔽字，how 的值也无意义。

Sigaction 函数的功能是检查或修改（或两者）与指定信号相关联的处理动作。此函数取代了 UNIX 早期版本使用的 Signal 函数，具体介绍如下。

```
#include<signal.h>

int sigaction(int signo,const struct sigaction* act,struct sigaction* oact);
```

若成功则返回为 0，若出错则返回为-1。

参数 signo 是要检测或修改具体动作的信号的编号数。若 act 指针非空，则要修改其动作。如果 oact 指针为空，则系统返回该信号的原先动作。此函数使用下列结构。

```
struct sigaction{

void (*sa_handler)(int signo);

sigset_t sa_mask;

int sa_flags;

void (*sa_restore);

};
```

其中，sa_handler 是一个函数指针，指定信号关联函数，函数可以是自定义处理函数，也可以是 SIG_DEF 或 SIG_IGN。sa_mask 是一个信号集，它可以指定在信号处理程序执行过程中哪些信号应当被阻塞。sa_flags 中包含许多标志位，它们是对信号进行处理的各种选项，具体如下。

Sa_nodefer\sa_nomask：当捕捉到此信号时，在执行其信号捕捉函数时，系统不会自动阻塞此信号。

Sa_nocldstop：进程忽略子进程产生的任何 SIGSTOP、SIGTSTP、SIGTTIN 和 SIGTOU 信号

Sa_restart：可让重启的系统调用重新起作用。

Sa_oneshot\sa_resethand：自定义信号只执行一次，在执行完毕后恢复信号的系统默认动作。

检测信号是信号处理的后续步骤，但不是必须的。Sigpending 函数运行进程检测"未决"信号（进程不清楚他的存在），并进一步决定对他们做何处理。Sigpending 返回对于调用进程被阻塞不能递送和当前未决的信号集，具体如下。

```
#include<signal.h>

int sigpending(sigset_t * set);
```

若成功则返回为 0，若出错则返回为-1。

信号集实例见 sigaction.c。

```
/*sigaction.c*/
```

```
#include<sys/types.h>
#include<unistd.h>
#include<signal.h>
#include<stdio.h>
#include<stdlib.h>
void my_func(int signum){
        printf("If you want to quit,please try SIGQUIT\n");    }
int main()
{
    sigset_t set,pendset;
    struct sigaction action1,action2;
    if(sigemptyse(&set)<0)
        perror("sigemptyset");
    if(sigaddset(&set,SIGQUIT)<0)
        perror("sigaddset");
    if(sigaddset(&set,SIGINT)<0)
        perror("sigaddset");
    if(sigprocmask(SIG_BLOCK,&set,NULL)<0)
        perror("sigprcmask");
    esle{
        printf("blocked\n");
        sleep(5);
      }
    if(sigprocmask(SIG_UNBLOCK,&set,NULL)
        perror("sigprocmask");
    else
        printf("unblock\n");
    while(1){
            if(sigismember(&set,SIGINT)){
                    sigemptyset(&action1.sa_mask);
                    action1.sa_handler=my_func;
                    sigaction(SIGINT,&action1,NULL);
              }
          else if(sigismember(&set,SIGQUIT)){
                    sigemptyset(&action2.sa_mask);
                    action2.sa_handler=SIG_DEL;
                    sigaction(SIGTERM,&action2,NULL);
              }
        }
```

```
}
```

（3）消息队列。消息队列是消息的链接表，包括 Posix 消息队列和 system V 消息队列。有足够权限的进程可以向队列中添加消息，被赋予读权限的进程则可以读走队列中的消息。消息队列克服了信号承载信息量少、管道只能承载无格式字节流以及缓冲区大小受限等缺点。

消息队列 (也叫做报文队列)是 Unix 系统 V 版本中 3 种进程间通信机制之一。另外两种是信号灯和共享内存。只有通过系统调用将标志符传递给内核之后，进程才能存取这些资源，使用对象的引用标志符作为资源表中的索引。

Linux 的消息队列实质上是一个链表，它有消息队列标识符(queue ID)。msgget 创建一个新队列或打开一个存在的队列；msgsnd 向队列末端添加一条新消息；msgrcv 从队列中取消息，取消息是不一定遵循先进先出原则，也可以按消息的类型字段取消息。

消息队列的操作实现主要为如下四种。

第一，打开消息。调用者提供一个消息队列的键标 (用于表示一个消息队列的唯一名字)，当这个消息队列存在的时候，这个消息调用负责返回这个队列的标识号；如果这个队列不存在，就创建一个消息队列，然后返回这个消息队列的标识号。打开消息主要由 sys_msgget 执行。

第二，添加消息。向一个消息队列发送一个消息，主要由 sys_msgsnd 执行。msqid 是消息队列的 ID，size_t msgsiz 是结构体成员 mdata 的大小，msgflag 与共享内存的 flag 有类似的作用，不过，当这个参数为 IPC_NOWAIT 的时候，如果消息队列已满，则返回错误值。如果不为 IPC_NOWAIT，在消息队列已满的情况下，会一直等到消息队列有空地方的时候再发送。

注意 struct msgbuf *msgp 要求的格式如下。

```
struct   msgbuf
{
     long     mtype;
      char    mdata[256];
};
```

在这里我们用 long mtype 来保存本进程的 PID。mdata 则是保存要发送的数据。由于 mdata 的大小根据实际需要定义，所以这个结构体并没有事先定义好。但是我们定义这个结构体的时候一定要遵循如下规定：可以改的只有 mdata 的大小以及结构体的名称。

第三，读取消息。从一个消息队列中收到一个消息，主要由 sys_msgrcv 执行。long msgtyp 是结构体 msgbuf 的 mtype 成员。msgflag 与上述一样。只不过为 IPC_NOWAIT 的时候，如果消息队列是空的，则等到有消息可读的时候再读。当不为 IPC_NOWAIT 的时候，如果消息队列是空的，则返回错误值。

第四，控制消息队列。在消息队列上执行指定的操作。根据参数的不同和权限的不同，可以执行检索、删除等的操作，主要由 sys_msgctl 执行。cmd 参数的值可选。

消息列队实例参考程序如下（运行 msgsnd 发送消息，运行 msgrcv 接受消息，当接到到 quit 字符的时候程序结束运行）。

发送端程序如下。

```
/*msgsnd.c*/
#include <sys/types.h>
```

```c
#include <sys/ipc.h>
#include <sys/msg.h>
#include <stdio.h>
#include <stdlib.h>
#include <unistd.h>
#include <string.h>
#define BUFFER_SIZE      512
struct message
{
    long msg_type;
    char msg_text[BUFFER_SIZE];
};
int main()
{
    int qid;
    key_t key;
    struct message msg;

    if((key=ftok(".",'a')) == -1){
        perror("ftok.\n");
        exit(1);
    }

    if((qid=msgget(key, IPC_CREAT|0666))== -1){
        perror("msgget");
        exit(1);
    }
    printf("Open queue %d \n",qid);
    while(1)
    {
        printf("Enter some message to the queue.\n");
        if((fgets(msg.msg_text, BUFFER_SIZE, stdin))==NULL) {
            puts("no message.\n");
            exit(1);
        }
        msg.msg_type=getpid();
        if((msgsnd(qid,&msg, strlen(msg.msg_text),0)) < 0){
            perror("message posted.\n");
            exit(1);
        }
        if(strncmp(msg.msg_text,"quit",4)==0){
            break;
        }
```

```
        }
exit(0);
}
```

接收端程序如下。

```c
/*msgrcv.c*/
#include <sys/types.h>
#include <sys/ipc.h>
#include <sys/msg.h>
#include <stdio.h>
#include <stdlib.h>
#include <unistd.h>
#include <string.h>
#define BUFFER_SIZE 512

struct message
{
    long msg_type;
    char msg_text[BUFFER_SIZE];
};
int main()
{
    int qid;
    key_t key;
    struct message msg;

    if((key = ftok(".",'a')) == -1){
        perror("ftok. \n");
        exit(1);
    }
    if((qid=msgget(key, IPC_CREAT|0666))<0){
        perror("msgget. \n");
        exit(1);
    }
    printf("Open queue %d\n",qid);
    do
    {
        memset(msg.msg_text, 0, BUFFER_SIZE);
        if(msgrcv(qid, (void*)&msg, BUFFER_SIZE, 0, 0)<0){
            perror("msgrcv");
            exit(1);
        }
        printf("The message from process %d :%s",msg.msg_type,msg.msg_text);
    }while(strncmp(msg.msg_text,"quit",4));
```

```
    if((msgctl(qid, IPC_RMID, NULL))<0){
        perror("msgctl");
        exit(1);
    }
exit(0);
}
```

（4）共享内存。它使得多个进程可以访问同一块内存空间，是最快的可用 IPC 形式，是针对其他通信机制运行效率较低而设计的。共享内存往往与其他通信机制结合使用，来达到进程间的同步及互斥。

共享内存是一种最简单也最为高效的进程间通信方式。共享内存允许两个或者更多的进程访问同一块内存，进程可以直接对共享内存进行读写而不需要任何数据的复制。当一个进程改变了这块地址中的内容时，其他的进程都会觉察到这个改变。图 5-4 为共享内存原理示意图。

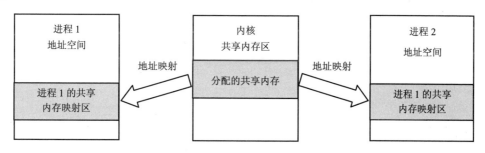

图 5-4　共享内存原理示意

共享内存有以下操作：创建共享内存、映射共享内存、删除共享内存和解除共享内存。分别介绍如下。

第一，创建共享内存。进程通过调用 shmget（key_t key,int size,int shmflg）来分配一个共享内存块。函数的第一个参数 key 是一个用来标识共享内存块的键值。不同的进程可以通过同一个键值对同一个共享内存块进行进程访问。用特殊常量 IPC_PRIVATE 作为键值可以保证系统建立一个全新的共享内存块。第二个参数 size 设定需要的内存块大小，第三个参数 shmflg 设置共享区的访问权限。

另外，IPC_CREAT 表示应创建一个新的共享内存块。通过指定这个标志，我们可以创建一个具有指定键值的新共享内存块。

IPC_EXCL 只能与 IPC_CREAT 同时使用。当指定 IPC_EXCL 的时候，如果已有一个具有这个键值的共享内存块存在，则 shmget 会调用失败。如果没有指定这个标志而系统中存在一个具有相同键值的共享内存块，则 shmget 会返回这个已经建立的共享内存块，而不是重新创建一个。

第二，映射共享内存。进程必须先调用 shmat（SHared Memory Attach，绑定到共享内存），其函数原型为 shmat（int Shmid, Const Void * Shmaddr, int shmflg），将 shmget 返回的共享内

存标识符 SHMID 作为此函数的第一个参数。该函数的第二个参数是一个指针，指向您希望用于映射该共享内存块的进程内存地址。如果指定 NULL 则 Linux 会自动选择一个合适的地址用于映射。第三个参数是一个标志位，表示这个内存块将仅允许读取操作而禁止写入。 如果这个函数调用成功则会返回绑定的共享内存块对应的地址。默认情况下设置为 0，表示共享内存可读可写。

第三，解除共享内存。当一个进程不再使用一个共享内存块的时候应通过调用 shmdt（Shared Memory Detach，脱离共享内存块）函数与该共享内存块脱离，并由 shmat 函数返回的地址传递给这个函数。如果当释放这个内存块的进程是最后一个使用该内存块的进程，则这个内存块将被删除。对 exit 或任何 exec 族函数的调用都会自动使进程脱离共享内存块。

第四，删除共享内存。当一个共享内存块被使用进程脱离使用之后，仍驻留在内存中形成了内存碎片，需要调用 shmctl()进行共享内存块的删除工作。其函数原型为 shmct1 （int Shmid, int crnd, struct shmid_ds *bnf）。若成功则函数返回 0，出错返回-1。共享内存实例如下。

```c
/* shmem.c */
#include <sys/types.h>
#include <sys/ipc.h>
#include <sys/shm.h>
#include <stdio.h>
#include <stdlib.h>
#include <string.h>
#define BUFFER_SIZE     2048
int main()
{
    pid_t pid;
    int shmid;
    char *shm_addr;
    char flag[] = "WROTE";
    char *buff;
    /*创建共享内存*/
    if((shmid = shmget(IPC_PRIVATE, BUFFER_SIZE, 0666)) < 0)
    {
        perror("shmget.\n");
        exit(1);
    }
    else
    {
        printf("Create shared-memory: %d.\n", shmid);
    }
    /* 显示共享内存情况*/
```

```
        system("ipcs -m");

        pid=fork();
        if(pid == -1)
        {
            perror("fork. \n");
            exit(1);
        }
        else if(pid == 0)      /*子进程处理*/
        {   /*映射共享内存*/
            if((shm_addr = shmat(shmid, 0, 0))== (void*)-1)
                {
                    perror("Child:shmat");
                    exit(1);
                }
            else
                {
                    printf("Child:Attach shared-memory: %p. \n", shm_addr);
                }
            system("ipcs -m");
```

/*通过检查在共享内存的头部是否有标识字符串"WROTE"来确认父进程已经向共享内存写入相关有效数据*/

```
            while(strncmp(shm_addr, flag, strlen(flag)))
            {
                printf("Child:Wait for enable data... \n");
                sleep(5);
            }

            strcpy(buff, shm_addr + strlen(flag));
            printf("Child:Shared-memory: %s\n", buff);
        /*解除共享内存映射*/
            if((shmdt(shm_addr)) < 0)
            {
                perror("shmdt");
                exit(1);
            }
            else
            {
                printf("Child:Deattach shared-memory\n");
```

```c
        }
        system("ipcs -m");
    /*删除共享内存*/
        if(shmctl(shmid, IPC_RMID, NULL) == -1)
        {
            perror("Child:shmctl(IPC_RMID)\n");
            exit(1);
        }
        else
        {
            printf("Delete shared-memory\n");
        }
        system("ipcs -m");
}
else        /*父进程处理*/
{        /*映射共享内存*/
        if((shm_addr = shmat(shmid, 0, 0)) == (void*)-1)
        {
            perror("Parent:shmat");
            exit(1);
        }
        else
        {
            printf("Parent:Attach shared-memory: %p\n", shm_addr);
        }

        sleep(1);
        printf("\nInput some string:\n");
        buff = (char *)malloc(BUFFER_SIZE);
        fgets(buff, BUFFER_SIZE, stdin);
        strncpy(shm_addr + strlen(flag), buff, strlen(buff));
        strncpy(shm_addr, flag, strlen(flag));
    /*解除共享内存映射*/
        if((shmdt(shm_addr)) < 0)
        {
            perror("Parent:shmdt\n");
            exit(1);
        }
        else
```

```
        {
            printf("Parent:Deattach shared-memory\n");
        }
        system("ipcs -m");
        waitpid(pid,NULL,0);
        printf("Finished.\n");
    }
    exit(0);
}
```

（5）信号量（Semaphore）。它主要作为进程间以及同一进程不同线程之间的同步手段。

（6）套接口（Socket）。它是更为一般的进程间通信机制，可用于不同机器之间的进程间通信。套接口是由 Unix 系统的 BSD 分支开发出来的，但现在一般可以移植到其他类 Unix 系统上，Linux 和 System V 的变种都支持套接口。

6. 实验说明

建立工作目录，编写源程序。这里采用有名管道（并不是在控制台命令下输入），而是使用 select 函数代替 poll 函数实现多路复用（使用 select 函数）。

7. 实验步骤

（1）编写 pipe_select.c 源程序，具体如下。

```c
/*pipe_select.c*/
#include <fcntl.h>
#include <stdio.h>
#include <unistd.h>
#include <stdlib.h>
#include <string.h>
#include <time.h>
#include <errno.h>

#define FIFO1  "/tmp/in1"
#define FIFO2  "/tmp/in2"

#define MAX_BUFFER_SIZE  1024          /* 缓冲区大小*/
#define IN_FILES   3                   /*多路复用输入文件数据*/
#define TIME_DELAY 60                  /*超时值秒数*/
#define MAX(a,b)   ((a>b)?(a):(b))

int main()
{
```

```
    int fds[IN_FILES];
    char buf[MAX_BUFFER_SIZE];
    int i, res, real_read, maxfd;
    struct timeval tv;
    fd_set inset, tmp_inset;

    fds[0]=0;
/*创建两个有名管道*/
    if(access(FIFO1, F_OK)==-1)
    {
        if((mkfifo(FIFO1, 0666)<0)&&(errno!=EEXIST))
        {
            printf("Cannot create fifo file. \n");
            exit(1);
        }
    }
    if(access(FIFO2, F_OK)==-1)
    {
        if((mkfifo(FIFO2, 0666)<0)&&(errno!=EEXIST))
        {
            printf("Cannot create fifo file. \n");
            exit(1);
        }
    }
    /*以只读非阻塞方式打开两个管道文件*/
    if((fds[1]=open(FIFO1, O_RDONLY|O_NONBLOCK))<0)
    {
        printf("Open in1 error\n");
        exit(1);
    }

    if((fds[2]=open(FIFO2, O_RDONLY|O_NONBLOCK))<0)
    {
        printf("Open in2 error\n");
        exit(1);
    }
    /*取出两个文件描述符中的较大者*/
    maxfd=MAX(MAX(fds[0], fds[1]), fds[2]);
    /*初始化读集 inset，并在读文件描述符集中加入相应的描述集*/
```

```
FD_ZERO(&inset);
for(i=0;i<IN_FILES;i++)
{
    FD_SET(fds[i],&inset);
}
FD_SET(0,&inset);

tv.tv_sec=TIME_DELAY;
tv.tv_usec=0;
/*循环测试该文件描述符是否准备就绪，并用 select()函数对相关文件描述符做相应操作*/
while(FD_ISSET(fds[0],&inset)||FD_ISSET(fds[1],&inset)||FD_ISSET(fds[2],&inset))
{   /*文件描述符集的备份，以免每次都进行初始化*/
    tmp_inset=inset;
    res= select(maxfd+1,&tmp_inset,NULL,NULL,&tv);
    switch(res)
    {
        case -1:
            {
                printf("Slect error.\n");
                return 1;
            }
            break;
        case 0:
            {
                printf("Time out.\n");
                return 1;
            }
            break;
        default:
            {
                for(i=0;i<IN_FILES;i++)
                    {
                    if(FD_ISSET(fds[i],&tmp_inset))
                        {
                            memset(buf,0,MAX_BUFFER_SIZE);
                            real_read=read(fds[i],buf,MAX_BUFFER_SIZE);
                            if(real_read<0)
                            {
                                if(errno != EAGAIN)
```

```
                            {
                                 return 1;
                            }
                        }
                        else  if(!real_read)
                        {
                            close(fds[i]);
                            FD_CLR(fds[i],&inset);
                        }
                        else
                        {
                            if(i == 0)
                            {   /*主程序中断控制*/
                                if((buf[0] == 'q')||buf[0] == 'Q')
                                {
                                    return 1;
                                }
                            }
                            else
                            {   /*显示管道输入字符串*/
                                buf[real_read]=='\0';
                                printf("%s\n",buf);
                            }
                        }
                    }
                }
            }
            break;
        }
    }
    return 0;
}
```

（2）编译源程序，并运行如下代码。

```
$gcc -o pipe_select pipe_select.c
```

（3）另外打开两个虚拟终端，分别输入"cat > in1"和"cat > in2"，接着在该管道中输入相关内容，并观察实验结果。

（4）实验运行结果如下。

```
$ ./pipe_select（必须先运行主程序）
  Select all
  End
  Test
  Q      /*在终端上输入"q"或"Q"立刻结束程序运行*/
$ cat > in1
  Select all
  End
$cat > in2
  Test
```

8. 思考题

（1）Linux 进程通信方式有哪些？

（2）Linux 各进程间通信方式都各适用于哪些场合？他们各自有哪些优缺点？

5.3 嵌入式 Linux 下的 SOCKET 通信编程实验

1. 实验目的

● 掌握 Linux 下 SOCKET 编程的基本方法。

● 掌握 Linux 下的常用 SOCKET 编程函数。

2. 实验内容

● 编写服务器程序 server 和客户端程序 client。

● 编写一个聊天程序的服务器程序 listener 和客户端程序 talker。

● 编写 Makefile 文件。

● 下载并调试上述程序。

3. 预备知识

● C 语言的基础知识。

● 程序调试的基础知识和方法。

● Linux 的基本操作。

● 掌握 Linux 下的程序编译与交叉编译过程。

● 掌握 Linux 下基本的应用程序编写方法。

4. 实验设备

● 硬件：CVT-2440 嵌入式实验箱、PC 机 Pentium500 以上、硬盘 10G 以上。

● 软件：PC 机操作系统 Fedora10 开发环境。

5. 基础知识

（1）函数说明。Linux 系统是通过提供套接字(socket)来进行网络编程的。网络程序通过 socket 和其他几个函数的调用，会返回一个通讯的文件描述符，我们可以将这个描述符看成普通的文件的描述符来操作，这就是 linux 的设备无关性。我们可以通过向描述符读写操作实现网络之间的数据交流。

1）Socket 函数定义如下。

```
int socket(int domain, int type,int protocol)
```

其中，domain 说明网络程序所在的主机采用的通讯协族(AF_UNIX 和 AF_INET 等)。AF_UNIX 只能够用于单一的 Unix 系统进程间通信，而 AF_INET 是针对 Internet 的，可以允许远程主机之间通信。

Type 表示网络程序所采用的通讯协议 (SOCK_STREAM,SOCK_DGRAM 等)。SOCK_STREAM 表明使用的是 TCP 协议，这样会提供按顺序、可靠、双向、面向连接的比特流。SOCK_DGRAM 表明使用的是 UDP 协议，这样会提供定长的、不可靠、无连接的通信。

protocol 指定了 type，所以一般只要用 0 来代替就可以了。socket 为网络通讯做基本的准备。成功时返回文件描述符，失败时返回−1，看 errno 就可知道出错的详细情况。

2）bind 函数定义如下。

```
int bind(int sockfd, struct sockaddr *my_addr, int addrlen)
```

其中，sockfd 是 socket 调用返回的文件描述符。addrle 是 sockaddr 结构的长度。my_addr 是一个指向 sockaddr 的指针，sockaddr 的定义如下。

```
struct sockaddr{
unisgned short   as_family;
char             sa_data[14];
};
```

不过由于系统的兼容性，我们一般不用这个头文件，而使用另外一个结构(struct sockaddr_in) 来代替。sockaddr_in 的定义如下。

```
struct sockaddr_in{
unsigned short   sin_family;
unsigned short int   sin_port;
struct in_addr   sin_addr;
unsigned char   sin_zero[8];
}
```

sin_family 一般为 AF_INET，sin_addr 设置为 INADDR_ANY 表示可以和任何的主机通信，sin_port 是我们要监听的端口号。sin_zero[8]是用来填充的。Bind 函数将本地的端口同 socket 返回的文件描述符捆绑在一起。成功则返回 0,失败的情况和 socket 一样。

3）listen 函数定义如下。

> int listen(int sockfd,int backlog)

其中 sockfd 是 bind 后的文件描述符。backlog 设置请求排队的最大长度。listen 函数将 bind 的文件描述符变为监听套接字。返回的情况和 bind 一样。

4）accept 函数定义如下。

> int accept(int sockfd, struct sockaddr *addr,int *addrlen)

其中，sockfd 是 listen 后的文件描述符。addr 是用来给客户端的程序填写的参数，服务器端只要传递指针就可以了。Bind、listen 和 accept 是服务器端用的函数，accept 调用时，服务器端的程序会一直阻塞到有一个客户程序发出了连接。accept 成功时返回最后的服务器端的文件描述符，这个时候服务器端就可以向该描述符写信息了，失败则返回-1。

5）connect 函数具体定义如下。

> int connect(int sockfd, struct sockaddr * serv_addr,int addrlen)

其中，sockfd 表示 socket 返回的文件描述符。serv_addr 储存了服务器端的连接信息，sin_add 是服务器端的地址。Addrlen 表示 serv_addr 的长度。

Connect 函数是客户端用来同服务端连接的。成功时返回 0，失败时返回-1。

6）recv 函数定义如下。

> int recv(int sockfd, void* buf, int maxbuf, int options)

其中，sockfd 为 socket 返回的文件描述符。Buf 为是收到数据后存放的缓冲位置。Maxbuf 为是缓冲区 buf 的大小。Options 参数包括 MSG_OOB、MSG_PEEK、MSG_WAITALL、MSG_ERRQUEUE、MSG_NOSIGNAL 和 MSG_ERRQUEUE。recv 函数会回传收到信息的大小值，如有错误，会回传负数值。

7）send 函数具体定义如下。

> int send(int sockfd, void *buffer, int msg_len, int options)

其中，参数 sockfd、buffer 和 msg_len 与 recv 中的参数相同，只不过是把要传输的信息先放进 buffer。 options 参数包括 MSG_OOB、MSG_DONTROUTE、MSG_DONTWAIT 和 MSG_NOSIGNAL，send 会回传传输的总大小值。

（2）基本 TCP SOCKET 编程，编程实例有如下 2 个供参考。

1）TCP 客户端编程实例。一个典型的 TCP 客户端程序要先建立 socket 文件描述符，接着便是连接服务器，这样便可以写进或读取数据，而这个过程可以重复，直至写入和读取完所需信息后，才关闭连接。

下面是一个简单的 TCP 客户端程序 client.c，在这个程序中必须提供一个命令行参数，即服务端所在机器主机名。当然，服务端还必须在客户端运行以前就已经正常运行。

```
/*** client.c */
#include <stdio.h>
```

```c
#include <stdlib.h>
#include <unistd.h>
#include <errno.h>
#include <string.h>
#include <netdb.h>
#include <sys/types.h>
#include <netinet/in.h>
#include <sys/socket.h>
#define PORT 3490              // the port client will be connecting to
#define MAXDATASIZE 100        // max number of bytes we can get at once
int main(int argc, char *argv[])
{
    int sockfd, numbytes;
    char buf[MAXDATASIZE];
    struct hostent *he;
    struct sockaddr_in their_addr;          // connector's address information
    if (argc != 2) {
        fprintf(stderr,"usage: client hostname\n");
        exit(1);
    }
    if ((he=gethostbyname(argv[1])) == NULL) {      // get the host info
        perror("gethostbyname");
        exit(1);
    }
    if ((sockfd = socket(AF_INET, SOCK_STREAM, 0)) == -1) {
        perror("socket");
        exit(1);
    }
    their_addr.sin_family = AF_INET;              // host byte order
    their_addr.sin_port = htons(PORT);            // short, network byte order
    their_addr.sin_addr = *((struct in_addr *)he->h_addr);
    memset(&(their_addr.sin_zero), '\0', 8);      // zero the rest of the struct
    if (connect(sockfd, (struct sockaddr *)&their_addr, sizeof(struct sockaddr)) == -1) {
        perror("connect");
        exit(1);
    }
    if ((numbytes=recv(sockfd, buf, MAXDATASIZE-1, 0)) == -1) {
        perror("recv");
        exit(1);
```

```
    }
    buf[numbytes] = '\0';
    printf("Received: %s", buf);
    close(sockfd);
    return 0;
}
```

2）TCP 服务器编程实例。TCP 服务器端建立步骤如下：通过函数 socket 建立一个套接口；通过函数 bind 绑定一个地址(IP 地址和端口地址)，这一步确定了服务器的位置，使客户端知道如何访问；通过函数 listem 监听端口的新的连接请求；通过函数 accept 接受新的连接。

下面是一个简单的 TCP 服务器程序 server.c，该程序对于每一个连接的客户端直接发送"Hello, world!"字符串。

```c
/*server.c
#include <stdio.h>
#include <stdlib.h>
#include <unistd.h>
#include <errno.h>
#include <string.h>
#include <sys/types.h>
#include <sys/socket.h>
#include <netinet/in.h>
#include <arpa/inet.h>
#include <sys/wait.h>
#include <signal.h>
#define MYPORT 3490     // the port users will be connecting to
#define BACKLOG 10      // how many pending connections queue will hold
void sigchld_handler(int s)
{
    while(wait(NULL) > 0);
}


int main(void)
{
    int sockfd, new_fd;           // listen on sock_fd, new connection on new_fd
    struct sockaddr_in my_addr;   // my address information
    struct sockaddr_in their_addr;  // connector's address information
    int sin_size;
    struct sigaction sa;
    int yes=1;
```

```
if ((sockfd = socket(AF_INET, SOCK_STREAM, 0)) == -1) {
        perror("socket");
        exit(1);
}

if (setsockopt(sockfd, SOL_SOCKET, SO_REUSEADDR, &yes, sizeof(int)) == -1) {
        perror("setsockopt");
        exit(1);
}
my_addr.sin_family = AF_INET;            // host byte order
my_addr.sin_port = htons(MYPORT);        // short, network byte order
my_addr.sin_addr.s_addr = INADDR_ANY;    // automatically fill with my IP
memset(&(my_addr.sin_zero), '\0', 8);    // zero the rest of the struct
if (bind(sockfd, (struct sockaddr *)&my_addr, sizeof(struct sockaddr)) == -1) {
        perror("bind");
        exit(1);
}
if (listen(sockfd, BACKLOG) == -1) {
        perror("listen");
        exit(1);
}
sa.sa_handler = sigchld_handler;         // reap all dead processes
sigemptyset(&sa.sa_mask);
sa.sa_flags = SA_RESTART;
if (sigaction(SIGCHLD, &sa, NULL) == -1) {
        perror("sigaction");
        exit(1);
}
while(1) {                               // main accept() loop
        sin_size = sizeof(struct sockaddr_in);
        if ((new_fd = accept(sockfd, (struct sockaddr *)&their_addr, &sin_size)) == -1)
{
                perror("accept");
                continue;
        }
        printf("server: got connection from %s\n", inet_ntoa(their_addr.sin_addr));
        if (!fork()) {                   // this is the child process
                close(sockfd);           // child doesn't need the listener
                if (send(new_fd, "Hello, world!\n", 14, 0) == -1)
```

```
                    perror("send");
                    close(new_fd);
                    exit(0);
            }
         close(new_fd);                    // parent doesn't need this
    }
    return 0;
}
```

（3）基本 UDP SOCKET 编程。编程实例有如下 2 个供参考。

1）UDP 数据报服务器端程序实例。像 TCP 程序一样，用 UDP 可以建立一个套接口并将其绑定到特定地址。UDP 服务端不监听(listen)和接受(accept)外来的连接，也不必显式连接到服务器。

下面是一个简单的 UDP 服务器程序 listener.c，该程序接收每一个连接的客户端发送来的信息并将其打印出来。

```
/* listener.c
#include <stdio.h>
#include <stdlib.h>
#include <unistd.h>
#include <errno.h>
#include <string.h>
#include <sys/types.h>
#include <sys/socket.h>
#include <netinet/in.h>
#include <arpa/inet.h>
#define MYPORT 4950          // the port users will be connecting to
#define MAXBUFLEN 100
int main(void)
{
int sockfd;
struct sockaddr_in my_addr;      // my address information
struct sockaddr_in their_addr;    // connector's address information
int addr_len, numbytes;
char buf[MAXBUFLEN];

/* setup socket */
if ((sockfd = socket(AF_INET, SOCK_DGRAM, 0)) == -1) {
perror("socket");
exit(1);
}
```

```
my_addr.sin_family = AF_INET;            // host byte order
my_addr.sin_port = htons(MYPORT);        // short, network byte order
my_addr.sin_addr.s_addr = INADDR_ANY;    // automatically fill with my IP
memset(&(my_addr.sin_zero), '\0', 8);    // zero the rest of the struct

/* bind */
if (bind(sockfd, (struct sockaddr *)&my_addr,
sizeof(struct sockaddr)) == -1) {
perror("bind");
exit(1);
}
/* receive the string from the client and print it */
while(1)
{
addr_len = sizeof(struct sockaddr);
if ((numbytes=recvfrom(sockfd, buf, MAXBUFLEN-1 , 0,
(struct sockaddr *)&their_addr, &addr_len)) == -1) {
perror("recvfrom");
exit(1);
}
buf[numbytes] = '\0';
printf("%s says:%s",inet_ntoa(their_addr.sin_addr), buf);
}
close(sockfd);
return 0;
}
```

2）UDP 数据报客户端程序实例。事实上，在 UDP 客户端和服务段之间并没有太大的区别。服务端必须绑定到一个确定的端口和地址，好让客户端知道向哪里发送数据。

下面是一个简单的 UDP 客户端程序 talker.c，在这个程序中必须提供一个命令行参数，即服务端所在机器主机名。当然，服务端还必须在客户端运行以前就已经正常运行。

```
/* talker.c */
#include <stdio.h>
#include <stdlib.h>
#include <unistd.h>
#include <errno.h>
#include <string.h>
#include <sys/types.h>
#include <sys/socket.h>
#include <netinet/in.h>
```

```c
#include <arpa/inet.h>
#include <netdb.h>

#define MYPORT 4950          // the port users will be connecting to
int main(int argc, char *argv[])
{
int sockfd;
struct sockaddr_in their_addr;    // connector's address information
struct hostent *he;
int numbytes;
char send_buf[256];

/* parameters check */
if (argc != 2) {
fprintf(stderr,"usage: talker hostname\n");
exit(1);
}

/* argv[1] = server ip address */
if ((he=gethostbyname(argv[1])) == NULL) {        // get the host info
perror("gethostbyname");
exit(1);
}

/* setup socket */
if ((sockfd = socket(AF_INET, SOCK_DGRAM, 0)) == -1) {
perror("socket");
exit(1);
}
/* receive string from console and send it to the server */
while(1)
{
char * ptr;
their_addr.sin_family = AF_INET;         // host byte order
their_addr.sin_port = htons(MYPORT);     // short, network byte order
their_addr.sin_addr = *((struct in_addr *)he->h_addr);
memset(&(their_addr.sin_zero), '\0', 8);     // zero the rest of the struct

/* get string from console */
```

```
printf("send to server:");
ptr = send_buf;
do
{
*ptr = getchar();
ptr ++;
}while(*(ptr-1) != '\n');
*ptr = 0;

/* send the string to server */
if ((numbytes=sendto(sockfd, send_buf, strlen(send_buf), 0,
(struct sockaddr *)&their_addr, sizeof(struct sockaddr))) == -1) {
perror("sendto");
exit(1);
}
}
close(sockfd);
return 0;
}
```

6. 实验步骤

（1）建立工作目录，具体命令如下。

```
$cd /opt/cvtech/examples
$cd socket
```

（2）参照本书内容分别编写 server.c、client.c、listener.c 和 talker.c 程序。

（3）编写 Makefile 文件。对于每个程序需要分别编译 arm 平台的执行文件，同时，为了在 PC 端进行测试，也编译的 PC 版本的执行文件，Makefile 文件如下。

```
CC = arm-linux-gcc
LD = arm-linux-ld
EXEC = client.arm
OBJS = client.o
EXEC1 = server.arm
OBJS1 = server.o
EXEC2 = listener.arm
OBJS2 = listener.o
EXEC3 = talker.arm
OBJS3 = talker.o
```

```
CFLAGS +=
LDFLAGS +=
all: $(EXEC) $(EXEC1) $(EXEC2) $(EXEC3)
    $(EXEC): $(OBJS)
            $(CC) $(LDFLAGS) -o $@ $(OBJS) $(LDLIBS$(LDLIBS_$@))
            cp $(EXEC) /tftpboot/examples/
    $(EXEC1): $(OBJS1)
            $(CC) $(LDFLAGS) -o $@ $(OBJS1) $(LDLIBS$(LDLIBS_$@))
            cp $(EXEC1) /tftpboot/examples/
    $(EXEC2): $(OBJS2)
            $(CC) $(LDFLAGS) -o $@ $(OBJS2) $(LDLIBS$(LDLIBS_$@))
            cp $(EXEC2) /tftpboot/examples/
    $(EXEC3): $(OBJS3)
            $(CC) $(LDFLAGS) -o $@ $(OBJS3) $(LDLIBS$(LDLIBS_$@))
            cp $(EXEC2) /tftpboot/examples/
            gcc -o client client.c
            gcc -o server server.c
            gcc -o listener listener.c
            gcc -o talker talker.c
    clean:
            -rm -f $(EXEC) $(EXEC1) $(EXEC2) $(EXEC3) *.elf *.gdb *.o
```

（4）编译，具体命令如下。

```
$make clean
$make
```

正确的话将生成 arm 平台的程序：server.arm、client.arm、listener.arm 和 talker.arm 以及 PC 平台的程序：server、client、listener 和 talker。

（5）下载 TCP 测试程序到 CVT-2440 中调试，结果如下。

```
#mount 192.168.1.180:/tftpboot/ /mnt/nfs -o nolock
#cd /mnt/nfs/
#./server.arm
```

图 5-5　Server 实验结果

同时在 PC 上执行。正确的执行结果是：每执行一次 client，在 CVT-2440 的控制台上将打印如下信息。

```
$./client 192.168.1.6
Received: Hello World!
```

```
[root@localhost socket]# ./client 192.168.1.6
Received: Hello, world!
```

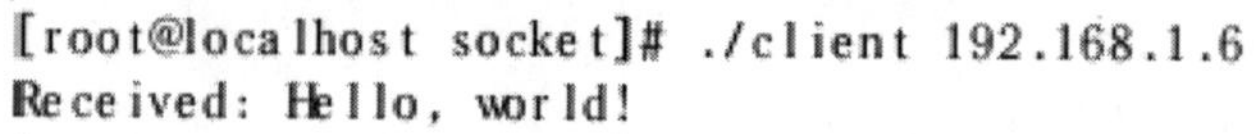

图5-6　Client实验结果

同时，可以在 PC 上执行 server 程序，每执行一次，在 CVT-2440 的控制台将打印如下信息。

```
# ./server.arm
server: got connection from 192.168.1.180
```

（6）下载 UDP 测试程序到 CVT-2440 中调试。结果如下。

```
#cd /mnt/nfs/
#./listener.arm
192.168.1.180 says:123
```

```
[root@localhost socket]# ./talker 192.168.1.6
send to server:123
send to server:
```

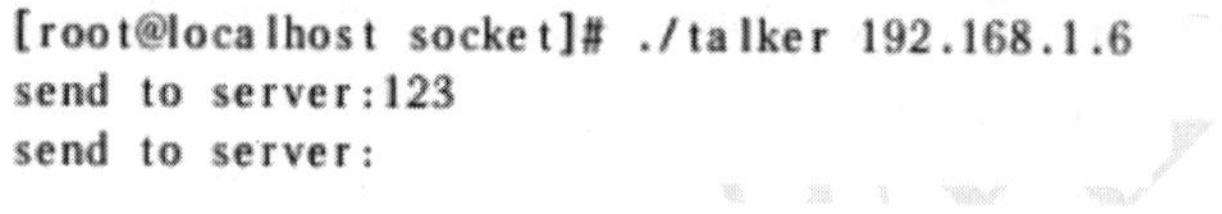

图5-7　Listener实验结果

同时在 PC 上执行，正确的执行结果是：在 client 中输入字符串，然后回车，在服务器端将接收到该字符串并打印出来。

```
$./talker 192.168.1.46
Sent to server:  123
```

```
[root@Cvtech nfs]# ./listener.arm
192.168.1.180 says:123
```

图 5-8　talker 实验结果

7. 思考题

（1）简述 Linux SOCKET 编程的常用函数，并举例说明其用法。
（2）编程实现如下功能：实现一个简单的聊天程序，实现双击互动聊天。

5.4 嵌入式 Linux 驱动程序设计实验

1. 实验目的

● 学习 Linux 字符类驱动程序结构及实现方法。
● 掌握 Linux 字符类驱动程序编写过程及应用程序下的加载方法。
● 掌握 Linux 动态加载驱动程序模块的方法。

2. 实验内容

- 编写 s3c2440_seg.c 驱动程序。
- 编写 Makefile 文件。
- 编写 segtest 应用程序。
- 编译 s3c2440_seg 和 segtest 应用程序。
- 下载并调试 s3c2440_seg 和 segtest 应用程序。

3. 预备知识

- C 语言的基础知识。
- 软件调试的基础知识和方法。
- Linux 的基本操作。
- Linux 应用程序的编写。

4. 实验设备

- 硬件：CVT-2440 嵌入式实验箱、PC 机 Pentium500 以上、硬盘 10G 以上。
- 软件：PC 机操作系统 Fedora10 开发环境。

5. 基础知识

（1）Linux 驱动程序。在 Linux 中，系统调用的是操作系统内核和应用程序之间的接口，设备驱动程序调用的是操作系统内核和机器硬件之间的接口。设备驱动程序为应用程序屏蔽了硬件的细节，这样在应用程序看来，硬件设备只是一个设备文件，应用程序可以像操作普通文件一样对硬件设备进行操作。设备驱动程序是内核的一部分，它可完成以下的功能：对设备初始化和释放；把数据从内核传送到硬件和从硬件读取数据；读取应用程序传送给设备文件的数据和回送应用程序请求的数据；检测和处理设备出现的错误。

在 Linux 操作系统下主要有三类设备文件类型：字符设备、块设备和网络设备。在对字符设备发出读写请求时，实际的硬件 I/O 一般就紧接着发生请求了；块设备则不然，它利用一块系统内存作缓冲区，当用户进程对设备请求能满足用户的要求时，就返回请求的数据，如果不能，就调用请求函数来进行实际的 I/O 操作。块设备是主要针对磁盘等慢速设备，以免耗费过多的 CPU 时间来等待。

用户进程通过设备文件来与实际的硬件发生作用。每个设备文件都有其文件属性(c/b)，来表示是字符设备还是块设备。另外每个文件都有两个设备号，第一个是主设备号，标识驱动程序，第二个是从设备号，标识使用同一个设备驱动程序的不同的硬件设备。例如，有两个软盘，就可以用从设备号来区分它们。设备文件的主设备号必须与设备驱动程序在登记时申请的主设备号一致，否则用户进程将无法访问到驱动程序。

（2）编写简单的驱动程序。本实验将编写一个简单的字符设备驱动程序。虽然它的功能很简单，但是通过它可以了解 Linux 的设备驱动程序的工作原理。该程序 s3c2440_seg 实现对 CVT-2440 中的跑马灯进行控制。它主要包含如下几个部分。

1）包含文件，具体如下。

```
#include <linux/kernel.h>
#include <linux/module.h>
#include <linux/fs.h>
#include <linux/errno.h>          /* for -EBUSY */
#include <linux/ioport.h>         /* for verify_area */
#include <linux/init.h>           /* for module_init */
#include <asm/uaccess.h>          /* for get_user and put_user */
```

2）模块初始化。由于用户进程是通过设备文件发生作用，所以对设备文件的操作方式不外乎就是一些系统调用，如 open、read、write、close 等，但是如何把系统调用和驱动程序关联起来呢？这需要如下一个非常关键的数据结构。

```
struct file_operations {
int (*seek) (struct inode * , struct file *,  off_t , int);
int (*read) (struct inode * , struct file *,  char , int);
int (*write) (struct inode * , struct file *,  off_t , int);
int (*readdir) (struct inode * , struct file *,  struct dirent * , int);
int (*select) (struct inode * , struct file *,  int , select_table *);
int (*ioctl) (struct inode * , struct file *,  unsined int , unsigned long);
int (*mmap) (struct inode * , struct file *,  struct vm_area_struct *);
int (*open) (struct inode * , struct file *);
int (*release) (struct inode * , struct file *);
int (*fsync) (struct inode * , struct file *);
int (*fasync) (struct inode * , struct file *, int);
int (*check_media_change) (struct inode * , struct file *);
int (*revalidate) (dev_t dev);
}
```

这个数据结构的每一个成员的名字都对应着一个系统调用。用户进程利用系统调用在对设备文件进行读写操作时，系统调用通过设备文件的主设备号找到相应的设备驱动程序，然后读取这个数据结构相应的函数指针，接着把控制权交给该函数。这是 Linux 的设备驱动程序工作的基本原理。既然如此，编写设备驱动程序的主要工作就是编写子函数，并填充 file_operations 的各个域。s3c2440_seg 实现了对 ioctl 的文件操作，其处理函数为 device_ioctl，并在模块初始化函数 seg_init 中调用 register_chrdev 函数进行注册，具体如下。

```
static struct file_operations seg_fops = {
    .owner= THIS_MODULE,
    .ioctl= seg_ioctl,
};
/* Initialize the module - Register the character device */
static int __init seg_init( void )
```

```
{       int ret_val;
/* Register the character device (atleast try) */
ret_val = register_chrdev(SEG_MAJOR, DEVICE_NAME, &seg_fops);
if (ret_val < 0)
{
                printk(DEVICE_NAME " can't register major number\n");
                return ret_val;
}
printk ("We suggest you use:\n");
printk ("mknod /dev/%s c %d 0\n", DEVICE_NAME, SEG_MAJOR);
return 0;
};
```

3）设备文件操作函数。当设备文件被打开时调用 openl 函数，具体如下。

```
/* This function is called whenever a process attempts to open the device file */
static int device_open(struct inode *inode, struct file *file){
    DbgPrintk(("Device Open\n"));
/* We don't want to talk to two processes at the same time */
    if (Device_Open) return -EBUSY;
    Device_Open++;
    MOD_INC_USE_COUNT;
/* Initialize the message */
    Message_Ptr = Message;
    return 0;
}
```

当设备文件被关闭时调用 Release 函数，具体定义如下。

```
static int device_release(struct inode *inode, struct file *file)
{
    DbgPrintk(("device_release\n"));
      /* We're now ready for our next caller */
    Device_Open --;
    MOD_DEC_USE_COUNT;
    return 0;
}
```

read 函数实现读取设备状态到 buffer 中。当调用 read 时，device_read 被调用。buffer 是 read 调用的一个参数，它是用户进程空间的一个地址。但是在 device_read 被调用时，系统进入核心态，所以不能使用这个地址，必须用 put_user 系统调用向用户传送数据。同样的道理，从用户缓冲区获取数据必须使用 get_user 系统调用，read 函数具体定义如下。

```
static ssize_t device_read(struct file *file, char *buffer, size_t length, loff_t *offset)
/* The buffer to fill with the data */
/* The length of the buffer */
/* offset to the file */
{
/* Number of bytes actually written to the buffer */
int  bytes_read = 4;
int*  data = (int*)buffer;
DbgPrintk(("device_read(%p,%p,%d)\n", file, buffer, length));
if (data == 0) return 0;
/* Read functions are supposed to return the number of bytes actually inserted into the buffer
*/
return bytes_read;
}
```

Write 函数实现设备写操作，具体定义如下。

```
static ssize_t device_write(struct file *file, const char *buffer, size_t length, loff_t
*offset)
{
int  value;
int  bytes_writes = 4;
int*  data = (int*)buffer;
DbgPrintk(("device_write(%p,%s,%d)", file, buffer, length));
get_user(value, data);
/* Again, return the number of input characters used */
return bytes_writes;
}
```

Ioctl 函数定义如下。

```
static int seg_ioctl(
struct inode *inode,
struct file *file,
unsigned int ioctl_num,          /* The number of the ioctl */
unsigned long ioctl_param)       /* The parameter to it */
{
    printk(("Device Ioctl\n"));
              /* Switch according to the ioctl called */
    switch (ioctl_num)
      {
        case 0:
```

```
/* Receive a pointer to a message (in user space)
* and set that to be the device's message. */
/* Get the parameter given to ioctl by the process */
(*(char *)0xe0300006) = 0x0;
(*(char *)0xe0300004) = ioctl_param;
break;
        case 1:
(*(char *)0xe0300006) = 0xf8;
(*(char *)0xe0300004) = ioctl_param;
break;
}
return 0;
};
```

4）模块退出操作。模块退出时，必须删除设备驱动程序并释放占用的资源，使用 unregister_chrdev 函数删除设备驱动程序，具体定义如下。

```
static void __exit seg_exit(void)
{     int ret;
      devfs_remove(DEVICE_NAME);
        /* Unregister the device */
      ret = unregister_chrdev(SEG_MAJOR, DEVICE_NAME);
};
```

（3）设备驱动程序模块的动态加载。在 Linux 系统中，驱动程序可以采用两种方式加载：一是可以和内核一起编译，在内核启动时自动加载该驱动；二是驱动程序模块动态加载方式，使用 insmod 命令和 rmmod 命令加载和卸载驱动程序模块。

本实验使用动态加载方式进行，在用 insmod 命令将编译好的模块调入内存时，init_module 函数被调用。在用 rmmod 卸载模块时，cleanup_module 函数被调用。

在 Linux 中使用如下命令安装驱动程序。

```
# insmod s3c2440_seg.ko
```

在 Linux 中使用如下命令卸载驱动程序。

```
# rmmod s3c2440_seg
```

为了正确使用设备驱动程序，必须先创建设备文件，具体如下。其中，c 是指字符设备，major 是主设备号。

```
# mknod /dev/s3c2440_seg c 232 0
```

（4）设备驱动程序中的一些具体问题。第一，I/O 端口。使用硬件离不开 I/O 口，老的 ISA 设备经常占用实际的 I/O 端口。在 linux 下，操作系统没有对 I/O 口屏蔽，也就是说，任何驱动程序都可对任意的 I/O 口操作，这样就容易引起混乱。有两个重要的内核函数可以保证驱动程序不误用端口，具体定义如下。

```
check_region(int io_port, int off_set)
```

这个函数察看系统的 I/O 表，看是否有别的驱动程序占用某一段 I/O 口。参数 1 为 I/O 端口的基地址，参数 2 为 I/O 端口占用的范围，若函数返回值为 0 表示没有占用，否则已经被占用。

```
request_region(int io_port, int off_set, char *devname)
```

如果 I/O 端口没有被占用，在驱动程序中就可以使用该函数。在使用之前，必须向系统登记，以防止被其他程序占用。登记后，在/proc/ioports 文件中可以看到你登记的 I/O 口。此函数参数 1 为 I/O 端口的基地址，参数 2 为 I/O 端口占用的范围，参数 3 为使用这段 I/O 地址的设备名。在对 I/O 口登记后，就可以放心地用 inb、outb 之类的函数。

第二，内存操作。在一些 PCI 设备中，I/O 端口被映射到一段内存中去，要访问这些端口就相当于访问一段内存。在 DOS 环境下，只要用段偏移就可以访问。在 Window95 中，95ddk 提供了一个 vmm 函数调用 _MapLinearToPhys，用以把线性地址转化为物理地址以便访问内存。

在 Linux 系统，设备驱动程序动态开辟内存不是用 malloc，而是 kmalloc，或者用 get_free_pages 直接申请页。释放内存用的是 kfree，或 free_pages。请注意，kmalloc 等函数返回的是物理地址，而 malloc 等返回的是线性地址！既然从线性地址到物理地址的转换是由 386CPU 硬件完成的，那么汇编指令的操作数应该是线性地址，驱动程序同样也不能直接使用物理地址。但事实上，kmalloc 返回的确实是物理地址，而且也可以直接通过它访问实际的 RAM，这可以有两种解释：一种是在核心态禁止分页；另一种是 Linux 的页目录和页表项设计得正好使得物理地址等同于线性地址。

内存映射的 I/O 口、寄存器或者是硬件设备的 RAM（如显存）一般占用 F0000000 以上的地址空间。在驱动程序中不能直接访问，要通过 vremap 函数获得重新映射以后的地址。

另外，很多硬件需要一块比较大的连续内存用作 DMA 传送。这块内存需要一直驻留在内存中，不能被交换到文件中去。但是 kmalloc 最多只能开辟 128k 的内存，这可以通过牺牲系统内存的方法来解决。具体做法是：比如说机器有 32M 的内存，在 lilo.conf 的启动参数中加上 mem 为 30M，这样 Linux 就认为机器只有 30M 的内存，剩下的 2M 内存在使用 vremap 之后就可以为 DMA 所用了。用 vremap 映射后的内存，在不用时应使用 unremap 释放，否则会浪费页表。

第三，中断处理。同处理 I/O 端口一样，要使用一个中断，必须先向系统登记，具体如下。

```
int request_irq(unsigned int irq,
void(*handle)(int, void *, struct pt_regs *),
unsigned int long flags,
const char *device);
```

其中，irq 是要申请的中断；handle 是中断处理函数指针；flags 表示请求一个快速中断，若为 0 表示正常中断；device 为设备名。如果登记成功，返回 0，这时在/proc/interrupts 文件中可以看到请求的中断。

6. 实验步骤

（1）建立工作目录，具体命令如下。

```
$cd /opt/cvtech/
$cd linux-2.6.30.4
```

（2）编写 s3c2440_seg 驱动程序源代码。查看驱动源码，熟悉编写驱动过程。数码管的驱动程序在内核的目录中，具体如下。

/opt/cvtech/linux-2.6.30.4/drivers/char/s3c2440_seg.c

```
$vi /opt/cvtech/linux-2.6.30.4/drivers/char/s3c2440_seg.c
```

（3）编译 seg 驱动程序，具体如下。

```
$make menuconfig
```

启动配置菜单，进到 "Devices Drivers->Character devices" 选项中，选择 seg 驱动为 M 方式，也就是模块方式加载，如 5-9 图所示。

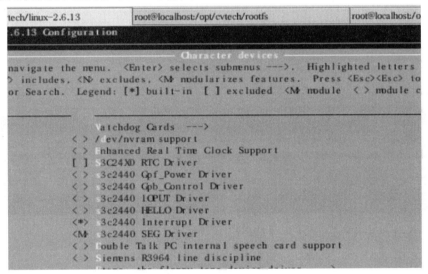

图 5-9　数码管配置图

配置完成后，保存并退出界面，并对内核进行编译，具体命令如下。

```
$make zImage
$make modules
$cp drivers/char/s3c2440_seg.ko /tftpboot
```

如果编译正确将出现 s3c2440_seg.ko 文件，这个文件就是 s3c2440_seg.ko 驱动模块文件。

（4）编译 segtest 应用程序，具体如下。如果正确将生成 segtest 文件，这个文件就是测试 s3c2440_seg.ko 的应用程序。

```
$cd /opt/cvtech/examples/seg
$make
$cp segtest /tftpboot/
```

（5）下载 s3c2440_seg.ko 和 segtest 两个文件到 CVT-2440 中。下载完成后，可以使用 ls 命令查看该文件是否存在，如果存在，在控制台(MiniCom)输入如下命令安装驱动程序 s3c2440_seg。

```
#mount 192.168.1.180:/tftpboot/ /mnt/nfs -o nolock
#cd /mnt/nfs/
#insmod s3c2440_seg.ko
```

然后运行 segtest 测试程序，具体命令及结果如下。

```
#./segtest
Can't open
```

此时会出现错误，这是由于没有注册设备文件造成的，使用 mknod 命令注册设备文件，设备名为 s3c2440_seg、字符设备、主设备号为 100、从设备号可以随意取，输入以下命令。

```
#mknod /dev/s3c2440_seg c 232 0
#./segtest
```

出现正确的结果，数码管正确显示，如图 5-10 所示。

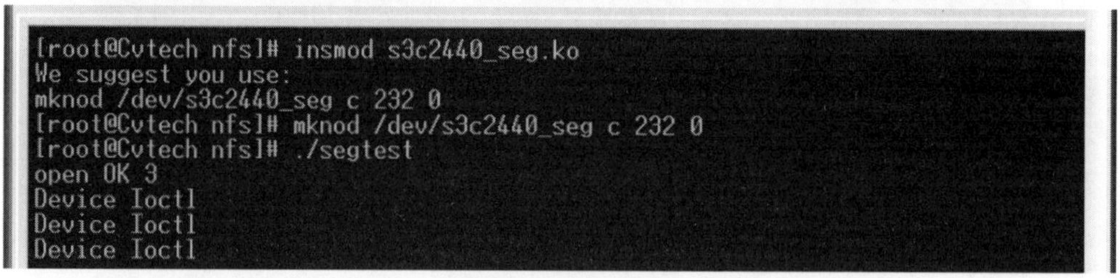

```
[root@Cvtech nfs]# insmod s3c2440_seg.ko
We suggest you use:
mknod /dev/s3c2440_seg c 232 0
[root@Cvtech nfs]# mknod /dev/s3c2440_seg c 232 0
[root@Cvtech nfs]# ./segtest
open OK 3
Device Ioctl
Device Ioctl
Device Ioctl
```

图 5-10   实验结果

7. 思考题

（1）简述 Linux 设备驱动程序的基本概念和编写方法。

（2）简述 Linux 应用程序怎样访问设备驱动程序。

第6章 嵌入式 Linux 应用编程

6.1 嵌入式 Linux 下 web 服务器构建及应用实验

1. 实验目的

   ● 学习 Linux 下应用程序构建方法
   ● 掌握嵌入式 Linux 下 Web 服务器的建立过程。
   ● 掌握嵌入式 Linux 下的动态 Web 应用方法。

2. 实验内容

   ● 在嵌入式 Linux 下建立 "boa" Web 服务器。
   ● 设计一个简单的 CGI 应用程序。

3. 预备知识

   ● C 语言的基础知识。
   ● 程序调试的基础知识和方法。
   ● Linux 的基本操作。
   ● 掌握 Linux 下的程序编译与交叉编译过程。
   ● 掌握 Linux 下基本的应用程序编写方法。

4. 实验设备

   ● 硬件：CVT-2440 嵌入式实验箱、PC 机 Pentium500 以上、硬盘 10G 以上。
   ● 软件：PC 机操作系统 Fedora10 开发环境。

5. 基础知识

   "boa"是专为嵌入式应用环境设计的一款小巧 Web 服务器，可执行代码只有约 60KB。它是一个单任务 Web 服务器，只能依次完成用户的请求，而不会 fork 出新的进程来处理并发出连接请求。但 Boa 支持 CGI，能够为 CGI 程序 fork 出一个进程来执行。CGI 是 Common Gateway Interface（通用网关接口）的缩写，是 www 服务器与外部扩展应用程序交互的一个标准接口。基于 CGI 标准编写的外部扩展应用程序可完成由远端客户端（www 浏览器）指派的操作，可用于实现基于网络的远程监控功能。本实验首先学习如何在 CVT-2440 教学实验系统中建立嵌入式 Web 服务器，然后介绍一个简单 CGI 应用的实现过程。

下面的移植步骤供参考。在实验箱提供的 examples 目录中，包含已经移植过的 boa 和 CGI 程序。同样，在提供的文件系统中，也添加了 boa 和 CGI。

（1）移植 boa。首先下载 boa 源码包。下载地址为：https://sourceforge.net/project/showfiles.php?group_id=78。从中可得到 boa-0.94.13.tar.gz 文件，解压到工作目录中，具休命令如下。

```
$ tar zxvf boa-0.94.13.tar.gz  -C /opt/cvtech/
```

第二，配置 boa，具体命令如下。

```
$ cd /opt/cvtech/boa-0.94.13/src
$ ./configure
```

在 boa-0.94.13/src 目录下面生成 Makefile 文件，修改 Makefile 如下。

```
$ vi Makefile
```

在第 31,32 行，指定交叉编译器，修改如下。

```
CC = /opt/cvtech/crosstools_3.4.5_softfloat/gcc-3.4.5-glibc-2.3.6/arm-linux/bin/arm-linux-gcc
CPP= /opt/cvtech/crosstools_3.4.5_softfloat/gcc-3.4.5-glibc-2.3.6/arm-linux/bin/arm-linux-g++ -E
```

对 src/boa.c 文件修改如下。

```
$ vi src/boa.c
```

注释掉文件中第 225～227 行的内容，具体如下。

```
//if (setuid(0) != -1) {
// DIE("icky Linux kernel bug!");
// }
```

修改 src/compat.h 文件，具体如下。

```
$ vi src/compat.h
```

修改第 120 行内容如下。

```
#define TIMEZONE_OFFSET(foo) foo->tm_gmtoff
```

最后，编译并且优化，具体如下。

```
$ cd src
$ make
$/usr/local/arm/crosstools_3.4.5_softfloat/gcc-3.4.5-glibc-2.3.6/arm-linux/bin/
```

```
arm-linux-strip  boa
```

经过以上步骤，移植 boa 结束。

（2）移植 cgic 库。首先下载 cgic 库，地址为：http://www.boutell.com/cgic/ cgic205. tar.gz，之后解压到工作目录，具体如下。

```
$ tar zxvf cgic205.tar.gz  - C  /opt/cvtech/
```

第二，配置编译条件，内容如下。

```
$ cd /opt/cvtech/cgic205
$ vi Makefile
```

修改 Makefile，内容如下。

```
CFLAGS=-g -Wall
CC=/opt/cvtech/crosstools_3.4.5_softfloat/gcc-3.4.5-glibc-2.3.6/arm-linux/bin/arm-
linux-gcc
AR=/opt/cvtech/crosstools_3.4.5_softfloat/gcc-3.4.5-glibc-2.3.6/arm-linux/bin/arm-
linux-ar
RANLIB=/opt/cvtech/crosstools_3.4.5_softfloat/gcc-3.4.5-glibc-2.3.6/arm-
linux/bin/arm-linux-ranlib
LIBS=-L. / -lcgic

all: libcgic.a cgictest.cgi capture

install: libcgic.a
    cp libcgic.a /usr/local/lib
    cp cgic.h /usr/local/include
    @echo libcgic.a is in /usr/local/lib. cgic.h is in /usr/local/include.

libcgic.a: cgic.o cgic.h
    rm -f libcgic.a
    $(AR) rc libcgic.a cgic.o
    $(RANLIB) libcgic.a
#mingw32 and cygwin users: replace .cgi with .exe

cgictest.cgi: cgictest.o libcgic.a
    $(CC) $(CFLAGS) cgictest.o -o cgictest.cgi ${LIBS}

capture: capture.o libcgic.a
    $(CC) $(CFLAGS) capture.o -o capture ${LIBS}

clean:
    rm -f *.o *.a cgictest.cgi capture
```

最后，编译并优化。编译后生成 capture 的可执行文件和测试用的 cgictest.cgi 文件，内容如下。

```
$ make
$/opt/cvtech/crosstools_3.4.5_softfloat/gcc-3.4.5-glibc-2.3.6/arm-linux/bin/
arm-linux-strip  capture
```

（3）配置 WEB 服务器。首先，在文件系统中配置 boa，具体命令如下。

```
$cd  /opt/cvtech/rootfs/embedroot
```

如果 ramdisk.gz 没有解压，请先解压，解压后才会出现 rd 目录，具体如下。

```
$ mkdir  web  etc/boa
```

拷贝刚移植生成的 boa 到文件系统的 sbin/目录中，具体命令如下。

```
$ cp /opt/cvtech/boa-0.94.13/src/boa  sbin
```

拷贝 boa 的配置文件 boa.conf 到 etc/boa 目录中，具体命令如下。

```
$ cp /opt/cvtech/boa-0.94.13/boa.conf  etc/boa
```

修改 boa.conf，配置如下。

```
Port 80
//监听的端口号，默认都是 80，一般无需修改


Listen 192.168.1.6
//bind 调用的 IP 地址


User root
Group root
//作为用户运行，即它拥有该用户组的权限，一般是root需要在/etc/group文件中有root 组


ErrorLog /dev/console
//错误日志文件。如果没有以/XXX 开始，则表示从服务器的根路径开始。如果不需要错误日志，则用
/dev/null。系统启动后看到的 boa 的打印信息就是从/dev/console 得到的


ServerName yellow
//服务器名称


DocumentRoot /web
//非常重要，这个是存放 html 文档的主目录
```

```
DirectoryIndex index.html
//html目录索引的文件名


KeepAliveMax 1000
//一个连接所允许的 http 持续作用请求最大数目


KeepAliveTimeout 10
//http 持续作用中服务器在两次请求之间等待的时间数，以秒为单位，超时将关闭连接


MimeTypes /etc/mime.types
//指明 mime.types 文件位置


DefaultType text/plain


CGIPath /bin:/usr/bin:/usr/local/bin
//提供 CGI 程序的 PATH 环境变量值


ScriptAlias /cgi-bin/ /web/cgi-bin/
//指明 CGI 脚本的虚拟路径对应的实际路径
```

第二，配置 Cgic 库，具体定义如下。

```
$ cd /opt/cvtech/rootfs/embedroot/web
$ mkdir cgi-bin
```

拷贝刚移植的 cgic 库和 cgic 测试文件到文件系统 web/cgi-bin 目录下。保存并生成新的文件系统 ramdisk.gz，重现烧写到实验箱中，开机启动。

```
$cp /opt/cvtech/cgic205/capture cgi-bin/
#cp /opt/cvtech/cgic205/cgictest.cgi  cgi-bin/
```

第三，测试。首先进行静态测试。Linux 启动后，启动 boa 命令如下。

```
[root@Cvtech /]# boa
```

然后在 PC 端，打开网页浏览器，输入测试网址：http://192.168.1.6，就会出现如 6-1 所示的网页。

之后进行 cgi 脚本测试。打开浏览器，输入：http://192.168.1.6/cgi-bin/ cgictest.cgi 即可打开测试界面，如图 6-2 所示。

图 6-1   WEB 服务器静态网页显示测试

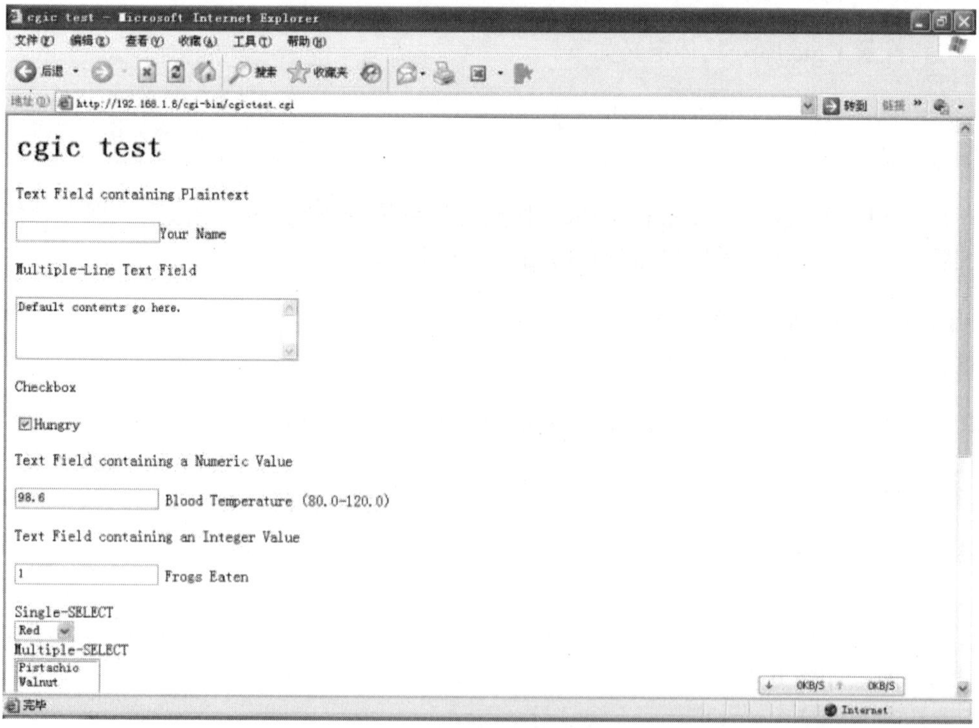

图 6-2   CGI 脚本运行测试图

6.2 嵌入式 Linux 下的 QT 图形化应用编程实验

1. 实验目的

● 学习 Linux 图形化应用编程原理。
● 掌握 QT GUI 程序开发的基本方法。
● 掌握 2440 嵌入式实验平台 QT 程序的移植方法。

2. 预备知识

● Linux 图形用户界面开发的基础知识。
● Linux C++ 基本知识。
● Qt 编程基础知识。
● QT 开发环境的安装和使用。
● 如何使用 QT 开发 GUI 应用程序。
● 2440 嵌入式实验平台 QT 程序的移植。

3. 实验内容

● QT 开发环境的安装。
● QT 图形界面程序开发。
● Qt 应用程序的移植。

4. 实验步骤

（1）　QT 开发环境的安装。一般来说，基于 Qt/Embedded 开发的应用程序最终会发布到安装有嵌入式 Linux 操作系统的小型设备上。需要的软件包有：tmake 工具安装包（生成 Qt/Embedded 应用工程的 Makefile 文件）；Qt/Embedded 安装包（Qt/Embedded 安装包）；Qt 的 X11 版的安装包（它将产生 X11 开发环境所需要的工具），QT 的安装步骤如下。

第一，设置环境变量。在 PC 的 Linux 的终端执行如下命令，然后打开 gedit 编译器后，修改内容如下。

```
#gedit /etc/ld.so.conf
/home/cvtech/jx2410/qt2410/arm/qt/lib
/home/cvtech/jx2410/qt2410/arm/qtopia/lib
/usr/kerberos/lib
/usr/X11R6/lib
/usr/lib/sane
/usr/lib/qt-3.1/lib
/usr/lib/mysql
/usr/lib/qt2/lib
```

第二，使用脚本 arm-build 编译 QT。假设以上的软件包已经全部拷贝到 PC 的 Linux 中，且存放在目录"/home/cvtech/jx2410/qt2410/"中。在 PC 的 Linux 的终端执行如下命令,设置环境变量完成。

```
# cd /home/cvtech/jx2410/qt2410/
# ./arm-build
```

（2）QT 图形界面程序开发。首先,建立工程文件。在 PC 的 Linux 的"/home/cvtech/jx2410/examples/qt/"目录下新建一个名为"hello"的目录,具体命令如下。

```
# cd /home/cvtech/jx2410/examples/qt/
# mkdir hello
```

建立工程文件 hello.pro,命令如下。

```
# progen -t app.t -o hello.pro
```

在后台启动 QT 的设计器,命令如下,如图 6-3 所示。

```
# /home/cvtech/jx2410/qt2410/arm/qt/bin/designer &
```

图 6-3　启动设计器命令行

新建项目文件,选择工具栏"File→new→Dialog",然后点击 OK 按钮,结果如图 6-4 所示。

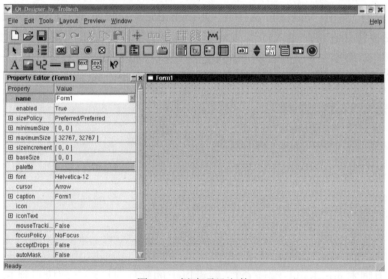

图 6-4　新建项目文件

　　设置 Form1 的属性，修改"name" 为"hello"，修改"caption"为"Hello Cvtech"。然后添加两个按钮，分别修改"name"为"obutton"和"cbutton"，修改"text"分别为"open"和"close"。然后在添加一个"text"图标 ，修改"name"为"Tlabel"，修改"text"为空。设置完成后，如图 6-5 所示。

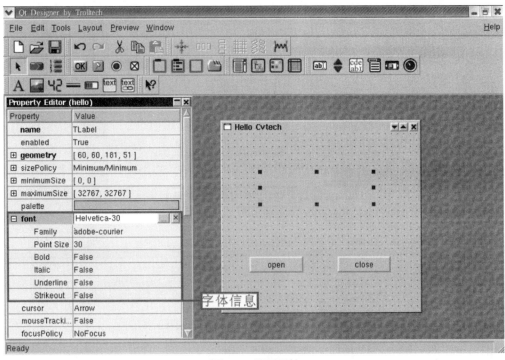

图 6-5　设置属性

　　完成以上工作后，我们需要添加函数使按钮能够对其进行响应，方法如下：选择工具栏中的"Edit→slot"，新建两个函数，分别为 open 和 close。如图 6-6 所示。

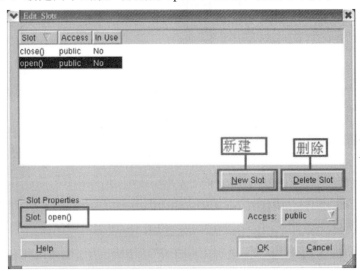

图 6-6　添加函数

下面的操作涉及到了 QT 中的信号和槽的概念，信号是按钮的操作，槽就是该操作所响应的函数。为完成 open 按钮和 close 按钮的链接，首先点击按钮，然后点住 open 按钮不要松开，向上拉动到 Form1 的空白地方，如图 6-7 所示。

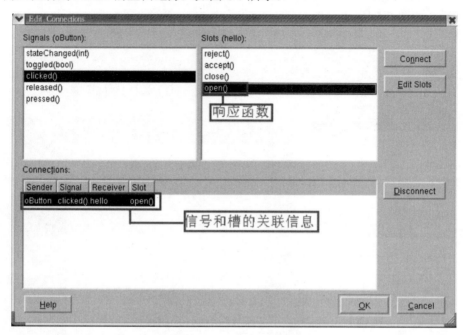

图 6-7　建立 open 按钮的响应关联

用同样的方法建立 close 按钮的响应关联，如图 6-8 所示。

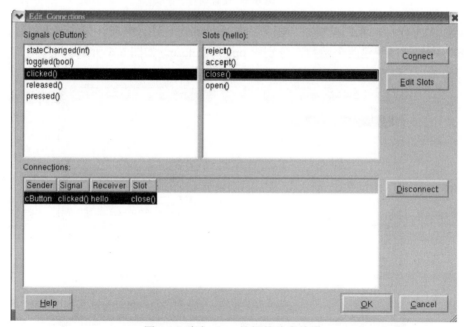

图 6-8　建立 close 按钮的响应关联

然后在"Edit→slot"中去除 close 函数，如图 6-9 所示。

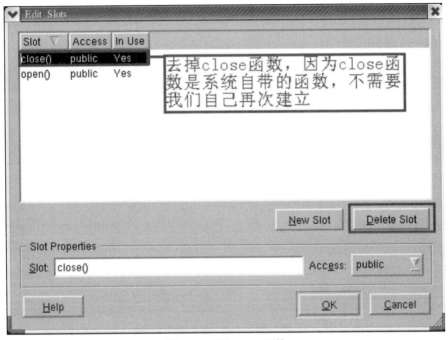

图 6-9 去除 close 函数

完成以上操作后，保存图形文件，点击工具栏"File→save"，如图 6-10 所示。

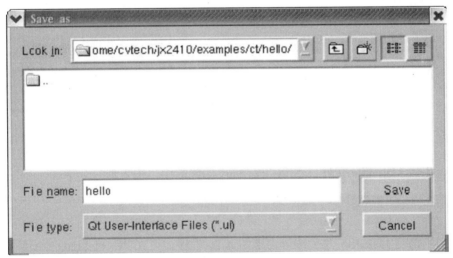

图 6-10 保存

第二，产生源代码，每次修改*.ui 的工程文件后，必须使用下面的方法重新生成源码，否则会出现编译出错的情况，即在 PC 的 Linux 的终端中，输入如下命令。

```
# /home/cvtech/jx2410/qt2410/arm/qt/bin/uic  - o hello.h hello.ui
# /home/cvtech/jx2410/qt2410/arm/qt/bin/uic  - o hello.cpp -impl hello.h hello.ui
```

第三，添加 main.cpp 文件。在 PC 的 Linux 的终端中，输入命令如下。

```
# vi main.cpp
```

整个代码如下所示。

```
#include "hello.h"
#include <qapplication.h>
#define QT_NO_WIZARD
int main(int argc, char **argv)
{
QApplication a(argc, argv);
hello dlg;
a.setMainWidget(&dlg);
dlg.show();
return a.exec();
}
```

第四，修改 hello.pro 文件。在 PC 的 Linux 的终端中，输入命令如下。

```
# vi hello.pro
```

修改后内容如下。

```
TEMPLATE = app
CONFIG = qt warn_on release
HEADERS =hello.h
SOURCES = hello.cpp \
main.cpp
INTERFACES =
```

第五，生成 MakeFile 文件。在 PC 的 Linux 的终端中，输入命令如下。

```
# qmake hello.pro
```

此时得到的是 Makefile 文件编译出来的 hello 程序，可在 PC 机 Linux 上运行输入如下命令，如图 6-11 所示。

```
# make
```

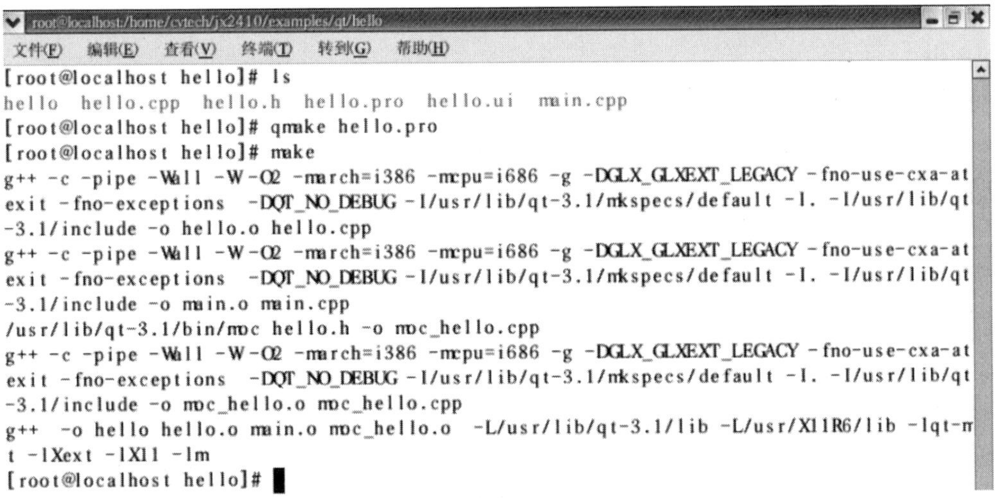

图 6-11　编译 hello 程序

由此可得到可执行文件 hello ，在 PC 的 Linux 的终端中，输入命令如下。

```
# ./hello
```

最后，修改 hello.cpp 文件。为了实现前面讲到的按下 open 按钮，出现"hello cvtech"的打印信息，我们还需要修改 hello.pro 文件，以下为源码内容。

```
void hello::open()
{
TLabel->setText(tr("Hello Cvtech!"));
//qWarning( "hello::open(): Not implemented yet!" );
}
```

在上面的 open 函数中添加了对按下 open 按钮响应的处理功能，即按下按钮后，打印出"Hello Cvtech！"这句话到主界面中。修改完成后保存并重新编译，再次执行"# ./hello"命令，按下 open 按钮即可。

（3）QT 应用程序的移植，完成此过程需以下步骤。第一，重新生成修改 Makefile。因为是要在实验箱上运行，那么编译器也必须是交叉编译，这就需要新的 Makefile 文件。在 PC 的 Linux 终端中输入如下命令使用 tmake 产生 Makefile。

```
# tmake -o Makefile hello.pro
```

修改 Makefile 文件如下。

```
CC = /usr/local/arm/2.95.3/bin/arm-linux-gcc
CXX = /usr/local/arm/2.95.3/bin/arm-linux-g++
QTDIR = /home/cvtech/jx2410/qt2410/arm/qt
QPEDIR = /home/cvtech/jx2410/qt2410/arm/qtopia
CFLAGS = -pipe -Wall -W -O2 -DNO_DEBUG
```

```
CXXFLAGS= -pipe -DQWS -fno-exceptions -fno-rtti -Wall -W -O2
-DNO_DEBUG
INCPATH = -I$(QTDIR)/include -I$(QPEDIR)/include
LINK = /usr/local/arm/2.95.3/bin/arm-linux-g++
LFLAGS =
LIBS = $(SUBLIBS) -L$(QTDIR)/lib -L$(QPEDIR)/lib
-L/usr/local/arm/2.95.3/lib -lqte -lqpe -lqtopia -lm
MOC = $(QTDIR)/bin/moc
UIC = $(QTDIR)/bin/uic
```

修改完成后保存并重新编译，得到新的 hello 文件，这时候用"./hello"命令是不能运行的，因为我们的编译器是 arm 的编译器。下面需要把 hello 文件放到实验箱的 QT 中去运行。

第二，制作启动器。这里用到的 QT 的文件系统是光盘中 flashupdate 下的 prog.cramfs 文件。首先我们需要把它解压缩，在 PC 的 Linux 输入命令如下。

```
# cp /home/cvtech/jx2410/root/prog.cramfs /root
# cd /root
# mkdir qtc
# mount -t cramfs -o loop prog.cramfs qtc
# cp qtc qt -rf
# cp qt /home/cvtech/jx2410/root -rf
```

现在这个 QT 目录就是我们需要修改的文件系统，具体如下。

```
# cd /home/cvtech/jx2410/root/qt
```

拷贝一个启动器，修改为我们需要的启动器，命令如下。

```
# cd qtopia/apps/Applications/
# cp worldtime.desktop hello.desktop
# chmod 777 *
# vi hello.desktop
```

修改 hello.pro，具体内容如下。

```
[Desktop Entry]
Comment=Hello Cvtech
Exec=hello
Icon=CityTime
Type=Application
Name=Hello Cvtech
Name[no]=Verdensur
```

```
Name[de]=Weltzeituhr
```

　　保存以后，然后拷贝 hello 文件到应用程序文件夹，在 PC 的 Linux 的终端输入如下命令。

```
# cd ../../bin
# cp /home/cvtech/jx2410/examples/hello/hello .
```

　　第三，重新生成 cramfs 文件。在 PC 的 Linux 的终端输入如下命令。新生成的 qtcramfs 就是我们要烧写的 QT 文件。

```
# cd /home/cvtech/jx2410/root
# ./mkfs.cramfs qt qtcramfs
```

　　最后，烧写重新生成的 cramfs 文件到 CVT-2440 实验箱。将 qtcramfs 拷到 U 盘当中，然后将 U 盘插到实验箱的 HOST1 口。连接串口，启动实验箱的 Linux 操作系统，在终端中输入如下命令即可。

```
$mount /dev/sda1/ /mnt/udisk
$imagewrite /dev/mtd/4 -part 0
$imagewrite /dev/mtd/4 /mnt/udisk/qtcramfs:0
```

5.　思考题

（1）试用 QT 编写一简单的计算器操作界面。
（2）试用 QT 编写 MP3 播放器操作界面。

第二篇
实验原理部分

第7章 S3C2440内部组成结构及存储空间分配

7.1 S3C2440 的内部组成结构及外部引脚功能

7.1.1 S3C2440 的内部组成结构

S3C2440 的内部组成结构框图如图 7-1 所示。

S3C2440是三星公司2003年推出的一款针对PDA和智能手机及手持设备等应用领域的高性能、低功耗嵌入式处理器,采用了ARM920T内核、0.13μm CMOS 工艺标准单元和存储单元复合体。比较其前期产品,它具有速度高(在400MHz时钟下大约是53C2410的一倍)、功能强(新增加了AC97、数字摄像头接口等功能)等优点,并运用了ARM公司新的先进微控制器总线构架AMBA 2.0。

S3C2440处理器内部可以分为5个主要功能模块:ARM920T处理器核心模块、高性能总线AHB驱动功能模块、总线桥接及DMA控制模块、低速外设总线APB驱动功能模块和时钟及功耗管理功能模块。

1. ARM920T 处理器核心模块

ARM920T 处理器核心模块是 ARM 公司以 IP 核方式提供给芯片厂家的处理器核心模块,主要包含了 ARM9TDMI 处理器内核、16KB 指令 CACHE 及指令 MMU(存储管理单元)、16KB 数据 CACHE 及数据 MMU、内部协处理器 CP15、写缓存区、AMBA(Advanced Microcontroller Bus Architecture)2.0 多总线逻辑单元及总线接口。其中,AMBA 是 ARM 公司设计的一套开放式多总线互联规范,它定义了 AHB(Advanced High-performance Bus)、ASB(Advanced System Bus)和 APB(Advanced Peripheral Bus)三种可以组合使用的不同类型的总线,用于购买其处理器 IP 核的芯片厂家在各自 SOC 芯片设计中连接各种高性能外设。

2. 高性能总线 AHB 驱动功能模块

AMBA 2.0 总线规范于 1999 年发布,该规范的特点是引入了 AHB 先进高性能总线信息互联结构,在追求最大带宽前提下,规定了各信息单元的互联方法及接口定义。AHB 总线是与 ARM920T 处理器核心相连的第一层总线,用于连接各类速度要求较高的外设,包括存储器控制单元、主 USB 控制单元、摄像头控制单元、液晶显示器控制单元、中断控制逻辑和总线仲裁逻辑等。

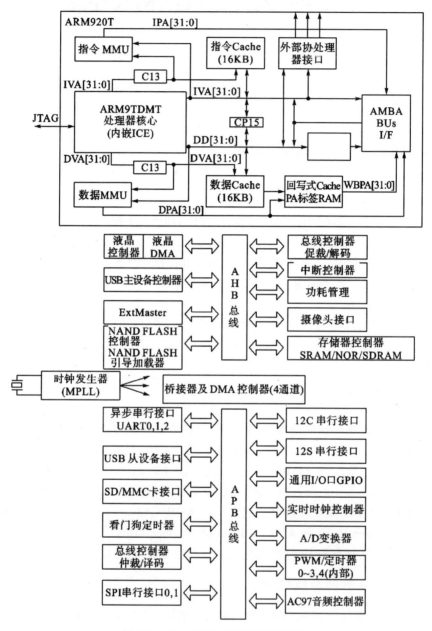

图 7-1 S3C2440 内部组成结构框图

3. 外设总线 APB 驱动功能模块

APB先进外设总线为处理器内集成的大部分低速外设提供了信息通道，在APB总线上挂接的外设有：看门狗定时器、USB控制单元、SD/MMC控制单元、8路10位ADC、3路UART、2路SPI串行总线、1路IIC总线控制器、1路IIS总线控制器、5个PWM/定时器控制器、RTC（实时时钟）和AC97音频控制器等。

4. 总线桥接及 DMA 控制模块

此模块主要实现第一层总线AHB与第二层总线APB的桥接和DMA控制逻辑。

5. 时钟及功耗管理功能模块

通过编程灵活设置系统需要的多种时钟频率，还可通过对时钟频率的编程管控，有选择地向不同外设提供时钟、设置不同的功耗模式以实现对功耗的精细调节。

6. S3C2440 处理器芯片内部集成功能汇总

S3C2440处理器芯片内部集成功能具体如下：

1.2V内核，1.8V/2.5V/3.3V储存器，3.3V外部I/O电源电压；

16KB指令Cache（I-Cache），16KB数据Cache（D-Cache）；

外部储存控制器（SDRAM控制器及片选逻辑）；

可支持最大4K色STN和256K色TFTLCD控制器（含一路专用DMA通道）；

4路具有外部请求引脚的DMA控制器；

3路URAT（IrDA1.0，64-Byte Tx FIFO，64Byte Rx FIFO）；

2路SPI；

1路主IIC总线控制器；

1路IIS总线控制器；

AC97音频编解码器接口；

1.0版SD卡主控接口，兼容2.11版多媒体MMC卡接口；

1.1版的2路USB主设备控制接口和1路USB从设备控制接口；

4路PWM定时器和1路内部定时器；

看门狗定时器；

130个通用GPIO口；

24路外中断入口；

具有常规、低速、空闲及睡眠等多种模式的功耗控制；

8路10位ADC和触摸屏接口；

实时时钟RTC及日历功能；

内嵌摄像头接口（支持最大4096×4096的输入，2048×2048缩放输入）；

具有锁相环PLL的片上时钟发生器。

7.1.2 S3C2440 的外部引脚及类型

S3C2440 的外部引脚如图 7-2 所示。三星公司将这些引脚分别用一个不同英文字母及顺序数字加以标注，其中数量最多、而且几乎所有应用系统都必须使用的是与存储器连接的引脚。

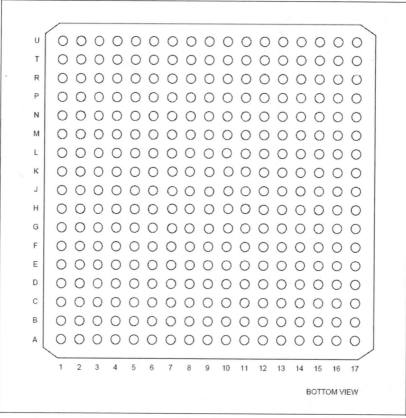

图 7-2　S3C2440 外部引脚图(289-FBGA 封装)

　　从图中可以看出，S3C2440 的 289 个引脚以纵向的部分顺序英文大写字母和横向的顺序数字来标示，表 7-1、7-2、7-3 是按照如此编号的引脚功能表。

表 7-1　S3C2440 的引脚 Ai～Fi 功能表

引脚编号	引脚名称	引脚编号	引脚名称	引脚编号	引脚名称
A1	VDDi	C1	VDDMOP	E1	nFRE/GPA20
A2	SCKE	C2	nGCS5/GPA16	E2	VSSMOP
A3	VSSi	C3	nGCS2/GPA13	E3	nGCS7
A4	VSSi	C4	nGCS3/GPA14	E4	nWAIT
A5	VSSMOP	C5	nOE	E5	nBE3
A6	VDDi	C6	nSRAS	E6	nWE
A7	VSSMOP	C7	ADDR4	E7	ADDR1
A8	ADDR10	C8	ADDR11	E8	ADDR6
A9	VDDMOP	C9	ADDR15	E9	ADDR14
A10	VDDi	C10	ADDR21/GPA6	E10	ADDR23/GPA8
A11	VSSMOP	C11	ADDR24/GPA9	E11	DATA2
A12	VSSi	C12	DATA1	E12	DATA20
A13	DATA3	C13	DATA6	E13	DATA19
A14	DATA7	C14	DATA11	E14	DATA18
A15	VSSMOP	C15	DATA13	E15	DATA17
A16	VDDi	C16	DATA16	E16	DATA21

引脚编号	引脚名称	引脚编号	引脚名称	引脚编号	引脚名称
A17	DATA10	C17	VSSi	E17	DATA24
B1	VSSMOP	D1	ALE/GPA18	F1	VDDi
B2	nGCS1/GPA12	D2	nGCS6	F2	VSSi
B3	SCLK1	D3	nGCS4/GPA15	F3	nFWE/GPA19
B4	SCLK0	D4	nBE0	F4	nFCE/GPA22
B5	nBE1	D5	nBE2	F5	CLE/GPA17
B6	VDDMOP	D6	nSCAS	F6	nGCS0
B7	ADDR2	D7	ADDR7	F7	ADDR0/GPA0
B8	ADDR9	D8	ADDR5	F8	ADDR3
B9	ADDR12	D9	ADDR16/GPA1	F9	ADDR18/GPA3
B10	VSSi	D10	ADDR20/GPA5	F10	DATA4
B11	VDDi	D11	ADDR26/GPA11	F11	DATA5
B12	VDDMOP	D12	DATA0	F12	DATA27
B13	VSSMOP	D13	DATA8	F13	DATA31
B14	VDDMOP	D14	DATA14	F14	DATA26
B15	DATA9	D15	DATA12	F15	DATA22
B16	VDDMOP	D16	VSSMOP	F16	VDDi
B17	DATA15	D17	VSSMOP	F17	VDDMOP

表 7-2 S3C2440 的引脚 Gi ~ Mi 功能

引脚编号	引脚名称	引脚编号	引脚名称	引脚编号	引脚名称
G1	VSSOP	J1	VDDOP	L1	LEND/GPC0
G2	CAMHREF/GPJ10	J2	VDDiarm	L2	VDDiarm
G3	CAMDATA1/GPJ1	J3	CAMCLKOUT/GPJ11	L3	nXDACK0/GPB9
G4	VDDalive	J4	CAMRESET/GPJ12	L4	VCLK/GPC1
G5	CAMPCLK/GPJ8	J5	TOUT1/GPB1	L5	nXBREQ/GPB6
G6	FRnB	J6	TOUT0/GPB0	L6	VD1/GPC9
G7	CAMVSYNC/GPJ9	J7	TOUT2/GPB2	L7	VFRAME/GPC3
G8	ADDR8	J8	CAMDATA6/GPJ6	L8	I2SSDI/nSS0/GPE3
G9	ADDR17/GPA2	J9	SDDAT3/GPE10	L9	SPICLK0/GPE13
G10	ADDR25/GPA10	J10	EINT10/nSS0/GPG2	L10	EINT15/SPICLK1/GPG7
G11	DATA28	J11	TXD2/nRTS1/GPH6	L11	EINT22/GPG14
G12	DATA25	J12	PWREN	L12	Xtortc
G13	DATA23	J13	TCK	L13	EINT2/GPF2
G14	XTIpll	J14	TMS	L14	EINT5/GPF5
G15	XTOpll	J15	RXD2/nCTS1/GPH7	L15	EINT6/GPF6
G16	DATA29	J16	TDO	L16	EINT7/GPF7
G17	VSSi	J17	VDDalive	L17	nRTS0/GPH1
H1	VSSiarm	K1	VSSiarm	M1	VLINE/GPC2
H2	CAMDATA7/GPJ7	K2	nXBACK/GPB5	M2	LCD_LPCREV/GPC6

续表

引脚编号	引脚名称	引脚编号	引脚名称	引脚编号	引脚名称
H3	CAMDATA4/GPJ4	K3	TOUT3/GPB3	M3	LCD_LPCOE/GPC5
H4	CAMDATA3/GPJ3	K4	TCLK0/GPB4	M4	VM/GPC4
H5	CAMDATA2/GPJ2	K5	nXDREQ1/GPB8	M5	VD9/GPD1
H6	CAMDATA0/GPJ0	K6	nXDREQ0/GPB10	M6	VD6/GPC14
H7	CAMDATA5/GPJ5	K7	nXDACK1/GPB7	M7	VD16/SPIMISO1/GPD8
H8	ADDR13	K8	SDCMD/GPE6	M8	SDDAT1/GPE8
H9	ADDR19/GPA4	K9	SPIMISO0/GPE11	M9	IICSDA/GPE15
H10	ADDR22/GPA7	K10	EINT13/SPIMISO1/GPG5	M10	EINT20/GPG12
H11	VSSOP1	K11	nCTS0/GPH0	M11	EINT17/nRTS1/GPG9
H12	EXTCLK	K12	VDDOP	M12	VSSA_UPLL
H13	DATA30	K13	TXD0/GPH2	M13	VDDA_UPLL
H14	nBATT_FLT	K14	RXD0/GPH3	M14	Xtirtc
H15	nTRST	K15	UARTCLK/GPH8	M15	EINT3/GPF3
H16	nRESET	K16	TXD1/GPH4	M16	EINT1/GPF1
H17	TDI	K17	RXD1/GPH5	M17	EINT4/GPF4

表 7-3　S3C2440 的引脚 Ni～Ui 功能

引脚编号	引脚名称	引脚编号	引脚名称	引脚编号	引脚名称
N1	VSSOP	R1	VD3/GPC11	U1	VDDiarm
N2	VD0/GPC8	R2	VD8/GPD0	U2	VDDiarm
N3	VD4/GPC12	R3	VD11/GPD3	U3	VSSOP
N4	VD2/GPC10	R4	VD13/GPD5	U4	VSSiarm
N5	VD10/GPD2	R5	VD18/SPICLK1/GPD10	U5	VD23/nSS0/GPD15
N6	VD15/GPD7	R6	VD21 /GPD13	U6	I2SSDO/I2SSDI/GPE4
N7	VD22/nSS1/GPD14	R7	I2SSCLK/GPE1	U7	VSSiarm
N8	SDCLK/GPE5	R8	SDDAT0/GPE7	U8	IICSCL/GPE14
N9	EINT8/GPG0	R9	CLKOUT0/GPH9	U9	VSSOP
N10	EINT18/nCTS1/GPG10	R10	EINT11/nSS1/GPG3	U10	VSSiarm
N11	DP0	R11	EINT14/SPIMOSI1/GPG6	U11	VDDiarm
N12	DN1/PDN0	R12	NCON	U12	EINT19/TCLK1/GPG11
N13	nRSTOUT/GPA21	R13	OM1	U13	EINT23/GPG15
N14	MPLLCAP	R14	AIN0	U14	DP1/PDP0
N15	VDD_RTC	R15	AIN2	U15	VSSOP
N16	VDDA_MPLL	R16	AIN6	U16	Vref

续表

引脚编号	引脚名称	引脚编号	引脚名称	引脚编号	引脚名称
N17	EINT0/GPF0	R17	VSSA_MPLL	U17	AIN1
P1	LCD_LPCREVB/GPC7	T1	VSSiarm	—	—
P2	VD5/GPC13	T2	VSSiarm	—	—
P3	VD7/GPC15	T3	VDDOP	—	—
P4	VD12/GPD4	T4	VD17/SPIMOSI1/GPD9	—	—
P5	VD14/GPD6	T5	VD19/GPD11	—	—
P6	VD20/GPD12	T6	VDDiarm	—	—
P7	I2SLRCK/GPE0	T7	CDCLK/GPE2	—	—
P8	SDDAT2/GPE9	T8	VDDiarm	—	—
P9	SPIMOSI0/GPE12	T9	EINT9/GPG1	—	—
P10	CLKOUT1/GPH10	T10	EINT16/GPG8	—	—
P11	EINT12/LCD_PWREN	T11	EINT21/GPG13	—	—
P12	DN0	T12	VDDOP	—	—
P13	OM2	T13	OM3	—	—
P14	VDDA_ADC	T14	VSSA_ADC	—	—
P15	AIN3	T15	OM0	—	—
P16	AIN7	T16	AIN4	—	—
P17	UPLLCAP	T17	AIN5	—	—

7.2 S3C2440 的存储空间结构及分配

7.2.1 S3C2440 的存储空间结构

S3C2440 的有效地址范围为 1G 字节，地址范围为 0x00000000～0x40000000，分成 8 个连续的可管理存储区（BANK），每个存储区的最大地址空间为 128M 字节。这 8 个存储区都可以用于放置 ROM、SRAM 等类型的存储器，但其中只有 BANK6 和 BANK7 可以配置动态存储器 SDRAM。另外在这 8 个 BANK 中，BANK0～BANK6 的起始地址都是固定的，而 BANK7 的起始地址则是可以由程序设定的。

S3C2440 的地址从 0x48000000～0x60000000 为特殊功能寄存器区（SFR Area），集中安排了处理器内部集成的各种功能部件的可编程设置寄存器，且固化于处理器内部。

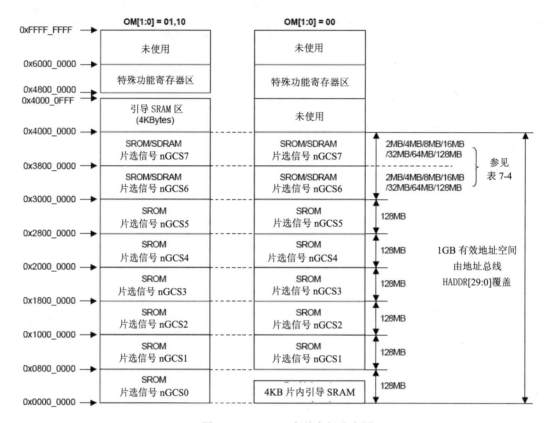

图 7-3　S3C2440 存储空间分布图

由图7-3可看到，S3C2440储存空间可以通过设置外部引脚OM[1:0]的不同状态而呈现两种不同的配置，一块由内部4KB的SRAM分配的不同地址，对应了系统由NOR FLASH或NAND FLASH启动系统两种工作模式。

NAND FLASH 存储器是不能直接运行程序的，但考虑到许多应用系统出于成本原因而省用 NOR FLASH 的因素，三星公司从 S3C2410 处理器开始，在处理器内部配置了一块 4KB 的 SRAM 存储器及相关的控制单元，使得系统在没有配置 NOR FLASH 存储器的情况下可以在开机或复位时自动将 NAND FLASH 起始的 4KB 内容拷贝到其内部 4KB 的 SRAM 存储器中并运行该程序。三星公司将这一 4KB 的 SRAM 存储器此时的作用称之为垫脚石（Stepping stone），以形容其承前启后的作用。这种工作方式下 4KB 的 SRAM 存储器被安排在从最低地址 0x00000000 开始的空间内。

当系统配置了 NOR FLASH 等可以直接运行启动程序的存储器时，这一 4KB 的 SRAM 垫脚石的作用就失去了意义，它将作为普通的静态存储器使用，并被安排在以高位地址 0x40000000 开始的空间内。

虽然 ARM 处理器的理论地址空间为 2^{32} 即 4G 字节，但由于 S3C2440 外部仅引用了 A26~A0 共 27 根地址信号线，因此其直接的寻址空间为 2^{27} 即 128M 线性地址。为了扩大地址空间，S3C244O 另外提供了 8 个按固定地址范围自动生效的片选信号，这样就可以将寻址空间最多扩大到 1GB。这些不同的片选信号对应的存储空间称为 BANK（区），并将它们按地址顺序编号为 BANK0~BANK7，所产生的外部片选信号用 nGCS0~nGCS7 表示（其中的 n 表示低电平有效）。图 7-4 所示为 nGCSi 与 BANKi 空间的选择情况，表 7-4 所示为 BANK6 和 BANK7 对应的起始与结束地址。

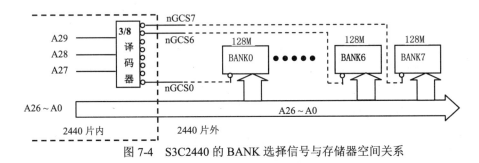

图 7-4 S3C2440 的 BANK 选择信号与存储器空间关系

表 7-4 BANK6 和 BANK7 各种容量存储空间对应的起始和结束地址

地址空间	2MB	4MB	8MB	16MB	32MB	64M	128M
BANK6 起始地址	0x3000_0000	0x3000_0000	0x3000_0000	0x3000_0000	0x3000_0000	0x3000_0000	0x3000_0000
BANK6 结束地址	0x301F_FFFF	0x303F_FFFF	0x307F_FFFF	0x30FF_FFFF	0x31FF_FFFF	0x33FF_FFFF	0x37FF_FFFF
BANK7 起始地址	0x3020_0000	0x3040_0000	0x3080_0000	0x3100_0000	0x3200_0000	0x3400_0000	0x3800_0000
BANK7 结束地址	0x303F_FFFF	0x307F_FFFF	0x30FF_FFFF	0x31FF_FFFF	0x33FF_FFFF	0x37FF_FFFF	0x3FFF_FFFF

注：BANK6 和 BANK7 需要有相同的存储块大小。

7.2.2 各类存储器的初始化参数设置及相关寄存器

S3C2440 的外部 1GB 存储空间分成了 8 个存储区，即 BANK0~BANK7，可以允许各存储区配置存储容量不超过 128MB 的不同类型存储器。所有的存储区都可以配置 ROM 和 SRAM 类型存储器，但只有 BANK6 和 BANK7 可以配置动态存储器 SDRAM。由于不同的 BANK 可配置不同类型和大小的存储器，故而在系统启动过程中需要将实际配置的寄存器相关参数设置到若干处理器特殊功能寄存器内，相关寄存器共有 13 个。下面仅对其中有代表性的几个寄存器进行介绍。

1. 存储器的数据线宽度设置及寄存器

所谓的数据宽度即处理器与外部连接的存储器所使用的数据线位数。S3C2440允许不同的存储区配置的存储器采用不同的数据宽度。虽然ARM处理器的有效数据线为32位，但考虑到目前嵌入式系统应用的存储器芯片多数为8位或16位数据线宽度，所以为了在选用外部存储器芯片时具有较大的灵活性，S3C2440设计了可以支持8位、16位和32位三种数据宽度的存储器连接工作方式。其中，BANK0常用于配置存放启动代码的NOR FLASH存储器，数据宽度有16位和32位两择，并通过外部引脚加以设置。其他的存储区则是通过特定的寄存器来设置各自存储器的数据宽度，并且在系统上电初始化过程中，通过对S3C2440内部的相关寄存器进行设置，使处理器能够以不同的数据宽度对指定存储器进行访问操作。

（1）BANK0的数据线宽度设置。在S3C2440的8个存储器片区BANK7~BANK0中，BANK0区域由于含有0x00000000地址，通常用于存放冷启动（上电或复位）执行程序。处理器在上电或复位后就需要按特定的数据宽度对BANK0内的存储器进行访问，此时无法通过设置寄存器来选择存储器的数据宽度。所以，BANK0的数据宽度必须在程序运行前就通过外部的引脚信号通过引脚OM[1:0]来加以设置，可选宽度为16位和32位，具体设置如表7-5所示。

表 7-5 BANK0 的数据宽度设置表

OM1（操作模式1）	OM0(操作模式0)	数据宽度
0	0	NAND FLASH 模式
0	1	16-bit
1	0	32-bit
1	1	测试模式

（2）BANK1~BANK7的数据宽度设置。除了BANK0之外的其他BANK的存储器数据读写宽度都需要通过设置总线宽度及等待控制寄存器BWSCON（Bus Width & Wait Control Register）来加以确定。该寄存器的主要作用除了设置数据总线的位宽度外还可设置处理器在访问存储器时是否需要插入等待周期及是否进行UB/LB（高字节/低字节）选择等。该寄存器的地址位于特殊功能寄存器区，具体结构见表7-6。该寄存器有效数据位为32位，具体位定义见表7-7。

表 7-6 总线宽度及等待控制寄存器 BWSCON 的端口地址及读写属性

寄存器名称	端口地址	访问属性	功能描述	初始值
BWSCON	0x48000000	读/写	总线宽度与等待状态控制寄存器	0

表 7-7 总线宽度及等待状态控制寄存器 BWSCON 的位定义

位名称	bit	位功能
ST7	31	设置BANK7上的SRAM是否使用UB/LB（高字节/低字节选择） 0=不使用UB/LB（引脚为nWBE[3:0]）；1=使用UB/LB(引脚为nBE[3:0])
WS7	30	该位确定BANK7上的SRAM存储器的等待状态 0=WAIT 禁止 ;1=WAIT 允许
DW7	[29:28]	该两位确定BANK7的数据总线宽度 00 = 8-bit ；01 = 16-bit； 10 = 32-bit ；11=无用
ST6	27	设置BANK6上的SRAM是否使用UB/LB（高字节/低字节选择） 0=不使用UB/LB（引脚为nWBE[3:0]）；1=使用UB/LB(引脚为nBE[3:0])
WS6	26	该位确定BANK6上的SRAM存储器的等待状态 0=WAIT 禁止 ;1=WAIT 允许
DW6	[25:24]	该两位确定BANK6的数据总线宽度 00 = 8-bit； 01 = 16-bit； 10 = 32-bit； 11=无用

位名称	bit	位功能
ST5	23	设置BANK5上的SRAM是否使用UB/LB（高字节/低字节选择） 0=不使用UB/LB（引脚为nWBE[3:0]）；1=使用UB/LB(引脚为nBE[3:0])
WS5	22	该位确定BANK5上的存储器的等待状态 0=WAIT 禁止；1=WAIT 允许
DW5	[21:20]	设置BANK5的数据总线宽度 00 = 8-bit；　01 = 16-bit；　10 = 32-bit；　11=无用
ST4	19	设置BANK4上的SRAM是否使用UB/LB（高字节/低字节选择） 0=不使用UB/LB（引脚为nWBE[3:0]）；1=使用UB/LB(引脚为nBE[3:0])
WS4	18	设置BANK4上的存储器的等待状态 0=WAIT 禁止 ;1=WAIT 允许
DW4	[17:16]	设置BANK4的数据总线宽度 00 = 8-bit；　01 = 16-bit；　10 = 32-bit；　11=无用
ST3	15	设置BANK3上的SRAM是否使用UB/LB（高字节/低字节选择） 0=不使用UB/LB（引脚为nWBE[3:0]）；1=使用UB/LB(引脚为nBE[3:0])
WS3	14	设置BANK3上的存储器的等待状态 0=WAIT 禁止；1=WAIT 允许
DW3	[13:12]	设置BANK3的数据总线宽度 00 = 8-bit；　01 = 16-bit；　10 = 32-bit；　11=无用
ST2	11	设置BANK2上的SRAM是否使用UB/LB（高字节/低字节选择） 0=不使用UB/LB（引脚为nWBE[3:0]）；1=使用UB/LB(引脚为nBE[3:0])
WS2	10	设置BANK2上的存储器的等待状态 0=WAIT 禁止 ;1=WAIT 允许
DW2	[9:8]	设置BANK2的数据总线宽度 00 = 8-bit；　01 = 16-bit；　10 = 32-bit；　11=无用
ST1	7	设置BANK1上的SRAM是否使用UB/LB（高字节/低字节选择） 0=不使用UB/LB（引脚为nWBE[3:0]）；1=使用UB/LB(引脚为nBE[3:0])
WS1	6	设置BANK1上的存储器的等待状态 0=WAIT 禁止 ;1=WAIT 允许
DW1	[5:4]	设置BANK1的数据总线宽度 00 = 8-bit；　01 = 16-bit；　10 = 32-bit；　11=无用
DW0	[2:1]	标识BANK0的数据总线宽度(只读,由OM[1:0] 脚确定) 01 = 16-bit；　10 = 32-bit
保留	0	保留为0

注：①存储器控制器的所有类型主时钟都取自总线时钟。例如，SRAM内的HCLK与总线时钟相同，SDRAM内的SCLK也与总线时钟相同。本章提到的时钟只有总线时钟。②nBE[3:0]是nWBE[3:0]和nOE进行与操作的信号。

当选用不同宽度的数据总线存储器时，意味着处理器对存储器的一次访问最多可读写的字节数分别为单字节、双字节和4字节。由于存储器地址是以字节组织的，所以当选择双字节或4字节数据宽度时，每访问一次存储器，地址的变化将会在前一地址的基础上加2或加4。如果是加2（双字节数据宽度），意味着输出的地址线A0不起作用。如果是加4（4字节数据宽度），意味着输出地址线的A1、A0都不起作用。因此在连接处理器最低位输出地址信号和对应的存储器地址线时要按表7-8所示进行。

表 7-8   不同数据宽度下存储器最低位地址线的连接

存储器 地址引脚	8位数据宽度	16位数据宽度	32位数据宽度
A0	A0	A1	A2
A1	A1	A2	A3
A2	A2	A3	A4
A3	A3	A4	A5

2. BANK0 ~ BANK5 控制寄存器 BANKCONn

S3C2440存储区BANK0~BANK5的一个共同特点是不支持动态存储器,它们分别由片选信号nGCS0 ~ nGCS5选通,并且每个存储区都有一个控制寄存器,用于设置各自所配置的ROM及SRAM类型存储器的页模式存储器数据访问单位及相关控制信号的延迟时间。相关属性及功能见表7-9和表7-10。

表 7-9   BANK0 ~ BAK5 控制寄存器 BANKCONn 的端口地址及读写属性

寄存器	端口地址	读/写属性	功能描述	初始值
BANKCON0	0x48000004	R/W	Bank 0 控制寄存器	0x0700
BANKCON1	0x48000008	R/W	Bank 1 控制寄存器	0x0700
BANKCON2	0x4800000C	R/W	Bank 2 控制寄存器	0x0700
BANKCON3	0x48000010	R/W	Bank 3 控制寄存器	0x0700
BANKCON4	0x48000014	R/W	Bank 4 控制寄存器	0x0700
BANKCON5	0x48000018	R/W	Bank 5 控制寄存器	0x0700

表 7-10   BANK0 ~ BAK5 控制寄存器 BANKCONn 的位功能

BANKCONn	位	功能描述	初始值
Tacs	[14:13]	片选信号 nGCSn 作用前所需的地址信号建立时间时钟周期数 00 = 0个,01 = 1个,10 = 2个,11 = 4个	00
Tcos	[12:11]	nOE信号有效前片选信号所需的建立时间时钟周期数 00 = 0个时钟,01 = 1个时钟,10 = 2个时钟,11 = 4个时钟	00
Tacc	[10:8]	访问周期所需时钟周期数,000=1个,001=2个,010=3个, 011 = 4个,100 = 6个,101 = 8个,110 = 10个,111 = 14个, 当使用 nWAIT 信号时, Tacc ≥4个时钟	111
Tcoh	[7:6]	nOE 信号有效后所需的片选信号保持时间时钟周期数 00 = 0个,01 = 1个,10 = 2个,11 = 4个	000
Tcah	[5:4]	nGCSn 信号有效后所需的地址信号保持时间时钟周期数 00 = 0个,01 = 1个,10 = 2个,11 = 4个	00
Tacp	[3:2]	页模式访问周期所需时钟周期数 00 = 2个,01 = 3个,10 = 4个,11 = 6个	00
PMC	[1:0]	页模式配置数据数量, 00 = 常规(1个数据), 01 = 4个数据, 10 = 8个数据, 11 = 16个数据	00

3. BANK6、BANK7 控制寄存器 BANKCONn

S3C2440存储区BANK6与BANK7的共同特点是不仅支持ROM、SRAM，还可以支持动态存储器。它们分别由片选信号nGCS6和GCS7选通，并且每个存储区都有一个控制寄存器用于设置各自所配置的ROM或SRAM类型存储器的页模式存储器数据访问单位及相关控制信号的延迟时间，以及SDRAM类型存储器的行、列地址信号延迟时间和列地址位数。相关属性与功能见表7-11和表7-12。

表 7-11 BANK6、BAK7 控制寄存器 BANKCONn 的端口地址及读写属性

寄存器	端口地址	读/写属性	功能描述	初始值
BANKCON6	0x4800001C	R/W	Bank 6 控制寄存器	0x18008
BANKCON7	0x48000020	R/W	Bank 7 控制寄存器	0x18008

表 7-12 BANK6、BAK7 控制寄存器 BANKCONn 的位功能

	BANKCONn	位	功能描述	初始值
	MT	[16:15]	Bank6，Bank7 存储器类型。00 = ROM 或 SRAM，01 = 保留(不可用)，10 = 保留(不可用)，11 = SDRAM	11
存储器类型为 ROM 或 SRAM [MT=00] (15-bit)	Tacs	[14:13]	nGCS信号有效前地址信号建立时间时钟周期数 00 = 0个，01 = 1个，10 = 2个，11 = 4个	00
	Tcos	[12:11]	在 nOE 信号有效前所需片选信号建立时间时钟周期数 00 = 0个，01 = 1个，10 = 2个，11 = 4个	00
	Tacc	[10:8]	所需访问周期时钟周期数。000 = 1个，010 = 3个，100 = 6个，110 = 10个，001 = 2个，011 = 4个，101 = 8个，111 = 14个	111
	Tcoh	[7:6]	nOE 信号有效后的片选保持时间(时钟周期数) 00 = 0个，01 = 1个，10 = 2个，11 = 4个	00
	Tcah	[5:4]	nGCSn信号有效后的地址信号保持时间(时钟周期数) 00 = 0个，01 = 1个，10 = 2个，11 = 4个	00
	Tacp	[3:2]	页模式访问周期所需时钟周期数 00 = 2个，01 = 3个，10 = 4个，11 = 6个	00
	PMC	[1:0]	页模式配置数据数量：00 = 常规(1个数据)，01 = 4个数据，10 = 8个数据，11 = 16个数据	00
存储器类型为 SDRAM [MT=11] (4位不同)	Trcd	[3:2]	行选信号RAS有效到列选信号CAS有效所需延迟(时钟周期数)，00 = 2个，01 = 3个，10 = 4个	10
	SCAN	[1:0]	列地址数量。00 = 8位，01 = 9位，10 = 10位。	00

4. BANK6 及 BANK7 的 SDRAM 刷新控制寄存器 REFRESH 功能

动态存储器相对静态存储器的一个主要工作特点是需要不断定时进行刷新，每次刷新过程是动态存储器控制单元逐个启动所有行地址对每行中的列单元充电的过程。用户需要选择并设置是否需要刷新、刷新工作模式（自动和自主模式）、刷新周期时间及每个行地址延迟时间等参数，这些参数由SDRAM刷新寄存器REFRESH维护，该刷新寄存器REFRESH端口地址及属性见表7-13，位功能见表7-14。

表 7-13　BANK6、BANK7 的 SDRAM 刷新寄存器 REFRESH 端口地址及读写属性

寄存器	端口地址	读/写属性	功能描述	初始值
REFRESH	0x48000024	R/W	SDRAM 刷新控制	0xac0000

表 7-14　BANK6、BAK7 的 SDRAM 刷新寄存器 REFRESH 位功能

REFRESH	位	功能描述	初始值
REFEN	[23]	SDRAM 刷新允许。0 = 禁止，1 = 允许。(自主或 CBR/自动)	1
TREFMD	[22]	SDRAM 刷新模式。0 = CBR/自动刷新，1 = 自主刷新 在自主刷新时间内SDRAM控制信号需要驱动为合适的电平值	0
Trp	[21:20]	SDRAM 行选信号 RAS 预充电时间（时钟周期数） 00 = 2 个，01 = 3 个，10 = 4 个，11 = 不支持	10
Tsrc	[19:18]	SDRAM 半行周期时间（时钟周期数） 00 = 4 个，01 = 5 个，10 = 6 个，11 = 7 个 SDRAM 行周期时间：Trc=Tsrc+Trp； 如果Trp = 3个时钟且Tsrc = 7个时钟，则 Trc = 3+7=10个时钟	11
保留	[17:16]	无用	00
保留	[15:11]	无用	0000
Refresh Counter	[10:0]	SDRAM 刷新计数值。刷新周期 =(211-刷新计数值+1)/HCLK Ex)	0

5. 存储区容量设置寄存器 BANKSIZE 功能

尽管BANK6、BANK7每个存储区的范围为128MB，但还是允许在不超出该范围内选用不同容量的存储器芯片，只是需要将具体的容量通过特定的寄存器提前加以设置。存储区容量设置寄存器BANKSIZE的端口地址及属性见表7-15，位功能见表7-16。

表 7-15　存储区容量设置寄存器 BANKSIZE 端口地址及读写属性

寄存器	端口地址	读/写属性	功能描述	初始值
BANKSIZE	0x48000028	R/W	提供存储区大小的灵活选择	0x0

表 7-16　存储区容量设置寄存器 BANKSIZE 的位功能

BANKSIZE	Bit	Description	初始值
BURST_EN	[7]	ARM核突发操作模式选择。0 = 禁止，1 = 允许	0
保留	[6]	无用	0
SCKE_EN	[5]	SDRAM 由SCKE实施电源管控方式选择。0 = 禁止，1 = 允许	0
SCLK_EN	[4]	0=SCLK始终有效,1=SCLK仅在SDRAM访问周期有效。为降低功耗SCLK仅在访问SDRAM的周期内有效，而在SDRAM未访问期间,SCLK为低电平。	0
保留	[3]	无用	0
BK76MAP	[2:0]	BANK6/7 存储区容量。000 = 32M，001 = 64MB，010 = 128MB， 011 = 无定义，100 = 2M，101 = 4M，101 = 8M ，111 = 16M	010

6. SDRAM 模式寄存器设置寄存器 MRSRBn

MRSR寄存器在SDRAM存储区正运行代码期间决不可重新配置，在休眠模式下SDRAM必须处于自主刷新（self-refresh）模式。该寄存器端口地址及属性见表7-17，位功能见表7-18。

表 7-17 SDRAM 模式寄存器设置寄存器 MRSRBn 端口地址及读写属性

寄存器	端口地址	读/写属性	功能描述	初始值
MRSRB6	0x4800002C	R/W	Bank6 模式寄存器设置寄存器	xxx
MRSRB7	0x48000030	R/W	bank7 模式寄存器设置寄存器	xxx

表 7-18 SDRAM 模式寄存器设置寄存器 MRSRBn 位功能

MRSR	Bit	Description	初始值
保留	[11:10]	无用	−
WBL	[9]	写操作突发长度 0: 突发方式(固定), 1: 保留	x
TM	[8:7]	测试模式。00: 模式寄存器设置(固定), 01,10, 11: 保留	xx
CL	[6:4]	列地址选通信号CAS 锁存时间（时钟周期数）。000 = 1 个, 010 = 2个, 011=3 个。其他: 保留	xxx
BT	[3]	突发类型 0: 顺序(固定), 1: 保留	x
BL	[2:0]	突发长度。000: 1 (固定), 其他: 保留	xxx

7. 存储器数据访问的大端/小端模式设置

所谓的存储器数据访问模式，指的是 32 位的字数据在以字节为单位的存储体中的存放顺序有小端(little endian)和大端（big endian）两种模式。小端模式下字数据的低字节存入字节存储体中的低地址单元，高字节存高地址单元。大端模式则正好相反。S3C2440 等以ARM920T 及 ARM926EJ-S 为处理器核心的嵌入式处理器对存储器数据访问模式的选择是通过协处理器 CP15 内的控制寄存器 C1 加以设置的。

7.2.3 S3C2440 的特殊功能寄存器区

特殊功能寄存器是S3C2440内专门用于对其内部各种不同功能部件进行工作模式选择、工作过程控制、工作状态记录、工作数据缓存等操作的寄存器簇，它们分属于不同的功能部件，而且不同功能部件的特殊功能寄存器类型和数量各不相同。在X86系列体系结构的计算机内，这类寄存器往往安排在它们所服务的各种外设接口功能部件内，这些功能部件大多都没有集成于CPU内，而是分散在CPU外部的电路板不同部位。CPU对这些寄存器的寻址采用了与存储器地址空间不同的称为I/O地址空间寻址的方式。而ARM这类采用RISC体系结构的嵌入式处理器由于各类外设接口功能单元与ARM处理器核集成于同一芯片内，因此可以实现对各不同功能单元内的特殊功能寄存器进行统一管理。

由S3C2440存储区分配图（图7-3）可以看到，在BANK0~BANK7覆盖的1GB外部存储空间外更高地址区还有两块处理器内部集成的存储区。一块是地址从0x40000000开始的4KB静态存储器SRAM区（该区只有在处理器被设置为由片外存储器运行启动程序时有效），另一块是地址为0x48000000~0x60000000的384MB空间特殊功能寄存器区，该区集中了处理器内集成的所有特殊功能寄存器，这些寄存器分属于嵌入式处理器内的不同功能组件，通过对这些寄存器的设置可以决定整个处理器芯片的工作特性和功能。例如，用于决定外部存储器的数据宽度，选择存储器的类型及工作模式，选择时钟、中断、定时器、串口、USB口等不同外设的工作方式等。嵌入式系统上电后必须要做的一项工作就是对嵌入式处理器进行初始化，而其中很大一部份工作是对特殊功能寄存器区域内的各类寄存器进行设置，以选择各功能组件的工作方式，具体见表7-19、表7-20。

表 7-19　S3C2440 特殊功能寄存器分类地址空间分布表

序号	寄存器类型	地址区间	数量
1	存储器控制类寄存器	0x48000000~0x48000033	13
2	主USB控器类寄存器	0x49000000~0x4900005B	23
3	中断控制器类	0x4A000000~0x4A00001F	8
4	DMA控制器类	0x4B000000~0x4B0000E3	36
5	时钟及功耗管理类	0x4C000000~0x4C00001B	7
6	LCD液晶控制器类	0x4D000000~0x4D000063	17
7	NAND FLASH 控制器类	0x4E000000~0x4E00003F	16
8	摄像头接口控制器类	0x4F000000~0x4F0000A3	34
9	UART异步串口控制器类	0x50000000~0x5000802B	31
0	PWM定时器控制器类	0x51000000~0x51000043	17
11	从USB控器类寄存器	0x52000140~0x5200026F	46
12	看门狗定时器控制器类	0x53000000~0x5300000B	3
13	IIC串口控制器类	0x54000000~0x54000013	5
14	IIS音频串口控制器类	0x55000000~0x55000013	5
15	GPIO通用输入输出控制器类	0x56000000~0x560000CF	43
16	RTC实时时钟控制器类	0x57000040~0x5700008B	16
17	A/D变换器类	0x58000000~0x58000017	6
18	SPI串口控制器类	0x59000000~0x59000017	6
19	SD卡接口控制器类	0x5A000000~0x5A000047	17
20	AC97音频编码接口控制器类	0x5B000000~0x5B00001F	8

表 7-20　S3C2440 部分特殊功能寄存器地址及属性表

寄存器		端口地址	访问类型	描述	初始值
存储器控制寄存器	BWSCON	0x48000000	R/W	设置数据线宽度与等待状态	0x0
	BANKCON0	0x48000004	R/W	Bank0启动ROM控制寄存器	0x0700
	BANKCON1	0x48000008	R/W	Bank1控制寄存器	0x0700

寄存器	端口地址	访问类型	描述	初始值
BANKCON2	0x4800000C	R/W	Bank2控制寄存器	0x0700
BANKCON3	0x48000010	R/W	Bank3控制寄存器	0x0700
BANKCON4	0x48000014	R/W	Bank4控制寄存器	0x0700
BANKCON5	0x48000018	R/W	Bank5控制寄存器	0x0700
BANKCON6	0x4800001C	R/W	Bank6控制寄存器	0x18008
BANKCON7	0x48000020	R/W	Bank7控制寄存器	0x18008
REFRESH	0x48000024	R/W	DRAM/SDRAM刷新控制寄存器	0xac0000
BANKSIZE	0x48000028	R/W	BANK6/7存储器容量选择寄存器	0x0
MRSRB6	0x4800002C	R/W	bank6 SDRAM模式设置寄存器	xxx
MRSRB7	0x48000030	R/W	bank7 SDRAM模式设置寄存器	xxx
中断控制器	SRCPND	0X4A000000	R/W	中断源悬挂（请求）寄存器	0x00000000
	INTMOD	0X4A000004	W	中断模式寄存器	0x00000000
	INTMSK	0X4A000008	R/W	中断屏蔽寄存器	0xFFFFFFFF
	PRIORITY	0X4A00000C	W	IRQ 中断优先级寄存器	0x0000007F
	INTPND	0X4A000010	R/W	中断悬挂（受理）寄存器	0x00000000
	INTOFFSET	0X4A000014	R	IRQ中断源位偏移寄存器	0x00000000
	SUBSRCPND	0X4A000018	R/W	子中断源悬挂（请求）寄存器	0x00000000
	INTSUBMSK	0X4A00001C	R/W	子中断源屏蔽寄存器	0x0000FFFF
时钟与功耗管理	LOCKTIME	0x4C000000	R/W	PLL 锁定时间寄存器	0xFFFFFFFF
	MPLLCON	0x4C000004	—	MPLL 控制寄存器	0x00096030
	UPLLCON	0x4C000008	—	UPLL控制寄存器	0x0004d030
	CLKCON	0x4C00000C	—	时钟发生器控制寄存器	0xFFFFF000
	CLKSLOW	0x4C000010	—	慢时钟控制寄存器	0x00000004
	CLKDIVN	0x4C000014	—	时钟分频控制寄存器	0x00000000
	CAMDIVN	0x4C000018	—	摄像头时钟分频控制寄存器	0x00000000
异步串口 UART	ULCON0	0x50000000	R/W	UART 0 模式寄存器	0x00
	UCON0	0x50000004		UART 0 控制寄存器	0x00
	UFCON0	0x50000008	—	UART 0 FIFO 控制寄存器	0x00
	UMCON0	0x5000000C	—	UART 0 modem 控制寄存器	0x00
	UTRSTAT0	0x50000010	R	UART 0 Tx/Rx 收/发状态寄存器	0x06
	UERSTAT0	0x50000014	—	UART 0 Rx接收错误寄存器	0x00
	UFSTAT0	0x50000018	—	UART 0 FIFO 状态寄存器	0x00
	UMSTAT0	0x5000001C	—	UART 0 modem 状态寄存器	0x00
	UTXH0	0x50000020(L) 0x50000023(B)	W	UART 0 发送保持寄存器 L=小端格式；B=大端格式	-不定
	URXH0	0x50000024(L) 0x50000027(B)	R	UART 0 接收缓冲寄存器 L=小端格式；B=大端格式	-不定

寄存器		端口地址	访问类型	描述	初始值
	UBRDIV0	0x50000028	R/W	UART 0 波特率因子寄存器	-不定
	ULCON1	0x50004000	—	UART 1 模式寄存器	0x00
	UCON1	0x50004004	—	UART 1 控制寄存器	0x00
	UFCON1	0x50004008	—	UART 1 FIFO 控制寄存器	0x00
	UMCON1	0x5000400C	—	UART 1 modem 控制寄存器	0x00
	UTRSTAT1	0x50004010	R	UART 1 Tx/Rx 收/发状态寄存器	0x06
	UERSTAT1	0x50004014	—	UART 1 Rx接收错误寄存器	0x00
	UFSTAT1	0x50004018	—	UART 1 FIFO 状态寄存器	0x00
	UMSTAT1	0x5000401C	—	UART 1 modem 状态寄存器	0x00
	UTXH1	0x50004020(L)	W	UART 1 发送保持寄存器	-不定
		0x50004023(B)	W	L=小端格式；B=大端格式	
	URXH1	0x50004024(L)	R	UART 1 接收缓冲寄存器	-不定
		0x50004027(B)	R	L=小端格式；B=大端格式	
	UBRDIV1	0x50004028	R/W	UART 1 波特率因子寄存器	-不定
	ULCON2	0x50008000	—	UART 2 line control	0x00
	UCON2	0x50008004	—	UART 2 控制寄存器	0x00
	UFCON2	0x50008008	—	UART 2 FIFO 控制寄存器	0x00
	UTRSTAT2	0x50008010	R	UART 2 Tx/Rx 收/发状态寄存器	0x06
	UERSTAT2	0x50008014	—	UART 2 Rx 接收错误寄存器	0x00
	UFSTAT2	0x50008018	—	UART 2 FIFO 状态寄存器	0x00
	UTXH2	0x50008020(L)	W	UART 2 发送保持寄存器	-不定
		0x50008023(B)	W	L=小端格式；B=大端格式	
	URXH2	0x50008024(L)	R	UART 2 接收缓冲寄存器	-不定
		0x50008027(B)	R	L=小端格式；B=大端格式	
	UBRDIV2	0x50008028	R/W	UART 2 波特率因子寄存器	-不定
PWM / 定时器	TCFG0	0x51000000	R/W	定时器配置寄存器0	0x0000
	TCFG1	0x51000004	—	定时器配置寄存器1	0x0000
	TCON	0x51000008	—	定时器控制寄存器	0x0000
	TCNTB0	0x5100000C	—	定时器计数缓存寄存器 0	0x0000
	TCMPB0	0x51000010	—	定时器比较缓存寄存器 0	0x0000
	TCNTO0	0x51000014	R	定时器观察寄存器 0	0x0000
	TCNTB1	0x51000018	R/W	定时器计数缓存寄存器 1	0x0000
	TCMPB1	0x5100001C	—	定时器比较缓存寄存器 1	0x0000
	TCNTO1	0x51000020	R	定时器观察寄存器 1	0x0000
	TCNTB2	0x51000024	R/W	定时器计数缓存寄存器 2	0x0000
	TCMPB2	0x51000028	—	定时器比较缓存寄存器 2	0x0000
	TCNTO2	0x5100002C	R	定时器观察寄存器 2	0x0000

	寄存器	端口地址	访问类型	描述	初始值
	TCNTB3	0x51000030	R/W	定时器计数缓存寄存器 3	0x0000
	TCMPB3	0x51000034	—	定时器比较缓存寄存器 3	0x0000
	TCNTO3	0x51000038	R	定时器观察寄存器 3	0x0000
	TCNTB4	0x5100003C	R/W	定时器计数缓存寄存器4	0x0000
	TCNTO4	0x51000040	R	定时器观察寄存器 4	0x0000
看门狗定 时器	WTCON	0x53000000	R/W	看门狗定时器模式寄存器	0x8021
	WTDAT	0x53000004	—	看门狗定时器数据寄存器	0x8000
	WTCNT	0x53000008	—	看门狗定时器计数寄存器	0x8000
通用输入/ 输出口 GPIO	GPACON	0x56000000	R/W	GPIO A组控制寄存器	0xffffff
	GPADAT	0x56000004	—	GPIO A组数据寄存器	未定义
	GPBCON	0x56000010	—	GPIO B组控制寄存器	0x0
	GPBDAT	0x56000014	—	GPIO B组数据寄存器	未定义
	GPBUP	0x56000018	—	GPIO B组上拉电阻控制寄存器	0x0
	GPCCON	0x56000020	—	GPIO C组控制寄存器	0x0
	GPCDAT	0x56000024	—	GPIO C组数据寄存器	未定义
	GPCUP	0x56000028	—	GPIO C组上拉电阻控制寄存器	0x0
	GPDCON	0x56000030	—	GPIO D组控制寄存器	0x0
	GPDDAT	0x56000034	—	GPIO D组数据寄存器	未定义
	GPDUP	0x56000038	—	GPIO D组上拉电阻控制寄存器	0xF000
	GPECON	0x56000040	—	GPIO E组控制寄存器	0x0
	GPEDAT	0x56000044	—	GPIO E组数据寄存器	未定义
	GPEUP	0x56000048	—	GPIO E组上拉电阻控制寄存器	0x0
	GPFCON	0x56000050	—	GPIO F组控制寄存器	0x0
	GPFDAT	0x56000054	—	GPIO F组数据寄存器	未定义
	GPFUP	0x56000058	—	GPIO F组上拉电阻控制寄存器	0x0
	GPGCON	0x56000060	—	GPIO G组控制寄存器	0x0
	GPGDAT	0x56000064	—	GPIO G组数据寄存器	未定义
	GPGUP	0x56000068	—	GPIO G组上拉电阻控制寄存器	0xFC00
	GPHCON	0x56000070	—	GPIO H组控制寄存器	0x0
	GPHDAT	0x56000074	—	GPIO H组数据寄存器	未定义
	GPHUP	0x56000078	—	GPIO H组上拉电阻控制寄存器	0x0
	GPJCON	0x560000D0	—	GPIO J组控制寄存器	0x0
	GPJDAT	0x560000D4	—	GPIO J组数据寄存器	未定义
	GPJUP	0x560000D8	—	GPIO J组上拉电阻控制寄存器	0x0
	MISCCR	0x56000080	—	混合功能控制寄存器	0x10020
	DCLKCON	0x56000084	—	DCLK0/1控制寄存器	0x0

寄存器	端口地址	访问类型	描述	初始值
	EXTINT0	0x56000088		外部中断控制寄存器0	0x00000000
	EXTINT1	0x5600008C	—	外部中断控制寄存器1	0x00000000
	EXTINT2	0x56000090	—	外部中断控制寄存器2	0x00000000
	EINTFLT0	0x56000094	R/W	保留	0x00000000
	EINTFLT1	0x56000098	—	保留	0x00000000
	EINTFLT2	0x5600009C	—	外部中断滤波器控制寄存器2	0x00000000
	EINTFLT3	0x560000A0	—	外部中断滤波器控制寄存器3	0x00000000
	EINTMASK	0x560000A4	—	外部中断屏蔽寄存器	0x000fffff
	EINTPEND	0x560000A8	—	外部中断悬挂寄存器	0x00000000
	GSTATUS0	0x560000AC	R	外部引脚状态寄存器	未定义
	GSTATUS1	0x560000B0	R/W	处理器芯片 ID 寄存器	0x32440001
	GSTATUS2	0x560000B4	—	复位状态寄存器	0x1
	GSTATUS3	0x560000B8	—	通告寄存器	0x0
	GSTATUS4	0x560000BC	—	通告寄存器	0x0
	MSLCON	0x560000CC	—	存储器休眠控制寄存器	0x0
A/D变换器	ADCCON	0x58000000	R/W	ADC 控制寄存器	0x3FC4
	ADCTSC	0x58000004	—	触摸屏ADC控制寄存器	0x0058
	ADCDLY	0x58000008	—	ADC 启动及采样间隔延迟寄存器	0x00FF
	ADCDAT0	0x5800000C	R	ADC 转换数据寄存器0	-不定
	ADCDAT1	0x58000010	—	ADC 转换数据寄存器1	-不定
	ADCUPDN	0x58000014	R/W	触摸屏触笔起落中断状态寄存器	0x0
SPI	SPCON0,1	0x59000000,20	R/W	SPI 控制寄存器	0x0
	SPSTA0,1	0x59000004,24	R	SPI 状态寄存器	0x1
	SPPIN0,1	0x59000008,28	R/W	SPI 引脚控制寄存器	0x0
	SPPRE0,1	0x5900000C,2C	—	SPI 波特率预设寄存器	0x0
	SPTDAT0,1	0x59000010,30	—	SPI 发送数据寄存器	0x0
	SPRDAT0,1	0x59000014,34	R	SPI 接收数据寄存器	0x00FF

7.2.4 S3C2440 的引导程序存储区

　　S3C2440内部集成了4KB的SRAM存储器作为开机运行引导程序的存储空间，但这4KB的存储空间将会根据处理器的两种不同系统引导方式而被自动定位在不同的内存地址空间中。一种是在系统仅配置有NAND FLASH存储器的情况下，需要从NAND FLASH存储器加载而后运行引导程序的方式；另一种是系统配置有NOR FLASH存储器并可直接运行其中的引导程序的方式。这两种工作方式需要在硬件电路设计完成后通过处理器的两根引脚信号OM[1:0]加以选择。

1. NAND FLASH 存储器装载引导程序方式

由NAND FLASH存储器装载引导程序的工作方式需要通过设置OM[1:0]引脚为00状态加以选择，这种情况下系统引导程序及操作系统都固化于NAND FLASH存储器内。因NAND FLASH存储器的最小读取单位是扇区，故无法在其内直接运行程序，需要将其内的程序以扇区为单位先拷贝到可运行程序的存储器(SRAM或DRAM)内再运行。由于系统引导程序尚未运行，系统外配的DRAM类存储器没有经过初始化而不可用，所以只有借助处理器内置的SRAM完成引导程序的加载运行工作。为了实现自动将NAND FLASH存储器内引导程序加载到SRAM内，S3C2440处理器利用了垫脚石机制，在OM[1:0]引脚为00状态时自动拷贝NAND FLASH存储器前4KB内容到SRAM内，并将SRAM定位在以0x00000000起始的地址空间内，然后从0x00000000开始运行SRAM内的引导程序。基于垫脚石的存储器管理功能内部结构如图7-5所示。

2. 非 NAND FLASH 存储器装载引导程序方式

这种方式通常用于系统配置有NOR FLASH存储器并用其固化系统引导程序及操作系统，此时NOR FLASH存储器需安排在BANK0从0x00000000开始的地址空间内。系统开机后可直接从0x00000000地址开始运行NOR FLASH内的引导程序，而处理器内置的SRAM将被"束之高阁"到地址为0x40000000~0x40000FFF的空间内。

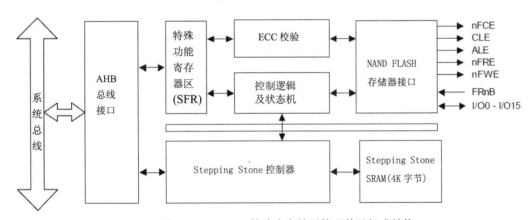

图 7-5 S3C2440 的片内存储区管理单元组成结构

习题与思考题

（1）S3C2440 内部由哪几个主要功能模块组成，AMBA、AHB、APB 总线有什么区别？

（2）S3C2440 内部都集成了哪些外设及外设控制器？

（3）S3C2440 都可以支持哪些类型的存储器？

（4）S3C2440 的最大存储器空间是多少字节、多少字（32 位）？共分成了多少个 BANK，每个 BANK 的最大空间是多少字节、多少字？它们各自分别对应了哪些类型的存储空间？不同的 BANK 对使用的存储器类型有什么限制？引脚信号 nGCS0～nGCS7 与各 BANK 的关系是什么，nSCS0、nSCS1 引脚的作用是是什么？

（5）当采用不同宽度的外部存储器时需要进行何种软件设置进行选择，BANK0 的数据宽度是如何设置的，为什么不采用软件设置的方法？

（6）S3C2440 中有哪些与存储器管理有关的寄存器，其中如果要对 SDRAM 进行设置，需要用到哪些寄存器？

（7）S3C2440 处理器的大/小端格式是如何设置的？

（8）S3C2440 中的特殊功能寄存器作用是什么，它们位于整个存储空间的什么位置？另外请指出以下功能部件的地址：总线宽度及等待寄存器 BWSCON、异步串口 UART0 控制寄存器 UCON0、GPIO 口 A 的数据寄存器 PDATA、定时器控制寄存器 TCON、时钟控制寄存器 CLKCON 和 IRQ 中断服务悬挂寄存器 I_ISPR。

（9）请说明S3C2440内的垫脚石功能产生的缘由及实现机理，如何选择系统仅配置有NAND FLASH存储器的存储空间分配方式、对应SRAM的地址位于何处？

第8章　S3C2440 的时钟及功耗管理单元

S3C2440的时钟及功耗管理单元有两个主要职能：一是在一个相对较低频率的外部时钟源基础上产生处理器内部所需的较高系统时钟频率，然后再由系统时钟经过分频后产生各种外设所需的较低频率的时钟；二是通过对时钟频率的调节以及允许或禁止向不同功能单元提供时钟源实现能耗的动态管理。

8.1　S3C2440 的多时钟源产生机制及频率设置

在嵌入式处理器内部，通常处理器核心所需的时钟频率是最高的，从数百兆到数千兆都有可能。将处理器核心使用的频率最高的时钟作为系统时钟，即系统内的基准时钟，并以此为基础分频产生其他频率较低的功能单元时钟。由于处理器芯片内部无法集成时钟振荡电路必需的电感等原件，所以需要外部提供电感性元件（无源晶振）或者直接提供时钟源（有源晶振）。因外部电路不可以直接产生处理器所需的高频率时钟，所以通常都需要处理器芯片内部设置一个可以对外部时钟频率进行倍频的功能单元锁相环PLL。因此，处理器内部的时钟功能单元首先应按照程序设置值将外部输入的时钟频率提升到一个很高的系统时钟频率值，然后根据需要对系统时钟进行分频产生其他功能单元所需的较低时钟频率值。

8.1.1 S3C2440 的多时钟源及服务对象

S3C2440A内部的不同功能部件所需要的时钟频率是不同的，主要表现为四个不同的频率源需求：RM处理器核心需要的可调系统时钟源FCLK；USB需要的48MHz固定频率的时钟源UCLK；为处理器内部AHB总线所挂带的外设所提供的时钟源HCLK；为处理器内部的APB总线挂带外设所提供的时钟源PCLK。其中处理器核心的时钟频率最高，可达600MHz，而PCLK最低。

由图8-1可以看出，S3C2440的时钟产生逻辑在统一的外部输入时钟源（无源晶振 XTIpll或有源晶振 EXTCKL）作用下，经过倍频后获得更高的处理器内部时钟。实现倍频的关键部件是锁相环PLL（Phase Locked Loop）电路，其主要功能是从晶振信号的谐波中选择、放大并稳定的输出N倍于晶振频率的输出时钟信号。外部时钟经过MPLL和UPLL的频率提升，变换为多个不同的可通过程序动态改变频率的内部时钟源。其中 MPLL 锁相环输出的时钟将分路为FCKL、HCLK和PCLK三个时钟源，用于分别向ARM处理器核 ARM920T、AHB总线上挂带的功能单元和APB总线上挂带的功能单元提供时钟。MPLL锁相环输出的时钟将主要提供USB主、从控制单元以及摄像头控制单元的主时钟（USB主控单元及摄像头控制单元还需要HCLK，USB从控单元需要PCLK）。

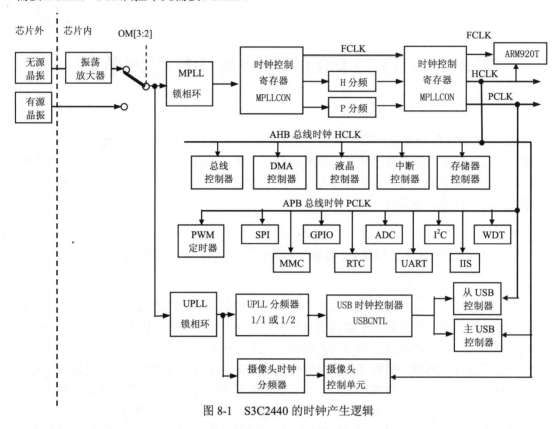

图 8-1   S3C2440 的时钟产生逻辑

8.1.2   锁相环外部时钟源的选择

S3C2440的时钟功能单元可选用图8-2所示的两种外部时钟源输入方式。方式1利用了处理器内部集成的振荡器所需的正反馈选频放大电路，其外部只需要接三点式振荡电路中的电容和起电感作用的石英晶体。因晶体电路无需接电源，故简称无源晶振。方式2直接连接了与信号发生器一样的振荡器，其内部包含了晶振等三点式振荡原件及正反馈选频放大电路，因需电源供电，故简称有源晶振。

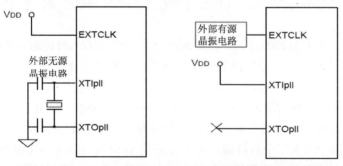

(a)   选择无源晶振 XTIpll 的电路   (b)   选择有源晶振 EXTCKL 的电路
图 8-2   选择不同晶振的电话

S3C2440处理器通过外部的两根引脚 OM3 及 OM2 接以不同的电平组合来选择外部时钟的连接方式。表8-1给出了引脚 OM3及 OM2的状态组合与S3C2440A时钟源之间的选择关系。

表 8-1　启动时时钟源的选择

模式设置引脚 OM[3:2]	外部时钟源	MPLL 状态	UPLL 状态	USB 时钟源
00	无源晶振	On	On	无源晶振
01	无源晶振	On	On	有源晶振
10	有源晶振	On	On	无源晶振
11	有源晶振	On	On	有源晶振

注：①尽管 MPLL 在复位后就开始工作，但在软件向 MPLLCON 寄存器写入特定的设置值之前 MPLL 的输出不会作为系统时钟，此时由 EXTCLK 或者外部晶振产生的时钟信号直接作为系统时钟。即使用户不想改变 MPLLCON 的默认值，也必须向 MPLLCON 中重新写入该值，以接通 MPLL 向系统的时钟输出。②当 OM[1:0]值为 11 时，OM[3:2]被用作确定测试模式，其状态是在 nRESF 信号的上升时有效。

8.1.3 锁相环 MPLL 和 UPLL 的组成结构及输出频率设置方法

由前面内容知道，S3C2440处理器内部需要FCKL、HCLK、PCLK及UCLK等4路不同频率的时钟，尽管它们都是由外部的时钟 XTIpll 或 EXTCKL 衍生（倍频/分频）而来，但还是希望这些时钟的频率可以通过程序来按需设置。实现这一需求的功能部件就是锁相环，其总体的功能是产生N倍于输入时钟频率的输出时钟信号。锁相环 MPLL 及 UPLL 的内部组成结构如图8-3所示。要求其中的有关元件满足表8-2所列条件。

表 8-2　锁相环及时钟产生单元的元件参数要求

时钟产生单元		元件参数要求
环路滤波器电容	C_{LF}	MPLLCAP: 1.3 nF ± 5%
		UPLLCAP: 700 pF ± 5%
外部时钟晶振频率	---	12～20 MHz
外部时钟晶振电容	C_{EXT}	15～22 pF

注：①上述值是可以改变的；②FCLK必须大于200M。

锁相环的内部由相位频率检测器PFD、电荷泵PUMP、环路滤波器Loop Filter、压控振荡器VCO、二个分频器（Divider p 和 Divider S）及一个倍频器Divier M组成。

相位频率检测器 PFD (Phase Frequency Detector)的作用是监测 Fref（参考频率）与Fvco之间的相位差。当检测到相位差时产生控制信号（跟踪信号）。

电荷泵 PUMP (Charge Pump)的作用是将 PFD 的控制信号转换为成比例的电压信号，并通过一个外部滤波器驱动VCO。

环路滤波器Loop Filter是一个典型的一阶RC低通滤波器，作用是将高频部分从控制信号中过滤出去。这是因为每次Fvco与Fref比较时，由PFD为电荷泵产生的控制信号可能会有很大的漂移。为了避免使VCO过载，需要设置一个低通滤波。

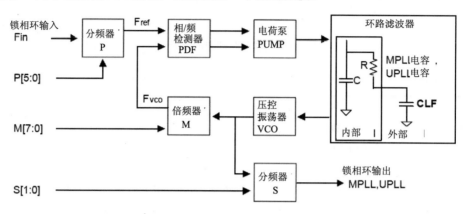

图 8-3　锁相环 PLL 的内部组成结构

压控振荡器 VCO (Voltage Controlled Oscillator) 是振荡频率随输入电压变化的频率发生器。图8-3中由环路滤波器输出的电压作为 VCO 的输入电压，使得 VCO 输出的振荡频率跟随电压平均值线性地增加或者减少。当Fvco与Fref相位及频率均相同时，PFD停止向电荷泵传送控制信号，环路滤波器电压趋于稳定，VCO的频率也逐步稳定，最终使系统时钟频率保持固定。

分频器 Divider p、Divider S及倍频器DividerM的作用是在不同的环节对各自的输入信号频率进行分频或倍频。P、S、M 的值可以通过程序进行调节，P、S与输出频率值成反比（分频作用），M 值与输出频率值成正比（倍频作用）。具体可由如下公式计算：

$$MPLL = （2 \times m \times Fin） \div （p \times 2^s） \tag{8-1}$$

$$UPLL = （m \times Fin） \div （p \times 2^s） \tag{8-2}$$

其中，m = MDIV (倍频器M值) + 8，p = PDIV (分频器P值) + 2，s = SDIV(分频器S值)
$MPLL$=输出频率。Fin为输入频率，$UPLL$为输出频率

锁相环功能单元针对 MPLL 和 UPLL 分别设置了两个锁相环控制寄存器 MPLLCON 和UPLLCON，提供给用户自行设置所需的锁相环输出频率。这两个寄存器的端口地址及读写属性如 8-3 所示。

表 8-3　锁相环控制寄存器 MPLLCON 和 UPLLCON 的端口地址及读写属性

寄存器	端口地址	读/写属性	功能描述	初始值
MPLLCON	0x4C000004	R/W	MPLL 控制寄存器	0x00096030
UPLLCON	0x4C000008	R/W	UPLL 控制寄存器	0x0004d030

PLL控制寄存器PLLCON是32位寄存器，有效的设置位共16位，用于设置内部时钟PLL的分频值。16个有效设置位分为MDIV、PDIV、SDIV等3个不同的设置位域。

PLLCON的位域结构如8-4所示。其位功能如表8-4所示。

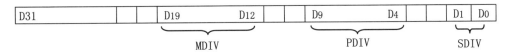

图 8-4 锁相环控制寄存器的位域结构

表 8-4 锁相环控制寄存器 MPLLCON 和 UPLLCON 的位功能

PLLCON	位	功能描述	初始值
MDIV	[19:12]	主分频值	MPLL=0x96 / UPLL=0x4d
PDIV	[9:4]	前分频值	MPLL=0x03 / UPLL=0x03
SDIV	[1:0]	后分频值	MPLL=0x00 / UPLL=0x00

　　MPLL 和 UPLL 都需要进行设置时，必须先设置 UPLL 然后再设置 MPLL，并且需要间隔大约7个NOP指令的时间。

　　为了方便计算三个变量 MDIV、PDIV、SDIV，三星公司提供了如下估算公式：

$$FOUT = (2 \times m \times Fin) \div (p \times 2^s) \tag{8-3}$$
$$FVCO = (2 \times m \times Fin) \div p \tag{8-4}$$

其中，m = MDIV + 8，p = PDIV + 2，s = SDIV，600MHz $\leqslant FVCO \leqslant$ 1.2GHz，200MHz $\leqslant FCLKOUT \leqslant$ 600MHz，1 $\leqslant P \leqslant$ 62，1 $\leqslant M \leqslant$ 248

　　尽管按照以上规则可以任意设置锁相环不同的频率值，但是三星公司还是仅推荐使用表8-5提供的设置频率及MDIV、PDIV、SDIV取值。

表 8-5 推荐的 PLL 输入频率/输出频率及 MDIV、PDIV、SDIV 取值表

输入频率	输出频率	MDIV	PDIV	SDIV
12.0000MHz	48.00 MHz	56(0x38)	2	2
12.0000MHz	96.00 MHz	56(0x38)	2	1
12.0000MHz	271.50 MHz	173(0xad)	2	2
12.0000MHz	304.00 MHz	68(0x44)	1	1
12.0000MHz	405.00 MHz	127(0x7f)	2	1
12.0000MHz	532.00 MHz	125(0x7d)	1	1
16.9344MHz	47.98 MHz	60(0x3c)	4	2
16.9344MHz	95.96 MHz	60(0x3c)	4	1
16.9344MHz	266.72 MHz	118(0x76)	2	2
16.9344MHz	296.35 MHz	97(0x61)	1	2
16.9344MHz	399.65 MHz	110(0x6e)	3	1
16.9344MHz	530.61 MHz	86(0x56)	1	1
16.9344MHz	533.43 MHz	118(0x76)	1	1

　　注：48.00MHz 及 96MHz 输出频率用于 UPLLCON 寄存器。

8.1.4 PLL 输出频率变换过程及锁定时间

当锁相环从一种输出频率转换为另一频率时，需要一定的选频放大及锁频稳定时间，在此期间它无法产生稳定的频率输出，因此需要一定延迟时间，这一时间称为锁定时间（Lock Time），锁定时间可以通过程序加以设置。用于这一延迟时间设置的是锁定时间寄存器 LOCKTIME。该寄存器中的低16位用于锁相环 MPLL 的锁定时间计数值设置，高16位用于 USB时钟锁相环UPLL锁定时间计数值的设置，所产生的锁定时间等于设置值乘以锁相环输入时钟周期。要求这两个锁相环的最少锁定时间不低于300uS。表8-6、表8-7是该寄存器的简况。

表 8-6　锁定时间寄存器的端口地址及读写属性

寄存器	端口地址	读/写属性	功能描述	初始值
LOCKTIME	0x4C000000	R/W	锁相环 PLL 锁定时间计数值设置寄存器	0xFFFFFFFF

表 8-7　锁定时间寄存器的位功能

LOCKTIME	位	位功能描述	初始值
U_LTIME	[31:16]	用于UCLK的UPLL锁定时间计数值(U_LTIME > 300uS)	0xFFFF
M_LTIME	[15:0]	用于FCLK、HCLK、PCLK的MPLL锁定时间计数值(M_LTIME > 300uS)	0xFFFF

当处理器在常规模式下运行时，可以通过对锁相环控制寄存器 PLLCON 的设置来改变锁相环的输出时钟频率。在新、旧频率转换过程中，时钟控制逻辑会自动将由锁定时间寄存器设置值产生的锁定时间插入FCLK中，这一过程可由图8-5所示。

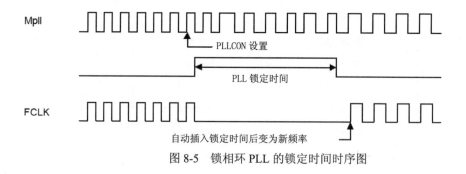

图 8-5　锁相环 PLL 的锁定时间时序图

8.2 S3C2440 基于时钟管控的能耗管理机制

嵌入式处理器对功耗可谓是"斤斤计较"。其中一个措施就是对时钟进行管控，即采取停止不同功能单元时钟的方法来提供不同的节能工作方式。

8.2.1 S3C2440 基于时钟管控机制的工作模式

对于嵌入式系统，一个很重要的应用考虑是如何节省能耗，通常时钟频率越高系统运行速率越高，但同时能耗也越高。相反，时钟频率越低能耗也越低。所以在嵌入式系统中可通过对时钟的调控来达到节能的目的。调控时钟有两种实现方法，一种是以系统中不同功能单元当前是否工作为条件，来动态开通或关断时钟源，一种是设置若干种不同能耗工作模式，每种模式下固定开通或关断某些功能单元的时钟源。

S3C2440A 芯片内部的能耗管理模块提供了四种不同能耗的工作模式，分别是：常规模式、低速模式、空闲模式以及休眠模式。

1. 常规模式（NORMAL mode）

此模式下将开启 CPU 及所有 S3C2440A 内部功能单元的时钟，此时功耗将最大。但用户可以通过软件来控制对各功能单元时钟的功给。例如，当某个应用中不需要定时器时，就可以经程序设置断开定时器的时钟以降低功耗。

2. 低速模式（SLOW mode）

低速模式是停止锁相环工作的模式，此模式下无法使用由锁相环产生的倍频时钟信号，只能采用外部时钟（XTIpl 或者 EXTCLK），甚至是将外部时钟分频后的更低频率时钟作为 S3C2440 的系统时钟 FCLK，此时的功耗将会降低很多，且由锁相环产生的功耗可忽略不计。若要进一步使 FCLK、PCLK 及 HCLK 降至低于外部时钟频率来减少能耗，还可通过设置慢时钟控制寄存器及时钟分频控制寄存器的分频值来实现。其中慢时钟控制寄存器的主要功能是对外部时钟进一步分频，以获得更低的 FCLK 时钟频率，除此之外还附带一些其他设置功能。而时钟分频控制寄存器的作用则是在慢时钟工作模式下对 FCLK 进行分频，产生更低频率的 HCLK 和 PCLK 以及选择是否对 UCLK 进行二分频。慢时钟控制寄存器及时钟分频控制寄存器 CLKDIVN 的功能见表8-8、表8-9、表8-10、表8-11。

表 8-8　慢时钟控制寄存器 CLKSLOW 的端口地址及读写属性

寄存器	端口地址	读/写属性	功能描述	初始值
CLKSLOW	0x4C000010	R/W	慢时钟控制寄存器	0x00000004

表 8-9　慢时钟控制寄存器 CLKSLOW 的位功能

CLKSLOW	位	功能描述	初始值
UCLK_ON	[7]	时钟 UCLK 开/关选择，0 = UCLK 开，(UPLL 开通并自动插入锁定时间)， 1 = UCLK 关(UPLL 关闭)	0
Reserved	[6]	保留	—
MPLL_OFF	[5]	MPLL 开/关选择，0 = MPLL 开（在 PLL 稳定之后(至少 300us)，此时 SLOW_BIT 将被清 0）， 1 = MPLL 关，关断 PLL 只能在 SLOW_BIT 为 1 的前提下	0

CLKSLOW	位	功能描述	初始值
SLOW_BIT	[4]	低速模式选择, 0:FCLK=Mpll, 1:低速模式（SLOW mode, 此时如果SLOW_VAL=0 则 FCLK=外部输入时钟, 若FCLK SLOW_VAL>0 则FCLK=外部输入时钟/(2xSLOW_VAL), 外部输入时钟为 XTIpll 或 EXTCLK)	0
Reserved	[3]	—	—
SLOW_VAL	[2:0]	低速模式下（SLOW_BIT = 1）的时钟分频系数	0x4

表 8-10   时钟分频控制寄存器 CLKDIVN 的端口地址及读写属性

寄存器	端口地址	读/写属性	功能描述	初始值
CLKDIVN	0x4C000014	R/W	时钟分频控制寄存器	0x00000000

表 8-11   时钟分频控制寄存器 CLKDIVN 的位功能

CLKDIVN	位	功能描述	初始值
DIVN_UPLL	[3]	UCLK选择位。 0: UCLK = UPLL (USB的UCLK必须为 48MHz), 1: UCLK = UPLL/2. (UPLL为48MHz时设置为0, 为96MHz时设置为1)	0
HDIVN	[2:1]	HCLK选择位。00 : HCLK = FCLK/1, 01 : HCLK = FCLK/2, 10 : HCLK = FCLK/4(当 CAMDIVN[9]=0时)或 HCLK= FCLK/8 (当CAMDIVN[9]=1时) 11 : HCLK = FCLK/3(当 CAMDIVN[8]=0) 或 HCLK = FCLK/6 (当 CAMDIVN[8]=1)	00
PDIVN	[0]	PCLK选择位, 0: PCLK = HCLK/1, 1: PCLK = HCLK/2	0

通过对上述寄存器进行设置，可得到时钟源的不同分频值，具体见表8-12。通过对寄存器CLKDIVN设置可以使 FCLK、HLCK、PCLK呈现一定的分频比例关系。表8-13是在设置不同的 HDIVN 和 PDIVN 值的情况下， FCLK、HLCK、PCLK 频率的分频比例关系。

表 8-12   寄存器 CLKSLOW 及 CLKDIVN 设置 SLOW Clock 举例

SLOW_VAL	FCLK	HCLK		PCLK		UCLK
		1/1分频 (HDIVN=0)	1/2分频 (HDIVN=1)	1/1分频 (PDIVN=0)	1/2分频 (PDIVN=1)	
0 0 0	外部时钟频率/1	外部时钟频率/1	外部时钟频率/2	HCLK	HCLK/2	48 MHz
0 0 1	外部时钟频率/2	外部时钟频率/2	外部时钟频率/4	HCLK	HCLK/2	48 MHz
0 1 0	外部时钟频率/4	外部时钟频率/4	外部时钟频率/8	HCLK	HCLK/2	48 MHz
0 1 1	外部时钟频率/6	外部时钟频率/6	外部时钟频率/12	HCLK	HCLK/2	48 MHz
1 0 0	外部时钟频率/8	外部时钟频率/8	外部时钟频率/16	HCLK	HCLK/2	48 MHz
1 0 1	外部时钟频率/10	外部时钟频率/10	外部时钟频率/20	HCLK	HCLK/2	48 MHz
1 1 0	外部时钟频率/12	外部时钟频率/12	外部时钟频率/24	HCLK	HCLK/2	48 MHz
1 1 1	外部时钟频率/14	外部时钟频率/14	外部时钟频率/28	HCLK	HCLK/2	48 MHz

注：表中的外部时钟是EXTCLK 或 XTIpll。

表 8-13　不同 HDIVN 和 PDIVN 值下 FCLK、HLCK、PCLK 频率的分频比例关系。

HDIVN	PDIVN	HCLK3_HALF/ HCLK4_HALF	FCLK	HCLK	PCLK	分频比率
0	0	–	FCLK	FCLK	FCLK	1 : 1 : 1
0	1	–	FCLK	FCLK	FCLK / 2	1 : 1 : 2
1	0	–	FCLK	FCLK / 2	FCLK / 2	1 : 2 : 2
1	1	–	FCLK	FCLK / 2	FCLK / 4	1 : 2 : 4
3	0	0 / 0	FCLK	FCLK / 3	FCLK / 3	1 : 3 : 3
3	1	0 / 0	FCLK	FCLK / 3	FCLK / 6	1 : 3 : 6
3	0	1 / 0	FCLK	FCLK / 6	FCLK / 6	1 : 6 : 6
3	1	1 / 0	FCLK	FCLK / 6	FCLK / 12	1 : 6 : 12
2	0	0 / 0	FCLK	FCLK / 4	FCLK / 4	1 : 4 : 4
2	1	0 / 0	FCLK	FCLK / 4	FCLK / 8	1 : 4 : 8
2	0	0 / 1	FCLK	FCLK / 8	FCLK / 8	1 : 8 : 8
2	1	0 / 1	FCLK	FCLK / 8	FCLK / 16	1 : 8 : 16

　　低速模式下将关闭锁相环，但当系统从低速模式转为正常模式时，锁相环输出时钟信号需要一个建立时间（锁相环锁定时间），该建立时间是由处理器内部逻辑根据锁定时间寄存器LOCKTIME内的设置值自动插入的。锁相环建立时间在锁相环开启后大约需要300us。在锁相环建立时间内，FCLK维持慢时钟模式下的频率。

　　CLKDIVN 寄存器值，需要在 PMS 值设置之后进行设置。其值将会在锁相环锁定时间之后有效，在复位或改变电源管理模式后仍然有效，也可以在 1.5 倍 HCLK 时钟周期后有效。如果将 CLKDIVN 寄存器值从默认的 1:1:1 分频比率改为其他的分频比率值，则只需 1 个HCLK 时钟周期时间后即可生效。CLKDIVN 设置值与 HCLK 及 PCLK 的关系如图 8-6 所示。

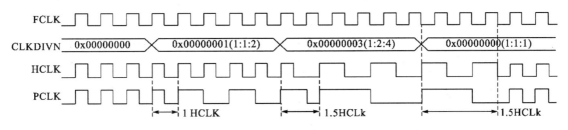

图 8-6　CLKDIVN 设置值与 HCLK 及 PCLK 的关系

　　CLKDIVN值在设置时不要超出HCLK和PCLK的上限。如果HDIVN值不为0，CPU总线模式必须采用以下指令（因S3C2440不支持同步总线模式）从高速总线模式转换为异步总线模式。

```
MMU_SetAsyncBusMode
mrc p15, 0, r0, c1, c0, 0
orr r0, r0, #R1_nF:OR:R1_iA
mcr p15, 0, r0, c1, c0, 0
```

如果 HDIVN 值不为0，而且CPU总线模式为高速总线模式，CPU将采用 HCLK 运行。这可用于改变CPU频率而且不影响 HCLK 和 PCLK的场合。

用户可在锁相环工作状态下通过设置慢时钟控制寄存器内的MPLL_OFF和SLOW_BIT位为1进入低速模式。此时FCLK频率立即由原来的频率转换为分频以后的较低频率。如果需要从低功耗状态恢复常规状态，则采用相反的过程将MPLL_OFF位及SLOW_BIT位清0，但需要经过由锁定时间寄存器内设置值决定的延迟时间，之后才能转换到原来的输出频率，并且在锁定时间期间，FCLK仍然为原来分频后的频率。这一过程如图8-7所示。

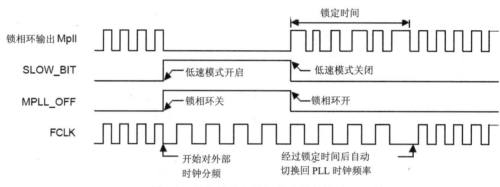

图 8-7　低速模式与常规模式的转换过程示意图

3. 空闲模式（IDLE mode）

在空闲模式下， CPU的时钟供给将停止，但其他所有外设的时钟信号依然有效。空闲模式下CPU将被挂起，从而减少了因CPU产生的功耗。外部中断 EINT[23:0] 或实时时钟 RTC 中断等中断处理请求都可以将CPU从空闲模式唤醒。但需要注意的是外中断EINT必须经GPIO编程设置后才可生效。

4. 休眠模式（SLEEP mode）

在休眠模式下处理器核及内部主要功能部件的电源将被切断，此时除了激活逻辑外，CPU及其他内部功能单元不产生任何能耗。支持可激活的休眠模式需要两路独立的电源：一路为唤醒逻辑电路提供电源，另一路为 CPU 及其他内部功能单元提供电源，并且能够控制其开和关。在休眠模式下，将关断第二路为 CPU 及内部功能单元服务的电源。休眠模式可以通过外中断信号 EINT15~EINT0 或实时时钟 RTC 中断信号唤醒，其电路结构如图 8-8 所示。

由图8-8可看出，休眠模式下处理器内部的主要电源 VDDi、VDDiarm、VDDMPLL及VDDUPLL将处于关闭态，它们由PWREN引脚控制。当PWREN引脚为高电平时将选通外部电压发生器向各主电源供电，当 PWREN 引脚为低电平时停止向主电源供电。当休眠模式下主电源 VDDi、VDDiarm、VDDMPLL及VDDUPLL 处于关闭态时，还必须维持存储器、A/D及其他提供唤醒功能单元的电源。进入休眠模式请遵循以下步骤。

（1）将 GPIO配置为适应休眠模式。

（2）在NTMSK寄存器中屏蔽所有普通中断。

（3）设置合适的唤醒源，其中包括 RTC 报警中断（当某个唤醒源作用时，无论外部中断屏蔽寄存器 EINTMASK 里的对应位是否设置为屏蔽，唤醒都会发生，并且中断源悬挂寄存器 SRCPND 或外部中断悬挂寄存器 EINTPEND 里的对应位不会被置 1）。

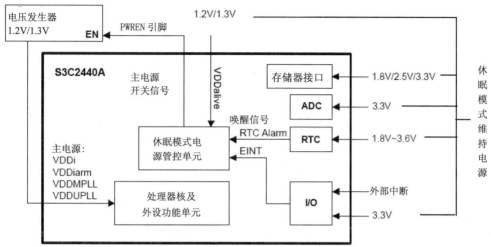

图 8-8　休眠模式下的电源管控机制

（4）将USB设置为挂起模式 (MISCCR[13:12])。

（5）将部分有用的值保存于GSTATUS[4:3]中，这些寄存器的值在休眠期间将被保留。

（6）通过MISCCR寄存器的[1:0]位，配置数据总线D[31:0]的上拉电阻。如果有类似总线驱动器74LVCH162245 的外部器件则关闭上拉电阻，若没有就选通上拉电阻。内存芯片相关引脚需要设置为两种状态：高阻态或非活动态。

（7）清除 LCDCON1里的ENVID 位停用LCD。

（8）读取 rREFRESH 及 rCLKCON 寄存器的值用以填充TLB。

（9）设定 REFRESH[22]为1，使SDRAM进入自动刷新模式。

（10）等待 SDRAM 自动刷新有效。

（11）设定 MISCCR[19:17]=[1:1:1]，使SDRAM信号(SCLK0、SCLK1及SCKE)在休眠期间得到保护。

（12）在寄存器CLKCON r中设定休眠模式。

需注意的是，当系统在NAND引导模式下操作时，外部中断引脚 EINT[23:21]必须设置为输入，使得休眠模式被唤醒后就开始工作。

从休眠模式中唤醒CPU需按照下列步骤进行。

（1）当唤醒源发出指令后将产生内部复位信号，这与外部 nRESET 引脚的有效信号作用一样。该复位信号由16位的计数逻辑决定，其时间 tRST 的值为65535 /外部时钟频率。

（2）检查 GSTATUS2[2] 位状态以确认电源供电是否已在休眠模式唤醒后恢复。

（3）设定MISCCR[19:17]来释放SDRAM的信号保护。

（4）配置 SDRAM 存储控制器。

（5）等待SDRAM的自刷新被释放，通常SDRAM需要所有行刷新信号循环一遍。

（6）GSTATUS[3:4]的信息由用户自行使用，在休眠期间其值处于保护状态。

（7）对于外部中断 EINT[3:0]的请求状态需查看中断源悬挂寄存器SRCPND，而对于外部中断EINT[15:4] 的请求状态需查看外部中断悬挂寄存器 EINTPEND(当EINTPEND中的部分位被置1时SRCPND不受影响)。表8-14为休眠模式下的引脚设置情况。

表 8-14   休眠模式下的引脚设置表

引脚条件		引脚设置参考
GPIO 引脚	设置为输入	选通上拉电阻
	设置为输出	禁止上拉电阻并输出低电平
无无内部上拉电阻控制的输入引脚	外部器件不是总在向引脚提供电平驱动	由外部上拉电阻提供上拉功能
连接负载的外部输出引脚	若外部器件电源关闭	输出低电平
	若外部器件电源开启	高或低电平(取决于外部器件的状态)
数据总线	如果存储器电源关闭	输出低电平
	如果存储器电源开通 并且无外部缓冲器	如果缓冲器能够保持总线电平,禁止上拉电阻
	并且无外部缓冲器	输出低电平

注:本表仅供参考,用户可根据具体应用进行设置。另 ADC 需要设置为旁路模式,USB 端需要处于悬挂模式。

8.2.2 基于时钟管控机制工作模式的转换

以上四种工作模式可以通过程序进行状态转换,普通模式(NORMAL)和低速模式(SLOW)通过慢时钟控制寄存器CLKSLOW内的 SLOW_BIT 位进行设置,休眠模式和空闲模式通过控制寄存器内的SLEEP和IDLE位进行转换设置。以上四种工作状态转换如图8-9所示,而不同能耗模式下时钟及电源供给状况如表8-15所示。

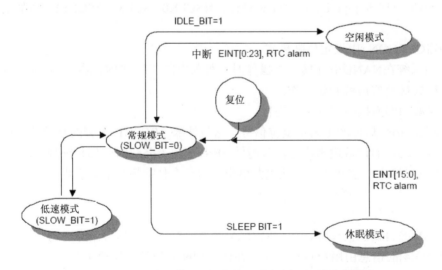

图 8-9   四种时钟管控工作模式的转换

表 8-15　不同能耗工作模式下主要功能部件的时钟及电源供给状况

工作模式	ARM920T	AHB模块[1]/WDT	能耗管理	GPIO	32.768kHz实时时钟	APB 模块[2]及USBH/LCD/NAND
常规模式	O	O	O	SEL	O	SEL
空闲模式	X	O	O	SEL	O	SEL
低速模式	O	O	O	SEL	O	SEL
休眠模式	OFF	OFF	等待唤醒	前面状态	O	OFF

注：①不包含主USB、LCD及NAND FLASH；②不包含WDT；③包含用于CPU访问的RTC接口。上表中SEL为可选O或X，O为时钟允许，X为时钟禁止，OFF为电源关闭。

8.2.3 不同能耗工作模式转换中的注意事项

第一，在休眠期间，如果不使用触摸屏，触摸屏接口信号(XP, XM, YP,及YM) 必须浮空。此时XP和YP会在休眠期间呈现高电平，因此 XP、XM、YP及YM 端不允许接地。

第二，睡眠模式下通过外部中断引脚信号 EINT[15:0] 产生唤醒时需注意以下3点：EINTn 引脚在工作前必须经 GPIO 控制寄存器设置为外部中断功能EINT；EINTn 引脚信号的有效形式有高电平、低电平、上升沿、下降沿及双边沿5种；nBATT_FLT 引脚必须为高电平。唤醒之后,对应的 EINTn 引脚将不再作为唤醒源，而是作为外部中断请求信号。

第三，如果处理器经 CLKCON[2]设置为1欲进入空闲模式，需要经过少许延时后方可进入（因等待电源管理逻辑从CPU获得ACK信号）。

第四，锁相环只能在休眠模式下关闭以降低功耗。如果在其他模式下被关闭，MCU的操作将无法保证正常执行。当处理器处在休眠模式时，如果需要进入其他模式并开启锁相环，则必须清0 SLOW_BIT 位，并在锁相环稳定后进入其他状态。

第五，休眠模式下数据总线（D[31:0]或D[15:0]）可被设定为高阻态或者输出低电平态。数据总线为高阻态时，通过开启上拉电阻或者通过关闭上拉电阻设置为低电平以降低功耗。D[31:0] 引脚上拉电阻可以通过GPIO(MISCCR)控制寄存器来控制。如果数据总线上有类似74LVCH162245的外部总线支持器件，用户可以选择上述两种状态以降低功耗。

第六，休眠模式下输出引脚端口需保持合适的电平。在休眠模式主电源关断的情况下，各输出端口应该保持有合适的逻辑电平，以使得当前功耗最低。当输出引脚没接负载时，最好采用高电平。若输出为低电平，电流将通过内部电阻消耗电能。因此在休眠模式下，推荐输出端维持高电平以减少功耗。

第七,电池故障信号 nBATT_FLT 的作用有以下两点：CPU未处在休眠模式时,nBATT_FLT引脚可以通过事先设定 BATT_FUNC（MISCCR[22:20]）为产生中断请求触发信号，nBATT_FLT 为低电平有效；CPU 处于休眠模式时，nBATT_FLT 的有效信号将禁止处理器从休眠模式唤醒。该项功能通过事先设定 BATT_FUNC（MISCCR[22:20]）实现。所有的唤醒源在nBATT_FLT有效情况下都会被屏蔽，这可用于在电池电力不足时保护系统。

最后，ADC在 ADCCON 中有一个附加的断电位。设置该位可在休眠模式下使ADC进入断电模式。

8.2.4 各功能单元的动态时钟管控方法

在嵌入式处理器中集成的各种不同功能部件并不是同时都在使用，因此可以通过禁止向那些未工作的功能单元提供时钟源来降低功耗。S3C2440A芯片内部设置了一个能耗管理控制逻辑及一个时钟控制寄存器，通过对时钟控制寄存器对应位的设置就可以控制不同功能单元的时钟供给。图8-10是相关控制逻辑的结构图，表8-16、表8-17是时钟控制寄存器的属性及功能。

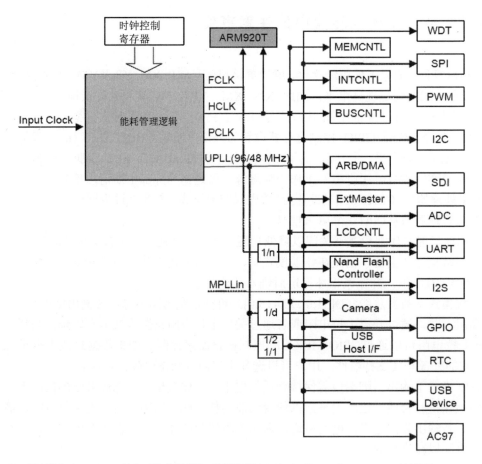

注：低速模式下，FCLK = 输入时钟/分频系数；常规模式下 (P, M和S值)，FCLK = MPLL 时钟信号。

图 8-10　时钟管控单元的组成结构

表 8-16　时钟控制寄存器 CLKCON 的端口地址及读写属性

寄存器	端口地址	读/写属性	功能描述	初始值
CLKCON	0x4C00000C	R/W	时钟产生控制寄存器	0xFFFFF0

表 8-17　时钟控制寄存器 CLKCON 的位功能

CLKCON	位	功能描述	初始值
AC97	[20]	AC97 时钟 PCLK 允许/禁止。0 = 禁止, 1 = 允许	1
Camera	[19]	摄像头时钟 HCLK 允许/禁止。0 = 禁止, 1 = 允许	1
SPI	[18]	SPI 功能单元时钟 PCLK 允许/禁止。0 = 禁止, 1 = 允许	1
IIS	[17]	IIS 功能单元时钟 PCLK 允许/禁止。0 = 禁止, 1 = 允许	1
IIC	[16]	IIC 功能单元时钟 PCLK 允许/禁止。0 = 禁止, 1 = 允许	1
ADC(&触摸屏)	[15]	ADC 功能单元时钟 PCLK 允许/禁止。0 = 禁止, 1 = 允许	1
RTC	[14]	RTC 功能单元时钟 PCLK 允许/禁止。0 = 禁止, 1 = 允许 即使该位被清0, RTC定时器仍处工作态	1
GPIO	[13]	GPIO 功能单元时钟 PCLK 允许/禁止。0 = 禁止, 1 = 允许	1
UART2	[12]	UART2 功能单元时钟 PCLK 允许/禁止。0 = 禁止, 1 = 允许	1
UART1	[11]	UART1 功能单元时钟 PCLK 允许/禁止。0 = 禁止, 1 = 允许	1
UART0	[10]	UART0 功能单元时钟 PCLK 允许/禁止。0 = 禁止, 1 = 允许	1
SDI	[9]	SDI 功能单元时钟 PCLK 允许/禁止。0 = 禁止, 1 = 允许	1
PWMTIMER	[8]	PWMTIMER 功能单元时钟 PCLK 允许/禁止。0 = 禁止, 1 = 允许	1
USB device	[7]	从USB功能单元时钟 PCLK 允许/禁止。0 = 禁止, 1 = 允许	1
USB host	[6]	主USB功能单元时钟 HCLK 允许/禁止。0 = 禁止, 1 = 允许	1
液晶控制器	[5]	LCDC功能单元时钟 HCLK 允许/禁止。0 = 禁止, 1 = 允许	1
NAND Flash 控制器	[4]	NAND Flash功能单元时钟 HCLK 允许/禁止。0 = 禁止, 1 = 允许	1
SLEEP 模式	[3]	休眠工作模式选择。0 = 禁止休眠模式, 1 = 进入休眠模式	0
IDLE 模式	[2]	空闲工作模式选择。0 = 禁止空闲模式, 1 = 进入空闲模式 该位不可以自动清0	0
Reserved	[1:0]	保留	0

8.3 USB 及摄像头的时钟管理控制

8.3.1 USB 的时钟管理控制

　　S3C2440的主USB接口及从USB接口都需要48MHz的时钟信号，所以在时钟及能耗管理功能单元内设置了USB专用锁相环UPLL来产生48MHz的时钟信号。在UPLL被设置前USB时钟信号UCLK不会输出。表8-18为UPLL在不同工作条件下的输出状态

表8-18　UPLL 在不同工作条件下的输出状态

工作条件	UCLK状态	UPLL 状态
复位之后	外部无源或有源晶振时钟	On
配置UPLL之后	PLL锁定时间内为低电平， 锁定时间过后为48MHz	On
UPLL被CLKSLOW 寄存器关闭	外部无源或有源晶振时钟	Off
UPLL被CLKSLOW 寄存器打开	48MHz	On

8.3.2 摄像头的时钟管理控制

当处理器配接不同的摄像头时可能需要提供不同的时钟，摄像头时钟分频控制寄存器 CAMDIVN 可以在时钟分频控制寄存器配合下，选择设置一些不同的摄像头时钟频率值。CAMDIVN 的端口地及属性见表8-19，位功能见表8-20。

表8-19　摄像头时钟分频控制寄存器 CAMDIVN 的端口地址及读写属性

寄存器	端口地址	读/写属性	功能描述	初始值
CAMDIVN	0x4C000018	R/W	摄像头时钟分频寄存器	0x00000000

表8-20　摄像头时钟分频控制寄存器 CAMDIVN 的位功能

CAMDIVN	位	功能描述	初始值
DVS_EN	[12]	0:DVS =关闭。ARM 运行于常规模式下的时钟 FCLK (MPLLout)。 1:DVS =开通。ARM 运行于系统时钟下(HCLK).	0
Reserved	[11]	—	0
Reserved	[10]	—	0
HCLK4_HALF	[9]	HDIVN 分频率变化位。当时钟分频控制寄存器CLKDIVN[2:1]=10b时，　0: HCLK = FCLK/4；1: HCLK= FCLK/8（参见CLKDIVN的表7-11）	0
HCLK3_HALF	[8]	HDIVN 分频率变化位。当时钟分频控制寄存器CLKDIVN[2:1]=11b时，　0: HCLK = FCLK/3 1: HCLK= FCLK/6　（参见CLKDIVN的表7-11）	0
CAMCLK_SEL	[4]	0:直接选择 UPLL输出为摄像头时钟 (CAMCLK =UPLL输出)。 1:选择 UPLL/CAMCLK_DIV 的频率值为摄像头时钟。	0
CAMCLK_DIV	[3:0]	摄像头时钟分频系数(0–15)。此位仅在上面CAMCLK_SEL=1时有效。 摄像头时钟 = UPLL / [(CAMCLK_DIV +1)x2]。	0

8.4 时钟及功耗管理单元编程

已知系统外部晶振频率为 12MHz。要求 UCLK 为 48MHz，FCLK 为 400 MHz，HCLK

为 PCLK 为 100MHz，所有功能单元都提供时钟，常规工作模式。编写相关的寄存器设置程序。

1. 根据 UCLK 和 FCLK 的要求设置 UPLLCON 和 MPLLCON 寄存器

（1）按照要求：Fin 为 12M，UCLK 为 48 M，查表 8-5 可知 MDIV 为 0x38，PDIV 为 2，SDIV 为 2。参照表 8-4 将所得值设置到 UPLLCON 寄存器对应位置，最终设置值为 0x00038022。

（2）按照要求：Fin 为 12M，FCLK 为 400M，根据计算公式以及三星提供的经验参数，s 为 1，p 为 3，可以计算出：m 为 100，SDIV=s=1，PDIV=p-2=1，MDIV=m-8=0x05c。参照表 8-4 将所得值设置到 MPLLCON 寄存器对应位置，最终的设置值为 0x0005C011。

2. 根据 HCLK 和 PCLK 的要求设置 CLKDIVN 寄存器

按照要求：HCLK 为 100M，FCLK 为 400M，对照表 8-11 及 HCLK=FCLK/4，得 HDIVN 为 10。PCLK 为 100M，对照表 8-11 及 PCLK=HCLK/1，得 PDIVN 为 0。UCLK 为 48M，对照表 8-11 得 DIVN_UPLL 为 0。最终的 CLKDIVN 寄存器设置值为 0x00000004。

3. 时钟锁定寄存器 LOCKTIME 设置

本寄存器的默认值（初值）为 0xFFFFFFFF，本处示例改变其值为 0x0FFFFFFF。即对照表 8-7 中：U_LTIME 为 0x0FFF，M_LTIME 为 0xFFFF，实际产生的延迟时间为 U_LTIME 为 0x00FF/Fin 即 4095/12M（341μS），它大于 300μS，符合要求。M_LTIME 为 0xFFFF/Fin 即 65535/12M（5461μS），它大于 300μS，符合要求。

4. 时钟控制寄存器 CLKCON 设置

对照表 8-17 和设置要求，可以选择默认值（初始值），即 0xFFFFF000。

5. 慢时钟控制寄存器 CLKSLOW 设置

对照表 8-17。因未选低速模式，所以可以选择默认值(初始值)，即 0xFFFFF000。根据以上确定的设置值可以编写相关的设置程序片段如下。取默认值(初始值)的寄存器值可不设置。故 CLKCON 和 CLKSLOW 寄存器未设置。手册规定必须先设置 UPLLCON 再设置 MPLLCON，且需延迟至少 7 个时钟周期。

```
pLOCKTIME   EQU 0x4c000000; 锁定时间寄存器
pCLKDIVN    EQU 0x4c000014; 时钟分频控制寄存器
pUPLLCON    EQU 0x4c000008; UPLL 控制寄存器
pMPLLCON    EQU 0x4c000004; MPLL 控制寄存器
vCLKDIVN    EQU 0x00000004; 时钟分频控制寄存器值, DIVN_UPLL=0b, HDIVN=10b, PDIVN=0b
vUPLLCON    EQU 0x00038022; UPLL 控制寄存器值,Fin=12M,Uclk=48M,MDIV=0x38,PDIV=2,SDIV=2
vMPLLCON    EQU 0x0005c011; MPLL 控制寄存器值,Fin=12M,Fclk=400M,SDIV=1,PDIV=1,MDIV=0x5c

ldr  r0,=pLOCKTIME        ; 设置 PLL 锁定时间。
```

```
    ldr  r1, =0x0fffffff       ; 0~15 位=MPLL 锁定时间，16~31 位=UPLL 锁定时间。
    str  r1, [r0]              ; 数据写入 pLOCKTIME（0x4c000000）地址单元
    ldr  r0, =pCLKDIVN         ; 时钟分频控制寄存器
    ldr  r1, =vCLKDIVN         ; UCLK=UPLL, HCLK=FCLK/4, PCLK=HCLK=100M
    str  r1, [r0]              ; 设置时钟控制寄存器内容
    ldr  r0, =pUPLLCON         ; 设置 UPLL
    ldr  r1, =vUPLLCON         ; Fin=12MHz, UCLK=48MHz
    str  r1, [r0]
nop                            ;S3C2440 要求对 UPLL 设置后至少需要延时 7 个时钟周期
    nop                        ; 空操作，产生 7 个时钟周期的延迟
    nop
    nop
    nop
    nop
    nop
    ldr  r0, =pMPLLCON         ; 设置 MPLL
    ldr  r1, =vMPLLCON         ; Fin=12MHz, FCLK=400MHz
    str  r1, [r0]
```

习题与思考题

（1）S3C2440 有哪两种外部时钟源？它们的区别是什么？S3C2440 如何进行选择？

（2）什么是有源晶振和无源晶振？为什么不能由外部产生很高的处理器系统时钟？

（3）嵌入式处理器内部通过什么机制将外部输入的时钟频率升高？

（4）S3C2440 中用于设置内部系统时钟频率的有哪些寄存器，它们各自的作用是什么？

（5）S3C2440 中有哪些功耗管理模式，它们是如何进行设置选择的？

（6）已知外部输入时钟 Fin = 12MHz，要求：UCLK=48MHz，FCLK=530 MHz，HCLK=PCLK=100MHz，所有功能单元都提供时钟，常规工作模式。编写相关的寄存器设置程序片段。

第9章 S3C2440 的通用输入/输出口 GPIO

通用 CPU 与外部的数据只能是通过数据总线进行输入/输出，数据总线不仅功能单一而且程序只能以并行方式对其操作，即以最小单位一个字节或者 16 位、32 位、64 位同时进行输入/输出。即使输入/输出的操作对象是一位发光二极管，也必须动用至少 8 位的数据再辅之以其他选控信号。而嵌入式处理器的应用往往需要对某一个引脚灵活进行数据输入/输出的操作，而且希望引脚的功能多样化，由此产生了 GPIO 技术。GPIO 是一种可灵活改变引脚功能或直接由单个或多个引脚进行数据输入/输出操作的技术，具有两个显著特点：第一是所有GPIO 引脚都是多功能的，可以是通用的输入/输出引脚，也可以作为某个特点功能单元的专属信号引脚，用户可以编程选择；第二是作为通用的输入/输出引脚时可以直接对某一个或一组引脚进行数据的输入或输出操作。

9.1 S3C2440 的 GPIO 组成结构及基本功能设置寄存器

不同的嵌入式处理器所设置的 GPIO 引脚数量和功能是不同的，而且同一处理器内的不同 GPIO 引脚功能也各不相同。

9.1.1 S3C2440 的 GPIO 引脚分组及功能

S3C2440 处理器共有 130 根引脚属于 GPIO 引脚，它们被分成 GPA、GPB、GPC、GPD、GPE、GPF、GPG、GPH、GPJ 共 9 个组进行管理，每个组所包含的引脚数量和类型各不相同。表 9-1 是这些 GPIO 组的成员构成及引脚说明。

表 9-1　GPIO 各组引脚数量及组成员

GPIO 组	缩写	引脚数	引脚成员	说明
A 组	GPA	25	GPA24 ~ GPA0	GPA24 和 GPA23 为保留引脚
B 组	GPB	11	GPB10 ~ GPB0	
C 组	GPC	16	GPC15 ~ GPC0	
D 组	GPD	16	GPD15 ~ GPD0	
E 组	GPE	16	GPE15 ~ GPE0	
F 组	GPF	8	GPF7 ~ GPF0	

续表

GPIO 组	缩写	引脚数	引脚成员	说明
G 组	GPG	16	GPG15~GPG0	
H 组	GPH	11	GPH10~GPH0	
J 组	GPJ	13	GPJ12~GPJ0	

当处理器开始工作之前一定要按照应用需要设置好各 GPIO 引脚的功能，因为默认的选择可能不符合实际的需求。表 9-2~表 9-10 列出了各组 GPIO 引脚及可选择功能。

表 9-2　A 组 GPIO 引脚的成员及功能

GPA引脚	引脚可选的功能			
GPA22	仅输出	nFCE	—	—
GPA21	仅输出	nRSTOUT	—	—
GPA20	仅输出	nFRE	—	—
GPA19	仅输出	nFWE	—	—
GPA18	仅输出	ALE	—	—
GPA17	仅输出	CLE	—	—
GPA16	仅输出	nGCS5	—	—
GPA15	仅输出	nGCS4	—	—
GPA14	仅输出	nGCS3	—	—
GPA13	仅输出	nGCS2	—	—
GPA12	仅输出	nGCS1	—	—
GPA11	仅输出	ADDR26	—	—
GPA10	仅输出	ADDR25	—	—
GPA9	仅输出	ADDR24	—	—
GPA8	仅输出	ADDR23	—	—
GPA7	仅输出	ADDR22	—	—
GPA6	仅输出	ADDR21	—	—
GPA5	仅输出	ADDR20	—	—
GPA4	仅输出	ADDR19	—	—
GPA3	仅输出	ADDR18	—	—
GPA2	仅输出	ADDR17	—	—
GPA1	仅输出	ADDR16	—	—
GPA0	仅输出	ADDR0	—	—

表 9-3　B 组 GPIO 引脚的成员及功能

GPB引脚		引脚可选的功能		
GPB10	输入/输出	nXDREQ0	—	—
GPB9	输入/输出	nXDACK0	—	—
GPB8	输入/输出	nXDREQ1	—	—
GPB7	输入/输出	nXDACK1	—	—
GPB6	输入/输出	nXBREQ	—	—
GPB5	输入/输出	nXBACK	—	—
GPB4	输入/输出	TCLK0	—	—
GPB3	输入/输出	TOUT3	—	—
GPB2	输入/输出	TOUT2	—	—
GPB1	输入/输出	TOUT1	—	—
GPB0	输入/输出	TOUT0	—	—

表 9-4　C 组 GPIO 引脚的成员及功能

GPC引脚		引脚可选的功能		
GPC15	输入/输出	VD7	—	—
GPC14	输入/输出	VD6	—	—
GPC13	输入/输出	VD5	—	—
GPC12	输入/输出	VD4	—	—
GPC11	输入/输出	VD3	—	—
GPC10	输入/输出	VD2	—	—
GPC9	输入/输出	VD1	—	—
GPC8	输入/输出	VD0	—	—
GPC7	输入/输出	LCD_LPCREVB	—	—
GPC6	输入/输出	LCD_LPCREV	—	—
GPC5	输入/输出	LCD_LPCOE	—	—
GPC4	输入/输出	VM	—	—
GPC3	输入/输出	VFRAME	—	—
GPC2	输入/输出	VLINE	—	—
GPC1	输入/输出	VCLK	—	—
GPC0	输入/输出	LEND	—	—

表 9-5　D 组 GPIO 引脚的成员及功能

GPD引脚		引脚可选的功能		
GPD15	输入/输出	VD23	nSS0	—
GPD14	输入/输出	VD22	nSS1	—
GPD13	输入/输出	VD21	—	—
GPD12	输入/输出	VD20	—	—
GPD11	输入/输出	VD19	—	—

GPD引脚		引脚可选的功能		
GPD10	输入/输出	VD18	SPICLK1	—
GPD9	输入/输出	VD17	SPIMOSI1	—
GPD8	输入/输出	VD16	SPIMISO1	—
GPD7	输入/输出	VD15	—	—
GPD6	输入/输出	VD14	—	—
GPD5	输入/输出	VD13	—	—
GPD4	输入/输出	VD12	—	—
GPD3	输入/输出	VD11	—	—
GPD2	输入/输出	VD10	—	—
GPD1	输入/输出	VD9	—	—
GPD0	输入/输出	VD8	—	—

表 9-6   E 组 GPIO 引脚的成员及功能

GPE引脚		引脚可选的功能		
GPE15	输入/输出	IICSDA	—	—
GPE14	输入/输出	IICSCL	—	—
GPE13	输入/输出	SPICLK0	—	—
GPE12	输入/输出	SPIMOSI0	—	—
GPE11	输入/输出	SPIMISO0	—	—
GPE10	输入/输出	SDDAT3	—	—
GPE9	输入/输出	SDDAT2	—	—
GPE8	输入/输出	SDDAT1	—	—
GPE7	输入/输出	SDDAT0	—	—
GPE6	输入/输出	SDCMD	—	—
GPE5	输入/输出	SDCLK	—	—
GPE4	输入/输出	I2SSDO	AC_SDATA_OUT	—
GPE3	输入/输出	I2SSDI	AC_SDATA_IN	—
GPE2	输入/输出	CDCLK	AC_nRESET	—
GPE1	输入/输出	I2SSCLK	AC_BIT_CLK	—
GPE0	输入/输出	I2SLRCK	AC_SYNC	—

表 9-7   F 组 GPIO 引脚的成员及功能

GPF引脚		引脚可选的功能		
GPF7	输入/输出	EINT7	—	—
GPF6	输入/输出	EINT6	—	—
GPF5	输入/输出	EINT5	—	—
GPF4	输入/输出	EINT4	—	—

GPF引脚	引脚可选的功能		
GPF3	输入/输出	EINT3	—	—
GPF2	输入/输出	EINT2		
GPF1	输入/输出	EINT1		
GPF0	输入/输出	EINT0		

表 9-8　G 组 GPIO 引脚的成员及功能

GPG引脚	引脚可选的功能		
GPG15	输入/输出	EINT23	—	—
GPG14	输入/输出	EINT22	—	—
GPG13	输入/输出	EINT21	—	—
GPG12	输入/输出	EINT20	—	—
GPG11	输入/输出	EINT19	TCLK1	—
GPG10	输入/输出	EINT18	nCTS1	—
GPG9	输入/输出	EINT17	nRTS1	—
GPG8	输入/输出	EINT16	—	—
GPG7	输入/输出	EINT15	SPICLK1	—
GPG6	输入/输出	EINT14	SPIMOSI1	—
GPG5	输入/输出	EINT13	SPIMISO1	—
GPG4	输入/输出	EINT12	LCD_PWREN	—
GPG3	输入/输出	EINT11	nSS1	—
GPG2	输入/输出	EINT10	nSS0	—
GPG1	输入/输出	EINT9	—	—
GPG0	输入/输出	EINT8	—	—

表 9-9　H 组 GPIO 引脚的成员及功能

GPH引脚	引脚可选的功能		
GPH10	输入/输出	CLKOUT1	—	—
GPH9	输入/输出	CLKOUT0	—	—
GPH8	输入/输出	UEXTCLK	—	—
GPH7	输入/输出	RXD2	nCTS1	—
GPH6	输入/输出	TXD2	nRTS1	—
GPH5	输入/输出	RXD1		
GPH4	输入/输出	TXD1	—	—
GPH3	输入/输出	RXD0	—	—
GPH2	输入/输出	TXD0	—	—
GPH1	输入/输出	nRTS0	—	—
GPH0	输入/输出	nCTS0	—	—

表 9-10　J 组 GPIO 引脚的成员及功能

GPJ引脚		引脚可选的功能		
GPJ12	输入/输出	CAMRESET	—	—
GPJ11	输入/输出	CAMCLKOUT	—	—
GPJ10	输入/输出	CAMHREF	—	—
GPJ9	输入/输出	CAMVSYNC	—	—
GPJ8	输入/输出	CAMPCLK	—	—
GPJ7	输入/输出	CAMDATA7	—	—
GPJ6	输入/输出	CAMDATA6	—	—
GPJ5	输入/输出	CAMDATA5	—	—
GPJ4	输入/输出	CAMDATA4	—	—
GPJ3	输入/输出	CAMDATA3	—	—
GPJ2	输入/输出	CAMDATA2	—	—
GPJ1	输入/输出	CAMDATA1	—	—
GPJ0	输入/输出	CAMDATA0	—	—

9.1.2　各 GPIO 组基本功能设置寄存器的作用

　　针对 GPIO 的编程操作都是以组为单位进行的。需要设置 GPIO 引脚的功能，这一操作的编程对象是各组的 GPIO 控制寄存器。对于被设置为某些功能单元附属信号的引脚的状态将随所服务的不同功能单元而变化，不再接受随意的数据输入/输出操作。被设置为通用数据输入/输出的引脚则可以通过各 GPIO 组对应的数据寄存器进行操作。每个引脚都和本组数据寄存器内的一个特定位相对应，向其中写 1 将触发对应引脚输出高电平。而当引脚为输入时，其状态将直接记录于数据寄存器内对应位中。GPIO 引脚中有些上拉电阻是可编程的，需要对上拉电阻寄存器进行编程来选择是否接通上拉电阻。

1. GPIO 控制寄存器

　　由于 GPIO 各引脚都是"一脚多用"，所以当系统中对处理器的引脚功能规划好后，就需要通过程序将各引脚设置为对应的功能。这一过程是由对 GPIO 控制寄存器进行编程设置来实现的，每个 GPIO 组都配有一个 GPIO 控制寄存器。如果一个引脚被设置为服务于某个功能部件的附属引脚，则该引脚的状态将随该功能部件的工作变化而变化，不能够由程序决定其输入或输出状态。只有当引脚被设置为通用的数据输入或输出功能时，才可以由程序决定其输入或输出的状态。

2. GPIO 数据寄存器

　　每个 GPIO 组都有一个对应的数据寄存器用于确定本组被设置为通用输入或输出功能的

引脚状态。寄存器中每一位的值将代表对应引脚的输入或输出状态。对于被设置为输入的引脚，0 或 1 分别代表该引脚当前是低或高电平。对于被设置为输出的引脚，将 0 或 1 写入数据寄存器中某位就会使对应的引脚呈现低或高电平。所以 9 个 GPIO 组都有各自对应的一个控制寄存器和一个数据寄存器，但是只有当对应引脚被控制寄存器设置为通用数据输入或输出功能时，对数据寄存器的操作才有效。

3. 上拉电阻寄存器

处理器芯片内的上拉电阻作用是向输出引脚提供电源，上拉电阻寄存器的作用是控制开关 K 的关闭。芯片内部的上拉电阻作用如图 9-1 所示。

设置开关 K 的作用是为了在引脚没有接外部负载时处于开启态，这样就不会产生由两个晶体管产生的静态功耗。当外部连接负载后，再通过编程设置将 K 关闭，得以向负载提供足够的电流。这种方式可减少无用引脚产生的不必要功耗。

一个处理器有些引脚具有可编程上拉电阻，有些则没有。在 S3C2440 的 9 个 GPIO 组中只有 A 组引脚没有上拉电阻功能。

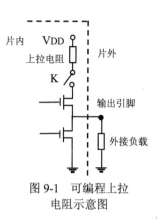

图 9-1　可编程上拉
电阻示意图

9.1.3　各 GPIO 组基本功能设置寄存器属性及位定义

S3C2440 的 9 个 GPIO 组中都设置有控制寄存器和数据寄存器。除 A 组外其他也都设置有上拉电阻寄存器。9 个分组设置的基本编程设置寄存器如表 9-11 所示。

表 9-11　各 GPIO 组的基本编程设置寄存器功能及属性

GPIO组	寄存器	端口地址	读/写属性	寄存器功能	初始值
A	GPACON	0x56000000	R/W	A组GPIO引脚功能设置寄存器	0xffffff
	GPADAT	0x56000004	R/W	A组GPIO引脚I/O数据寄存器	未定义
B	GPBCON	0x56000010	R/W	B组GPIO引脚功能设置寄存器	0x0
	GPBDAT	0x56000014	R/W	B组GPIO引脚I/O数据寄存器	未定义
	GPBUP	0x56000018	R/W	B组GPIO引脚上拉电阻寄存器	0x0
C	GPCCON	0x56000020	R/W	C组GPIO引脚功能设置寄存器	0x0
	GPCDAT	0x56000024	R/W	C组GPIO引脚I/O数据寄存器	未定义
	GPCUP	0x56000028	R/W	C组GPIO引脚上拉电阻寄存器	0x0
D	GPDCON	0x56000030	R/W	D组GPIO引脚功能设置寄存器	0x0
	GPDDAT	0x56000034	R/W	D组GPIO引脚I/O数据寄存器	未定义
	GPDUP	0x56000038	R/W	D组GPIO引脚上拉电阻寄存器	0xF000
E	GPECON	0x56000040	R/W	E组GPIO引脚功能设置寄存器	0x0
	GPEDAT	0x56000044	R/W	E组GPIO引脚I/O数据寄存器	未定义
	GPEUP	0x56000048	R/W	E组GPIO引脚上拉电阻寄存器	0x0

GPIO组	寄存器	端口地址	读/写属性	寄存器功能	初始值
F	GPFCON	0x56000050	R/W	F组GPIO引脚功能设置寄存器	0x0
	GPFDAT	0x56000054	R/W	F组GPIO引脚I/O数据寄存器	未定义
	GPFUP	0x56000058	R/W	F组GPIO引脚上拉电阻寄存器	0x0
G	GPGCON	0x56000060	R/W	G组GPIO引脚功能设置寄存器	0x0
	GPGDAT	0x56000064	R/W	G组GPIO引脚I/O数据寄存器	未定义
	GPGUP	0x56000068	R/W	G组GPIO引脚上拉电阻寄存器	0xFC00
H	GPHCON	0x56000070	R/W	H组GPIO引脚功能设置寄存器	0x0
	GPHDAT	0x56000074	R/W	H组GPIO引脚I/O数据寄存器	未定义
	GPHUP	0x56000078	R/W	H组GPIO引脚上拉电阻寄存器	0x0
J	GPJCON	0x560000D0	R/W	J组GPIO引脚功能设置寄存器	0x0
	GPJDAT	0x560000D4	R/W	J组GPIO引脚I/O数据寄存器	未定义
	GPJUP	0x560000D8	R/W	J组GPIO引脚上拉电阻寄存器	0x0

1. 各GPIO组控制寄存器的位结构

（1）A组控制寄存器GPACON的位结构如表9-12所示。

表 9-12 A组控制寄存器 GPACON 的位结构

GPA引脚	寄存器位	位功能	
GPA24	[24]	保留	
GPA23	[23]	保留	
GPA22	[22]	0 = 输出	1 = nFCE
GPA21	[21]	0 = 输出	1 = nRSTOUT
GPA20	[20]	0 = 输出	1 = nFRE
GPA19	[19]	0 = 输出	1 = nFWE
GPA18	[18]	0 = 输出	1 = ALE
GPA17	[17]	0 = 输出	1 = CLE
GPA16	[16]	0 = 输出	1 = nGCS[5]
GPA15	[15]	0 = 输出	1 = nGCS[4]
GPA14	[14]	0 = 输出	1 = nGCS[3]
GPA13	[13]	0 = 输出	1 = nGCS[2]
GPA12	[12]	0 = 输出	1 = nGCS[1]
GPA11	[11]	0 = 输出	1 = ADDR26
GPA10	[10]	0 = 输出	1 = ADDR25
GPA9	[9]	0 = 输出	1 = ADDR24
GPA8	[8]	0 = 输出	1 = ADDR23
GPA7	[7]	0 = 输出	1 = ADDR22
GPA6	[6]	0 = 输出	1 = ADDR21

GPA引脚	寄存器位	位功能	
GPA5	[5]	0 = 输出	1 = ADDR20
GPA4	[4]	0 = 输出	1 = ADDR19
GPA3	[3]	0 = 输出	1 = ADDR18
GPA2	[2]	0 = 输出	1 = ADDR17
GPA1	[1]	0 = 输出	1 = ADDR16
GPA0	[0]	0 = 输出	1 = ADDR0

注：本组引脚中除 GPA21 电平幅值由 VDDOP 决定外，其余引脚电平幅值都由 VDDMOP 决定。

（2）B 组控制寄存器 GPBCON 的位结构如表 9-13 所示。

表 9-13　B 组控制寄存器 GPBCON 的位结构

GPB引脚	寄存器位	位功能
GPB10	[21:20]	00 = 输入，01 = 输出，10 = nXDREQ0，11 = 保留
GPB9	[19:18]	00 = 输入，01 = 输出，10 = nXDACK0，11 = 保留
GPB8	[17:16]	00 = 输入，01 = 输出，10 = nXDREQ1，11 = 保留
GPB7	[15:14]	00 = 输入，01 = 输出，10 = nXDACK1，11 = 保留
GPB6	[13:12]	00 = 输入，01 = 输出，10 = nXBREQ，11 = 保留
GPB5	[11:10]	00 = 输入，01 = 输出，10 = nXBACK，11 = 保留
GPB4	[9:8]	00 = 输入，01 = 输出，10 = TCLK [0]，11 = 保留
GPB3	[7:6]	00 = 输入，01 = 输出，10 = TOUT3，11 = 保留
GPB2	[5:4]	00 = 输入，01 = 输出，10 = TOUT2，11 = 保留
GPB1	[3:2]	00 = 输入，01 = 输出，10 = TOUT1，11 = 保留
GPB0	[1:0]	00 = 输入，01 = 输出，10 = TOUT0，11 = 保留

（3）C 组控制寄存器 GPCCON 的位结构如表 9-14 所示。

表 9-14　C 组控制寄存器 GPCCON 的位结构

GPCCON	Bit	描述
GPC引脚	寄存器位	位功能
GPC15	[31:30]	00 = 输入，01 = 输出，10 = VD[7]，11 = 保留
GPC14	[29:28]	00 = 输入，01 = 输出，10 = VD[6]，11 = 保留
GPC13	[27:26]	00 = 输入，01 = 输出，10 = VD[5]，11 = 保留
GPC12	[25:24]	00 = 输入，01 = 输出，10 = VD[4]，11 = 保留
GPC11	[23:22]	00 = 输入，01 = 输出，10 = VD[3]，11 = 保留
GPC10	[21:20]	00 = 输入，01 = 输出，10 = VD[2]，11 = 保留
GPC9	[19:18]	00 = 输入，01 = 输出，10 = VD[1]，11 = 保留
GPC8	[17:16]	00 = 输入，01 = 输出，10 = VD[0]，11 = 保留
GPC7	[15:14]	00 = 输入，01 = 输出，10 = LCD_LPCREVB，11 = 保留

GPCCON	Bit	描述
GPC6	[13:12]	00 = 输入，01 = 输出，10 = LCD_LPCREV，11 = 保留
GPC5	[11:10]	00 = 输入，01 = 输出，10 = LCD_LPCOE，11 = 保留
GPC4	[9:8]	00 = 输入，01 = 输出，10 = VM，11 = I2SSDI
GPC3	[7:6]	00 = 输入，01 = 输出，10 = VFRAME，11 = 保留
GPC2	[5:4]	00 = 输入，01 = 输出，10 = VLINE，11 = 保留
GPC1	[3:2]	00 = 输入，01 = 输出，10 = VCLK，11 = 保留
GPC0	[1:0]	00 = 输入，01 = 输出，10 = LEND，11 = 保留

（4）D 组控制寄存器 GPDCON 的位结构如表 9-15 所示。

表 9-15   D 组控制寄存器 GPDCON 的位结构

GPD引脚	寄存器位	位功能
GPD15	[31:30]	00 = 输入，01 = 输出，10 = VD[23]，11 = nSS0
GPD14	[29:28]	00 = 输入，01 = 输出，10 = VD[22]，11 = nSS1
GPD13	[27:26]	00 = 输入，01 = 输出，10 = VD[21]，11 = Reserved
GPD12	[25:24]	00 = 输入，01 = 输出，10 = VD[20]，11 = Reserved
GPD11	[23:22]	00 = 输入，01 = 输出，10 = VD[19]，11 = Reserved
GPD10	[21:20]	00 = 输入，01 = 输出，10 = VD[18]，11 = SPICLK1
GPD9	[19:18]	00 = 输入，01 = 输出，10 = VD[17]，11 = SPIMOSI1
GPD8	[17:16]	00 = 输入，01 = 输出，10 = VD[16]，11 = SPIMISO1
GPD7	[15:14]	00 = 输入，01 = 输出，10 = VD[15]，11 = Reserved
GPD6	[13:12]	00 = 输入，01 = 输出，10 = VD[14]，11 = Reserved
GPD5	[11:10]	00 = 输入，01 = 输出，10 = VD[13]，11 = Reserved
GPD4	[9:8]	00 = 输入，01 = 输出，10 = VD[12]，11 = Reserved
GPD3	[7:6]	00 = 输入，01 = 输出，10 = VD[11]，11 = Reserved
GPD2	[5:4]	00 = 输入，01 = 输出，10 = VD[10]，11 = Reserved
GPD1	[3:2]	00 = 输入，01 = 输出，10 = VD[9]，11 = Reserved
GPD0	[1:0]	00 = 输入，01 = 输出，10 = VD[8]，11 = Reserved

（5）E 组控制寄存器 GPECON 的位结构如表 9-16 所示。

表 9-16   E 组控制寄存器 GPECON 的位结构

GPE引脚	寄存器位	位功能
GPE15	[31:30]	00 = 输入，01 = 输出，10 = IICSDA，11 = 保留（漏极开路无上拉电阻）
GPE14	[29:28]	00 = 输入，01 = 输出，10 = IICSCL，11 = 保留（漏极开路无上拉电阻）
GPE13	[27:26]	00 = 输入，01 = 输出，10 = SPICLK0，11 = 保留
GPE12	[25:24]	00 = 输入，01 = 输出，10 = SPIMOSI0，11 = 保留
GPE11	[23:22]	00 = 输入，01 = 输出，10 = SPIMISO0，11 = 保留

GPE引脚	寄存器位	位功能
GPE10	[21:20]	00 = 输入，01 = 输出，10 = SDDAT3，11 = 保留
GPE9	[19:18]	00 = 输入；01 = 输出，10 = SDDAT2，11 = 保留
GPE8	[17:16]	00 = 输入，01 = 输出，10 = SDDAT1，11 = 保留
GPE7	[15:14]	00 = 输入，01 = 输出，10 = SDDAT0，11 = 保留
GPE6	[13:12]	00 = 输入，01 = 输出，10 = SDCMD，11 = 保留
GPE5	[11:10]	00 = 输入，01 = 输出，10 = SDCLK，11 = 保留
GPE4	[9:8]	00 = 输入，01 = 输出，10 = I2SDO，11 = AC_SDATA_OUT
GPE3	[7:6]	00 = 输入，01 = 输出，10 = I2SDI，11 = AC_SDATA_IN
GPE2	[5:4]	00 = 输入，01 = 输出，10 = CDCLK，11 = AC_nRESET
GPE1	[3:2]	00 = 输入，01 = 输出，10 = I2SSCLK，11 = AC_BIT_CLK
GPE0	[1:0]	00 = 输入，01 = 输出，10 = I2SLRCK，11 = AC_SYNC

（6）F 组控制寄存器 GPFCON 的位结构如表 9-17 所示。

表 9-17　F 组控制寄存器 GPFCON 的位结构

GPF引脚	寄存器位	位功能
GPF7	[15:14]	00 = 输入，01 = 输出，10 = EINT[7]，11 = 保留
GPF6	[13:12]	00 = 输入，01 = 输出，10 = EINT[6]，11 = 保留
GPF5	[11:10]	00 = 输入，01 = 输出，10 = EINT[5]，11 = 保留
GPF4	[9:8]	00 = 输入，01 = 输出，10 = EINT[4]，11 = 保留
GPF3	[7:6]	00 = 输入，01 = 输出，10 = EINT[3]，11 = 保留
GPF2	[5:4]	00 = 输入，01 = 输出，10 = EINT[2]，11 = 保留
GPF1	[3:2]	00 = 输入，01 = 输出，10 = EINT[1]，11 = 保留
GPF0	[1:0]	00 = 输入，01 = 输出，10 = EINT[0]，11 = 保留

（7）G 组控制寄存器 GPGCON 的位结构如表 9-18 所示。

表 9-18　G 组控制寄存器 GPGCON 的位结构

GPG引脚	寄存器位	位功能
GPG15*	[31:30]	00 = 输入，01 = 输出，10 = EINT[23]，11 = 保留
GPG14*	[29:28]	00 = 输入，01 = 输出，10 = EINT[22]，11 = 保留
GPG13*	[27:26]	00 = 输入，01 = 输出，10 = EINT[21]，11 = 保留
GPG12	[25:24]	00 = 输入，01 = 输出，10 = EINT[20]，11 = 保留
GPG11	[23:22]	00 = 输入，01 = 输出，10 = EINT[19]，11 = TCLK[1]
GPG10	[21:20]	00 = 输入，01 = 输出，10 = EINT[18]，11 = nCTS1
GPG9	[19:18]	00 = 输入，01 = 输出，10 = EINT[17]，11 = nRTS1
GPG8	[17:16]	00 = 输入，01 = 输出，10 = EINT[16]，11 = 保留
GPG7	[15:14]	00 = 输入，01 = 输出，10 = EINT[15]，11 = SPICLK1

续表

GPG引脚	寄存器位	位功能
GPG6	[13:12]	00 = 输入，01 = 输出，10 = EINT[14]，11 = SPIMOSI1
GPG5	[11:10]	00 = 输入，01 = 输出，10 = EINT[13]，11 = SPIMISO1
GPG4	[9:8]	00 = 输入，01 = 输出，10 = EINT[12]，11 = LCD_PWRDN
GPG3	[7:6]	00 = 输入，01 = 输出，10 = EINT[11]，11 = nSS1
GPG2	[5:4]	00 = 输入，01 = 输出，10 = EINT[10]，11 = nSS0
GPG1	[3:2]	00 = 输入，01 = 输出，10 = EINT[9]，11 = 保留
GPG0	[1:0]	00 = 输入，01 = 输出，10 = EINT[8]，11 = 保留

注：在 NAND FLASH 启动模式下 GPG15~GPG13 引脚必须选择为输入。

（8）H 组控制寄存器 GPHCON 的位结构如表 9-19 所示。

表 9-19　H 组控制寄存器 GPHCON 的位结构

GPH引脚	寄存器位	位功能
GPH10	[21:20]	00 = 输入，01 = 输出，10 = CLKOUT1，11 = 保留
GPH9	[19:18]	00 = 输入，01 = 输出，10 = CLKOUT0，11 = 保留
GPH8	[17:16]	00 = 输入，01 = 输出，10 = UEXTCLK，11 = 保留
GPH7	[15:14]	00 = 输入，01 = 输出，10 = RXD[2]，11 = nCTS1
GPH6	[13:12]	00 = 输入，01 = 输出，10 = TXD[2]，11 = nRTS1
GPH5	[11:10]	00 = 输入，01 = 输出，10 = RXD[1]，11 = 保留
GPH4	[9:8]	00 = 输入，01 = 输出，10 = TXD[1]，11 = 保留
GPH3	[7:6]	00 = 输入，01 = 输出，10 = RXD[0]，11 = 保留
GPH2	[5:4]	00 = 输入，01 = 输出，10 = TXD[0]，11 = 保留
GPH1	[3:2]	00 = 输入，01 = 输出，10 = nRTS0，11 = 保留0
GPH0	[1:0]	00 = 输入，01 = 输出，10 = nCTS0，11 = 保留

（9）J 组控制寄存器 GPJCON 的位结构如表 9-20 所示。

表 9-20　J 组控制寄存器 GPJCON 的位结构

GPJ引脚	寄存器位	位功能
GPJ12	[25:24]	00 = 输入，01 = 输出，10 = CAMRESET，11 = 保留
GPJ11	[23:22]	00 = 输入，01 = 输出，10 = CAMCLKOUT，11 = 保留
GPJ10	[21:20]	00 = 输入，01 = 输出，10 = CAMHREF，11 = 保留
GPJ9	[19:18]	00 = 输入，01 = 输出，10 = CAMVSYNC，11 = 保留
GPJ8	[17:16]	00 = 输入，01 = 输出，10 = CAMPCLK，11 = 保留
GPJ7	[15:14]	00 = 输入，01 = 输出，10 = CAMDATA[7]，11 = 保留
GPJ6	[13:12]	00 = 输入，01 = 输出，10 = CAMDATA[6]，11 = 保留
GPJ5	[11:10]	00 = 输入，01 = 输出，10 = CAMDATA[5]，11 = 保留
GPJ4	[9:8]	00 = 输入，01 = 输出，10 = CAMDATA[4]，11 = 保留
GPJ3	[7:6]	00 = 输入，01 = 输出，10 = CAMDATA[3]，11 = 保留
GPJ2	[5:4]	00 = 输入，01 = 输出，10 = CAMDATA[2]，11 = 保留
GPJ1	[3:2]	00 = 输入，01 = 输出，10 = CAMDATA[1]，11 = 保留
GPJ0	[1:0]	00 = 输入，01 = 输出，10 = CAMDATA[0]，11 = 保留

2. 各 GPIO 组数据寄存器的位结构

（1）A 组数据寄存器 GPADAT 的位结构如表 9-21 所示。

表 9-21　A 组数据寄存器 GPADAT 的位结构

GPADAT	寄存器有效位	位功能
GPA[24:0]	[24:0]	每位对应一根引脚，当引脚设置为输出时，位状态就是引脚状态。而设置为其他功能单元辅助信号的引脚，状态不定。

（2）B 组数据寄存器 GPBDAT 的位结构如表 9-22 所示。

表 9-22　B 组数据寄存器 GPBDAT 的位结构

GPADAT	寄存器有效位	位功能
GPB[10:0]	[10:0]	每位对应一根引脚，有3种可选功能。当引脚设置为输入时，位状态就是引脚状态，当引脚设置为输出时，位状态就是引脚状态。而设置为其他功能单元辅助信号的引脚，状态不定。

（3）C 组数据寄存器 GPCDAT 的位结构如表 9-23 所示。

表 9-23　C 组数据寄存器 GPCDAT 的位结构

GPCDAT	寄存器有效位	位功能
GPC[15:0]	[15:0]	每位对应一根引脚，有3种可选功能。当引脚设置为输入时，位状态就是引脚状态，当引脚设置为输出时，位状态就是引脚状态。而设置为其他功能单元辅助信号的引脚，状态不定。

（4）D 组数据寄存器 GPDDAT 的位结构如表 9-24 所示。

表 9-24　D 组数据寄存器 GPDDAT 的位结构

GPDDAT	寄存器有效位	位功能
GPD[15:0]	[15:0]	每位对应一根引脚，有3种可选功能。当引脚设置为输入时，位状态就是引脚状态，当引脚设置为输出时，位状态就是引脚状态。而设置为其他功能单元辅助信号的引脚，状态不定。

（5）E 组数据寄存器 GPEDAT 的位结构如表 9-25 所示。

表 9-25　E 组数据寄存器 GPEDAT 的位结构

GPEDAT	寄存器有效位	位功能
GPE[15:0]	[15:0]	每位对应一根引脚，有3种可选功能。当引脚设置为输入时，位状态就是引脚状态，当引脚设置为输出时，位状态就是引脚状态。而设置为其他功能单元辅助信号的引脚，状态不定。

（6）F 组数据寄存器 GPFDAT 的位结构如表 9-26 所示。

表 9-26　F 组数据寄存器 GPFDAT 的位结构

GPFDAT	寄存器有效位	位功能
GPF7:0]	[7:0]	每位对应一根引脚，有3种可选功能。当引脚设置为输入时，位状态就是引脚状态，当引脚设置为输出时，位状态就是引脚状态。而设置为其他功能单元辅助信号的引脚，状态不定。

（7）G 组数据寄存器 GPGDAT 的位结构如表 9-27 所示。

表 9-27　G 组数据寄存器 GPGDAT 的位结构

GPGDAT	寄存器有效位	位功能
GPG[15:0]	[15:0]	每位对应一根引脚，有3种可选功能。当引脚设置为输入时，位状态就是引脚状态，当引脚设置为输出时，位状态就是引脚状态。而设置为其他功能单元辅助信号的引脚，状态不定。

（8）H 组数据寄存器 GPHDAT 的位结构如表 9-28 所示。

表 9-28　H 组数据寄存器 GPHDAT 的位结构

GPHDAT	寄存器有效位	位功能描述
GPH[10:0]	[10:0]	每位对应一根引脚，有3种可选功能。当引脚设置为输入时，位状态就是引脚状态，当引脚设置为输出时，位状态就是引脚状态。而设置为其他功能单元辅助信号的引脚，状态不定。

（9）J 组数据寄存器 GPJDAT 的位结构如表 9-29 所示。

表 9-29　J 组数据寄存器 GPJDAT 的位结构

GPJDAT	寄存器有效位	位功能描述
GPJ[12:0]	[12:0]	每位对应一根引脚，有3种可选功能。当引脚设置为输入时，位状态就是引脚状态，当引脚设置为输出时，位状态就是引脚状态。而设置为其他功能单元辅助信号的引脚，状态不定。

3. 各 GPIO 组上拉电阻寄存器的位功能

（1）B 组上拉电阻寄存器 GPBUP 的位功能如表 9-30 所示。

表 9-30　B 组上拉电阻寄存器 GPBUP 的位功能

GPBUP	寄存器有效位	位功能描述
GPB[10:0]	[10:0]	每位对应一根引脚，0 = 上拉电阻连接，1 = 上拉电阻断开

（2）C 组上拉电阻寄存器 GPCUP 的位功能如表 9-31 所示。

表 9-31　C 组上拉电阻寄存器 GPCUP 的位功能

GPCUP	寄存器有效位	位功能描述
GPC[15:0]	[15:0]	每位对应一根引脚，0 = 上拉电阻连接，1 = 上拉电阻断开

（3）D 组上拉电阻寄存器 GPDUP 的位功能如表 9-32 所示。

表 9-32　D 组上拉电阻寄存器 GPDUP 的位功能

GPDUP	寄存器有效位	位功能描述
GPD[15:0]	[15:0]	每位对应一根引脚，0 = 上拉电阻连接，1 = 上拉电阻断开

（4）E 组上拉电阻寄存器 GPEUP 的位功能如表 9-33 所示。

表 9-33　E 组上拉电阻寄存器 GPEUP 的位功能

GPEUP	寄存器有效位	位功能描述
GPE[13:0]	[13:0]	每位对应一根引脚，0 = 上拉电阻连接，1 = 上拉电阻断开

（5）F 组上拉电阻寄存器 GPFUP 的位功能如表 9-34 所示。

表 9-34　F 组上拉电阻寄存器 GPFUP 的位功能

GPFUP	寄存器有效位	位功能描述
GPF[7:0]	[7:0]	每位对应一根引脚，0 = 上拉电阻连接，1 = 上拉电阻断开

（6）G 组上拉电阻寄存器 GPGUP 的位功能如表 9-35 所示。

表 9-35　G 组上拉电阻寄存器 GPGUP 的位功能

GPGUP	寄存器有效位	位功能描述
GPG[15:0]	[15:0]	每位对应一根引脚，0 = 上拉电阻连接，1 = 上拉电阻断开

（7）H 组上拉电阻寄存器 GPHUP 的位功能如表 9-36 所示。

表 9-36　H 组上拉电阻寄存器 GPHUP 的位功能

GPHUP	寄存器有效位	位功能描述
GPH[10:0]	[10:0]	每位对应一根引脚，0 = 上拉电阻连接，1 = 上拉电阻断开

（8）J 组上拉电阻寄存器 GPJUP 的位功能如表 9-37 所示。

表 9-37　J 组上拉电阻寄存器 GPJUP 的位功能

GPJUP	寄存器有效位	位功能描述
GPJ[12:0]	[12:0]	每位对应一根引脚，0 = 上拉电阻连接，1 = 上拉电阻断开

9.2 与 GPIO 引脚功能设置有关的其他寄存器

S3C2440 的 GPIO 功能单元除了管理控制 GPIO 组的功能及数据输入/输出外，还负责实施其他的一些引脚管理控制功能。相关的设置寄存器有混合功能控制寄存器 MIXCCR、DCLK控制寄存器 DCLKCON、通用状态寄存器 GSTATUSn、驱动强度控制寄存器 DSCn、存储器休眠控制寄存器 MSLCON 等。

1. 混合功能控制寄存器 MIXCCR

MIXCCR 用于设置休眠模式下数据总线上拉电阻、USB 工作模式、CLKOUT 时钟源。

在休眠模式下数据总线 D[31:0] 或 D[15:0]可被设置为高阻态及"0"输出状态，但常需要通过对上拉电阻的控制来降低功耗。所以 MISCCR 的作用之一是开启/关闭 D[31:0]引脚的上拉电阻。另外该寄存器还用于设置主 USB 或从 USB 常规或挂起模式。该寄存器端口地址及属性见表 9-38，位功能见表 9-39。

表 9-38   混合功能控制寄存器的端口地址及读写属性

寄存器	端口地址	读/写属性	寄存器功能	初始值
MISCCR	0x56000080	R/W	混合功能控制寄存器	0x10020

表 9-39   混合功能寄存器的位功能

寄存器位功能	位	位功能描述	初始值
Reserved	[24]	Reserve to 0.	0
Reserved	[23]	Reserve to 0.	0
BATT_FUNC	[22:20]	电池故障功能选择。0XX：nBATT_FLT=0，系统将进入复位状态，复位后修改此位的值，以防止从电池故障状态下启动。10X：休眠模式，当nBATT_FLT=0，系统将唤醒。正常情况下当nBATT_FLT=0，将触发电池故障中断。110：处于休眠模式状态，当nBATT_FLT=0，系统将忽略所有唤醒事件。111：禁止Nbatt_FLT功能	000
OFFREFRESH	[19]	0：持续自刷新禁止 1：持续自刷新允许。当从睡眠状态唤醒时，自刷新将保持	0
nEN_SCLK1	[18]	SCLK1输出允许。0：SCLK1 = SCLK，1：SCLK1 = 0	0
nEN_SCLK0	[17]	SCLK0输出允许。0：SCLK0 = SCLK，1：SCLK0 = 0	0
nRSTCON	[16]	nRSTOUT信号手动控制。0：nRSTCON信号为低电平，1：nRSTCON信号为高电平	1
Reserved	[15:14]	—	00
SEL_SUSPND1	[13]	USB 口 1 挂起模式。0 = 常规模式，1 = 挂起模式	0

寄存器位功能	位	位功能描述	初始值
SEL_SUSPND0	[12]	USB 口 0挂起模式。 0 = 常规模式， 1 = 挂起模式	0
CLKSEL1(注)	[10:8]	为引脚CLKOUT1选择时钟源 000 = MPLL输出， 001 = UPLL输出， 010 = RTC时钟输出， 011 = HCLK， 100 = PCLK， 101 = DCLK1， 11x = 保留	000
Reserved	[7]	—	0
CLKSEL0(注)	[6:4]	为引脚CLKOUT0选择时钟源 000 = MPLL输入时钟 (XTAL)， 001 = UPLL输出， 010 = FCLK， 011 = HCLK， 100 = PCLK， 101 = DCLK0， 11x = 保留	010
SEL_USBPAD	[3]	USB1主从选择寄存器。 0 = USB1为从USB， 1 = USB1为主USB	0
Reserved	[2]	Reserved	0
SPUCR1	[1]	0：数据线[31:16]上拉电阻有效，1：数据线[31:16]上拉电阻无效	0
SPUCR0	[0]	0：数据线[15:0]上拉电阻有效，1：数据线[15:0]上拉电阻无效	0

注：CLKOUT 的输出仅用于监测某个内部时钟源的状态（开/关，或频率值），不建议用此引脚输出作为其他功能部件锁相环时钟源。

2. DCLK 控制寄存器 DCLKCON

DCLK是由CLKOUT引脚输出的多种可选时钟信号之一，可用作类似PWM的输出信号。通过对DCLKCON寄存器的设置可以选择DCLK输出信号的周期以及占空比。CLKOUT[1:0]引脚被设置为输出DCLK信号时，PCLKCDR才起作用，如图9-2所示。该寄存器端口地址及属性见表9-40，位功能见表9-41。

表 9-40 DCLK 控制寄存器的端口地址及读写属性

寄存器	端口地址	读/写属性	寄存器功能	初始值
DCLKCON	0x56000084	R/W	DCLK0/1 控制寄存器	0x0

表 9-41 DCLK 控制寄存器的位功能

DCLKCON	位	位功能描述
DCLK1CMP	[27:24]	DCLK1比较值时钟触发值。如果 DCLK1CMP为n，低电平周期为n + 1，则高电平周期为(DCLK1DIV + 1)–(n + 1)
DCLK1DIV	[23:20]	DCLK1 分频值。DCLK1 频率 = 源时钟频率 /(DCLK1DIV + 1)
DCLK1SelCK	[17]	DCLK1 时钟源选择。0 = PCLK，1 = UCLK(USB)
DCLK1EN	[16]	DCLK1 允许。0 = DCLK1 禁止，1 = DCLK1 允许
DCLK0CMP	[11:8]	DCLK0比较值时钟触发值。如果 DCLK0CMP为n，低电平周期为n + 1，高电平周期为(DCLK0DIV + 1)–(n +1)
DCLK0DIV	[7:4]	DCLK0 分频值。DCLK1 频率 = 源时钟频率 /(DCLK0DIV + 1)
DCLK0SelCK	[1]	DCLK0 时钟源选择。0 = PCLK，1 = UCLK(USB)
DCLK0EN	[0]	DCLK0允许。0 = DCLK0 禁止，1 = DCLK0 允许

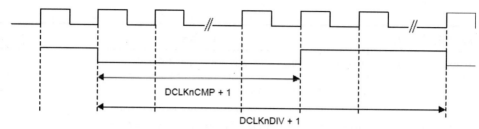

图 9-2　DCLKCON 寄存器内 DCLKnCMP 和 DCKLnDIV 设置值的作用

3. 通用状态寄存器 GSTATUSn

通用状态寄存器共有 5 个，用于记录和设置部分重要的引脚及工作过程的状态。该寄存器端口地址及属性见表 9-41，位功能见表 9-42。

表 9-42　通用状态寄存器端口地址及读写属性

寄存器	地址	R/W	描述	初始值
GSTATUS0	0x560000ac	R	外部引脚状态寄存器	未定义
GSTATUS1	0x560000b0	R/W	芯片ID寄存器	0x32440001
GSTATUS2	0x560000b4	R/W	复位状态寄存器	0x1
GSTATUS3	0x560000b8	R/W	通告寄存器	0x0
GSTATUS4	0x560000bc	R/W	通告寄存器	0x0

表 9-43　各状态寄存器的位功能

寄存器		位	位功能描述
GSTATUS0	nWAIT	[3]	nWAIT 引脚状态
GSTATUS0	NCON	[2]	NCON引脚状态
GSTATUS0	RnB	[1]	RnB 引脚状态
GSTATUS0	BATT_FLT	[0]	BATT_FLT引脚状态
GSTATUS1	CHIP ID	[0]	ID register = 0x32440001
GSTATUS2	Reserved	[3]	保留
GSTATUS2	WDTRST	[2]	由看门狗定时器复位引发系统重启，向该位写"1"实现清0
GSTATUS2	SLEEPRST	[1]	在休眠模式下因唤醒复位引发系统重启，向该位写"1"实现清0
GSTATUS2	PWRST	[0]	由上电复位引发系统重启，向该位写"1"实现清0
GSTATUS3	inform	[31:0]	通告寄存器。上电复位实现清0，其他情况下保持原有数据。
GSTATUS4	inform	[31:0]	通告寄存器。上电复位实现清0，其他情况下保持原有数据。

4. 驱动强度控制寄存器 DSCn

驱动强度控制寄存器用于设置有关引脚的输出电流强度值。驱动强度控制寄存器的基本情况见表 9-44、表 9-45。

表 9-44　驱动强度控制寄存器端口地址及读写属性

寄存器	端口地址	读/写属性	寄存器功能描述	初始值
DSC0	0x560000c4	R/W	驱动强度控制寄存器0	0x0
DSC1	0x560000c8	R/W	驱动强度控制寄存器1	0x0

表 9-45　驱动强度控制寄存器的位功能

寄存器		位	位功能描述	初始值
DSC0	nEN_DSC	[31]	驱动强度控制寄存器允许。0 = 允许，　1 = 禁止	0
DSC0	保留	[30:10]	—	0
DSC0	DSC_ADR	[9:8]	地址总线驱动强度。00 = 12mA，10 = 10mA，01 = 8mA，11 = 6mA	00
DSC0	DSC_DATA3	[7:6]	数据线[31:24]驱动强度。00=12mA，10=10mA，01=8mA，11=6mA	00
DSC0	DSC_DATA2	[5:4]	数据线[23:16] 驱动强度。00=12mA，10=10mA，01=8mA，11=6mA	00
DSC0	DSC_DATA1	[3:2]	数据线[15:8] 驱动强度。00=12mA，10=10mA，01=8mA，11=6mA	00
DSC0	DSC_DATA0	[1:0]	数据线[7:0] 驱动强度。00=12mA，10=10mA，01=8mA，11=6mA	00
DSC1	DSC_SCK1	[29:28]	SCLK1 驱动强度。00 = 12mA，10 = 10mA，01 = 8mA，11 = 6mA	00
DSC1	DSC_SCK0	[27:26]	SCLK0 驱动强度。00 = 12mA，10 = 10mA，01 = 8mA，11 = 6mA	00
DSC1	DSC_SCKE	[25:24]	SCKE 驱动强度。00 = 10mA，10 = 8mA，01 = 6mA，11 = 4mA	00
DSC1	DSC_SDR	[23:22]	nSRAS/nSCAS驱动强度。00 = 10mA，10 = 8mA，01 = 6mA，11 = 4mA	00
DSC1	DSC_NFC	[21:20]	Nand flash 控制信号驱动强度。 　00 = 10mA，10 = 8mA，01 = 6mA，11 = 4mA	00
DSC1	DSC_BE	[19:18]	nBE[3:0] 驱动强度。00 = 10mA，10 = 8mA，01 = 6mA，11 = 4mA	00
DSC1	DSC_WOE	[17:16]	nWE/nOE驱动强度。00 = 10mA，10 = 8mA，01 = 6mA，11 = 4mA	00
DSC1	DSC_CS7	[15:14]	nGCS7驱动强度。00 = 10mA，10 = 8mA，01 = 6mA，11 = 4mA	00
DSC1	DSC_CS6	[13:12]	nGCS6驱动强度。00 = 10mA，10 = 8mA，01 = 6mA，11 = 4mA	00
DSC1	DSC_CS5	[11:10]	nGCS5驱动强度。00 = 10mA，10 = 8mA，01 = 6mA，11 = 4mA	00
DSC1	DSC_CS4	[9:8]	nGCS4驱动强度。00 = 10mA，10 = 8mA，01 = 6mA，11 = 4mA	00
DSC1	DSC_CS3	[7:6]	nGCS3驱动强度。00 = 10mA，10 = 8mA，01 = 6mA，11 = 4mA	00
DSC1	DSC_CS2	[5:4]	nGCS2驱动强度。00 = 10mA，10 = 8mA，01 = 6mA，11 = 4mA	00
DSC1	DSC_CS1	[3:2]	nGCS1驱动强度。00 = 10mA，10 = 8mA，01 = 6mA，11 = 4mA	00
DSC1	DSC_CS0	[1:0]	nGCS0驱动强度。00 = 10mA，10 = 8mA，01 = 6mA，11 = 4mA	00

5. 存储器休眠控制寄存器 MSLCON

存储器休眠控制寄存器 MSLCON 的作用是设置存储器相关引脚在休眠模式下的状态。该寄存器的基本情况见表 9-46、9-47。

表 9-46　存储器休眠控制寄存器端口地址及读写属性

寄存器	端口地址	读/写属性	寄存器功能	初始值
MSLCON	0x560000cc	R/W	存储器休眠控制寄存器	0x0

表 9-47　存储器休眠控制寄存器的位功能

MSLCON的位		位功能描述	初始值
PSC_DATA	[11]	数据线[31:0]引脚在休眠模式下的状态，0 = 高阻态，1 = 输出 "0"	0
PSC_WAIT	[10]	nWAIT 引脚在休眠模式下的状态，0 = 输入，1 = 输出 "0"	0
PSC_RnB	[9]	RnB 引脚在休眠模式下的状态，0 = 输入，1 = 输出 "0"	0
PSC_NF	[8]	NAND Flash I/F 引脚(nFCE,nFRE,nFWE,ALE,CLE)休眠模式下的状态，0 = 无效态(nFCE,nFRE,nFWE,ALE,CLE = 11100)，1 = 高阻态	0
PSC_SDR	[7]	nSRAS, nSCAS 引脚在休眠模式下的状态，0=无效态("1")，1=高阻态	0
PSC_DQM	[6]	DQM[3:0]/nWE[3:0]引脚在休眠模式下的状态，0 = 无效态，1 = 高阻态	0
PSC_OE	[5]	nOE 引脚在休眠模式下的状态，0 = 无效态("1")，1 = 高阻态	0
PSC_WE	[4]	nWE 引脚在休眠模式下的状态，0 = 无效态("1")，1 = 高阻态	0
PSC_GCS0	[3]	nGCS[0] 引脚在休眠模式下的状态，0 = 无效态("1")，1 = 高阻态	0
PSC_GCS51	[2]	nGCS[5:1] 引脚在休眠模式下的状态，0 = 无效态("1")，1 = 高阻态	0
PSC_GCS6	[1]	nGCS[6] 引脚在休眠模式下的状态，0 = 无效态("1")，1 = 高阻态	0
PSC_GCS7	[0]	nGCS[7] 引脚在休眠模式下的状态，0 = 无效态("1")，1 = 高阻态	0

9.3 GPIO 功能单元的所有寄存器小结

为了方便编程时查对，特将前面介绍的有关寄存器归类在表 9-48 中。

表 9-48　GPIO 编程有关寄存器总表

GPIO组	寄存器	端口地址	读/写属性	寄存器功能	初始值
A	GPACON	0x56000000	R/W	A组GPIO引脚功能设置寄存器	0xffffff
	GPADAT	0x56000004	R/W	A组GPIO引脚I/O数据寄存器	未定义
B	GPBCON	0x56000010	R/W	B组GPIO引脚功能设置寄存器	0x0
	GPBDAT	0x56000014	R/W	B组GPIO引脚I/O数据寄存器	未定义
	GPBUP	0x56000018	R/W	B组GPIO引脚上拉电阻寄存器	0x0
C	GPCCON	0x56000020	R/W	C组GPIO引脚功能设置寄存器	0x0
	GPCDAT	0x56000024	R/W	C组GPIO引脚I/O数据寄存器	未定义
	GPCUP	0x56000028	R/W	C组GPIO引脚上拉电阻寄存器	0x0
D	GPDCON	0x56000030	R/W	D组GPIO引脚功能设置寄存器	0x0
	GPDDAT	0x56000034	R/W	D组GPIO引脚I/O数据寄存器	未定义
	GPDUP	0x56000038	R/W	D组GPIO引脚上拉电阻寄存器	0xF000
E	GPECON	0x56000040	R/W	E组GPIO引脚功能设置寄存器	0x0
	GPEDAT	0x56000044	R/W	E组GPIO引脚I/O数据寄存器	未定义
	GPEUP	0x56000048	R/W	E组GPIO引脚上拉电阻寄存器	0x0

续表

GPIO组	寄存器	端口地址	读/写属性	寄存器功能	初始值
F	GPFCON	0x56000050	R/W	F组GPIO引脚功能设置寄存器	0x0
	GPFDAT	0x56000054	R/W	F组GPIO引脚I/O数据寄存器	未定义
	GPFUP	0x56000058	R/W	F组GPIO引脚上拉电阻寄存器	0x0
G	GPGCON	0x56000060	R/W	G组GPIO引脚功能设置寄存器	0x0
	GPGDAT	0x56000064	R/W	G组GPIO引脚I/O数据寄存器	未定义
	GPGUP	0x56000068	R/W	G组GPIO引脚上拉电阻寄存器	0xFC00
H	GPHCON	0x56000070	R/W	H组GPIO引脚功能设置寄存器	0x0
	GPHDAT	0x56000074	R/W	H组GPIO引脚I/O数据寄存器	未定义
	GPHUP	0x56000078	R/W	H组GPIO引脚上拉电阻寄存器	0x0
J	GPJCON	0x560000D0	R/W	J组GPIO引脚功能设置寄存器	0x0
	GPJDAT	0x560000D4	R/W	J组GPIO引脚I/O数据寄存器	未定义
	GPJUP	0x560000D8	R/W	J组GPIO引脚上拉电阻寄存器	0x0
S3C2440 相关 寄存器	MISCCR	0x56000080	R/W	混合功能控制寄存器	0x10020
	DCLKCON	0x56000084	R/W	DCLK0/1 控制寄存器	0x0
	GSTATUS0	0x560000ac	R	外部引脚状态寄存器	未定义
	GSTATUS1	0x560000b0	R/W	芯片ID寄存器	0x32440001
	GSTATUS2	0x560000b4	R/W	复位状态寄存器	0x1
	GSTATUS3	0x560000b8	R/W	通告寄存器	0x0
	GSTATUS4	0x560000bc	R/W	通告寄存器	0x0
	DSC0	0x560000c4	R/W	驱动强度控制寄存器0	0x0
	DSC1	0x560000c8	R/W	驱动强度控制寄存器1	0x0
	MSLCON	0x560000cc	R/W	存储器休眠控制寄存器	0x0

9.4 GPIO 应用编程实例

本实验要求通过 S3C2440 的 4 个 GPIO 口，驱使 4 个发光二极管在程序的作用下不断的变换显示（俗称跑马灯）。实验采用 GPG4~GPG7 等 4 个 GPIP 口，电路连接如图 9-3 所示。

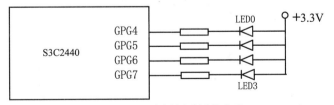

图 9-3　GPIO 应用例采用的电路

GPIO 口作为嵌入式处理器与传统 CPU 的区别是灵活且方便地扩展了外部设备的常用方法。传统的微处理器 CPU 在系统中挂接外部设备通常是通过地址、数据及控制三总线协同完成，首先需要在存储空间或 I/O 空间的无用地址区以地址信号经译码方式产生针对该外设唯一的选通（片选）信号，然后开通数据总线并在读/写控制信号作用下实现与外设的数据传输。在此过程中无论外设具有多少有效数据位（哪怕仅仅是一位发光二极管或一个按钮），都必须要以至少 1 个字节（或 2、4、8 字节）的数据宽度进行传输，似乎有"杀鸡用牛刀"之感。而 GPIO 口技术则可以避免这一现象，广泛应用于嵌入式系统中信息位不规范、数量少且以"位"为控制或传输单位的应用场合。

本实验是一个典型的 GPIO 口的应用案例，即利用 GPIO 口控制 4 个 LED 的亮灭。尽管应用要求十分简单，但为了使读者通过本实验逐步掌握基于嵌入式裸机环境下进行应用开发的程序方法，所列出的程序功能模块包含了从一个裸机系统进行系统初始化到最终实现应用要求所需的全部功能及实现过程。以下汇编语言程序是假设该程序已事先固化于开发板 NOR FLASH ROM 内，因此在完成系统基本功能单元初始化后为了加快后续程序运行，可将 ROM 内程序拷贝到内存 SDRAM 存储器中。

1. 程序结构流程框图

本实验程序结构流程图如图 9-4 所示。

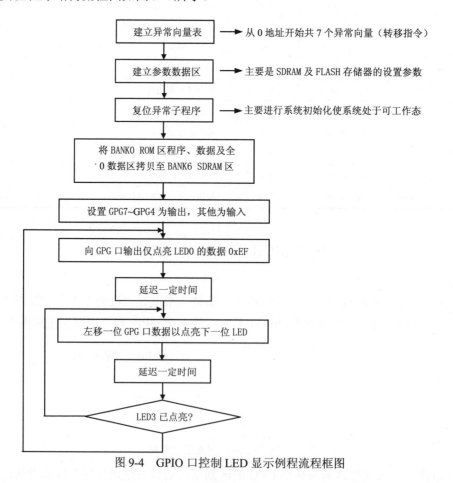

图 9-4　GPIO 口控制 LED 显示例程流程框图

2.　汇编语言参考程序

本实验汇编语言参考程序如下。

//***** 预备的编译用符号定义区 *****//

pWTCON	EQU	0x53000000	; 看门狗定时器口地址
pINTMSK	EQU	0x4a000008	; 中断屏蔽寄存器地址
pLOCKTIME	EQU	0x4c000000	; 锁定时间计数值寄存器地址
pCLKDIVN	EQU	0x4c000014	; 时钟控制寄存器地址
pUPLLCON	EQU	0x4c000008	; 锁相环 UPLL 控制寄存器地址
pMPLLCON	EQU	0x4c000004	; 锁相环 MPLL 控制寄存器地址
pBWSCON	EQU	0x48000000	; 设置数据总线宽度与等待状态控制寄存器地址
pGPGCON	EQU	0x56000060	; GPIO G 口控制寄存器地址
pGPGDAT	EQU	0x56000064	; GPIO G 口数据寄存器地址
pGPGUP	EQU	0x56000068	; G 口上拉电阻控制寄存器地址
vCLKDIVN	EQU	0x4	; 时钟分频控制寄存器值, DIVN_UPLL=0b, HDIVN=10b, PDIVN=0b
vUPLLCON	EQU	0x00038022	; UPLL 控制寄存器值,Fin=12M, Uclk=48M, MDIV=0x38, PDIV=2, SDIV=2
vMPLLCON	EQU	0x0005c011	; MPLL 控制寄存器值,Fin=12M, Fclk=400M, SDIV=1, PDIV=1, MDIV=0x5c

//*********** 代码段入口 ***********//

```
    AREA    Init, CODE, READONLY
    ENTRY
    EXPORT    __ENTRY
__ENTRY
ResetEntry
        b    _reset      ; 跳转到复位异常处理程序 _reset 去运行
        b    .           ; 死循环,为未定义指令异常预留
        b    .           ; 死循环,为软件中断异常预留
        b    .           ; 死循环,为指令预取中止异常预留
        b    .           ; 死循环,为数据访问中止异常预留
        b    .           ; 死循环,为 ARM 公司预留
        b    IsrIRQ      ; 跳转到中断源判别程序 IsrIRQ 去运行
        b    .           ; 死循环,为快中断 FIQ 预留
        LTORG
```

//****对应特殊功能寄存器区的存储器设置参数,包括数据宽度、刷新模式和频率等共 13 个 ****//

```
SMRDATA
DCD  (0+(B1_BWSCON<<4)+(B2_BWSCON<<8)+(B3_BWSCON<<12)+(B4_BWSCON<<16)+(B5_BWSCON<<20)+
    (B6_BWSCON<<24)+(B7_BWSCON<<28))
DCD  (B0_Tacs<<13)+(B0_Tcos<<11)+(B0_Tacc<<8)+(B0_Tcoh<<6)+(B0_Tah<<4)+(B0_Tacp<<2)+(B0_PMC))
DCD  ((B1_Tacs<<13)+(B1_Tcos<<11)+(B1_Tacc<<8)+(B1_Tcoh<<6)+(B1_Tah<<4)+(B1_Tacp<<2)+(B1_PMC))
```

```
DCD   ((B2_Tacs<<13)+(B2_Tcos<<11)+(B2_Tacc<<8)+(B2_Tcoh<<6)+(B2_Tah<<4)+(B2_Tacp<<2)+(B2_PMC))
DCD   (B3_Tacs<<13)+(B3_Tcos<<11)+(B3_Tacc<<8)+(B3_Tcoh<<6)+(B3_Tah<<4)+(B3_Tacp<<2)+(B3_PMC))
DCD   (B4_Tacs<<13)+(B4_Tcos<<11)+(B4_Tacc<<8)+(B4_Tcoh<<6)+(B4_Tah<<4)+(B4_Tacp<<2)+(B4_PMC))
DCD   (B5_Tacs<<13)+(B5_Tcos<<11)+(B5_Tacc<<8)+(B5_Tcoh<<6)+(B5_Tah<<4)+(B5_Tacp<<2)+(B5_PMC))
DCD   ((B6_MT<<15)+(B6_Trcd<<2)+(B6_SCAN))                              ;GCS6
DCD   ((B7_MT<<15)+(B7_Trcd<<2)+(B7_SCAN))                              ;GCS7
DCD   ((REFEN<<23)+(TREFMD<<22)+(Trp<<20)+(Tsrc<<18)+(Tchr<<16)+REFCNT)
DCD 0x32      ;SCLK power saving mode, BANKSIZE 128M/128M
DCD 0x30      ;MRSR6 CL=3clk
DCD 0x30      ;MRSR7 CL=3clk
```

//**** 复位异常处理程序段 ****//

```
_reset    ldr  r0,=pWTCON          ; 关闭看门狗定时器
          ldr  r1,=0x0
          str  r1,[r0]
          ldr  r0,=pINTMSK
          ldr  r1,=0xffffffff       ; 关闭所有一级中断请求
          str  r1,[r0]
          ldr  r0,=pLOCKTIME        ; 设置 PLL 锁定时间。0~15 位为 MPLL 锁定时间, 16~31 位为 UPLL 锁定时间
          ldr  r1,=0x00ffffff
          str  r1,[r0]
          ldr  r0,=pCLKDIVN         ; 时钟分频控制寄存器, 具体内容参见第 7 章表 7-11
          ldr  r1,=vCLKDIVN         ; vCLKDIVN=0x04。UCLK=UPLL, HCLK=FCLK/4, PCLK=HCLK=100M
          str  r1,[r0]              ; 设置时钟控制寄存器内容
          ldr  r0,=pUPLLCON         ; 设置 UPLL
          ldr  r1,=vUPLLCON         ; Fin=12MHz, UCLK=48MHz
          str  r1,[r0]
          nop                       ; S3C2440 要求对 UPLL 设置后至少需要延时 7 个时钟周期
          nop
          nop
          nop
          nop
          nop
          nop
          ldr  r0, =pMPLLCON        ; 设置 MPLL
          ldr  r1, =vMPLLCON        ; Fin=12MHz, FCLK=400MHz
          str  r1, [r0]
```

//**** 设置 SDRAM 存储器参数, 最多 13 个, 占 52 字节。参见特殊功能寄存器区表 ****//

```
          adrl r0, SMRDATA         ; SDRAM 参数区起始地址
          ldr  r1, =pBWSCON        ; 特殊功能寄存器区内存储器参数区首地址=0x48000000
```

```
            add  r2, r0, #52          ; SMRDATA 参数区结尾地址
     0      ldr  r3, [r0], #4         ; 将参数区数据逐个传送到以 0x48000000 起始的特殊功能寄存器区
            str  r3, [r1], #4
            cmp  r2, r0
            bne  %B0                  ; 跳转到后向（Back）0 标号处运行
; 实现将BANK0的FLASH存储区（0x0）程序及数据拷贝到BANK6的SDRAM区（0x0c000000)中的程序省略

; 实现将BANK0的FLASH存储区的零初始化区拷贝到BANK6的SDRAM区中的程序省略

    ldr  r0, =pGPGCON                 ; GPIO G组控制寄存器
    ldr  r1, =0x5500                  ; 设置 GPG7~GPG4为输出，其余为输入
    str  r1, [r0]
; 以下程序实现LED3~LED0逐位点亮并且循环往复
aa          ldr  r6, =pGPGDAT         ; 向PE口输出数据0xef
            ldr  r7, =0xef            ; 仅点亮LED0, 对应D4位, 低电平亮
            str  r7, [r6]
            ldr  r0, =0xfffff
bb          sub  r0, r0, #1           ; 延迟
            bne  bb
dd          ldr  r7, r7, LSL#1        ; 0左移一位，显示下一位
            str  r7, [r6]
            ldr  r0, =0xfffff
cc          sub  r0, r0, #1           ; 延迟
            bne  cc
            and  r7, r7, #0x80        ; LED3 是否点亮
bne  dd
b    aa                               ; 裸机程序的最后必须是跳转回程序形成无限循环的跳转指令
LTORG
END
```

3. C 语言参考程序

本实验的 C 语言程序段必须在系统完成汇编语言初始化设置程序后方可运行。rGPGCON、rGPGDAT、rGPGUP 在 S3C2440.h 中定义，分别表示 GPIO G 组控制寄存器、数据寄存器和上拉电阻寄存器，对应的端口地址为 0x56000060、0x56000064 和 0x56000060。

```
/****** GPIO 口初始化程序段  （略去了前面的其他初始化部分）******/
void Port_Init(void)
{
rGPGCON =0x005500     ; E口的9个I/O中GPE4~GPE7等4个设为输出，其他为输入
rGPGUP =0xff          ; 禁止上拉电阻（低电平驱动不需要上拉）
```

```
      }
/****** LED 全部点亮  *******/
void ledall_on()
{
    rPDATE=rPDATE&(~0x0F0);
    return;
}
/****** LED 全部熄灭  *******/
void ledall_off()
{
    rGPGDAT =rGPGDAT|0x0f0;
    return;
}
/****** 点亮 LED0  *******/
void ledone_on()
{
    rGPGDAT =rGPGDAT|0x0F0;
    rGPGDAT =r GPGDAT&(~0x010);
    return;
}
/****** 点亮 LED1 *******/
void ledtwo_on()
{
    rGPGDAT=rGPGDAT|0x0F0          ; 先全部熄灭
    rGPGDAT=rGPGDAT&(~0x020)       ; 仅点亮 LED1
    return;
}
/****** 循环点亮 LED1~4 *******/
void Main(void)
{
    int data,i;
    Port_Init();
    while(1)
     {
     data=0Xef              ; 首先点亮LED0
     for(i=0;i<4;i++)
        {
        data=data<<1      ; 左移1位
        rGPGDAT = data;
```

```
    Delay(100)        ; 延时
    }
};
}
```

习题与思考题

（1）GPIO 有哪些主要特点？有哪些主要引用场合？

（2）S3C2440 共有多少个 GPIO 引脚，它们分成了多少个不同的组，每个 GPIO 引脚的功能是如何设置的，功能最多的是哪几个 GPIO 引脚？

（3）涉及 GPIO 引脚编程的有哪几个寄存器，它们各自的作用是什么？

（4）如果需将 GPIO G3 引脚作为外中断 EINT11 请求输入脚且为高电平有效，而 G 组的其他引脚全都作为 GPIO 输入脚，需要对哪个寄存器进行设置，如何编写设置程序？

（5）针对图 9-5 所示的电路编写逐个点亮每位 LED 灯并不断循环的有关程序片段。

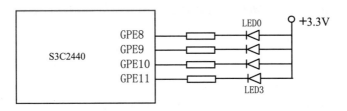

图 9-5　GPIO 应用例采用电路图

第10章 S3C2440 的中断系统

10.1 S3C2440 中断系统的组成结构

10.1.1 S3C2440 的中断源及管理

  S3C2440 的中断系统可管理 60 个中断源,并且可以程序设置为普通中断响应 IRQ 方式或快中断响应 FIQ 方式。IRQ 和 FIQ 作为 ARM 处理器核心管控的 7 个异常中的两个,是以引脚信号变化形式向处理器发出异常处理请求的,属硬件触发异常,通常称为中断。而其他5 个异常则是因复位或指令非正常执行而向处理器发出异常处理请求,属软件触发异常,通常称为异常。S3C2440 的异常处理系统整体结构示意图如图 10-1 所示。

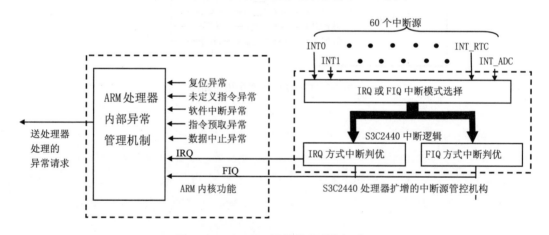

图 10-1   S3C2440 异常处理系统组成

  不同厂家的不同类型嵌入式处理器可能采用相同的 ARM 处理器核,但它们各自扩展出的中断源类型、数量以及中断源管理系统结构却各不相同。S3C2440 的 60 个中断源中有 36个属处理器内部集成的功能单元固定占有,有 24 个是由外部引脚引入的可灵活运用的外中断源。中断管理逻辑将 60 个中断源分为两级进行管理,其结构框图如图 10-2 所示。其中第1 级中断源管理机构面对的是 32 个中断请求输入,包括 24 个独立的中断请求源和 8 个共享中断源,独立中断源主要由处理器内部集成的重要外设功能单元和 4 个外部中断源占有,8个共享中断请求由第 2 级中断源提供。第 2 级中断管理机构包括一个可管理 15 个内部子中断源的管理单元和一个可管理 20 个外部中断源的管理单元,它们受理的中断源产生的中断请求将以分组方式共用第 1 级中断管理机构的一个位。中断源管理单元主要包括一个用于记录是否有中断请求产生的中断源悬挂(请求)寄存器和一个用于设置是否允许中断请求向前投递的中断屏蔽寄存器。

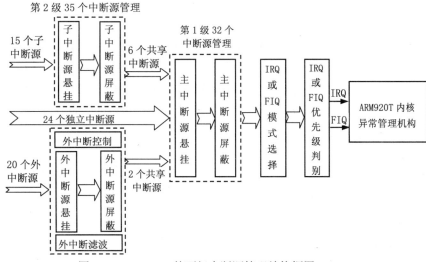

图 10-2　S3C2440 的两级中断源管理结构框图

10.1.2 S3C2440 中断系统结构

为了管理扩展出的 60 个中断源，不仅要考虑如何接受这些中断请求，还需要考虑当有多个中断请求同时发出时，如何按一定的优先级规则逐个给予响应。下图是S3C2440 的中断管理机构组成结构框图。

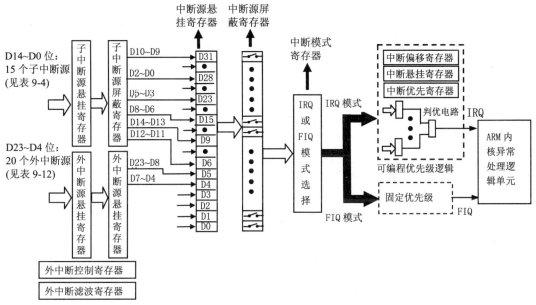

图 10-3　S3C2440 中断源管控机构中的寄存器及功能

1. 中断请求的悬挂及屏蔽

当不同的外设发出中断请求时，首先将在对应的中断源悬挂寄存器内记录一个"1"，称为悬挂位（"悬而未决"）。而每个中断源悬挂寄存器都有一个对应的中断屏蔽寄存器，其中的每位都和中断源悬挂寄存器对应，将某位置 1，就会禁止对应中断请求继续向前传递。S3C2440 共有三组中断源悬挂和屏蔽寄存器，包括 D14~D0 等 15 个有效位的子中断源悬挂寄存器和屏蔽寄存器，D23~D4 等 20 个有效位的外中断源悬挂寄存器和屏蔽寄存器，以及 32 位全部有效负责管理第 1 级中断源的中断源悬挂寄存器和屏蔽寄存器。

2. 中断响应模式的选择

经过了第 1 级中断屏蔽寄存器允许后的中断请求可以选择为 IRQ 或 FIQ 中断模式，FIQ 较 IRQ 有较高优先级和响应速度，多数情况下选择 IRQ 模式，特殊紧急的事件可以选择 FIQ 模式。

3. 中断的优先级

无论选择为 IRQ 或 FIQ 中断模式，都有可能出现多个请求同时产生的情况，所以需要确定中断请求优先级仲裁方式。FIQ 模式只提供了一种固定优先级方式。而 IRQ 模式除了保留固定优先级方式外还提供了优先级可程序设置的方式，可通过中断优先级寄存器、中断悬挂 (注意不是中断源悬挂)寄存器以及中断偏移寄存器编程实现。

4. 中断请求向处理器内核的投递

经过前面各类中断管理机构的层层筛选，最后被选中的唯一中断请求将送入处理器核心的异常处理单元给予响应，即寻找并运行为该中断源服务的中断处理程序。

10.1.3 S3C2440 中断系统编程相关寄存器

将图 10-3 中有关的中断系统编程寄存器罗列如下（表 10-1）。

表 10-1   S3C2440 中断系统相关寄存器汇总表

	寄存器名	寄存器地址	读/写属性	寄存器功能说明	初始值
一级中断源管理寄存器	SRCPND	0x4A000000	R/W	中断源悬挂(请求)寄存器	0x00000000
	INTMOD	0x4A000004	W	中断模式寄存器	0x00000000
	INTMSK	0x4A000008	R/W	中断屏蔽寄存器	0xFFFFFFFF
	PRIORITY	0x4A00000C	W	IRQ 中断优先级寄存器	0x0000007F
	INTPND	0x4A000010	R/W	中断悬挂(服务)寄存器	0x00000000
	INTOFFSET	0X4A000014	R	IRQ中断源位偏移寄存器	0x00000000

	寄存器名	寄存器地址	读/写属性	寄存器功能说明	初始值
二级中断源管理寄存器	SUBSRCPND	0X4A000018	R/W	子中断源悬挂(请求)寄存器	0x00000000
	INTSUBMSK	0X4A00001C	R/W	子中断源屏蔽寄存器	0x0000FFFF
	EINTPEND	0x560000a8	R/W	外部中断悬挂寄存器	0x00000000
	EINTMASK	0x560000a4	R/W	外部中断屏蔽寄存器	0x000fffff
	EXTINT0	0x56000088	R/W	外部中断控制寄存器0	0x00000000
	EXTINT1	0x5600008c	R/W	外部中断控制寄存器1	0x00000000
	EXTINT2	0x56000090	R/W	外部中断控制寄存器2	0x00000000
	EINTFLT0	0x56000094	R/W	保留	0x00000000
	EINTFLT1	0x56000098	R/W	保留	0x00000000
	EINTFLT2	0x5600009c	R/W	外部中断滤波器设置寄存器2	0x00000000
	EINTFLT3	0x4c6000a0	R/W	外部中断滤波器设置寄存器3	0x00000000

1. 第 1 级中断源管理寄存器

第 1 级中断源管理寄存器包括中断源悬挂寄存器和中断源屏蔽寄存器。

（1）中断源悬挂寄存器 SRCPND（Source Pending）。中断源悬挂寄存器内的 32 位每位对应一个或一组中断请求，可以通过查询该寄存器内为 1 的位来了解当前已发出中断请求的有哪些中断源。具体见表 10-2。

表 10-2　S3C2440 中断源悬挂寄存器 SRCPND 的位功能

SRCPND	位	中断源功能描述	初始值
INT_ADC	[31]	A/D 变换或触摸屏中断请求，0=未请求，1=已请求	0
INT_RTC	[30]	实时时钟中断请求，0=未请求，1=已请求	0
INT_SPI1	[29]	SPI 串行通信接口中断请求 1，0=未请求，1=已请求	0
INT_UART0	[28]	异步串行通信接口 0 中断请求，0=未请求，1=已请求	0
INT_IIC	[27]	IIC 串行通信接口中断请求，0=未请求，1=已请求	0
INT_USBH	[26]	主（Host）USB 中断请求，0=未请求，1=已请求	0
INT_USBD	[25]	从 (Device) USB 中断请求，0=未请求，1=已请求	0
INT_NFCON	[24]	NAND FALSH 中断请求，0=未请求，1=已请求	0
INT_UART1	[23]	异步串行通信接口 1 中断请求,0=未请求，1=已请求	0
INT_SPI0	[22]	SPI 串行通信接口 0 中断请求，0=未请求，1=已请求	0
INT_SDI	[21]	SDI 中断请求，0=未请求，1=已请求	0
INT_DMA3	[20]	DMA 控制器 3 中断请求，0=未请求，1=已请求	0
INT_DMA2	[19]	DMA 控制器 2 中断请求，0=未请求，1=已请求	0
INT_DMA1	[18]	DMA 控制器 1 中断请求，0=未请求，1=已请求	0
INT_DMA0	[17]	DMA 控制器 0 中断请求，0=未请求，1=已请求	0

续表

SRCPND	位	中断源功能描述	初始值
INT_LCD	[16]	液晶控制器中断请求，0=未请求，1=已请求	0
INT_UART2	[15]	异步串行通信接口 2 中断请求，0=未请求，1=已请求	0
INT_TIMER4	[14]	定时器 4 中断请求，0=未请求，1=已请求	0
INT_TIMER3	[13]	定时器 3 中断请求，0=未请求，1=已请求	0
INT_TIMER2	[12]	定时器 2 中断请求，0=未请求，1=已请求	0
INT_TIMER1	[11]	定时器 1 中断请求，0=未请求，1=已请求	0
INT_TIMER0	[10]	定时器 0 中断请求，0=未请求，1=已请求	0
T_WDT_AC97	[9]	音频接口 AC97 或看门狗定时器中断请求，0=未请求，1=已请求	0
INT_TICK	[8]	实时时钟 RTC 定时中断请求，0=未请求，1=已请求	0
nBATT_FLT	[7]	电池故障中断请求，0=未请求，1=已请求	0
INT_CAM	[6]	摄像头 P 口或 C 口捕获中断请求，0=未请求，1=已请求	0
EINT8_23	[5]	外部中断源 8~23 中断请求，0=未请求，1=已请求	0
EINT4_7	[4]	外部中断源 4~7 中断请求，0=未请求，1=已请求	0
EINT3	[3]	外部中断源 3 中断请求，0=未请求，1=已请求	0
EINT2	[2]	外部中断源 2 中断请求，0=未请求，1=已请求	0
EINT1	[1]	外部中断源 1 中断请求，0=未请求，1=已请求	0
EINT0	[0]	外部中断源 0 中断请求，0=未请求，1=已请求	0

在 32 个中断悬挂位中有 24 个服务于独立的中断源，有 8 个是由第 2 级中断源管理机构传递来的分组共享中断源。具体的悬挂位及分组服务对象见表 10-3。

表 10-3　SRCPND 寄存器内具有共享关系的位及其共享中断源表

共享位	中断悬挂位标示	共享的中断源	初始值
[31]	INT ADC	ADC 中断、触摸屏中断（笔起落）	0
[28]	INT UART0	UART0：出错中断、发送中断、接收中断	0
[23]	INT UART1	UART1：出错中断、发送中断、接收中断	0
[15]	INT UART2	UART2：出错中断、发送中断、接收中断	0
[9]	T WDT AC97	看门狗中断、AC97 中断	0
[6]	INT CAM	摄像头接口 P 口捕获中断、摄像头接口 C 口捕获中断	0
[5]	EINT8 23	外中断 8 ~ 23	0
[4]	EINT4 7	外中断 4 ~ 7	0

（2）中断屏蔽寄存器 INTMSK(Interrupt Mask)。S3C2440 针对中断源悬挂寄存器设置了对应的中断屏蔽寄存器，其中每位都固定对应中断源悬挂寄存器，用于允许或禁止处理器对各中断源的响应。寄存器内各位的作用见表 10-4。

表 10-4　中断屏蔽寄存器 INTMSK 的位功能

SRCPND	位	中断源功能描述	初始值
INT_ADC	[31]	A/D 变换及触摸屏中断屏蔽位，0=未屏蔽，1=屏蔽	1
INT_RTC	[30]	实时时钟中断屏蔽位，0=未屏蔽，1=屏蔽	1
INT_SPI1	[29]	SPI 串行通信接口 1 中断屏蔽位，0=未屏蔽，1=屏蔽	1
INT_UART0	[28]	异步串行通信接口 0 中断屏蔽位，0=未屏蔽，1=屏蔽	1
INT_IIC	[27]	IIC 串行通信接口中断屏蔽位，0=未屏蔽，1=屏蔽	1
INT_USBH	[26]	主（Host）USB 中断屏蔽位，0=未屏蔽，1=屏蔽	1
INT_USBD	[25]	从 (Device) USB 中断屏蔽位，0=未屏蔽，1=屏蔽	1
INT_NFCON	[24]	NAND FLASH 中断屏蔽位，0=未屏蔽，1=屏蔽	1
INT_UART1	[23]	异步串行通信接口 1 中断屏蔽位，0=未屏蔽，1=屏蔽	1
INT_SPI0	[22]	SPI 串行通信接口 0 中断屏蔽位，0=未屏蔽，1=屏蔽	1
INT_SDI	[21]	SDI 中断请求中断屏蔽位，0=未屏蔽，1=屏蔽	1
INT_DMA3	[20]	DMA 控制器 3 中断屏蔽位，0=未屏蔽，1=屏蔽	1
INT_DMA2	[19]	DMA 控制器 2 中断屏蔽位，0=未屏蔽，1=屏蔽	1
INT_DMA1	[18]	DMA 控制器 1 中断屏蔽位，0=未屏蔽，1=屏蔽	1
INT_DMA0	[17]	DMA 控制器 0 中断屏蔽位，0=未屏蔽，1=屏蔽	1
INT_LCD	[16]	液晶控制器中断屏蔽位，0=未屏蔽，1=屏蔽	1
INT_UART2	[15]	异步串行通信接口 2 中断屏蔽位，0=未屏蔽，1=屏蔽	1
INT_TIMER4	[14]	定时器 4 中断屏蔽位，0=未屏蔽，1=屏蔽	1
INT_TIMER3	[13]	定时器 3 中断屏蔽位，0=未屏蔽，1=屏蔽	1
INT_TIMER2	[12]	定时器 2 中断屏蔽位，0=未屏蔽，1=屏蔽	1
INT_TIMER1	[11]	定时器 1 中断屏蔽位，0=未屏蔽，1=屏蔽	1
INT_TIMER0	[10]	定时器 0 中断屏蔽位，0=未屏蔽，1=屏蔽	1
T_WDT_AC97	[9]	音频 AC97 及看门狗定时器中断屏蔽位，0=未屏蔽，1=屏蔽	1
INT_TICK	[8]	实时时钟 RTC 定时中断屏蔽位，0=未屏蔽，1=屏蔽	1
nBATT_FLT	[7]	电池故障中断屏蔽位，0=未屏蔽，1=屏蔽	1
INT_CAM	[6]	摄像头控制器中断屏蔽位，0=未屏蔽，1=屏蔽	1
EINT8_23	[5]	外部中断源 8~23 中断屏蔽位，0=未屏蔽，1=屏蔽	1
EINT4_7	[4]	外部中断源 4~7 中断屏蔽位，0=未屏蔽，1=屏蔽	1
EINT3	[3]	外部中断源 3 中断屏蔽位，0=未屏蔽，1=屏蔽	1
EINT2	[2]	外部中断源 2 中断屏蔽位，0=未屏蔽，1=屏蔽	1
EINT1	[1]	外部中断源 1 中断屏蔽位，0=未屏蔽，1=屏蔽	1
EINT0	[0]	外部中断源 0 中断屏蔽位，0=未屏蔽，1=屏蔽	1

2. 中断模式寄存器 INTMOD

中断源悬挂寄存器内记录的各中断请求都可以通过中断模式寄存器选择 IRQ 或 FIQ 中断方式。其中 FIQ 中断方式具有比 IRQ 方式更高的优先级并且通常不允许嵌套新的异常或中断响应，再加上 FIQ 方式下具有最多的内部专属寄存器，故 FIQ 有更快的响应速度。中断模式寄存器各位的功能见表 10-5。

表 10-5　中断模式寄存器 INTMOD 各位的作用表

INTMOD	位	中断源功能描述	初始值
INT_ADC	[31]	A/D 变换及触摸屏中断响应模式选择，0=IRQ，1=FIQ	0
INT_RTC	[30]	实时时钟中断响应模式选择，0=IRQ，1=FIQ	0
INT_SPI1	[29]	SPI 串行通信接口中断响应模式选择，0=IRQ，1=FIQ	0
INT_UART0	[28]	异步串行通信接口 0 中断响应模式选择，0=IRQ，1=FIQ	0
INT_IIC	[27]	IIC 串行通信接口中断响应模式选择，0=IRQ，1=FIQ	0
INT_USBH	[26]	主（Host）USB 中断响应模式选择，0=IRQ，1=FIQ	0
INT_USBD	[25]	从 (Device) USB 中断响应模式选择，0=IRQ，1=FIQ	0
INT_NFCON	[24]	NAND FALSH 中断响应模式选择，0=IRQ，1=FIQ	0
INT_UART1	[23]	异步串行通信接口 1 中断响应模式选择，0=IRQ，1=FIQ	0
INT_SPI0	[22]	SPI 串行通信接口 0 中断响应模式选择，0=IRQ，1=FIQ	0
INT_SDI	[21]	SDI 中断响应模式选择，0=IRQ，1=FIQ	0
INT_DMA3	[20]	DMA 控制器 3 中断响应模式选择，0=IRQ，1=FIQ	0
INT_DMA2	[19]	DMA 控制器 2 中断响应模式选择，0=IRQ，1=FIQ	0
INT_DMA1	[18]	DMA 控制器 1 中断响应模式选择，0=IRQ，1=FIQ	0
INT_DMA0	[17]	DMA 控制器 0 中断响应模式选择，0=IRQ，1=FIQ	0
INT_LCD	[16]	液晶控制器中断响应模式选择，0=IRQ，1=FIQ	0
INT_UART2	[15]	异步串行通信接口 2 中断响应模式选择，0=IRQ，1=FIQ	0
INT_TIMER4	[14]	定时器 4 中断响应模式选择，0=IRQ，1=FIQ	0
INT_TIMER3	[13]	定时器 3 中断响应模式选择，0=IRQ，1=FIQ	0
INT_TIMER2	[12]	定时器 2 中断响应模式选择，0=IRQ，1=FIQ	0
INT_TIMER1	[11]	定时器 1 中断响应模式选择，0=IRQ，1=FIQ	0
INT_TIMER0	[10]	定时器 0 中断响应模式选择，0=IRQ，1=FIQ	0
T_WDT_AC97	[9]	音频接口 AC97 及看门狗定时器中断响应模式选择，0=IRQ，1=FIQ	0
INT_TICK	[8]	实时时钟 RTC 定时中断响应模式选择，0=IRQ，1=FIQ	0
nBATT_FLT	[7]	电池故障中断响应模式选择，0=IRQ，1=FIQ	0
INT_CAM	[6]	摄像头控制器中断响应模式选择，0=IRQ，1=FIQ	0
EINT8_23	[5]	外部中断源 8~23 中断响应模式选择，0=IRQ，1=FIQ	0
EINT4_7	[4]	外部中断源 4~7 中断响应模式选择，0=IRQ，1=FIQ	0
EINT3	[3]	外部中断源 3 中断响应模式选择，0=IRQ，1=FIQ	0
EINT2	[2]	外部中断源 2 中断响应模式选择，0=IRQ，1=FIQ	0
EINT1	[1]	外部中断源 1 中断响应模式选择，0=IRQ，1=FIQ	0
EINT0	[0]	外部中断源 0 中断响应模式选择，0=IRQ，1=FIQ	0

3. IRQ 中断优先级逻辑及寄存器组

对于被选择为 IRQ 模式的中断源，可以采用固定优先级方式，也可以采用优先级可变的可编程优先级设置方式。

　　固定优先级按照中断源悬挂寄存器内各中断源的顺序确定优先级，序号越小的中断源具有越高的优先级。即 EINT0 的优先级最高，INT_ADC 的优先级最低。

　　可编程优先级方式通过一套优先级管理逻辑电路实现。该电路由 7 个可编程的中断优先级判别电路组成，并且分为两级进行优先级判别。单个优先级判别电路如图 10-4 所示。

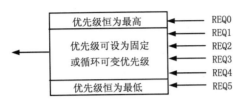

图 10-4　S3C2440 的中断优先判别器功能图

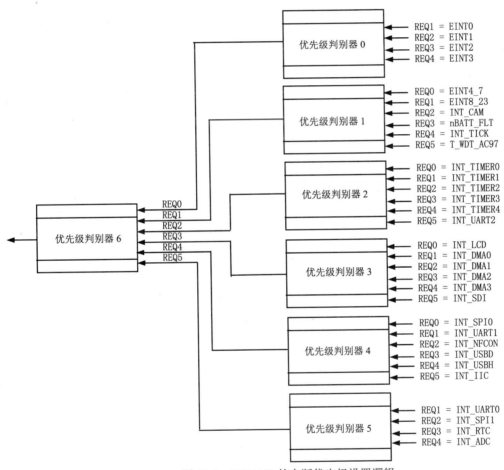

图 10-5　S3C2440 的中断优先级设置逻辑

　　每个优先级判别器可以接收REQ0~REQ5共6个中断请求。其中REQ0优先级最高，REQ5优先级最低，并且保持不变。而另外的REQ1~REQ4 4个中断请求则可编程为固定优先级（按REQ1高，REQ4低的顺序）或者循环优先级。每个优先级判别器的优先级方式通过统一的优先级寄存器（Prlority Register）中的三个位（bit）进行选择，用其中一位选择是采用固定优先级还是循环优先级，用另外两位选择循环优先级方式下REQ1~REQ4的优先级顺序。00的优先顺序为：REQ1-REQ2-REQ3-REQ4。01的优先顺序为：REQ2-REQ3-REQ4-REQ1。10的优先顺序为：REQ3-REQ4-REQ1-REQ2。11的优先顺序为：REQ 4-REQ1-REQ2-REQ3。在REQ1~REQ4循环变换优先级过程中，REQ0和REQ5始终在6个中断请求优先级中保持最高和最低不变。

由于每个中断优先级判别器只能判选 6 个中断源，故 S3C2440 分两级设置了 7 个中断优先级判别器对 32 个中断源进行优先级选择。这一中断优先级判别逻辑如图 10-5 所示。

（1）IRQ 模式中断优先级寄存器 PRIORITY。S3C2440 通过中断优先级寄存器（Priority Register）对 IRQ 中断优先级进行选择。表 10-6 为该寄存器不同的位与所设置的优先级判别器的对应关系。其中 D6~D0 位用于选择各优先级判别器的优先级方式，D20~D7 位用于设置循环优先级方式下的优先级顺序。

表 10-6   中断优先级寄存器 PRIORITY 的位功能表

优先方式选择	位	优先级方式说明	初值
优先级判别器6 优先顺序选择位	[20:19]	00=REQ0-REQ1-REQ2-REQ3-REQ4-REQ5； 01=REQ0-REQ2-REQ3-REQ4-REQ1-REQ5 10=REQ0-REQ3-REQ4-REQ1-REQ2-REQ5； 11=REQ0-REQ4-REQ1-REQ2-REQ3-REQ5	00
优先级判别器5 优先顺序选择位	[18:17]	00=REQ1-REQ2-REQ3-REQ4； 01=REQ2-REQ3-REQ4-REQ1 10=REQ3-REQ4-REQ1-REQ2； 11=REQ4-REQ1-REQ2-REQ3	00
优先级判别器4 优先顺序选择位	[16:15]	00=REQ0-REQ1-REQ2-REQ3-REQ4-REQ5； 01=REQ0-REQ2-REQ3-REQ4-REQ1-REQ5 10=REQ0-REQ3-REQ4-REQ1-REQ2-REQ5； 11=REQ0-REQ4-REQ1-REQ2-REQ3-REQ5	00
优先级判别器3 优先顺序选择位	[14:13]	00=REQ0-REQ1-REQ2-REQ3-REQ4-REQ5； 01=REQ0-REQ2-REQ3-REQ4-REQ1-REQ5 10=REQ0-REQ3-REQ4-REQ1-REQ2-REQ5； 11=REQ0-REQ4-REQ1-REQ2-REQ3-REQ5	00
优先级判别器2 优先顺序选择位	[12:11]	00=REQ0-REQ1-REQ2-REQ3-REQ4-REQ5； 01=REQ0-REQ2-REQ3-REQ4-REQ1-REQ5 10=REQ0-REQ3-REQ4-REQ1-REQ2-REQ5； 11=REQ0-REQ4-REQ1-REQ2-REQ3-REQ5	00
优先级判别器1 优先顺序选择位	[10:9]	00=REQ0-REQ1-REQ2-REQ3-REQ4-REQ5； 01=REQ0-REQ2-REQ3-REQ4-REQ1-REQ5 10=REQ0-REQ3-REQ4-REQ1-REQ2-REQ5； 11=REQ0-REQ4-REQ1-REQ2-REQ3-REQ5	00
优先级判别器0 优先顺序选择位	[8:7]	00=REQ1-REQ2-REQ3-REQ4； 01=REQ2-REQ3-REQ4-REQ1； 10=REQ3-REQ4-REQ1-REQ2； 11=REQ4-REQ1-REQ2-REQ3	00
优先级判别器6 优先方式选择位	[6]	优先方式：0为固定优先级，1为循环优先级	1
优先级判别器5 优先方式选择位	[5]	优先方式：0为固定优先级，1为循环优先级	1
优先级判别器4 优先方式选择位	[4]	优先方式：0为固定优先级，1为循环优先级	1

续表

优先方式选择	位	优先级方式说明	初值
优先级判别器3 优先方式选择位	[3]	优先方式：0为固定优先级，1为循环优先级	1
优先级判别器2 优先方式选择位	[2]	优先方式：0为固定优先级，1为循环优先级	1
优先级判别器1 优先方式选择位	[1]	优先方式：0为固定优先级，1为循环优先级	1
优先级判别器0 优先方式选择位	[0]	优先方式：0为固定优先级，1为循环优先级	1

（2）中断悬挂寄存器 INTPND（Interrupt Pending Register）。中断悬挂寄存器 INTPND 的作用是记录由中断优先级判别逻辑最终选出的中断请求，该寄存器的位结构与中断源悬挂寄存器的位结构一致，其中为"1"的位表示被优先逻辑选中的对应中断请求。与中断源悬挂寄存器不同的是，中断悬挂寄存器只允许一个位有效，而中断源悬挂寄存器则允许多个位有效。因此，当要求被受理的中断处理结束时（中断处理程序结尾处），一定要将中断悬挂寄存器内的有效位清 0。中断悬挂寄存器只适用于 IRQ 方式，对 FIQ 方式无效。该寄存器的位功能见表 10-7。

表 10-7　中断悬挂寄存器 INTPND 的位功能

中断源	位	位状态及作用	初值	中断源	位	位状态及作用	初值
INT_ADC	[31]	0=未响应；1=响应	0	INT_UART2	[15]	0=未响应；1=响应	0
INT_RTC	[30]	0=未响应；1=响应	0	INT_TIMER4	[14]	0=未响应；1=响应	0
INT_SPI1	[29]	0=未响应；1=响应	0	INT_TIMER3	[13]	0=未响应；1=响应	0
INT_UART0	[28]	0=未响应；1=响应	0	INT_TIMER2	[12]	0=未响应；1=响应	0
INT_IIC	[27]	0=未响应；1=响应	0	INT_TIMER1	[11]	0=未响应；1=响应	0
INT_USBH	[26]	0=未响应；1=响应	0	INT_TIMER0	[10]	0=未响应；1=响应	0
INT_USBD	[25]	0=未响应；1=响应	0	INT_WDT_AC97	[9]	0=未响应；1=响应	0
INT_NFCON	[24]	0=未响应；1=响应	0	INT_TICK	[8]	0=未响应；1=响应	0
INT_UART1	[23]	0=未响应；1=响应	0	nBATT_FLT	[7]	0=未响应；1=响应	0
INT_SPI0	[22]	0=未响应；1=响应	0	INT_CAM	[6]	0=未响应；1=响应	0
INT_SDI	[21]	0=未响应；1=响应	0	EINT8_23	[5]	0=未响应；1=响应	0
INT_DMA3	[20]	0=未响应；1=响应	0	EINT4_7	[4]	0=未响应；1=响应	0
INT_DMA2	[19]	0=未响应；1=响应	0	EINT3	[3]	0=未响应；1=响应	0
INT_DMA1	[18]	0=未响应；1=响应	0	EINT2	[2]	0=未响应；1=响应	0
INT_DMA0	[17]	0=未响应；1=响应	0	EINT1	[1]	0=未响应；1=响应	0
INT_LCD	[16]	0=未响应；1=响应	0	EINT0	[0]	0=未响应；1=响应	0

（3）中断偏移寄存器 INTOFFSET（Interrupt Offset Register）。中断偏移寄存器 INTOFFSET 的作用是用数字记录在中断悬挂寄存器 INTPND 内有效位的位置。由于中断悬挂寄存器 INTPND 记录一个有效位后，用户需要获取该位的序号并由此去寻找对应的中断处理程序。如果没有中断偏移寄存器，用户只能对中断悬挂寄存器进行移位操作来判断位为"1"

的位置及序号。该寄存器内的值在对中断源悬挂寄存器或中断悬挂寄存器对应的位清 0 时自动清除。中断偏移寄存器只适用于 IRQ 方式，对 FIQ 方式无效。该寄存器的位功能见表 10-8。

表 10-8 中断偏移寄存器 INTOFFSET 的位功能

寄存器值	对应中断源	寄存器值	对应中断源
31	INT_ADC	15	INT_UART2
30	INT_RTC	14	INT_TIMER4
29	INT_SPI1	13	INT_TIMER3
28	INT_UART0	12	INT_TIMER2
27	INT_IIC	11	INT_TIMER1
26	INT_USBH	10	INT_TIMER0
25	INT_USBD	9	INT_WDT_AC97
24	INT_NFCON	8	INT_TICK
23	INT_UART1	7	nBATT_FLT
22	INT_SPI0	6	INT_CAM
21	INT_SDI	5	EINT8_23
20	INT_DMA3	4	EINT4_7
19	INT_DMA2	3	EINT3
18	INT_DMA1	2	EINT2
17	INT_DMA0	1	EINT1
16	INT_LCD	0	EINT0

4. 第 2 级子中断源管理寄存器组

第 2 级子中断源管理寄存器包括一个子中断源悬挂寄存器和一个子中断源屏蔽寄存器。

（1）子中断源悬挂寄存器 SUBSRCPND（Sub Source Pending）。表 10-9 是子中断源悬挂寄存器各位与中断源的对应表。

表 10-9 子中断源悬挂寄存器 SUBSRCPND 的位功能

位	中断悬挂位标示	子中断源说明	初始值
[31:15]	Reserved	无定义	0
[14]	INT_AC97	音频 AC97 中断，0=未请求，1=已请求	0
[13]	INT_WDT	看门狗定时器中断，0=未请求，1=已请求	0
[12]	INT_CAM_P	摄像头接口 P 口捕获中断，0=未请求，1=已请求	0
[11]	INT_CAM_C	摄像头接口 C 口捕获中断，0=未请求，1=已请求	0
[10]	INT_ADC_S	ADC 中断，0=未请求，1=已请求	0
[9]	INT_TC	触摸屏中断（笔起落），0=未请求，1=已请求	—
[8]	INT_ERR2	UART2 出错中断，0=未请求，1=已请求	—
[7]	INT_TXD2	UART2 发送中断，0=未请求，1=已请求	—

续表

位	中断悬挂位标示	子中断源说明	初始值
[6]	INT_RXD2	UART2 接收中断, 0=未请求, 1=已请求	—
[5]	INT_ERR1	UART1 出错中断, 0=未请求, 1=已请求	—
[4]	INT_TXD1	UART1 发送中断, 0=未请求, 1=已请求	—
[3]	INT_RXD1	UART1 接收中断, 0=未请求, 1=已请求	—
[2]	INT_ERR0	UART0 出错中断, 0=未请求, 1=已请求	0
[1]	INT_TXD0	UART0 发送中断, 0=未请求, 1=已请求	0
[0]	INT_RXD0	UART0 接收中断, 0=未请求, 1=已请求	—

（2）子中断源屏蔽寄存器 INTSUBMSK（Sub Interrupt Mask）。子中断源屏蔽寄存器内的每位与子中断源悬挂寄存器相对应，用于禁止或允许中断。表 10-10 列举了子中断屏蔽寄存器 INTSUBMSK 的位功能。

表 10-10　子中断屏蔽寄存器 INTSUBMSK 的位功能

位	中断悬挂位标示	子中断源说明	初始值
[31:15]	Reserved	无定义	0
[14]	INT_AC97	音频 AC97 中断屏蔽位, 0=未屏蔽, 1=屏蔽	1
[13]	INT_WDT	看门狗定时器中断屏蔽位, 0=未屏蔽, 1=屏蔽	1
[12]	INT_CAM_P	摄像头接口 P 口捕获中断屏蔽位, 0=未屏蔽, 1=屏蔽	1
[11]	INT_CAM_C	摄像头接口 C 口捕获中断屏蔽位, 0=未屏蔽, 1=屏蔽	1
[10]	INT_ADC_S	ADC 中断屏蔽位, 0=未屏蔽, 1=屏蔽	1
[9]	INT_TC	触摸屏中断（笔起落）屏蔽位, 0=未屏蔽, 1=屏蔽	1
[8]	INT_ERR2	UART2 出错中断屏蔽位, 0=未屏蔽, 1=屏蔽	1
[7]	INT_TXD2	UART2 发送中断屏蔽位, 0=未屏蔽, 1=屏蔽	1
[6]	INT_RXD2	UART2 接收中断屏蔽位, 0=未屏蔽, 1=屏蔽	1
[5]	INT_ERR1	UART1 出错中断屏蔽位, 0=未屏蔽, 1=屏蔽	1
[4]	INT_TXD1	UART1 发送中断屏蔽位, 0=未屏蔽, 1=屏蔽	1
[3]	INT_RXD1	UART1 接收中断屏蔽位, 0=未屏蔽, 1=屏蔽	1
[2]	INT_ERR0	UART0 出错中断屏蔽位, 0=未屏蔽, 1=屏蔽	1
[1]	INT_TXD0	UART0 发送中断屏蔽位, 0=未屏蔽, 1=屏蔽	1
[0]	INT_RXD0	UART0 接收中断屏蔽位, 0=未屏蔽, 1=屏蔽	1

5. S3C2440 的外部中断请求信号管理机制及相关寄存器

外部中断是指处理器通过外部引脚特设的中断请求输入端口，用于输入处理器外部配接的外设功能部件产生的中断请求信号。外中断 EINT0~EINT23 共有 24 个，其中的 EINT0~EINT3 由第 1 级中断管理机构引入，其他 20 个由第 2 级的外中断源管理机构引入。这 20 个中断请求经第 2 级的外部中断悬挂寄存器和外部中断屏蔽寄存器管理后分为两组，EINT4~EINT7 为一组，EINT8~ EINT23 为一组，它们分别共用第 1 级中断源悬挂寄存器的

D4 和 D5 中断请求前向传递通道。用于外中断管理的相关寄存器有四种类型，分别是外中断悬挂寄存器、外中断屏蔽寄存器、外中断控制寄存器和外中断滤波寄存器。它们之间的关系如图 10-6 所示。

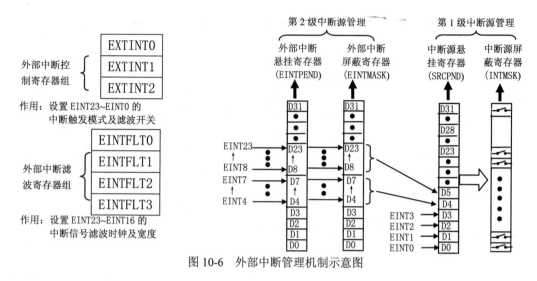

图 10-6　外部中断管理机制示意图

（1）外部中断悬挂寄存器 EINTPEND (External Interrupt Pending Register)。该寄存器用于记录外部中断源EINT23~EINT4是否产生中断请求。该寄存器的商品地址及属性见表10-11，位功能见表10-12。

表 10-11　外部中断悬挂寄存器的端口地址及读写属性

寄存器	端口地址	读/写属性	功能描述	初始值
EINTPEND	0x560000a8	R/W	外部中断悬挂寄存起	0x00

表 10-12　外部中断悬挂寄存器的位功能

EINTPEND	位	功能描述	初始值
EINT23	[23]	0 = 没有中断请求，1 = 有中断请求。向该位写"1"实现清0。	0
EINT22	[22]	0 = 没有中断请求，1 = 有中断请求。向该位写"1"实现清0	0
EINT21	[21]	0 = 没有中断请求，1 = 有中断请求。向该位写"1"实现清0	0
EINT20	[20]	0 = 没有中断请求，1 = 有中断请求。向该位写"1"实现清0	0
EINT19	[19]	0 = 没有中断请求，1 = 有中断请求。向该位写"1"实现清0	0
EINT18	[18]	0 = 没有中断请求，1 = 有中断请求。向该位写"1"实现清0	0
EINT17	[17]	0 = 没有中断请求，1 = 有中断请求。向该位写"1"实现清0	0
EINT16	[16]	0 = 没有中断请求，1 = 有中断请求。向该位写"1"实现清0	0
EINT15	[15]	0 = 没有中断请求，1 = 有中断请求。向该位写"1"实现清0	0
EINT14	[14]	0 = 没有中断请求，1 = 有中断请求。向该位写"1"实现清0	0
EINT13	[13]	0 = 没有中断请求，1 = 有中断请求。向该位写"1"实现清0	0
EINT12	[12]	0 = 没有中断请求，1 = 有中断请求。向该位写"1"实现清0	0
EINT11	[11]	0 = 没有中断请求，1 = 有中断请求。向该位写"1"实现清0	0

续表

EINTPEND	位	功能描述	初始值
EINT10	[10]	0 = 没有中断请求，1 = 有中断请求。向该位写"1"实现清0	0
EINT9	[9]	0 = 没有中断请求，1 = 有中断请求。向该位写"1"实现清0	0
EINT8	[8]	0 = 没有中断请求，1 = 有中断请求。向该位写"1"实现清0	0
EINT7	[7]	0 = 没有中断请求，1 = 有中断请求。向该位写"1"实现清0	0
EINT6	[6]	0 = 没有中断请求，1 = 有中断请求。向该位写"1"实现清0	0
EINT5	[5]	0 = 没有中断请求，1 = 有中断请求。向该位写"1"实现清0	0
EINT4	[4]	0 = 没有中断请求，1 = 有中断请求。向该位写"1"实现清0	0
Reserved	[3:0]	保留	0000

（2）外部中断屏蔽寄存器 EINTMASK (External Interrupt Mask Register)。外部中断屏蔽寄存器用于禁止或允许EINT4~EINT23的外部中断。该寄存器端口地址及属性见表10-13，位功能见表10-14。

表 10-13　外部中断屏蔽寄存器的端口地址及读写属性

寄存器	端口地址	读/写属性	功能描述	初始值
EINTMASK	0x560000a4	R/W	外部中断屏蔽寄存器	0x000fffff

表 10-14　外部中断屏蔽寄存器的位功能

EINTMASK	位	功能描述
EINT23	[23]	0 = 允许，1 = 禁止
EINT22	[22]	0 = 允许，1 = 禁止
EINT21	[21]	0 = 允许，1 = 禁止
EINT20	[20]	0 = 允许，1 = 禁止
EINT19	[19]	0 = 允许，1 = 禁止
EINT18	[18]	0 = 允许，1 = 禁止
EINT17	[17]	0 = 允许，1 = 禁止
EINT16	[16]	0 = 允许，1 = 禁止
EINT15	[15]	0 = 允许，1 = 禁止
EINT14	[14]	0 = 允许，1 = 禁止
EINT13	[13]	0 = 允许，1 = 禁止
EINT12	[12]	0 = 允许，1 = 禁止
EINT11	[11]	0 = 允许，1 = 禁止
EINT10	[10]	0 = 允许，1 = 禁止
EINT9	[9]	0 = 允许，1 = 禁止
EINT8	[8]	0 = 允许，1 = 禁止
EINT7	[7]	0 = 允许，1 = 禁止
EINT6	[6]	0 = 允许，1 = 禁止
EINT5	[5]	0 = 允许，1 = 禁止
EINT4	[4]	0 = 允许，1 = 禁止
Reserved	[3:0]	保留

（3）外部中断控制寄存器 EXTINTn (External Interrupt Control Registern)。外部中断控制寄存器的作用主要是设置外部中断引脚触发中断的有效信号模式，包括电平模式（高/低电平，为了防止串入的干扰信号，要求有效的逻辑电平至少保持 40ns 以上）和边沿模式（上升/下降沿）。另外，它还用于设置中断信号滤波器的开关状态。其相关寄存器有三个：EXTINT0用于设置 EINT7~EINT0 8 个引脚的中断触发模式，EXTINT1 用于设置 EINT15~EINT8 8 个引脚的中断触发模式及滤波器开关状态，EXTINT2 用于设置 EINT23~EINT16 8 个引脚的中断触发模式及滤波器开关状态。该寄存器的端口地址及属性见表 10-15，位功能见表 10-16、表 10-17、表 10-18。

表 10-15 外部中断控制寄存器组端口地址及读写属性

寄存器	端口地址	读/写属性	功能描述	初始值
EXTINT0	0x56000088	R/W	外部中断控制寄存器0	0x000000
EXTINT1	0x5600008c	R/W	外部中断控制寄存器1	0x000000
EXTINT2	0x56000090	R/W	外部中断控制寄存器2	0x000000

表 10-16 外部中断控制寄存器 EXTINT0 的位功能

EXTINT0	位	功能描述	初始值
EINT7	[30:28]	EINT7引脚中断触发模式。000 = 低电平，001 = 高电平，01x = 下降沿，10x = 上升沿，11x = 双边沿	000
EINT6	[26:24]	EINT6引脚中断触发模式。000 = 低电平，001 = 高电平，01x = 下降沿，10x = 上升沿，11x = 双边沿	000
EINT5	[22:20]	EINT5引脚中断触发模式。000 = 低电平，001 = 高电平，01x = 下降沿，10x = 上升沿，11x = 双边沿	000
EINT4	[18:16]	EINT4引脚中断触发模式。000 = 低电平，001 = 高电平，01x = 下降沿，10x = 上升沿，11x = 双边沿	000
EINT3	[14:12]	EINT3引脚中断触发模式。000 = 低电平，001 = 高电平，01x = 下降沿，10x = 上升沿，11x = 双边沿	000
EINT2	[10:8]	EINT2引脚中断触发模式。000 = 低电平，001 = 高电平，01x = 下降沿，10x = 上升沿，11x = 双边沿	000
EINT1	[6:4]	EINT1引脚中断触发模式。000 = 低电平，001 = 高电平，01x = 下降沿，10x = 上升沿，11x = 双边沿	000
EINT0	[2:0]	EINT0引脚中断触发模式。000 = 低电平，001 = 高电平，01x = 下降沿，10x = 上升沿，11x = 双边沿	000

表 10-17 外部中断控制寄存器 EXTINT1 位功能

EXTINT1	位	功能描述	初始值
FLTEN15	[31]	EINT15 引脚滤波器允许。0 = 禁止，1 = 允许	0
EINT15	[30:28]	EINT15 引脚中断触发模式。000 = 低电平，001 = 高电平，01x = 下降沿，10x = 上升沿，11x = 双边沿	000
FLTEN14	[27]	EINT14 引脚滤波器允许。0 = 禁止，1 = 允许	0
EINT14	[26:24]	EINT14 引脚中断触发模式。000 = 低电平，001 = 高电平，01x = 下降沿，10x = 上升沿，11x = 双边沿	000

EXTINT1	位	功能描述	初始值
FLTEN13	[23]	EINT13 引脚滤波器允许。 0 = 禁止，1 = 允许	0
EINT13	[22:20]	EINT13 引脚中断触发模式。000 = 低电平，001 = 高电平，01x = 下降沿，10x = 上升沿，11x = 双边沿	000
FLTEN12	[19]	EINT12 引脚滤波器允许。 0 = 禁止，1 = 允许。	0
EINT12	[18:16]	EINT12 引脚中断触发模式。000 = 低电平，001 = 高电平，01x = 下降沿，10x = 上升沿，11x = 双边沿	000
FLTEN11	[15]	EINT11 引脚滤波器允许。 0 = 禁止，1 = 允许。	0
EINT11	[14:12]	EINT11 引脚中断触发模式。000 = 低电平，001 = 高电平，01x = 下降沿，·10x = 上升沿，11x = 双边沿	000
FLTEN10	[11]	EINT10 引脚滤波器允许。 0 = 禁止，1 = 允许。	0
EINT10	[10:8]	EINT10 引脚中断触发模式。000 = 低电平，001 = 高电平，01x = 下降沿，10x = 上升沿，11x = 双边沿	000
FLTEN9	[7]	EINT9 引脚滤波器允许。 0 = 禁止，1 = 允许。	0
EINT9	[6:4]	EINT9 引脚中断触发模式。000 = 低电平，001 = 高电平，01x = 下降沿，10x = 上升沿，11x = 双边沿	000
FLTEN8	[3]	EINT8 引脚滤波器允许。 0 = 禁止，1 = 允许	0
EINT8	[2:0]	EINT8 引脚中断触发模式。000 = 低电平，001 = 高电平，01x = 下降沿，10x = 上升沿，11x = 双边沿	000

表 10-18　外部中断控制寄存器 EXTINT2 位功能

EXTINT2	位	功能描述	初始值
FLTEN23	[31]	EINT23引脚滤波器允许。 0 = 禁止，1 = 允许	0
EINT23	[30:28]	EINT23引脚中断触发模式。000 = 低电平，001 = 高电平，01x = 下降沿，10x = 上升沿，11x = 双边沿	000
FLTEN22	[27]	EINT22引脚滤波器允许。 0 = 禁止，1 = 允许。	0
EINT22	[26:24]	EINT22引脚中断触发模式。000 = 低电平，001 = 高电平，01x = 下降沿，10x = 上升沿，11x = 双边沿	000
FLTEN21	[23]	EINT21引脚滤波器允许。 0 = 禁止，1 = 允许。	0
EINT21	[22:20]	EINT21引脚中断触发模式。000 = 低电平，001 = 高电平，01x = 下降沿，10x = 上升沿，11x = 双边沿	000
FLTEN20	[19]	EINT20 引脚滤波器允许。 0 = 禁止，1 = 允许。	0
EINT20	[18:16]	EINT20引脚中断触发模式。000 = 低电平，001 = 高电平，01x = 下降沿，10x = 上升沿，11x = 双边沿	000
FLTEN19	[15]	EINT19 引脚滤波器允许。 0 = 禁止，1 = 允许。	0
EINT19	[14:12]	EINT19 引脚中断触发模式。000 = 低电平，001 = 高电平，01x = 下降沿，10x = 上升沿，11x = 双边沿	000
FLTEN18	[11]	EINT18 引脚滤波器允许。 0 = 禁止，1 = 允许。	0
EINT18	[10:8]	EINT18 引脚中断触发模式。000 = 低电平，001 = 高电平，01x = 下降沿，10x = 上升沿，11x = 双边沿	000
FLTEN17	[7]	EINT17 引脚滤波器允许。 0 = 禁止，1 = 允许	0

EXTINT2	位	功能描述	初始值
EINT17	[6:4]	EINT17 引脚中断触发模式。000 = 低电平，001 = 高电平，01x = 下降沿，10x = 上升沿，11x = 双边沿	000
FLTEN16	[3]	EINT16 引脚滤波器允许。 0 = 禁止，1 = 允许	0
EINT16	[2:0]	EINT16 引脚中断触发模式。000 = 低电平，001 = 高电平，01x = 下降沿，10x = 上升沿，11x = 双边沿	000

（4）外部中断滤波器寄存器 EINTFLTn (External Interrupt Filter Registern)。为了防止外部中断引脚因干扰信号引发假中断，相关引脚设置了软件滤波器。外部中断滤波寄存器用于设置EINT23 ~ EINT16 8个外部中断请求信号的滤波时钟及滤波时间宽度。考虑到滤波器的影响，为了保证在电平模式下能可靠地识别中断，要求中断信号有效的逻辑电平宽度不少于40nS。该寄存器的端口地址及属性见表10-19，位功能见表10-20、表10-21。

表 10-19　外部中断滤波器寄存器组 EINTFLTn 的端口地址及读写属性

寄存器	端口地址	读写属性	功能描述	初始值
EINTFLT0	0x56000094	R/W	保留	0x000000
EINTFLT1	0x56000098	R/W	保留	0x000000
EINTFLT2	0x5600009c	R/W	外部中断滤波器设置寄存器 2	0x000000
EINTFLT3	0x4c6000a0	R/W	外部中断滤波器设置寄存器 3	0x000000

表 10-20　外部中断滤波寄存器 EINTFLT2 的位功能

EINTFLT2	位	位功能描述
FLTCLK19	[31]	EINT19 滤波器时钟选择(由 OM 设置)。0 = PCLK，1= EXTCLK/OSC_CLK
EINTFLT19	[30:24]	EINT19 滤波时间宽度设置
FLTCLK18	[23]	EINT18 滤波器时钟选择(由 OM 设置)。0 = PCLK，1= EXTCLK/OSC_CLK
EINTFLT18	[22:16]	EINT18 滤波时间宽度设置
FLTCLK17	[15]	EINT17 滤波器时钟选择(由 OM 设置)。0 = PCLK，1= EXTCLK/OSC_CLK
EINTFLT17	[14:8]	EINT17 滤波时间宽度设置
FLTCLK16	[7]	EINT16 滤波器时钟选择(由 OM 设置)。0 = PCLK，1= EXTCLK/OSC_CLK
EINTFLT16	[6:0]	EINT16 滤波时间宽度设置

表 10-21　外部中断滤波寄存器 3 的位功能

EINTFLT3	位	位功能描述
FLTCLK23	[31]	EINT23 滤波器时钟选择(由 OM 设置)。0 = PCLK，1= EXTCLK/OSC_CLK
EINTFLT23	[30:24]	EINT23 滤波时间宽度设置
FLTCLK22	[23]	EINT22 滤波器时钟选择(由 OM 设置)。0 = PCLK，1= EXTCLK/OSC_CLK
EINTFLT22	[22:16]	EINT22 滤波时间宽度设置
FLTCLK21	[15]	EINT21 滤波器时钟选择(由 OM 设置)。0 = PCLK，1= EXTCLK/OSC_CLK
EINTFLT21	[14:8]	EINT21 滤波时间宽度设置
FLTCLK20	[7]	EINT20 滤波器时钟选择(由 OM 设置)。0 = PCLK，1= EXTCLK/OSC_CLK
EINTFLT20	[6:0]	EINT20 滤波时间宽度设置

10.2　S3C2440 中断系统工作流程

中断系统的编程分为两个相对独立的过程，一个是编写中断服务(处理)程序 ISR，另一个是编写位于主程序内为寻址和执行完中断服务程序后正确返回断点所需的中断响应必备条件程序段。它包括构建寻址中断服务程序所需的异常向量表及二级中断向量表，选择特定的中断模式并对相关寄存器进行初始化设置，为保存和恢复现场信息建立中断堆栈区等。

为了正确的编写中断响应过程中的相关程序段，必须了解从中断源发出中断请求到中断服务程序的寻址、执行及中断返回的程序实现流程。

10.2.1　中断响应流程

S3C2440中断控制器的作用是将外设(内部或外部)产生的中断请求转送给ARM920T内核，然后由ARM处理器执行相应的中断处理程序，完成整个中断响应过程。ARM920T内核所提供的IRQ和FIQ中断响应机制各自都只有一个中断入口点，IRQ是0x00000018,FIQ是0x0000001C。所有60个中断源都要共用这两个入口点向处理器发出中断请求。当有中断源发出中断请求时就会使中断源悬挂寄存器SRCPND内对应位产生为"1"的悬挂位。如果中断源屏蔽寄存器而没有屏蔽该中断请求，就会用IRQ或FIQ中断模式请求信号送入ARM处理器请求处理。这一过程可参见图9-1。在此过程中ARM处理器只知道当前有IRQ或FIQ中断请求产生，但无法知道具体是哪一个中断源发出的中断请求。判定发出请求的中断源并引导处理器去寻址和执行特定的中断处理程序是用户程序需要完成的工作。对于中断源的判定，IRQ和FIQ方式有所不同。

如果中断选择IRQ模式，S3C2440提供了一个如图10-2右侧所示的硬件逻辑，其中的中断悬挂寄存器INTPND将会自动记录当前受理的中断源（将该中断源在寄存器内对应位置1），同时还会将中断偏移寄存器INTOFFSET值设置为当前受理的中断源在INTPND寄存器内的位偏移值。例如，定时器0中断在INTPND内占据D10位，当该位被置1时INTOFFSET内就会产生地址值：0x0000000A值。因此，在ARM处理器获得一个IRQ中断请求时，可以通过程序查询中断悬挂寄存器INTPND或者中断偏移寄存器INTOFFSET来判定当前响应的中断源。

如果中断源选择FIQ模式，判定当前响应中断源的方法是直接顺序排查中断源悬挂寄存器SRCPND从D0到D31的每一位，其中第一个置1的位就是当前响应中断源对应位。具体实现可以采用右移位方式，将移出值置于进位标志CF内并进行判定。

当有多个中断源同时发出请求时，就需要按照中断优先级进行抉择。这个问题可以参考相关的中断优先级逻辑内容。对于FIQ模式，只有固定优先级方式，优先级的高低按照各中断源在中断源悬挂寄存器SRCPND内的位置确定，D0位（EINT0）优先级最高，D31位（INT_ADC）最低。对于IRQ模式，可以选择固定优先级和循环优先级两种优先级方式。但无论选择哪种优先级方式，被中断优先级管理逻辑选中的中断源都会自动将中断悬挂寄存器INTPND内对应位置1,同时将位序号值记录在中断偏移寄存器INTOFFSET内。由此可以看出，无论采用固定还是循环优先级，IRQ模式都需要用户程序对INTPND或INTOFFSET寄存器进行判读，找出具体的中断源位序号，并借此形成二级向量表的偏移地址，然后由二级向量表再转移到相应的中断处理程序。这种方式的响应过程需要通过三次转移(三级跳)操作才能实现。下面以IRQ模式为例介绍这三次转移过程具体的实现方法，并以图10-7所示的中断程序响应过程加以说明。

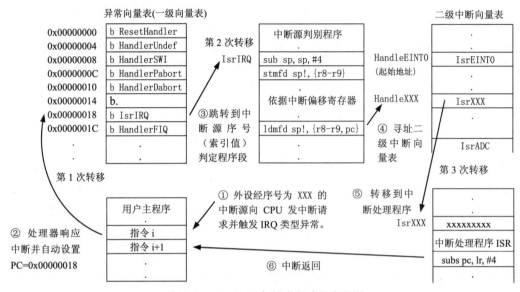

图10-7　S3C2440中断响应过程流程图

（1）当序号为"XXX"的中断源向处理器核心发出IRQ类型中断请求时，CPU将自动转移到异常向量表内的IRQ响应地址0x00000018去运行。对此可参见教科书2.4节的异常向量表（表2-10）。

（2）地址0x00000018内预存有跳转到中断源识别程序段IsrIRQ的跳转指令，该程序段主要是读取中断偏移寄存器的值并以此作为索引值（0~31，对应中断源悬挂寄存器内的32个中断源编号）再乘以4形成二级向量表内偏移地址。该偏移地址与二级向量表起始地址相加即生成指向当前寻址的中断向量（中断处理程序地址）地址"HandleXXX"。

（3）寻址二级向量表内"HandleXXX"地址单元并获取中断处理程序地址"IsrXXX"并将其置入PC。

（4）跟随PC内容转移到起始地址"IsrXXX"对应的中断处理程序运行。

（5）执行完中断服务程序后返回断点。

10.2.2　中断源的判别及寻址中断处理程序的二级向量表

二级中断向量表是由用户在内存区预留的128字节的32个字单元构成，对应SRCPND寄存器受理的32个中断源，每个向量成员就是对应中断处理程序的入口地址。各成员(地址)按照所服务的中断源在SRCPND寄存器内的位顺序存放，首个成员的服务对象为D0位对应的外部中断信号EINT0，最后一个成员的服务对象为D31位对应的模数变换器中断信号INT_ADC。因此二级向量表各成员的地址都是在首个成员EINT0的地址基础上增加本身的序号乘以4的偏移值。这32个字单元并不一定都需要进行内容部署，而是根据具体应用来确定，但各成员必须是在固定的位置（位序号确定的偏移地址）内。当程序中需要提供某个中断的请求服务时，就在对应的预留字单元填入中断处理器程序的入口地址。

1. 中断源的判别程序

中断源判别程序的作用是获取当前所受理中断源类型号（在INTPND寄存器内的位顺序或INTOFFSET寄存器值）并将其乘以4形成二级向量表内的偏移地址，然后将该偏移地址与二级向量表起始地址相加获得当前寻址向量的地址，最后将寻址到的中断处理程序入口地址置入程序指针PC内。一个典型的中断源识别及中断处理程序入口地址提取程序段如下（注：该程序段被执行前需要提取中断处理程序入口地址并将其填入二级向量表内）。

```
IsrIRQ                            ; 中断源判定及中断处理程序索引程序段，堆栈为满递减模式
        sub     sp, sp, #4        ; 修正堆栈指针SP，预留一个字单元用于存放选中的转移指令
        stmfd   sp!, {r8-r9}      ; 压栈保存r8, r9
        ldr     r9, =INTOFFSET    ; 设置中断偏移寄存器地址
        ldr     r9, [r9]          ; 读中断偏移寄存器内容(中断源类型号)
        ldr     r8, =HandleEINT0  ; 获取二级向量表起始地址
        add     r8, r8, r9, lsl #2 ; 中断源类型号乘以4，再与向量表起始地址相加，得到向量地址
        ldr     r8, [r8]          ; 取出向量地址内的跳转指令
        str     r8, [sp, #8]      ; 存入堆栈前面预留的字单元
        ldmfd   sp!, {r8-r9, pc}  ; 以出栈方式恢复r8, r9内容，同时将中断处理程序地址送入PC
```

2. 中断响应必备的中断向量表

由以上的中断响应流程可以看出，在中断响应前必须要构造好至少两个中断向量表。其中的一级向量表也就是系统的异常向量表，是为7种异常准备的7条跳转指令，通常定制于存储空间以0x00000000为起始地址的8个字单元内（其中为ARM处理器保留一个字单元）。

二级向量表则是为中断源悬挂寄存器SRCPND受理的32个中断源预留的中断处理程序入口地址字单元存储区，该存储区需按照各中断源在SRCPND寄存器内的位顺序布置，起始成员为转向EINT0中断处理程序的地址，结尾成员为转向INT_ADC中断处理程序的地址。但在检索二级向量表之前需要提取中断处理程序入口地址并设置到二级向量表的固定位置中。

异常向量表及二级中断向量表的数据结构及示例程序段如下。

```
; ******一级向量表结构（起始地址0x00000000）******
AREA    Init, CODE, READONLY
ENTRY                            ; ARM内核管理的异常向量表（一级向量表）
    b ResetHandler               ; 复位异常向量
    b HandlerUndef               ; 未定义指令异常
```

```
    b HandlerSWI          ; 软中断异常
    b HandlerPabort       ; 指令预取异常
    b HandlerDabort       ; 数据终止异常
    b .                   ; 保留
    b IsrIRQ              ; IRQ类型中断
    b HandlerFIQ          ; FIQ类型中断
```

/*二级向量表(共32个字单元，起始地址为HandleEINT0单元地址，最后单元为HandleADC)*/
```
    HandleEINT0 # 4       ; 预留4字节地址空间，内容在初始化过程中填入。
    HandleEINT1 # 4
    HandleEINT2 # 4
    HandleEINT3 # 4
    · · · · · ·
    HandleRTC # 4
    HandleADC # 4
```

10.3 中断系统程序设计实现

完整的中断响应过程是从某中断源发出中断请求到完成中断服务(运行中断处理程序)并返回被中断程序的过程，实现这一过程需要编写中断处理程序以及中断响应预备程序段(即编写为正确寻址和运行中断处理程序所需运行环境和设置初始化的程序段，这在主程序内完成)。

10.3.1 中断处理相关程序组成结构

中断处理相关程序组成结构如图 10-8 所示。

10.3.2 中断处理所需运行环境及初始化程序设置

尽管中断响应的主要过程是找到并执行与当前所受理的中断源对应的中断处理(服务)程序，但是要达到这一目标还必须在接收中断请求前做好准备工作，包括建立异常向量表及二级中断向量表，设置中断工作模式下的堆栈指针(建立足够的堆栈以备保存和恢复现场信息之用)，初始化中断系统有关的寄存器(设置合理的中断工作模式及中断优先级、清除历史中断记录、打开中断屏蔽等)。这些工作都需要在主程序内完成。

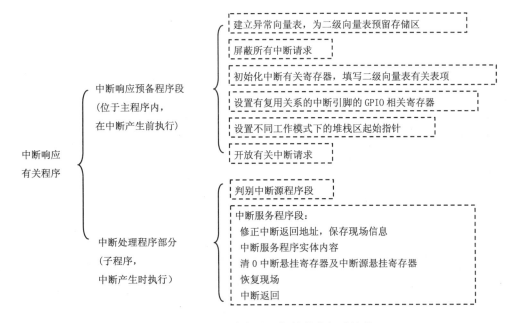

图 10-8　S3C2440 中断处理相关程序组成结构

1. 异常向量表(一级向量表)的建立

异常向量表必须建立在存储空间以 0x00000000 地址开始的 8 个字单元内,其中,除 5 号单元为系统保留外,其他 7 个字单元将用于顺序存放对应 7 个异常源的跳转指令。有关异常向量表的的具体内容请参见教科书第 2 章 2.4.3 节。

2. 二级向量表的建立

二级向量表的起始地址原则上可以建立在转移指令可寻址的任意有效空间内,但对于调试中的程序,由于各中断处理程序入口地址需要动态获取并写入二级向量表内,所以需要将二级向量表建立在 SDRAM 存储器有效空间内的数据区中,或者就直接建立在本程序的特殊区域内。对于调试成功且将要固化到系统的 ROM 存储器内的程序,可以将二级向量表建立在异常向量表的后面,并事先提取出各中断处理程序入口地址填入二级向量表中。需要注意二级向量表内各成员必须按照 SRCPND 寄存器内规定的中断源位顺序存放,从默认优先级最高的 EINT0 开始到优先级最低的 INT_ADC 结尾。

3. 初始化中断系统有关的寄存器

从表 10-1 可以看到,与中断系统有关的寄存器有多个,但其中许多是用于读操作的寄存器(如 SRCPND、INTPND、INTOFFSET 等),而初始化针对的是需要进行写入操作的寄存器。按照具体应用中可能用到的中断源,需要初始化的寄存器也有所不同,列举如下。

(1)若应用中仅需处理 SRCPND 寄存器管理的不包含 EINT0~EINT3 的直接(不含多中断源共享)中断请求且采用默认的固定中断优先级,则需要初始化的中断处理相关寄存器只有中断模式寄存器 INTMOD 和中断屏蔽寄存器 INTMSK。

(2)若应用中需处理 SRCPND 寄存器管理的全部直接中断请求且采用默认中断优先级,

则需要初始化的中断处理相关寄存器除了 INTMOD 和 INTMSK 外，还需设置与外中断请求
EINT0~EINT3 有关的寄存器,包括用于定义 EINT0~EINT3 引脚的 GPIO F 组控制寄存器
GPFCON 和用于设置中断触发模式的外部中断控制寄存器 EXTINT0。

（3）若应用中需处理 SRCPND 寄存器管理的全部直接中断请求以及不包括外部中断的
间接（共享的二级中断源）中断请求，并且采用默认中断优先级，则除了需要初始化上述(2)
列出的寄存器外，还要对用于管理二级中断源的子中断源悬挂寄存器 SUBSRCPND 和子中断
源屏蔽寄存器 INTSUBMSK 进行设置。

（4）若应用中需处理所有中断请求且采用默认中断优先级，则除了需初始化上述(3)列
出的寄存器外，还要对用于管理二级外部中断源 INT4~INT23 的外部中断控制寄存器
EXTINTn、外部中断屏蔽寄存器 EINTMASK、外部中断滤波器寄存器 EINTFLTn 以及
INT4~INT23 对应的各 GPIO 组控制寄存器进行设置。

（5）如果在上述各种情况下需要自定义中断优先级，还需要对中断优先级寄存器
PRIORITY 进行设置。如果不是开机或复位就运行的程序，还需添加清 0 各悬挂寄存器的程序段。

（6）在完成上述初始化设置后一定要记住打开所有可能屏蔽中断的关卡，包括：位于
处理器状态寄存器 CPSR 内的中断允许位 I(IRQ)或 F(FIQ)；位于中断系统管理单元内相关的
中断屏蔽寄存器；可能存在于中断源服务对象单元内的中断允许位，例如，异步串行通信
UART 单元内的控制寄存器 UCONn 中断允许设置位。

将以上不同类型中断源响应情形下需要设置的寄存器列于表 10-22 中。

表 10-22　不同类型中断源响应情形下需要设置的寄存器简表

情形	需要处理的中断源	需要设置的寄存器
情形 1	SRCPND 寄存器管理的不包含 EINT0~EINT3 以及有共享关系的中断源，采用默认优先级。	中断模式寄存器 INTMOD 中断屏蔽寄存器 INTMSK
情形 2	在情形 1 下增加 EINT0~EINT3	在情形 1 下增加：GPIO F 组控制寄存器 GPFCON，外部中断控制寄存器 EXTINT0
情形 3	在情形 2 下增加具有共享关系的非外部中断源(EINT4~EINT23)	在情形 2 下增加：中断源悬挂寄存器 SUBSRCPND，子中断源屏蔽寄存器 INTSUBMSK
情形 4	在情形 3 下增加具有共享关系的外部中断源	在情形 3 下增加：外部中断控制寄存器 EXTINTn，外部中断屏蔽寄存器 EINTMASK，外部中断滤波器寄存器 EINTFLTn，EINT4~EINT23 占用的 GPIO 控制寄存器
情形 5	在 1、2、3、4 情形下采用自定义优先级	在 1、2、3、4 各情形下增加：中断优先级寄存器 PRIORITY

4. 设置中断（IRQ 或 FIQ）模式下的堆栈指针

堆栈是中断响应过程中必须要建立和使用的特殊存储区，需要设置在 SDRAM 等可读写
的存储器区域，大小要满足程序操作中可能入栈保存的最大数据量，且必须为 4 字节的整数
倍。堆栈区最大栈顶位置一定要与代码区和数据区保持一个安全距离，以避免堆栈内容无意
中入侵这些区域。设置堆栈指针就是将中断模式下的 SP(R13_irq 或 R13_fiq)设置为堆栈区起
始地址值，设置前需要先进入中断模式（IRQ 或 FIQ）下再为 SP 赋值，在其他工作模式下无

法访问 R13_irq 或 R13_fiq 寄存器。

10.3.3 中断处理程序

ARM类处理器的中断处理程序包括需要执行的中断源判别程序段以及中断服务程序段，不同的中断源有不同的中断服务内容，但有一些共性的程序内容列举如下。

（1）运行中断服务实质内容前，一定注意保存会被中断处理程序破坏的现场信息，主要是处理器内部的寄存器及公共数据区内的数据。

（2）如果允许中断嵌套，注意在中断处理程序合适的位置将CPSR内的I位设为中断允许态。因该位在异常响应过程中被处理器自动设为禁止态。

（3）中断返回前一定要清0相关的中断源悬挂寄存器和中断悬挂寄存器当前响应位。

10.3.4 S3C2440 处理器中断系统应用编程例

1. 应用要求及有关电路

以下是一个常规中断处理的程序实例。该实例在ADS1.2下运行，目标板为的CVT-2440实验开发板。电路中处理器以外部总线扩展方式挂接外设，用地址总线及BANK4的片选信号nGCS4经过译码电路产生8位发光二极管锁存驱动电路的选通信号,以数据线提供的内容显示8位数据。将INT3接入以按键开关作为中断信号的输入端，每按一次按键产生一次中断请求，中断处理程序计录按键次数并使8个发光二极管中的低4位显示对应的二进制计数值。与编程有关的外部电路如图10-9所示。

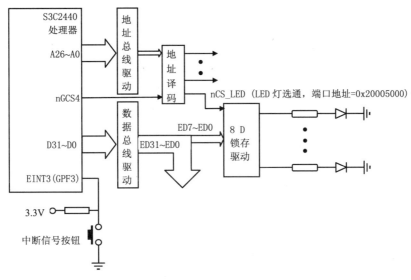

图 10-9   中断系统应用编程例相关电路

2. 程序流程

整个程序分为主程序和中断处理程序两部分。

（1）主程序。它包含建立第 1 级和第 2 级异常向量表；初始化最基本的功能单元，包括禁止看门狗和所有的中断，设置时钟/功耗管理单元，设置存储器参数；将 ROM 存储区内的程序及数据拷贝到 SDRAM 区；设置将要用的异常模式下的堆栈指针；初始化中断管理单元，开放需要的中断并且等待中断等。

（2）中断处理程序。它包含读中断服务悬挂寄存器判别所受理的中断源；设置 LED 灯所使用的 PE 口为输出，向 PE 口数据寄存器写入控制 LED 灯亮灭的数据；设置中断服务悬挂清零寄存器清零中断悬挂和中断服务悬挂寄存器，返回断点。

具体的实验程序流程框图如图10-10所示。

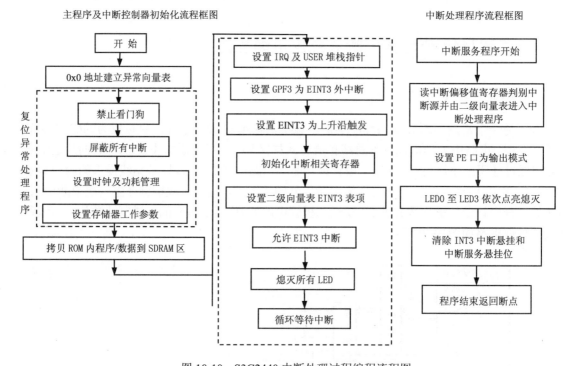

图 10-10　S3C2440 中断处理过程编程流程图

3. 汇编语言参考程序

本例汇编语言参考程序如下。

```
;******* 程序中有关的口地址及数据符号化定义区 *******
pWTCON      EQU  0x53000000    ; 看门狗定时器口地址
pLOCKTIME   EQU  0x4c000000    ; 锁定时间计数值寄存器地址
pCLKDIVN    EQU  0x4c000014    ; 时钟控制寄存器地址
pUPLLCON    EQU  0x4c000008    ; 锁相环 UPLL 控制寄存器地址
pMPLLCON    EQU  0x4c000004    ; 锁相环 MPLL 控制寄存器地址
```

pBWSCON	EQU	0x48000000	; 设置数据总线宽度与等待状态控制寄存器地址
pSRCPND	EQU	0x4a000000	; 中断源状态寄存器地址
pINTPND	EQU	0x4a000010	; 中断状态寄存器地址
pINTMOD	EQU	0x4a000004	; 中断模式寄存器地址
pINTMSK	EQU	0x4a000008	; 中断屏蔽寄存器地址
pINTSUBMSK	EQU	0x4a00001c	; 子中断状态源寄存器地址
pINTOFFSET	EQU	0x4a000014	; 中断源偏移地址寄存器地址
pGPFCON	EQU	0x56000050	; GPIO G 口控制寄存器地址
pGPFUP	EQU	0x56000058	; G 口上拉电阻控制寄存器地址
pEXTINT0	EQU	x56000088	; 外部中断控制寄存器 0 地址

HandleEINT0	EQU	0x33FFFF00	;异常二级向量表及 IRQ 中断二级向量表起始地址
vCLKDIVN	EQU	0x4	; 时钟分频控制寄存器值，DIVN_UPLL=0b, HDIVN=10b, PDIVN=0b
vUPLLCON	EQU	0x00038022	; UPLL 控制寄存器值, Fin=12M, Uclk=48M, MDIV=0x38, PDIV=2, SDIV=2
vMPLLCON	EQU	0x0005c011	; MPLL 控制寄存器值, Fin=12M, Fclk=400M, SDIV=1, PDIV=1, MDIV=0x5c

;***** 存储器数据宽度寄存器 BWSCON 内各位域需要设置的数据*****

DW16	EQU	(0x1)	
DW32	EQU	(0x2)	
B1_BWSCON	EQU	(DW16)	; BANK1 预留数据宽度设置参数
B2_BWSCON	EQU	(DW16)	; BANK2 预留数据宽度设置参数
B3_BWSCON	EQU	(DW16)	; BANK3 预留数据宽度设置参数
B4_BWSCON	EQU	(DW32)	; BANK4 预留数据宽度设置参数
B5_BWSCON	EQU	(DW16)	; BANK5 预留数据宽度设置参数
B6_BWSCON	EQU	(DW32)	; SDRAM(K4S561632C) 32MBx2, 32-bit
B7_BWSCON	EQU	(DW32)	; BANK7 预留数据宽度设置参数

; ***** Bank0 控制寄存器 BANKCON0 内各位域需要设置的数据*****

B0_Tacs	EQU	0x3	;0clk
B0_Tcos	EQU	0x3	;0clk
B0_Tacc	EQU	0x7	;14clk
B0_Tcoh	EQU	0x3	;0clk
B0_Tah	EQU	0x3	;0clk
B0_Tacp	EQU	0x1	
B0_PMC	EQU	0x0	;normal

; ***** Bank6 控制寄存器 BANKCON6 内各位域需要设置的数据*****

B6_MT	EQU	0x3	; SDRAM
B6_Trcd	EQU	0x1	; 3clk
B6_SCAN	EQU	0x1	; 9bit

; ***** BANK6/7 的 SDRAM 刷新寄存器 REFRESH 内各位域需要设置的数据*****

| REFEN | EQU | 0x1 | ; 刷新允许 |

```
TREFMD        EQU  0x0          ; CBR(CAS before RAS)/自动刷新
Trp           EQU  0x1          ; 3clk
Tsrc          EQU  0x1          ; 5clk    Trc= Trp(3)+Tsrc(5) = 8clock
Tchr          EQU  0x2          ; 3clk
REFCNT        EQU  1269         ; HCLK=100MHz,（2048+1-7.8*100）= 1269
;*******以下数据为 CPSR 中各工作模式的设置位信息********
USERMODE      EQU  0x10         ; 用户模式
FIQMODE       EQU  0x11         ; FIQ 模式
IRQMODE       EQU  0x12         ; IRQ 模式
SVCMODE       EQU  0x13         ; 管理模式
ABORTMODE     EQU  0x17         ; 中止模式
UNDEFMODE     EQU  0x1b         ; 未定义模式
SYSMODE       EQU  0x1f         ; 系统模式
MODEMASK      EQU  0x1f         ; 预定义的屏蔽数据，用于清 0 CPSR 各模式位
NOINT         EQU  0xc0         ; 预定义的屏蔽数据，用于清 0 CPSR 内的 I、F 位
; *****以下数据为管理模式、IRQ 模式及用户模式堆栈指针数据******
UserStack     EQU  0x33ff4800   ; 用户模式堆栈区起始地址
SVCStack      EQU  0x33ff5800   ; 管理模式堆栈区起始地址
UndefStack    EQU  0x33ff5c00   ; 未定义模式堆栈区起始地址
AbortStack    EQU  0x33ff6000   ; 中止模式堆栈区起始地址
IRQStack      EQU  0x33ff7000   ; IRQ 模式堆栈区起始地址
FIQStack      EQU  0x33ff8000   ; FIQ 模式堆栈区起始地址
SYSStack      EQU  0x33ff8800   ; FIQ 模式堆栈区起始地址
;*******以下为代码区********
    AREA      Init,CODE,READONLY
    ENTRY
    EXPORT    __ENTRY
__ENTRY
ResetEntry
    b    _reset           ; 跳转到复位异常处理程序 _reset 去运行
    b    .                ; 死循环，为未定义指令异常预留
    b    .                ; 死循环，为软件中断异常预留
    b    .                ; 死循环，为指令预取中止异常预留
    b    .                ; 死循环，为数据访问中止异常预留
    b    .                ; 死循环，为 ARM 公司预留
    b    IsrIRQ           ; 跳转到中断源判别程序 IsrIRQ 去运行
    b    .                ; 死循环，为快中断 FIQ 预留
; *** 存储器参数区,共 13 个,用于设置特殊功能寄存器区的存储器参数,由存储器初始化程序提取***
SMRDATA
```

DCD

(0+(B1_BWSCON<<4)+(B2_BWSCON<<8)+(B3_BWSCON<<12)+(B4_BWSCON<<16)+(B5_BWSCON<<20)+(B6_BWSCON<<24)+(B7_BWSCON<<28))　　　　　; 数据宽度寄存器 BWSCON 内各位域设置值

DCD (B0_Tacs<<13)+(B0_Tcos<<11)+(B0_Tacc<<8)+(B0_Tcoh<<6)+(B0_Tah<<4)+(B0_Tacp<<2)+(B0_PMC))

DCD ((B1_Tacs<<13)+(B1_Tcos<<11)+(B1_Tacc<<8)+(B1_Tcoh<<6)+(B1_Tah<<4)+(B1_Tacp<<2)+(B1_PMC))

DCD ((B2_Tacs<<13)+(B2_Tcos<<11)+(B2_Tacc<<8)+(B2_Tcoh<<6)+(B2_Tah<<4)+(B2_Tacp<<2)+(B2_PMC))

DCD (B3_Tacs<<13)+(B3_Tcos<<11)+(B3_Tacc<<8)+(B3_Tcoh<<6)+(B3_Tah<<4)+(B3_Tacp<<2)+(B3_PMC))

DCD (B4_Tacs<<13)+(B4_Tcos<<11)+(B4_Tacc<<8)+(B4_Tcoh<<6)+(B4_Tah<<4)+(B4_Tacp<<2)+(B4_PMC))

DCD (B5_Tacs<<13)+(B5_Tcos<<11)+(B5_Tacc<<8)+(B5_Tcoh<<6)+(B5_Tah<<4)+(B5_Tacp<<2)+(B5_PMC))

DCD ((B6_MT<<15)+(B6_Trcd<<2)+(B6_SCAN))　　; GCS6

DCD ((B7_MT<<15)+(B7_Trcd<<2)+(B7_SCAN))　　; GCS7

DCD ((REFEN<<23)+(TREFMD<<22)+(Trp<<20)+(Tsrc<<18)+(Tchr<<16)+REFCNT)

DCD 0x32　　　　　; BANK6/7 存储容量设置寄存器 BANKSIZE 设置值，容量=128M/128M, SCLK 节能模式，

DCD 0x30　　　　　; BANK6 模式设置寄存器 MRSR6 设置值，CL=3clk

DCD 0x30　　　　　; BANK7 模式设置寄存器 MRSR6 设置值，MRSR7 CL=3clk

;*****以下 IsrIRQ 为中断源判别程序，作用是读取 INTOFFSET 内容并计算出所寻址的中断向量在二级向量
;表内的偏移地址，然后与 IRQ 二级向量表起始地址相加生成向量表地址，将地址内的向量送入 PC，进入中
;断处理程序运行*****

```
IsrIRQ
    sub  sp, sp, #4          ; 在堆栈为最终索引出的二级向量表内容(中断处理程序地址)预留字空间
    stmfd    sp!, {r8-r9}    ; 压栈保存 r8，r9 内容
    ldr  r9, =pINTOFFSET
    ldr  r9, [r9]            ; 将中断偏移值寄存器 INTOFFSET 内容读到 r9
    ldr  r8, =HandleEINT0    ; 将二级向量表起始地址送 r8（本实验 HandleEINT0=0x33FF_FF00）
    add  r8, r8, r9, lsl #2  ; r9=INTOFFSET 值×4 为二级向量表内偏移地址，r8=r8+r9 为向量地址
    ldr  r8, [r8]            ; r8 为向量内容（中断处理程序地址）
    str  r8, [sp, #8]        ; 先将向量内容存入前面预留的堆栈字单元
    ldmfd    sp!, {r8-r9, pc}; 从堆栈恢复 r8 和 r9，同时将向量内容(中断处理程序地址)送入 PC
    LTORG
_reset                       ; 复位异常处理程序，是开机或复位后首先运行的程序
    ldr  r0, =pWTCON         ; 关闭看门狗定时器
    ldr  r1, =0x0
    str  r1, [r0]
    ldr  r0, =pINTMSK
    ldr  r1, =0xffffffff     ;关闭所有一级中断请求，中断屏蔽寄存器 32 位有效位，1=关闭，0=开通。
    str  r1, [r0]
    ldr  r0, =pLOCKTIME      ;设置 PLL 锁定时间。0~15 位=MPLL 锁定时间，16~31 位为 UPLL 锁定时间。
    ldr  r1, =0x00ffffff
    str  r1, [r0]
```

```
        ldr   r0, =pCLKDIVN           ; 时钟分频控制寄存器
        ldr   r1, =vCLKDIVN           ; vCLKDIVN=0x04。UCLK=UPLL, HCLK=FCLK/4, PCLK=HCLK=100M
        str   r1, [r0]                ; 设置时钟控制寄存器内容
        ldr   r0, =pUPLLCON           ; 设置 UPLL
        ldr   r1, =vUPLLCON           ; Fin=12MHz, UCLK=48MHz
        str   r1, [r0]
nop                                   ; S3C2440 手册要求对 UPLL 设置后至少需要延时 7 个时钟周期
        nop
        nop
        nop
        nop
        nop
        nop
        ldr   r0, =pMPLLCON           ; 设置 MPLL
        ldr   r1, =vMPLLCON           ; Fin=12MHz, FCLK=400MHz
        str   r1, [r0]
    ;**** 设置 SDRAM 存储器参数，最多 13 个，占 52 字节****
        adrl r0, SMRDATA              ; 存储器设置参数区起始地址
        ldr   r1, =pBWSCON            ; 特殊功能寄存器区内存储器参数区首地址：0x48000000
        add   r2, r0, #52             ; SMRDATA 参数区结尾地址，13×4=52
0
        ldr   r3, [r0], #4            ; 将 DRAM 参数区的数据逐个传送到 0x48000000 起始的特殊功能寄存器区
        str   r3, [r1], #4
        cmp   r2, r0
        bne   %B0                     ; 跳转到后向（Back）0 标号处运行
;********初始化可能用到的不同工作模式下的堆栈区，即设置它们的堆栈指针********
InitStacks                           ; 初始化可能用到的工作模式下的堆栈区
        mrs   r0, cpsr
        bic   r0, r0, #MODEMASK|NOINT    ; 清 0 CPSR 内的工作模式位, 以及 I、F 位(允许中断)
        orr   r1, r0, #IRQMODE
        msr   cpsr_cxsf, r1           ; IRQ 模式
        ldr   sp, =IRQStack           ; IRQ 堆栈指针：0x33FF_7000
        orr   r1, r0, #USERMODE
        msr   cpsr_cxsf, r1           ; 用户模式
        ldr   sp, =UserStack          ; 用户模式堆栈指针：0x33FF_4800
        ldr   pc, =Main               ; 此后程序将跳转到主程序(SDRAM)中去运行
        LTORG
;*********主程序区**********
Main
```

```
        ldr r0, =pGPFCON        ; GPIO F 组控制寄存器地址
        ldr r1, =0x080          ; 设置 GPIO F 组内 GPF3 为 EINT3, 其余为输入（默认值）
        str r1, [r0]
        ldr r0, =pEXTINT0       ; 外部中断控制寄存器 0 地址
        ldr r1, =0x04000        ; 设置 EINT3 引脚中断触发模式为上升沿, 其余为低电平(默认值)
        str r1, [r0]
        ldr r0, =pINTMOD        ; 设置中断全部采用 IRQ 模式
        ldr r1, =0x0
        str r1, [r0]
        ldr r0, = HandleEINT0+0x0c ; HandleEINT0+0x0c 为 EINT3 向量在二级向量表内地址
        adrl r1, interrupt      ; EINT3 中断服务程序入口地址
        str r1, [r0]            ; 向二级向量表存放 EINT3 中断服务程序入口地址
        ldr r0, =0x20005000     ; 熄灭所有的 LED
        ldr r1, =0x00
        str r1, [r0]
        mov r12, 0x0            ; r12 为按键次数计数值计数器, 初始值设为 0
        ldr r0, =pINTMSK        ; 主中断屏蔽寄存器
        ldr r1, =0x0FFFFFFF7    ; 打开 EINT3 中断
        str r1, [r0]            ;
wait_server
        b .                     ; 死循环等待中断
;
        mrs  r0, cpsr                    ; 模式切换，由中断模式返回用户模式
        bic  r0, r0, #MODEMASK|NOINT     ; 清 0 CPSR 内的工作模式位, 清 0 I 和 F 位(开启中断)
        orr r1, r0, #USERMODE            ; 设置工作模式为用户模式
        msr cpsr_cxsf, r1
        b wait_server                    ; 死循环，等待中断请求
        LTORG
;******EINT3 中断处理子程序(输出 0001、0011、0111、1111 依次点亮 LED3~LED0)****
interrupt
        sub lr, r14, #4
        stmfd sp!, {r8, r9, lr}  ; 保存现场
        add r12, r12, #0x01      ; r12 为按键次数计数值计数器, 响应一次中断加 1
        ldr r0, =0x20005000      ; 取 LED 灯驱动器端口地址 0x20005000, 以此产生 nCS_LED 选通信号
        str r12, [r0]            ; 点亮第 1 个 LED 灯(图 1-3 中 LED11)
        bl Delay                 ; 延迟
        cmp r12, #0x0ff          ; 是否已显示到 0xFF(所有 LED 都亮)
        bne LL                   ; 否, 转 LL
        mov r12, #0x0            ; 按键次数计数值清 0
```

```
        ldr  r0,=0x20005000    ;
        str  r12,[r0]          ; 熄灭所有 LED 灯
LL      ldr  r0,=pSRCPND       ; 清 0 中断源悬挂寄存器 EINT3 位
        mov  r1,#8             ; 向 SRCPND 寄存器 EINT3 位写"1"
        str  r1,[r0]
        ldr  r0,=pINTPND       ; 同时清 0 中断悬挂寄存器 EINT3 位
        str  r1,[r0]
        ldmfd sp!,{r8,r9,pc}   ; 恢复 r8、r9 内容,返回被中断主程序 wait_server 处继续等待中断
        LTORG
;*********延迟子程序*********
Delay                          ; 延时子程序
        stmfd   sp!,{r8,r9,lr}; 压栈保存 r8、r9、lr
        ldr  r7,=0x7a120       ; 设置倒计时计数初值
LOOP9   sub  r7,r7,#1          ; 计数值减 1
        cmp  r7,#0             ; 是否减位 0
        bne  LOOP9             ; 否,继续减 1
        ldmfd   sp!,{r8,r9,pc}; 是,恢复 r8,r9,返回调用点
        LTORG
;****IRQ 中断二级向量表,本实验起始地址设为 0x33FF_FF00。其中的表项为各中断处理程序入口地址,
; 需要在主程序中提取后填入对应的地址内,然后由中断源判别程序 IsrIRQ 在响应中断时进行索取****
    AREA RamData, DATA, READWRITE
    HandleEINT0         #  4    ; IRQ 中断二级向量表起始地址: 0x33FF_FF00
    HandleEINT1         #  4
    HandleEINT2         #  4
    HandleEINT3         #  4    ; 外中断 EINT3 二级向量表地址: 0x33FF_FF0C
    END
```

习题与思考题

（1）S3C2440 共有多少个中断源，可管理控制的是多少个？

（2）S3C2440 的一个中断请求送达处理器核心去处理都要经历哪些中断优先管理环节？

（3）请说明 S3C2440 的 60 个中断源是如何分成两级进行管理的？哪些中断源属于一级中断源，哪些属于二级中断源？

（4）当异步串口 UART0 接收中断源 INT_RXD0 产生中断请求时，将经过哪些硬件机构后最终转发给处理器处理。

（5）如果要编程设置对外中断源 EINT0 进行响应，需要涉及哪些寄存器？

（6）请说明中断源悬挂寄存器、子中断源悬挂寄存器、外部中断源悬挂寄存器各自的作用以及相互关系？中断源悬挂寄存器与中断悬挂寄存器、中断偏移寄存器的关系是什么？

（7）请说明外部中断 EINTn 都有哪些触发方式，其中断滤波器的作用是什么？

（8）简述 S3C2440 响应中断的过程，并说明事先需要建立哪些必须的数据结构？

（9）请说明为什么中断处理程序结束时必须清除中断悬挂寄存器及中断源悬挂寄存器内容？

第 11 章 S3C2440 定时器与脉宽调制器

定时器是计算机系统中必不可少的功能部件，其主要作用是通过对等周期输入时钟脉冲分频值的设定，来编程产生周期大于输入时钟的规则时间间隔（即频率低于系统时钟的输出脉冲信号），并以此向系统软件提供所需的各种时间或定时信号源。

11.1 定时器与脉宽调制器 PWM 的基本结构

定时器的工作原理是在输入时钟 MCLK 作用下，采用倒计时方式对减 1 计数器预先编程设置的计数初始值不断减 1，减到零时一次定时过程结束。所产生的定时时间等于计数初值乘以 MCLK 时钟周期。每当一次定时过程结束时通常会引发定时输出信号的变化，该信号可作为中断请求信号触发 CPU 进行中断响应。而脉宽调制器（PWM）则是调节输出信号的占空比。

11.1.1 S3C2440 定时器与 PWM 的编程结构及工作原理

S3C2440处理器内部集成了定时器0~定时器4共5个定时器，每个以可选择中断或DMA方式工作。5个定时器的主要区别在于：定时器0、1、2、3有PWM功能，定时器4是一个内部定时器，没有外部输出引脚，定时器0和定时器1有死区(DEAD ZONE)产生器，用于电机等感性负载。其他功能基本相同。S3C2440定时器编程结构框图如图11-1所示。

一次定时过程结束后不再进行新的定时计数过程，称为单触发（oneshot）定时模式。一次定时过程结束后，允许继续进行新一轮的定时计数过程而且周而复始，这种方式称为周期（period）定时模式。在周期定时模式方式下，减 1 计数器会自动恢复其计数初始值，接着进行新一轮的计数过程并循环往复。由此可在定时器的输出端产生一个定时输出频率为 MCLK 频率除以计数初值的新输出脉冲信号。而且每次定时时间结束后（定时时间为 MCLK 乘以计数初值）都可引发周期性中断请求信号为有效信号，触发处理器在规定的时间内运行特定的定时中断处理程序。通常情况下定时器都工作在这种模式下。

在进行定时器初始化时，需要设置定时器是单触发定时模式还是周期定时模式，如果选择周期定时模式，则需要设置自动重载功能有效。自动重载就是当一次定时过程结束后能够自动进入新一轮的定时过程。

1. 定时器输出信号的分频机制及实现原理

可编程定时器的主要作用是对频率高的输入时钟进行分频来获得频率较低的输出信号，并且利用输出信号每个周期的边界触发中断，实现处理器的定时事件处理功能。S3C2440的各定时器通过三级分频结构实现对输入时钟的分频。

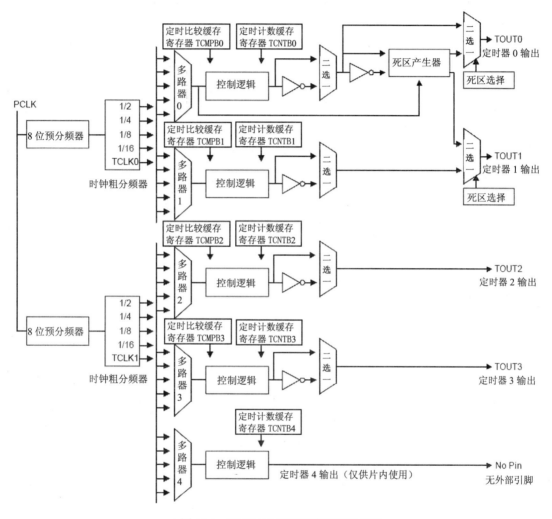

图 11-1　S3C2440 定时器编程结构框图

（1）首先经过的是一个8位的预分频器，可设置的最大分频值为2^8，通过定时器配置寄存器TCFG0进行设置。但定时系统只有2个预分配器，每2组或3组共用一个。定时器0、1共用一个，定时器2、3、4共用一个。由图11-1可看出，经过该分配器后的输出信号将作为第二级分频器的输入时钟信号。

（2）第二级的分频器是一个进行粗粒度分频的电路，称为粗分频器。同样是每2组或3组共用一个，具有1/2、1/4、1/8、1/16 4个可选的分频值，具体可通过对定时器配置寄存器1进行选择设置。该级的输出信号将作为第三级的输入时钟。此级的TCLK0和TCLK1为外部输入时钟，当选择外部时钟时，8位预分频及粗分频机制失效。

（3）第三级的分频器是由每个定时器都具有的细粒度16位计数缓冲寄存器TCNTBn（也称分频初值寄存器）以及一个具体完成分频操作的16位减1计数器TCNTn构成。计数缓冲寄存器TCNTBn中存放的是用户设置的分频初始值（倒计时值），在定时器开始工作时将被自动拷贝到减1计数器TCNTn内，粗分频器产生的每个输出时钟周期会使其减1。当其值减到0时将完成一次定时过程并产生定时器中断请求，以通知CPU定时时间到。当减1计数器内容减到0后，可以通过设置自动重载方式使得计数缓冲寄存器TCNTBn自动将其初始值再次拷贝到减1计数器内，以实现连续不断的循环定时器计数操作。但是，如果在定时器计数工作过程中，通过清除定时器控制寄存器TCONn内的定时器工作允许位使定时器停止工作后，计数缓冲寄存器TCNTBn就会停止将其初始值拷贝到减1计数器的操作。上述机制可由图11-2说明。

由此看出，定时器最初的输入时钟来自处理器的内部时钟PCLK，经过8位的预分频后再经过1/N的粗分频，然后送16位减1计数器TCNTn进行最大可达2^{16}的细分频，最终产生输出信号Fcnt（即Tout0~Tout3,定时器4输出）。最终输出信号Fcnt的频率计算公式如下。

$$fcnt = fMCLK \times 粗分频值 \div 8位预分频器值 \div 16位计数缓冲寄存器值 \qquad (11-1)$$

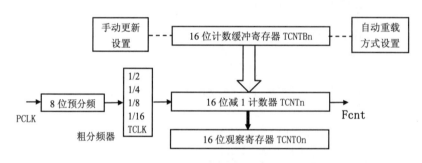

图 11-2 S3C2440 单个定时器的分频功能结构图

图 11-2 中的 TCNTOn 称为观察寄存器（Timer Count Observation Register），其作用是当需要读取减 1 计数器 TCNTn 的当前值时缓存其当前值。因为减 1 计数器中的值是随输入时钟不断变化的，所以不能直接对其进行读操作，而需要先将某时刻采样到的 TCNTn 值锁存在 TCNTOn 中再读取。

在应用中可以通过对8位预分频器和4位粗分频值以及16位的计数缓冲寄存器TCNTBn值进行设置，以获得所需要的不同频率定时器输出信号。表11-1是在8位预分频器取最小值和最大值两种极限情况下，选择不同分频系数并对应16位计数缓冲寄存器TCNTBn取最大值时，所产生的输出时钟信号周期。

表11-1 预分频器取最小值和最大值时对应不同分频系数的信号周期（频率）

4位粗分频值	最小解析度（预分频值=1）	最大解析度（预分频值=255）	最大时间间隔(TCNTBn=65535)
1/2(PCLK = 50 MHz)	0.0400 us (25.000 MHz)	10.2400 us	(97.6562 kHz)
1/4(PCLK = 50 MHz)	0.0800 us (12.500 MHz)	20.4800 us	(48.8281 kHz)
1/8(PCLK = 50 MHz)	0.1600 us (6.250 MHz)	40.9601 us	(24.4140 kHz)
1/16(PCLK = 50 MHz)	0.3200 us (3.125 MHz)	81.9188 us	(12.2070 kHz)

2. TCNTBn 值的自动重载方式及手动更新

（1）自动重载方式。周期定时模式可连续不断工作的主要原因是当一次定时过程结束（TCNTn减到0）后，能够将TCNTBn的值重新载入TCNTn内，这个过程称为TCNTBn值的重载。通过设置定时器控制寄存器TCON内的对应位为1即可选择周期定时模式，为0则选择为单触发定时模式。

（2）手动更新操作。定时器采用了双缓冲机制来保证其工作的稳定可靠。用定时计数缓冲寄存器TCNTBn存放设置的定时计数初始值，另一个寄存器TCNTn来进行定时的减1计数。在定时器开始工作时需要将TCNTBn内的初始值传送给TCNTn，此时必须采用手动更新方式向TCNTn传输TCNTBn的内容，具体操作就是利用程序将定时器控制寄存器TCON内的对应位置1。尽管在自动重载方式下TCNTn可以获得TCNTBn的初始值，但此过程发生在定时器TCNTn的一次减1计数过程结束后。

（3）定时计数过程中对原计数初值的修改。若在周期定时模式工作过程中不修改计数初值，定时器输出将产生等周期的输出信号。若在周期定时模式工作过程中修改了计数初值，则在本次定时计数过程结束后按新的定时计数初值计数。

对定时器计数缓冲寄存器TCNTBn的设置以及TCNTn的自动重载过程如图11-3所示。

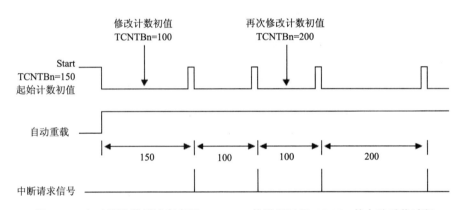

图 11-3　定时器计数缓冲寄存器 TCNTBn 的设置以及 TCNTn 的自动重载过程

3. 定时器输出信号占空比调节机制及实现原理

通过设置预分频值、粗分频值及计数初值等三级分频值可以产生具有不同周期（频率）的输出信号Fcnt，但无论输出信号的周期时间如何变化，变化的部分仅在低电平部分，其中的高电平都只有一个输入时钟周期的宽度，即得到的是一个窄脉冲信号。为了得到具有不同占空比的输出信号，S3C2440定时器还设置了脉宽调制（PWM）逻辑部件。PWM就是一个占空比可根据设置值自动调整的功能单元。在许多控制应用中都采用PWM实现对目标的控制，因为它具有通过调整一个周期中高电平的宽度就可以向被控对象提供不同的输出功率的特点。例如，在直流电机的控制中，一个输出信号周期内高电平越宽，电机转速越快。S3C2440定时器0~3的完整编程结构可以用图11-4来表述。为了实现PWM功能，每个定时器单元内部除了用于分频的逻辑部件外还设置了PWM电路、一个定时比较缓存寄存器TCMPBn和一个定时比较寄存器TCMPn。定时比较缓存寄存器TCMPBn用于设置一个小于计数缓冲寄存器TCNTBn的初始设置值，该值将被自动拷贝到定时比较寄存器TCMPn内并用于和减1计数器TCNTn的内容进行比较。当减1计数器的值减到与定时比较寄存器内的值相同时，PWM脉宽调制电路立刻将输出由低电平变为高电平并维持到减1计数器的值减到0，从而获得不同占空比的输出信号。

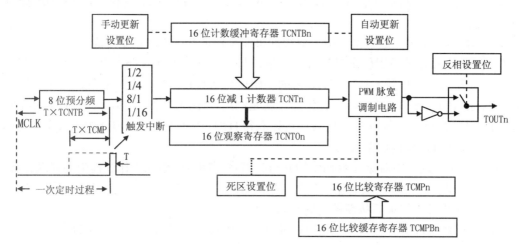

图 11-4　PWM 定时计数器的编程结构示意图

　　当由 TCNTBn 选定的频率值保持不变时，PWM 输出信号的占空比可通过设置 TCMPBn 的值进行调节。为得到较窄的高电平输出，可减小 TCMPBn 的值，反之就就应增加 TCMPBn 的值。图 11-5 是固定频率在 100Hz 时通过设置不同的 TCMPBn 值对应的 PWM 输出信号波形。

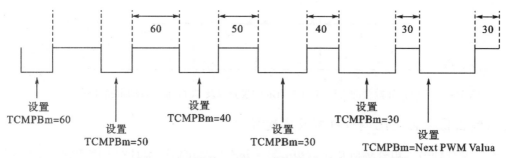

图 11-5　不同的 TCMPBn 值对应的 PWM 输出信号波形

　　具体实现定时器输出信号周期（频率）及占空比调节的过程如图 11-6 所示。该图示例了两种情况下输出信号 TOUTn 和输入的对应关系及中断触发情况。

　　开始时将 TCNTBn 设置为 3，TCMPBn 为 1，手动更新，自动重载。在此设置启动后重改设置：TCNTBn 为 2，TCMPBn 为 0。手动更新，自动重载。由此可看出，若 TCNTBn 的值为 N，则产生的输出信号周期实际上是 $N+1$ 倍的输入时钟周期。若 TCMPBn 的值为 M，则输出信号的高电平宽度为 $M+1$ 倍的输入时钟周期。但必须保证 $M<N$。另外在工程设计计算中如果输入频率远大于输出频率，往往输入信号频率的值为 N 倍输出频率。

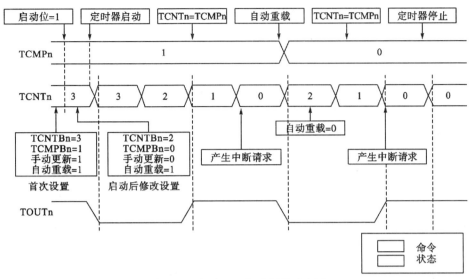

图 11-6 定时器工作过程的时序图

4. PWM 死区 (Dead Zone) 产生机制及实现原理

死区是为采用 PWM 方式实现对大功率设备进行控制时而设立的时间间隔。该功能主要是在关闭一个开关型功率设备 A 的同时打开另一个开关型功率设备 B 后插入一定的延迟时间,其作用是严格禁止在 A 设备还未完全关断的情况下,B 设备就已开通。因为 A、B 设备同时开通,即使是在一个非常小的时间内,往往会对负载造成严重的危害。例如,PWM 经常用于直流电机的控制,可以采用一路 PWM 控制电机的正转,再用一路 PWM 控制电机的反转。当控制电机由正转变为反转时,如果出现两路控制信号都有效,这将会对直流电机造成损害。

TOUT0 是 PWM 输出,nTOUT0 是 TOUT0 的反相输出。如果死区处于允许态,TOUT0 和 nTOUT0 的输出电平形式将分别是 TOUT0_DZ 和 nTOUT0_DZ,nTOUT0_DZ 被转送到 TOUT1 引脚。在死区时间内,TOUT0_DZ 和 nTOUT0_DZ 将不可能被同时打开。这一过程如图 11-7 所示。

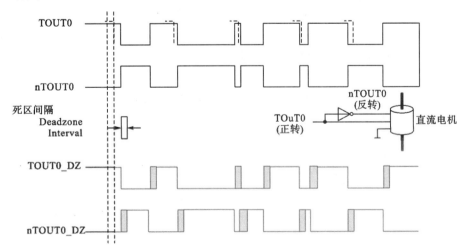

图 11-7 PWM 死区的时序图解

5. PWM 输出信号逻辑值反相及输出恒定电平的机制

一个输出信号周期的前半部分为低电平，后半部分为高电平。但实际上也可以通过编程设置为前半部分为高电平，后半部分为低电平。这就是图 11-4 中输出端反相器的作用。该反相器由控制寄存器 TCON 中的反相器开/关位进行转换。定时器输出信号 TOUT 通过反相器开/关位转换前后的示意图如图 11-8 所示。

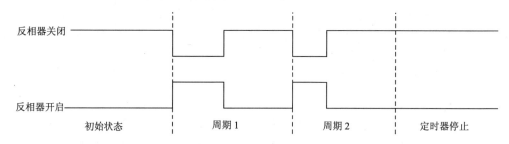

图 11-8   定时器输出信号 TOUT 逻辑值的转换

上述内容都是基于定时器输出为具有一定频率和占空比的信号为前提，另外也可以通过编程使得输出为恒定的高电平或低电平，即停止定时信号的输出。其实现方法可以通过对控制寄存器 TCON 中专门的停止位进行设置来进行。下面是几种可使 TOUT 输出持续的高电平或低电平的方法（设输出反相器未选通）。

（1）将控制寄存器 TCON 中的自动重载入位设为禁止，在输出 TOUTn 转为高电平之后就一直保持不变，定时器呈现停止工作的状态。这是一种推荐使用的方法。

（2）通过清零控制寄存器 TCON 中的定时器启动/停止位，停止定时器。如果 TCNTn≤TCMPn，输出电平为高。如果 TCNTn＞TCMPn，输出电平为低。

（3）故意设置 TCMPBn 的值大于 TCNTBn 的值，将会阻止 TOUTn 的输出为高电平。

6. PWM 的 DMA 请求模式实现机制

在每一个特定时刻，PWM 定时器都可产生 DMA 请求。定时器将一直保持 DMA 请求信号（nDMA_REQ）有效的低电平，直到它接收到一个 DMA 应答信号 ACK 为止。当定时器接收到 ACK 信号后，将停止请求信号。此时，需要产生 DMA 请求的定时器可通过设置定时器配置寄存器 1（TCFG1）的 DMA 模式位确定。如果将某个定时器设置为 DMA 请求模式，它就不会再产生中断请求（不能工作于中断方式）。而未选择 DMA 模式的其他定时器仍可正常工作于中断方式。表 11-2 为定时器配置寄存器 1（TCFG1）内的 DMA 模式选择位的设置情况，图 11-9 为设置定时器 Timer4 为 DMA 工作模式下的时序图。

表11-2   DMA模式设置和DMA/中断工作方式的选择

DMA 模式	DMA 请求	Timer0 中断	Timer1中断	Timer2中断	Timer3中断	Timer4中断
0000	无选择	ON	ON	ON	ON	ON
0001	Timer0	OFF	ON	ON	ON	ON
0010	Timer1	ON	OFF	ON	ON	ON
0011	Timer2	ON	ON	OFF	ON	ON

DMA 模式	DMA 请求	Timer0 中断	Timer1中断	Timer2中断	Timer3中断	Timer4中断
0100	Timer3	ON	ON	ON	OFF	ON
0101	Timer4	ON	ON	ON	ON	OFF
0110	无选择	ON	ON	ON	ON	ON

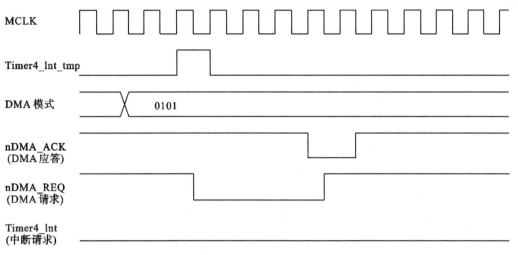

图 11-9　设定 Timer4 为 DMA 模式的工作时序

11.1.2 PWM 定时器的编程设置过程

定时器在按照要求工作之前需要进行编程设置，其主要过程是对一组相关的寄存器进行编程写入操作。

1. 与定时器设置有关的寄存器

各定时器共享的寄存器主要有如下3个：定时器配置寄存器0（TCFG0），主要用于设置二个8位的预分频器值以及一个8位的死区宽度值；定时器配置寄存器1（TCFG1），主要用于设置五个定时器的粗分频值以及各定时器是否工作于DMA方式；定时器控制寄存器（TCON），主要用于设置各定时器的启动/停止、反相输出开/关、手动更新执行/停止、自动重载执行/停止、死区允许/禁止等操作。

各定时器私有的寄存器有：每个定时器都具有的 16 位计数缓冲寄存器 TCNTBn，仅定时器 4 没有；每个定时器都具有的 16 位观察寄存器 TCNTOn。

2. 关于定时器工作过程及寄存器设置的几点说明

（1）S3C2440 的 PWM 定时器具有双重缓冲功能，这使得在不停止当前定时器操作的情况下就可以为下次计数操作重新置入新的分频值。当新定时器值被设置后，也能保证前次定时器设置值按规定的操作顺利完成，即修改后的设置必须在前次设置操作完成后才生效。

（2）如果 TCMPBn 为 0，减 1 计数器 TCNTn 达到 1 时，输出信号产生变化并维持一个输入时钟周期后恢复原来的状态。

（3）当 TCNTn 达到 0 时且选择了自动重载方式，可以实现自动载入操作将 TCNTBn 拷贝到 TCNTn 中，进行循环往复的分频过程，这就是周期定时方式。如果 TCNTn 变为 0 但自动重载设置位为 0，TCNTn 的重载过程不会产生，这就是单次触发方式。

（4）由于对 TCNTn 的自动重载发生在定时器的减 1 计数器减到 0 时，但是在开机或系统复位时 TCNTn 并没有一个确定的值。所以 TCNTn 的开始值必须由用户通过设置手动更新模式位来载入。

（5）若设置 TCNTBn 为 N，则定时周期为 N+1 倍的 TCNTn 输入时钟周期，但所产生中断的时刻为 N 倍的 TCNTn 输入时钟周期，并且不受选择脉宽的 TCMPBn 值的影响。

3. 定时器的编程设置主要过程

（1）根据输入/输出时钟频率计算总的分频值将其分摊到三级分频机构。根据关系式：

$$\text{驱 } fout = \text{fMCLK} \times \text{粗分频值 } / 8 \text{ 位预分频器值 } / 16 \text{ 位计数缓冲寄存器值} \qquad (11\text{-}2)$$

选择一个粗分频值及预分频值，然后将剩余的分频值分配给计数缓冲寄存器。

（2）设置定时器手动更新位，另外建议采用设置反向器的开/关位（不管是否使用反向器）。

（3）设置相应定时器的启动位来启动定时器（同时也将清零手动更新位）。

当定时器开始工作后需要注意以下两点：一是如果定时器被强行停止后（将启动位清 0），TCNTn 内的计数剩余值保持不变且不从 TCNTBn 中重新载入初始值。如果需要重新设置新的初始值，必须采用手动更新方式；二是当 TOUT 反向器的开/关位被改变后，TOUTn 的逻辑值都将随之改变，不管定时器是处于信号输出状态还是恒定电平输出状态。因此反向器的开/关位最好通过手动更新位来设置。

4. 编程举例

要求按照图 11-10 所表示的定时器工作过程对定时器进行设置。

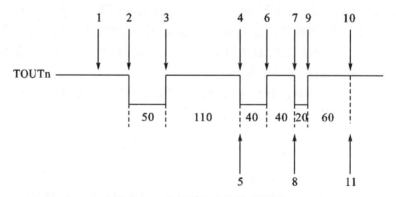

图 11-10　定时器输出信号示例图

假设粗分频值及预分频值设置已完成，以下过程主要针对第三级分频机构进行设置。

（1）使自动重载入功能生效。设置 TCNTBn 为 160（50+110）和 TCMPBn 为 110。设置手动更新位，该操作实现将 TCNTBn/TCMPBn 的值分别拷贝到 TCNTn/TCMPn。为了更改下一周期的定时参数，重新设置 TCNTBn、TCMPBn 分别为 80（40+40）、40。设置反向器开/关位。

（2）设置启动位。定时器经过一个短暂的解析延迟时间后就开始了减 1 计数过程。

（3）当 TCNTn 中的剩余值和 TCMPn 的值相同时，TOUTn 的逻辑电平将从低变为高。

（4）当 TCNTn 减到 1 时会产生中断请求，TCNTn 减到 0 时一次定时结束，而且当下一个输入时钟信号到达时，TCNTBn/TCMPBn 的值(80/40)将被自动载入 TCNTn/TCMPn。

（5）假定在中断服务程序 ISR1 中，将 TCNTBn、TCMPBn 值分别修改为 80（20+60）、60。

（6）当 TCNTn 和 TCMPn 的值相同时，TOUTn 的逻辑电平将从低变为高。

（7）当 TCNTn 达到 0 时，TCNTn 由 TCNTBn 自动重载入，并且触发中断请求。

（8）假定在中断服务程序 ISR2 中取消自动重载功能。

（9）当 TCNTn 和 TCMPn 的值相同时，TOUTn 的逻辑电平将从低变为高。

（10）因取消自动重载功能，当 TCNTn 减到 0 时 TCNTn 不能重新载入且停止定时器。

（11）中断请求不会再发生。

11.2　PWM 定时器的寄存器组

S3C2440 为其内部的定时器 0~定时器 3 分别安排了共有寄存器，为定时器 4 安排了专用寄存器。表 11-3 对这些寄存器进行了简单描述。

表 11-3　PWM 定时器的内部寄存器概况

寄存器名称	口地址	访问属性	功能描述	初始值
TCFG0	0x51000000	读/写	三个8位预分频器的配置	0x0000
TCFG1	0x51000004	读/写	MUX和DMA模式选择寄存器	0x0000
TCON	0x51000008	读/写	定时器控制寄存器	0x0000
TCNTB0	0x5100000C	读/写	定时器0计数缓冲寄存器	0x0000
TCMPB0	0x51000010	读/写	定时器0比较缓冲寄存器	0x0000
TCNTO0	0x51000014	只读	定时器0计数观察寄存器	0x0000
TCNTB1	0x51000018	读/写	定时器1计数缓冲寄存器	0x0000
TCMPB1	0x5100001C	读/写	定时器1比较缓冲寄存器	0x0000
TCNTO1	0x51000020	只读	定时器1计数观察寄存器	0x0000
TCNTB2	0x51000024	读/写	定时器2计数缓冲寄存器	0x0000
TCMPB2	0x51000028	读/写	定时器2比较缓冲寄存器	0x0000
TCNTO2	0x5100002C	只读	定时器2计数观察寄存器	0x0000
TCNTB3	0x51000030	读/写	定时器3计数缓冲寄存器	0x0000
TCMPB3	0x51000034	读/写	定时器3比较缓冲寄存器	0x0000

寄存器名称	口地址	访问属性	功能描述	初始值
TCNTO3	0x51000038	只读	定时器3计数观察寄存器	0x0000
TCNTB4	0x5100003C	读/写	定时器4计数缓冲寄存器	0x0000
TCNTO4	0x05100040	只读	定时器4计数观察寄存器	0x0000

1. 定时器配置寄存器 0（TCFG0）

定时器配置寄存器0（TCFG0）的基本信息如表11-4所示。

表 11-4　TCFGO 基本信息表

寄存器名称	口地址	访问类型	功能描述	初始值
TCFG0	0x51000000	读/写	配置二个8位预分频器	0x000000

定时器配置寄存器0（TCFG0）的位功能如表11-5所示。

表 11-5　TCFG0 的位功能定义

位名称	BIT	描述
保留	[31:24]	
死区长度	[23:16]	此8位确定死区的长度.死区长度的一个时间单位与定时器0的一个时间单位相等
预分频器1	[15:8]	此8位确定定时器2、3、4预分频器的值
预分频器0	[7:0]	此8位确定定时器0、1预分频器的值

2. 定时器配置寄存器 1（TCFG1）

定时器配置寄存器1（TCFG1）的基本信息如表11-6所示。位功能定义如表11-7所示。

表 11-6　TCFG1 的基本信息表

寄存器名称	口地址	访问类型	功能描述	初始值
TCFG1	0x51000004	读/写	MUX和DMA模式选择寄存器	0x0000

表 11-7　TCFG1 的位功能定义

位名称	BIT	描述	初始状态
保留	[27:24]		0000
DMA 模式	[23:20]	选择DMA请求通道： 0000=不选择DMA模式(所有都用中断)； 0001=Timer0；0010=Timer1；0011=Timer2； 0100=Timer3；0101=Timer4；0110=保留	0000
多路选通开关4	[19:16]	选择定时器4的MUX输入： 0000 = 1/2；0001 = 1/4；0010 = 1/8； 0011 = 1/16；01xx=外部时钟TCLK1	0000
多路选通开关3	[15:12]	选择定时器3的MUX输入： 0000 = 1/2；0001 = 1/4；0010 = 1/8； 0011 = 1/16；01xx =外部时钟TCLK1	0000

位名称	BIT	描述	初始状态
多路选通开关2	[11:8]	选择定时器2的MUX输入： 0000 = 1/2；　0001 = 1/4；　0010 = 1/8 0011 = 1/16；　01xx =外部时钟TCLK1	0000
多路选通开关1	[7:4]	选择定时器1的MUX输入： 0000 = 1/2；　0001 = 1/4；　0010 = 1/8 0011 = 1/16；　01xx =外部时钟TCLK0	0000
多路选通开关0	[3:0]	选择定时器0的MUX输入： 0000 = 1/2；　0001 = 1/4；　0010 = 1/8 0011 = 1/16；01xx = 外部时钟TCLK0	0000

3. 定时器控制寄存器（TCON）

定时器控制寄存器（TCON）的基本信息如表11-8所示，其位功能定义如表11-9所示。

表 11-8　TCON 的基本信息表

寄存器名称	口地址	访问类型	功能描述	初始值
TCON	0x51000008	读/写	定时器控制寄存器	0x0000

表 11-9　TCON 的位功能定义

位名称	BIT	描述
定时器4自动重载方式选择	[22]	设置定时器4分频值的自动重载方式：0 = 一次性方式；1 = 自动重复加载方式
定时器4手动更新选择	[21]	设置定时器4的手动更新方式：0 = 无操作；1 = 更新 TCNTB4
定时器4启动/停止选择	[20]	设置定时器4的启动/停止：0 = 停止定时器4；1 = 启动定时器4
定时器3自动重载方式选择	[19]	此位设置定时器3分频值的自动重载方式：0 = 单次作用方式；1 = 自动重复加载方式
定时器3输出反相选择	[18]	设置定时器3的输出反相器的开/关：0 = TOUT3不反相；1 = TOUT3输出反相
定时器3手动更新选择	[17]	设置定时器3的手动更新方式：0 = 无操作；1 = 更新 TCNTB3和TCMPB3
定时器3启动/停止选择	[16]	设置定时器3的启动/停止：0 = 停止定时器3；1 = 启动定时器3
定时器2自动重载方式选择	[15]	设置定时器2分频值的自动重载方式：0 =单次作用方式；1 = 自动重复加载方式
定时器2输出反相选择	[14]	设置定时器2的输出反相器的开/关：0 = TOUT2未经反相；1 = TOUT2经反相
定时器2手动更新选择	[13]	设置定时器2的手动更新方式：0 = 无操作；1 = 更新 TCNTB2和TCMPB2
定时器2启动/停止选择	[12]	设置定时器2的启动/停止：0 = 停止定时器2；1 = 启动定时器2
定时器1自动重载方式选择	[11]	设置定时器1分频值的自动重载方式：0 =单次作用方式；1 = 自动重复加载方式
定时器1输出反相选择	[10]	设置定时器1的输出反相器的开/关：0 = TOUT1反未经相；1 = TOUT1经反相
定时器1手动更新选择	[9]	设置定时器1的手动更新方式：0 = 无操作；1 = 更新 TCNTB1和TCMPB1
定时器1启动/停止选择	[8]	设置定时器1的启动/停止：0 = 停止定时器1；1 = 启动定时器1

位名称	BIT	描述
保留	[7：5]	
死区操作允许/禁止选择	[4]	设置对死区的操作。0 = 禁止；1 =允许
定时器0自动重载方式选择	[3]	设置定时器0分频值的自动重载方式：0 =单次作用方式；1 = 自动重复加载方式
定时器0输出反相选择	[2]	设置定时器0的输出反相器的开/关：0 = TOUT0未经反相；1 = TOUT0经反相
定时器0手动更新选择 (此位在下次写前必须清0)	[1]	设置定时器0的手动更新方式：0 = 无操作；1 = 更新 TCNTB0和TCMPB0
定时器0启动/停止选择	[0]	设置定时器0的启动/停止：0 = 停止定时器0；1 = 启动定时器0

4. 定时器 0 专属寄存器组

（1）定时器0计数缓冲寄存器TCNTB0与比较缓冲寄存器TCMPB0的基本信息见表 11-10。

表 11-10　定时器 0 计数缓冲寄存器 TCNTB0 与比较缓冲寄存器 TCMPB0 的基本信息表

寄存器名称	口地址	访问类型	功能描述
TCNTB0	0x5100000C	读/写	定时器0计数缓冲寄存器
TCMPB0	0x51000010	读/写	定时器0比较缓冲寄存器

定时器0计数缓冲寄存器TCNTB0与比较缓冲寄存器TCMPB0的位功能见表11-11。

表 11-11　定时器 0 计数缓冲寄存器 TCNTB0 与比较缓冲寄存器 TCMPB0 的位功能定义

寄存器名称	BIT	功能描述	初始值
TCNTB0	[15:0]	为定时器0设置计数值	0x0000
TCMPB0	[15:0]	为定时器0设置比较值，但必须小于TCNTB0值	0x0000

（2）定时器0计数观察寄存器TCNTO0的基本信息见表11-12。

表 11-12　定时器 0 计数观察寄存器 TCNTO0 的基本信息表

寄存器名称	口地址	访问类型	功能描述
TCNTO0	0x51000014	只读	定时器0计数观察寄存器

定时器0计数观察寄存器TCNTO0的位功能见表11-13。

表 11-13　定时器 0 计数观察寄存器 TCNTO0 的位功能定义

寄存器名称	BIT	功能描述	初始值
TCNTO0	[15:0]	为定时器0记录计数观察值	0x0000

5. 定时器 1 专属寄存器组

（1）定时器1计数缓冲寄存器TCNTB1与比较缓冲寄存器TCMPB1的基本信息见表11-14。

表 11-14　定时器 1 计数缓冲寄存器 TCNTB1 与比较缓冲寄存器 TCMPB1 的基本信息表

寄存器名称	口地址	访问类型	功能描述
TCNTB1	0x51000018	读/写	定时器1计数缓冲寄存器
TCMPB1	0x5100001C	读/写	定时器1比较缓冲寄存器

定时器1计数缓冲寄存器TCNTB1与比较缓冲寄存器TCMPB1的位功能见表11-15。

表 11-15　定时器 1 计数缓冲寄存器 TCNTB1 与比较缓冲寄存器 TCMPB1 的位功能定义

寄存器名称	BIT	功能描述	初始值
TCNTB1	[15:0]	为定时器1设置计数值	0x0000
TCMPB1	[15:0]	为定时器1设置比较值，但必须小于TCNTB1值。	0x0000

（2）定时器1计数观察寄存器TCNTO1的基本信息见表11-16。

表 11-16　定时器 1 计数观察寄存器 TCNTO1 的基本信息表

寄存器名称	口地址	访问类型	功能描述
TCNTO1	0x51000020	只读	定时器1计数观察寄存器

定时器1计数观察寄存器TCNTO1的位功能见表11-17。

表 11-17　定时器 1 计数观察寄存器 TCNTO1 的位功能

寄存器名称	BIT	功能描述	初始值
TCNTO1	[15:0]	为定时器1记录计数观察值	0x0000

6. 定时器 2 专属寄存器组

（1）定时器2计数缓冲寄存器TCNTB2与比较缓冲寄存器TCMPB2的基本信息见表11-18。

表 11-18　定时器 2 计数缓冲寄存器 TCNTB2 与比较缓冲寄存器 TCMPB2 的基本信息表

寄存器名称	口地址	访问类型	功能描述
TCNTB2	0x51000024	读/写	定时器2计数缓冲寄存器
TCMPB2	0x51000028	读/写	定时器2比较缓冲寄存器

定时器2计数缓冲寄存器TCNTB2与比较缓冲寄存器TCMPB2的位功能见表11-19。

表 11-19　定时器 2 计数缓冲寄存器 TCNTB2 与比较缓冲寄存器 TCMPB2 的位功能定义

寄存器名称	BIT	功能描述	初始值
TCNTB2	[15:0]	为定时器2设置计数值	0x0000
TCMPB2	[15:0]	为定时器2设置比较值，但必须小于TCNTB2值。	0x0000

（2）定时器2计数观察寄存器TCNTO2的基本信息见表11-20。

表 11-20　定时器 2 计数观察寄存器 TCNTO2 的基本信息表

寄存器名称	口地址	访问类型	功能描述
TCNTO2	0x5100002C	只读	定时器0计数观察寄存器

定时器2计数观察寄存器TCNTO2的位功能见表11-21。

表 11-21　定时器 2 计数观察寄存器 TCNTO2 的位功能

寄存器名称	BIT	功能描述	初始值
TCNTO2	[15:0]	为定时器2记录计数观察值	0x0000

7. 定时器 3 专属寄存器组

（1）定时器3计数缓冲寄存器TCNTB3与比较缓冲寄存器TCMPB3的基本信息见表11-22。

表 11-22　定时器 3 计数缓冲寄存器 TCNTB3 与比较缓冲寄存器 TCMPB3 的基本信息表

寄存器名称	口地址	访问类型	功能描述
TCNTB3	0x51000030	读/写	定时器3计数缓冲寄存器
TCMPB3	0x51000034	读/写	定时器3比较缓冲寄存器

定时器3计数缓冲寄存器TCNTB3与比较缓冲寄存器TCMPB3的位功能见表11-23。

表 11-23　定时器 3 计数缓冲寄存器 TCNTB3 与比较缓冲寄存器 TCMPB3 的位功能

寄存器名称	BIT	功能描述	初始值
TCNTB3	[15:0]	为定时器3设置计数值	0x0000
TCMPB3	[15:0]	为定时器3设置比较值，但必须小于TCNTB3值。	0x0000

（2）定时器3计数观察寄存器TCNTO3的基本信息见表11-24。

表 11-24　定时器 3 计数观察寄存器 TCNTO3 的基本信息表

寄存器名称	口地址	访问类型	功能描述
TCNTO3	0x51000038	只读	定时器3计数观察寄存器

定时器3计数观察寄存器TCNTO3的位功能见表11-25。

表 11-25　定时器 3 计数观察寄存器 TCNTO3 的位功能

寄存器名称	BIT	功能描述	初始值
TCNTO3	[15:0]	为定时器3记录计数观察值	0x0000

8. 定时器 4 专属寄存器组

（1）定时器4计数缓冲寄存器TCNTB4的基本信息见表11-26。

表 11-26　定时器 4 计数缓冲寄存器 TCNTB4 的基本信息表

寄存器名称	口地址	访问类型	功能描述
TCNTB4	0x5100003C	读/写	定时器4计数缓冲寄存器

定时器4计数缓冲寄存器TCNTB4的位功能见表11-27

表 11-27　定时器 4 计数缓冲寄存器 TCNTB4 的位功能

寄存器名称	BIT	功能描述	初始值
TCNTB4	[15:0]	为定时器4设置计数值	0x0000

（2）定时器4计数观察寄存器TCNTO4的基本信息见表11-28

表 11-28　定时器 4 计数观察寄存器 TCNTO4 的基本信息表

寄存器名称	口地址	访问类型	功能描述
TCNTO4	0x51000040	只读	定时器4计数观察寄存器

定时器4计数观察寄存器TCNTO4的位功能见表11-29。

表 11-29　定时器 4 计数观察寄存器 TCNTO4 的位功能

寄存器名称	BIT	功能描述	初始值
TCNTO4	[15:0]	为定时器4记录计数观察值	0x0000

11.3　PWM 定时器应用编程例

11.3.1　PWM 定时器应用编程例 1

在本例中，定时器4（Timer4）产生周期为10ms（100Hz）的输出矩形信号，并且每次10毫秒定时时间到就产生一次中断。设定时器输入时钟PCLK为100MHz，计算有关参数并初始化相关寄存器。

根据公式11-2和已知条件，输出信号频率 fout为100Hz；PCLK为100MHz，为计算方便取8位预分频器值为250，粗分频系数为1/16，由此可算得16位计数缓冲寄存器值。

$$rTCNTB4=100\times10^6\div16\div250\div100=250 \qquad (11\text{-}3)$$

相关的寄存器初始化程序如下。

```
pINTMOD    EQU   0x4a000004    ; 中断模式寄存器
pINTMSK    EQU   0x4a000008    ; 中断屏蔽寄存器
pTCFG0     EQU   0x51000000    ; 定时器配置寄存器 0
pTCFG1     EQU   0x51000004    ; 定时器配置寄存器 1
```

```
pTCNTB4    EQU  0x5100003c      ; 定时器 4 计数缓冲寄存器
pTCON      EQU  0x51000008      ; 定时器控制寄存器
    ldr  r0, =pINTMSK           ; 中断屏蔽寄存器 32 位有效位，1=关闭，0=开通
    ldr  r1, =0xffffffff        ; 关闭所有一级中断请求(初始化过程中禁止所有中断)
    str  r1, [r0]
    ldr  r0, =pINTMOD           ; 中断模式寄存器，32 位有效位，Q=选择 IRQ 模式，1=选择 FIQ 模式
    ldr  r1, =0x0               ; 设置所有中断源采用 IRQ 模式
    str  r1, [r0]
    ldr  r0, =pTCFG0            ; 定时器配置寄存器 0。0~7 决定定时器 0 和 1 的预分频系数(本例无用)
    ldr  r1, =0x0000fa00        ; 8~15 位决定定时器 2、3、4 的预分频系数，本例取值 0xfa，即十进制 250
    str  r1, [r0]               ; 定时器 0、1 预分频系数默认值为 0(本例无用)，定时器 4 预分频为 250
    ldr  r0, =pTCFG1            ; 定时器配置寄存器 1
    ldr  r1, =0x00030000        ; 粗分频系数设置，此处设置定时器 4 粗分频系数为 1/16
    str  r1, [r0]
    ldr  r0, =pTCNTB4           ; 定时器 4 的计数缓存寄存器，有效位 0~15 位，最大设置值=65535
    ldr  r1, =0x000000f9        ; 100×10^6 Hz/250/16/100Hz =250, 设置值 250=0x000000fa
    str  r1, [r0]
    ldr  r0, =pTCON            ; 定时器控制寄存器
    ldr  r1, =0x00600000        ; 设置定时器 4 为自动重载，手动更新 TCNTB4，禁止定时器 4
    str  r1, [r0]
    ldr  r0, =pTCON            ; 定时器控制寄存器
    ldr  r1, =0x00500000        ; 再次设置定时器 4 自动重载，取消手动更新，开启定时器 4
    str  r1, [r0]
    ldr  r0, =pINTMSK           ;
    ldr  r1, =0Xffffbfff        ; 仅打开 time4 中断：设置 D14 位为 0
    str  r1, [r0]
```

对定时器控制寄存器的设置需要连续进行两次，第 1 次是通过设置手动更新有效将计数缓存寄存器内的计数初始值拷贝到减 1 计数器内，第 2 次设置则是取消手动更新并且启动定时器开始工作。

11.3.2 PWM 定时器应用编程例 2

本实验采用定时器 4 产生周期为 1 秒的定时输出信号，触发中断处理程序实现使发光二极管中的 LED0 每 1 秒亮灭 1 次。定时器输入时钟 PCKL 为 100MHz。电路原理如图 11-11 所示。对照图 11-11 与图 10-9 可以看出，本电路仅仅是用了处理器的内部定时器 4 的输出取代了图 10-9 的外部中断 EINT3，其他功能完全是一样的。相比较这两个例子实现程序的不同点仅在于，一个是响应定时器 4 的中断请求，一个是响应外中断 3 的中断请求。在响应定时器 4 中断之前需要在主程序内增加对定时器 4 进行初始化设置的程序段。

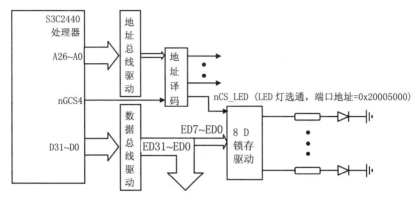

图 11-11　8 位发光二极管定时显示部分电路图

1. 程序结构框图

本程序的流程框图如图 11-12 所示。

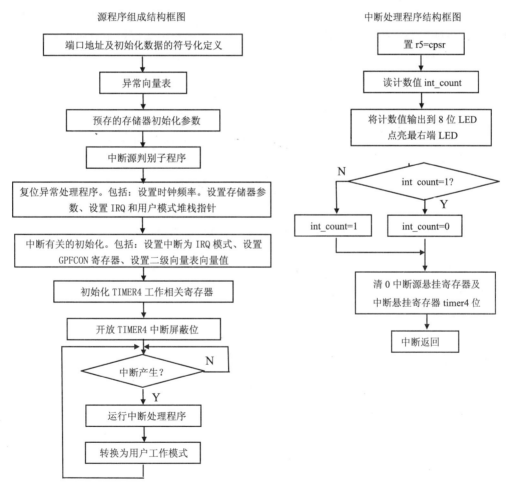

图 11-12　LED 定时显示示例程序流程框图

2. 汇编语言参考程序

由前述可知，本实验与图 10-9 所示实验的不同点仅在于响应的是定时器 4 的中断请求，因此汇编语言参考程序请参见 S3C2440 处理器中断系统应用编程例的参考程序。

11.4 一种特殊的定时器——看门狗定时器

看门狗定时器是由英文"watch dog"一词翻译而来，其主要作用是当系统中程序跑飞（即系统处于失控状态）时，在经过一个预先设置的时间后产生复位信号，使得系统重新开始运行，从"死机"的状态解脱出来。在许多无人值守的应用场合，系统都需要配置看门狗定时器。

看门狗定时器实际上是一种特殊的可编程定时器。从原理上看类似于数字逻辑中的可重触发单稳态触发器。在正常的程序中需要嵌入一段对该定时器进行设置定时周期的程序段（俗称喂狗程序），并保证在所设置的定时时间尚未到达时再次对其进行设置。如果在一个程序正常的运行过程中，看门狗定时器会不断被重复设置定时值，这样就永远不会到达定时结束时刻，也就不会产生复位信号。如果程序跑飞，就不会再运行对定时器进行重复设置的程序，将导致定时器定时过程结束并产生复位信号。系统监测定时原理如图11-13所示

图 11-13　系统监测定时原理图

11.4.1 S3C2440X 的看门狗定时器结构及工作原理

看门狗定时器结构与普通定时计数器类同，如图11-14所示。

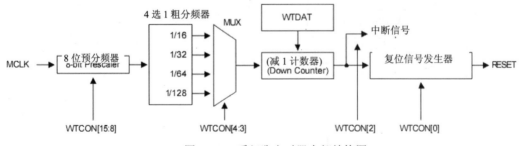

图 11-14　看门狗定时器内部结构图

看门狗定时器内部由三级可编程分频单元构成，第一级分频是一个8位的预分频器，可

设置的预分频值为0~255，可实现对系统时钟MCLK进行分频值加1的分频操作。第二级是一个可选择16、32、64或128的粗分频器。第三级是一个16位的细分频器WTCNT。

若设预分频值为L，粗分频值为M，细分频值为N，则所实现的最终分频值为：

$$P = (L+1) \times M \times N \tag{11-4}$$

所实现的定时周期为：

$$T = P / MCKL = ((L+1) \times M \times N) / MCLK \tag{11-5}$$

其中，第一、二级分频器的值L和M经编程选定后将保持不变，而第三级的分频器所设置的分频值N首先被写入监测定时数据寄存器WTDAT中，然后在定时器启动工作后再拷贝到监测定时计数器WTCNT内。WTCNT是一个倒计时计数器，其内的值会在输入时钟（频率为$MCKL/(L+1) \times M$）作用下不断减1，当N值减为0时可输出复位信号或产生中断信号。

11.4.2 S3C2440X 的看门狗定时器内部寄存器

用户可以通过对S3C2440X的看门狗定时器内部寄存器进行编程决定是否启用监测定时器功能，定时时间到后是产生复位信号还是中断信号，设置定时周期T对应的分频值为L、M及N。编程的对象是三个寄存器：看门狗定时控制寄存器WTCON、看门狗定时数据寄存器WTDAT和看门狗定时计数器WTCNT。

1. 看门狗定时控制寄存器 WTCON

看门狗定时控制寄存器WTCON的基本信息见表11-30。

表 11-30　看门狗定时控制寄存器 WTCON 的基本信息表

寄存器	地址	属性	功能	初值
WTCON	0x01D30000	读/写	看门狗定时控制寄存器	0x8021

看门狗定时控制寄存器WTCON的位功能见表11-31。

表 11-31　看门狗定时控制寄存器 WTCON 的位功能

WTCON寄存器	位	描述	初值
预分频值	[15:8]	预分频值有效范围0－（2^8-1）	0x80
保留	[7:6]	保留 正常工作下这两位必须为00	00
看门狗定时器允许位	[5]	看门狗定时器的允许位 0=终止看门狗定时器；1=激活看门狗定时器	1
粗分频值选择	[4:3]	这两位确定粗分频值 00:1/16；01:1/32；10:1/64；11:1/128	00
中断允许位	[2]	看门狗定时器中断允许位 0=禁止中断产生；1=允许中断产生	0

续表

WTCON寄存器	位	描述	初值
保留	[1]	保留，正常工作下这位必须为0	0
复位允许位	[0]	看门狗定时器输出复位信号的允许位 1: 看门狗定时器计时结束产生S3C2440复位信号 0: 禁止看门狗定时器结束产生S3C2440复位信号	1

2. 看门狗定时数据寄存器

看门狗定时数据寄存器WTDAT的基本信息见表11-32。

表 11-32　看门狗定时数据寄存器 WTDAT 的基本信息表

寄存器	地址	读/写	描述	初值
WTDAT	0x01D30004	读/写	看门狗定时器数据寄存器	0x8000

看门狗定时数据寄存器WTDAT的位功能见表11-33。

表 11-33　看门狗定时数据寄存器 WTDAT 的位功能

WTDAT	位	功能描述	初值
细分频初值	[15:0]	看门狗定时器细分频初始分频值	0x8000

3. 看门狗定时计数寄存器 WTCNT

看门狗定时计数寄存器WTCNT的作用是，在输入时钟作用下按倒计时方式对其当前计数值不断减1，减到0时就触发复位信号或中断信号。看门狗定时数据寄存器WTDAT的分频值在定时器刚开始工作时不能自动拷贝到定时计数寄存器WTCNT内，所以看门狗定时计数寄存器在第一次使用前必须设置分频值，否则第一次将按初始值0x8000计数。看门狗定时计数寄存器WTCNT的基本信息见表11-34。

表 11-34　看门狗定时计数寄存器 WTCNT 的基本信息表

寄存器	地址	属性	功能描述	初始值
WTCNT	0x01D30008	读/写	看门狗定时器计数寄存器	0x8000

看门狗定时计数寄存器WTCNT的位功能见表11-35。

表 10-35　看门狗定时计数寄存器 WTCNT 的位功能

WTCNT	位	功能描述	初态
计数值	[15:0]	看门狗定时器当前计数值，内容会在输入时钟作用下不断减1	0x8000

看门狗定时器在程序中的设置方法有两种。一种是当运行环境无操作系统且应用程序一次循环运行时间固定不变时，可以直接在应用程序中嵌入一段喂狗程序，且设置的定时值一定要略大于应用程序一次循环的时间。另外一种就是当运行环境有操作系统，或应用程序循

环运行时间不固定。这种情况下需要具体分析不同进程或应用程序的执行时间并在合适的位置安排喂狗程序。

习题与思考题

（1）S3C2440 共有多少个定时器？其中哪几个有外部输出引脚？哪些有 PWM 功能？哪些有死区设置功能？

（2）什么是定时器的周期方式和单触发方式？S3C2440 内如何选择这两种不同工作方式？

（3）如果要编程设置某个定时器的输出信号频率，需要针对哪几个寄存器进行编程？

（4）如果要编程设置某个定时器的输出信号占空比，需要针对哪几个寄存器进行编程？

（5）如果要利用定时器 2 的输出信号为定时中断信号，需要针对哪些寄存器进行编程设置？

（6）看门狗定时器的作用是什么？喂狗程序的作用是什么？

（7）已知系统时钟 PCLK 为 50MHz，预分频值取为 100，分频系统取为 1/16。若要获得频率 3KHz、占空比 50% 的输出信号，请写出相关寄存器的设置值及设置程序片段。

第12章 S3C2440的通用异步串行通信单元UART

12.1 UART的组成结构及工作模式

12.1.1 S3C2440异步串行通信单元UART的组成结构

S3C2440提供了三个独立的通用异步串行通信（UART）通道，每个通道在使用内部系统时钟的情况下可以支持最高达115.2Kbps的标准异步串行通信波特率，如果采用外部提供的时钟（由UEXTCLK输入），则可以实现更高的传输速率。每个通道不仅可以采用单字符收/发的传统UART数据传输模式，还提供了一次最多可传输64字节的FIFO工作模式，可以中断或以DMA方式进行，所传输的异步数据帧符合标准的UART数据格式。另外UART的输出端口还提供了内嵌的红外传输编/解码器，方便实现红外无线串行数据传输。

每个UART都包含了波特率发生、数据发送及接收、控制等部件，其内部结构如图12-1所示。

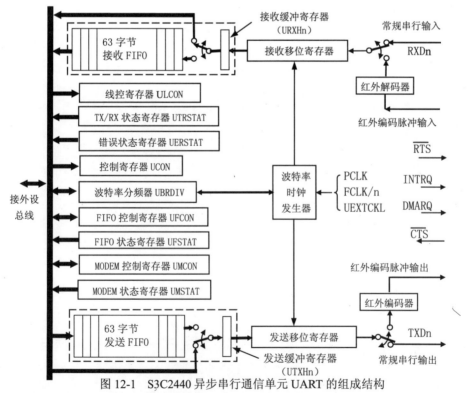

图 12-1　S3C2440异步串行通信单元UART的组成结构

　　波特率发生器可选择由 PCLK、FCLK/n 或 UEXTCLK（外部输入时钟）提供工作时钟。发送部件和接收部件各自包含了 64 字节 FIFO（含 1 字节发送或接收缓冲寄存器）和数据移位寄存器。用户可选择采用单字符数据收/发和批量的 FIFO 数据收/发方式，数据收/发对象是数据接收或发送缓冲寄存器，后者的数据收/发对象是 FIFO 存储区，最终实现数据串行收/发的功能部件是移位寄存器。发送的数据先由发送缓冲寄存器拷贝到移位寄存器中，然后再由发送移位寄存器经引脚 TxDn 逐位移出到发送数据线上。接收的数据则由数据接收引脚 RxDn 经接收移位寄存器逐位移入，移满一个字节后拷贝到接收缓冲寄存器及 FIFO 存储区内。

12.1.2　S3C2440 异步串行通信单元 UART 的工作模式

　　S3C2440 的 UART 支持对常规的二进制比特数据直接进行收/发操作，也提供连接调制解调器的数据收/发模式。而这两种数据收/发模式又都可以按每次只收/发一个字符（不多于 8 位）的单字符收/发方式或每次可收/发多个字符（不多于 64 字节）的 FIFO 方式进行。FIFO 方式还可以选择是采用中断方式还是 DMA 方式进行，另外还存在程序控制和自动流控 AFC 方式。因此图 12-1 中可看到与 FIFO 和 MODEM 有关的多个寄存器。这些工作方式可归纳如图 12-2 所示。

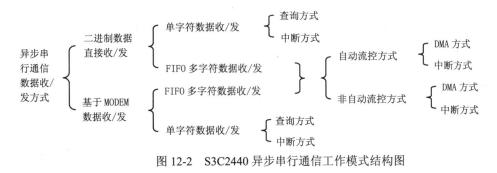

图 12-2　S3C2440 异步串行通信工作模式结构图

　　上述工作方式中，最基本、最简单也是运用最广泛的是二进制单字符数据的收/发模式，这也是早期的 RS-232 异步串行通信普遍采用的模式，而且大部分的嵌入式处理器都支持该模式。

12.2　S3C2440 UART 的寄存器

　　为配合异步串行通信的多种模式，S3C2440 处理器的 UART 功能单元设置了多个可编程寄存器，用于选择工作模式和具体的参数。从图 12-1 所示的 UART 内部组成结构可以看到，每个 UART 通道都有 11 个不同功能的寄存器，表 12-1 以 UART0 通道为例，列出了部分寄存器的基本信息。

表 12-1   UART 特殊功能寄存器的偏移地址及复位值

寄存器	偏移地址	读写属性	功能描述	复位值
ULCON0	0x50000000	读/写	UART0的线控寄存器	0x00
UCON0	0x50000004	读/写	UART0控制寄存器	0x00
UFCON0	0x50000008	读/写	UART0 FIFO控制寄存器	0x00
UMCON0	0x5000000C	读/写	UART0 MODEM控制寄存器	0x00
UTRSTAT0	0x50000010	只读	UART0 TX/RX状态寄存器	0x6
UERSTAT0	0x50000014	只读	UART0 错误状态寄存器	0x6
UFSTAT0	0x50000018	只读	UART0 FIFO 状态寄存器	0x6
UMSTAT0	0x5000001C	只读	UART0 MODEM状态寄存器	0x6
UTXH0	0x50000020(L) 0x50000023(B)	字节写	UART0发送缓冲寄存器	不定
URXH0	0x50000024（L） 0x50000027（B）	字节读	UART0接收缓冲寄存器	不定
UBRDIV0	0x50000028	读/写	UART0波特率分频寄存器	不定

如果仅考虑采用最简单的二进制单字符数据收/发模式进行数据传输，编程就涉及到线控寄存器ULCON、控制寄存器UCON、波特率分频寄存器UBRDIV、收/发状态寄存器UTRSTAT、UART 错误状态寄存器UERSTAT、发送缓冲寄存器UTXH和接收缓冲寄存器URXH。

12.2.1 串行数据帧格式设置寄存器——线控寄存器 ULCON

线控寄存器（Uart Line Control register）ULCON的主要作用是规定字符数据串行发送到串行通信线上的比特流封包格式。包括字符数据有效位数、校验方式、停止位数等。表12-2、表12-3是该寄存器的详细信息。

表 12-2   各 UART 通道 ULCON 寄存器端口地址、读写属性及初始值

寄存器名称	口地址	访问类型	功能描述	初始值
ULCON0	0x50000000	读/写	UART0的线控寄存器	0x00
ULCON1	0x50004000	读/写	UART1的线控寄存器	0x00
ULCON2	0x50008000	读/写	UART2的线控寄存器	0x00

表 12-3   UART 线控寄存器（ULCON0、ULCON1、ULCON2）的位功能

位名称	BIT	描述
保留	[7]	—
红外模式	[6]	此位设置是否使用红外模式： 0 = 常规串行收/发模式；1 = 红外串行收/发模式
数据校验模式选择	[5:3]	此位设置数据校验模式：0xx = 无校验；100 = 奇校验；101 = 偶校验；110 = 设置校验位为1；111 =设置校验位为0

位名称	BIT	描述
停止位选择	[2]	此位设置停止位的位数： 0 = 1位停止位；1 = 2位停止位
数据位选择	[1:0]	此位设置每帧的数据位bit数 00 = 5-bits；01 = 6-bits；11 = 7-bits；11 = 8-bits

12.2.2 控制寄存器 UCON

控制寄存器UCON（Uart Control Register）的主要作用是设置数据收/发工作方式（查询、中断、DMA）、设置采用中断方式时的选项和与波特率设置有关的部分选项。表12-4、表12-5是该寄存器的详细信息。

表 12-4　各 UART 通道 UCON 寄存器端口地址、读写属性及初始值

寄存器名称	口地址	访问类型	功能描述	初始值
UCON0	0x50000004	读/写	UART0控制寄存器	0x00
UCON1	0x50004004	读/写	UART1控制寄存器	0x00
UCON2	0x50008004	读/写	UART1控制寄存器	0x00

表 12-5　UART 控制寄存器（UCON0，UCON1，UCON2）的位功能

位名称	BIT	描述
FCLK 分频值 (该位域只有当选择FCLK/n为主时钟时有效。)	[15:12]	UCON0[15:12]，UCON1[15:12]，UCON2[14:12]为在UART时钟源选择FCLK/n时设置其中的 n 值。当设置 n=7~21时使用 UCON0[15:12]，n=22~36时使用 UCON1[15:12]，n=37~43时使用UCON2[14:12]。而UCON2[15]用于设置FCLK/n 时钟的允许或禁止，0=禁止，1=允许 对于UCON0[15:12], UART时钟 = FCLK/(设置值+6),此处设置值>0。而UCON1、UCON2必须为0。例如设置值为1、2、3、…，15时，UART时钟分别为：FCLK/7、FCLK/8、FCLK/9、…,FCLK/21 对于 UCON1[15:12], UART 时钟 = FCLK/(设置值+21),此处设置值>0。而 UCON0、UCON2 必须为0。例如设置值为1、2、3、…，15时，UART时钟分别为：FCLK/22、FCLK/23、FCLK/24、…,FCLK/36 对于 UCON2[14:12], UART 时钟 = FCLK/(设置值+36),此处设置值>0。而 UCON0、UCON1必须为0。例如设置值为1、2、3、…，7时，UART时钟分别为：FCLK/37、FCLK/38、FCLK/39、…,FCLK/43 如果UCON0[15:12]，UCON1[15:12]以及UCON2[14:12] 全部设为0,则分频值为44,对应的UART时钟为FCLK/44。总的分频范围是 7 到 44
波特率主时钟选择	[11:10]	选择 PCLK,UEXTCLK 或 FCLK/n 作为 UART 波特率分频器主时钟 波特率分频值 UBRDIVn = (int)(分频主时钟 / (波特率 x 16))–1 00, 10 = PCLK；01 = UEXTCLK；11 = FCLK/n(在进行选择和撤销以 FCLK/n 为UART主时钟的设置后，需要插入本表后所注的代码)
发送中断请求信号类型	[9]	发送时的中断请求信号类型： 0 = 脉冲；1 = 电平 (该信号当单字符发送缓冲器为空或FIFO内剩余数据达到触发值时有效)

位名称	BIT	描述
接收中断请求信号类型	[8]	接收时的中断请求信号类型：0 = 脉冲；1 = 电平 (该信号当单字符接收缓冲器收到新数据或FIFO数据达到触发值时有效)
接收超时中断允许	[7]	当UART FIFO有效时，禁止/允许接收超时中断： 0 = 禁止；1 = 允许（该中断请求产生于数据接收时）
接收错误中断允许	[6]	禁止/允许UART接收错误中断：0 = 不产生接收错误中断； 1 = 产生接收错误中断（接收错误包括：断帧、起始位或停止位错、奇偶校验错、接收缓冲器溢出）
Loopback模式 (自发自收模式)	[5]	此位设置UART是否工作于Loopback（自发自收）模式： 0 = 正常工作；1 = 自发自收工作模式（仅用于电路自检）
发送间歇信号	[4]	该位为1使UART发送一个间歇信号，该位在发送一个间歇信号后自动清除 0=常规发送方式，1=发送间歇信号
发送模式	[3:2]	禁止/允许发送，选择采用什么模式写Tx数据到UART发送缓存寄存器 00=禁止；01=中断请求或查询模式；10=DMA0请求模式(仅适用于UART0)；或DMA3请求模式(仅适用于UART2)；11=DMA1请求模式(仅适用于UART1)
接收模式	[1:0]	禁止/允许接收，选择采用什么模式从UART接收缓冲寄存器读数据 00=禁止；01=中断请求或查询模式；10=DMA0请求模式(仅适用于UART0)；或DMA3请求模式(仅适用于UART2)；11=DMA1请求模式(仅适用于UART1)

在进行选择和撤销以 FCLK/n 为 UART主时钟的设置后，需要插入以下代码。

```
rGPHCON = rGPHCON & ~(3<<16);              // GPH8 (UEXTCLK) 设为输入
Delay(1);                                   // 延时约100us
rGPHCON = rGPHCON & ~(3<<16) | (1<<17);    // GPH8 (UEXTCLK) 设为 UEXTCLK
```

关于UART控制寄存器内有关设置项的说明如下。

（1）数据收/发工作方式及选择设置。为了保证用户程序从接收缓冲寄存器读取数据或向发送缓冲寄存器写数据时不会出现重复读数和重复写数的情况，可以选择采用查询和中断方式获取相关状态信息。如果是多字符FIFO数据收/发模式还可以选择DMA模式。控制寄存器UCON的[3:0]位提供了相关的设置位。对于二进制单字符数据收/发方式通常选择中断请求模式或查询模式。DMA方式只适用于FIFO数据收发模式。

（2）间隙状态信号。UCON寄存器的[4]位用于设置是否发送间隙信号。间歇状态信号用于当一个数据帧发送后、下一个数据帧不能及时发出，通知接收方稍息片刻。其具体格式是发送一个比一帧数据传输时间长的连续低电平信号。

（3）Loopback工作模式。Loopback工作模式也称回馈模式，是许多数据收/发接口电路都具有的功能。例如，以太网控制器接口电路、串行数据收发器接口电路等。在该模式下，接口电路在内部将数据发送端与自己的数据接收端相连，通过运行数据的自发自收程序，以检测接口电路工作是否正常，常用于UART控制电路的自检过程。S3C2440 UART也提供了这种工作模式，并由UCON寄存器的[5]位进行设置。

（4）串行通信的中断方式及有关设置选项。UCONn控制寄存器内设置了若干个中断允许设置位，用于选择采用何种中断方式来及时处理串行数据收/发过程中的有关状况。

串行通信过程中需要及时了解以下状况：接收缓存寄存器是否有新数据到达(或FIFO工作模式下是否已收到设定的字符数)；发送缓存寄存器数据是否已发送完毕(或FIFO工作模式下FIFO缓存区已空)；接收到的数据或过程是否有错误产生。这些状况可以通过查询方式(读取有关状态寄存器内特定状态位)来了解，但查询方式需要耗用CPU的时间，效率不高。为此可对这些必须了解的状况设置中断方式，当有关状况一旦出现就会产生特定的中断请求信号，然后利用中断处理程序来完成具体的数据收/发服务操作。每个UART的各种可中断状况分成INT_RXDn、INT_TXDn、INT_ERRn三种类型。首先由子中断源悬挂寄存器SUBSRCPND接受请求，然后由SUBSRCPND以INT_UART0、INT_UART1或INT_UART2中断请求信号发送到中断源悬挂寄存器SRCPND输入端。UART的中断源管理结构可由图12-3描述。

对于单字符数据收/发和多字符数据FIFO收/发两种工作模式，引发中断的情况不同。

单字符数据收发方式下具有六种可中断状况，分别是接收缓存寄存器URXH数据就绪(通知处理器及时从接收缓存寄存器读数据)，发送缓存寄存器UTXH空(通知处理器及时向发送缓存寄存器写数据)，以及数据接收中的四种错误：覆盖错、奇偶校验、帧错、间歇超时错。数据接收和数据发送是否采用中断方式可通过UCONn中的[1:0]位和[3:2]位进行选择，接收过程中检测到错误时是否产生中断则可通过UCONn中的[6]位加以设置。这六个中断请求最终都由中断源悬挂寄存器内的INT_UARTn受理，其中的四种错误信息被归类为接收错误，它们共用一个接收错误中断源。这些数据接收过程中可能产生的错误是由UART硬件自动进行检测的，每个接收错误都可引发接收错误中断请求，而具体是哪一个错误状态引发的中断请求，可以在收到接收错误中断请求信号后通过UERSTATn寄存器内的有关位的状态来判别。

所有这六种状况都会及时记录在数据收发状态寄存器UTRSTATn以及UART错误状态寄存器UERSTATn内，如果用户没有将UCONn控制寄存器内的各中断允许位设置为有效，则选择采用查询方式。可通过判读这些状态寄存器内的有关位来解读某种状况是否产生。

UART各中断请求信号可以选择脉冲和电平两种电信号方式。其中脉冲方式响应快但容易受干扰信号误导，电平方式则反之。具体通过UCONn寄存器的[9:8]位进行设置。图12-3是UART串行接口中断源管理接口图。

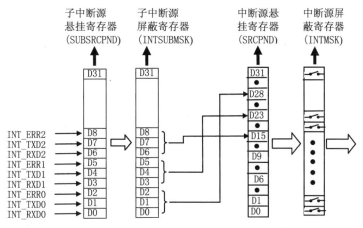

图12-3　UART串行接口中断源管理结构图

当选择了FIFO工作方式时，如果将UART控制寄存器UCONn中接收模式选择为中断模式，则当接收FIFO中的数据增加到设定数量（由FIFO控制寄存器UFCONn设置）或是填满时将触发接收FIFO数据接收中断。同理，在FIFO发送工作方式下，如果控制寄存器UCONn中的发送模式选择为中断模式，则当发送 FIFO 中的数据为0或者减少到设定的数量时将会引起发送中断。表12-6是FIFO结构和非FIFO结构下可能产生中断的各种情况的小结。

表 12-6   UART 可中断状况说明

中断种类	单字符数据收发工作方式	多字符数据收发FIFO工作方式
接收中断 INT_RXDn	当接收缓存寄存器URXHn获得一个新数据时产生中断	当数据接收FIFO内的数据量达到设定值时产生中断。DMA模式下若FIFO接收数据量未达到触发中断的数据量，但在3帧数据时间内没有接收到任何数据，也将引发中断。此时需及时读取FIFO内剩余数据
发送中断 INT_TXDn	当发送缓存寄存器UTXHn内数据为空时(已拷贝至移位寄存器)产生中断	当数据发送FIFO内的数据量少于设定值时产生中断
接收错误 中断 INT_ERRn	每当接收出现数据覆盖、奇偶校验错、帧错、间隙超时错时均会产生中断。但同一时间出现多个错误，仅产生1次中断，四个错误共用一个中断	当接收数据出现帧错误，奇偶校验错或者间歇超时错时产生中断。若接收FIFO中的数据已存满却没有数据被读出时，出现超限接收错误，也将产生中断

（5）串行通信的DMA方式及有关设置选项。DMA方式是针对FIFO工作方式下连续收/发一串字符数据的工作方式，该方式下内嵌的DMA控制器会自动访问FIFO存储区内每个单元并完成数据的读/写以及数据的收/发操作。如果将控制寄存器UCONn中的接收模式设置为DMA模式，当接收FIFO充满数据后会引发数据接收DMA请求信号。同理将控制寄存器UCONn中的发送模式设置为DMA模式，则当发送FIFO中数据全部发空后也将产生DMA请求信号。

S3C2440的各UART都可以选择采用中断方式或DMA方式，在串行数据收/发的多种情况下都可以采用中断模式进行处理，如数据的收/发、错误的处理等。而DMA模式只能用于FIFO方式下的数据接收和数据发送。

（6）波特率发生器主时钟选择。UART功能单元中的波特率发生器可以选择 PCLK、UEXTCLK 或 FCLK/n 作为自己分频器的主时钟，具体通过UCON寄存器的[11:10]位进行设置。

（7）FCLK 除数因子值设置。

当波特率发生器主时钟选择FCLK/n时，其中的除数因子n将由UCON寄存器的[15:12]位进行设置。n值的范围为7~44，并且需要3个UART单元内的UCON寄存器共同承担。其中UCON0 的 [15:12] 位用其 0001b~1111b 值选择设置 n 值为 7~21，UCON1 的 [15:12] 位用其0001b~1111b值选择设置n值为22~36，UCON2的[14:12]位用其001b~111b值选择设置n值为37~43。如果UCON0[15:12]、UCON1[15:12]以及UCON2[14:12] 全部设为0、则n为44。

需要注意的是UCON2的[15]位是FCLK/n 时钟的允许或禁止位，0为禁止，1为允许。即使通过UCON寄存器的[11:10]位选择了FCLK/n，也必须将该位设置为允许态，否则FCLK/n无效。

12.2.3 波特率分频寄存器 UBRDIV

波特率分频寄存器UBRDIV(Uart Baud Rate DIVisor register)的作用是提供一个16位的分频值，用于对波特率发生器输入时钟频率进行分频，以获得收发双方约定的数据传输波特率，其有效的设置值为1~（$2^{16}-1$）。

1. 波特率的计算

波特率的计算可采用如下公式：

$$UBRDIVn = (取整)(UARTCLK / (bps×16))-1 \tag{12-1}$$

其中，UBRDIVn为需设置的波特率分频值；bps为波特率；MCKL为UART时钟频率。UARTCLK为PCLK、FCLK/n 或 UEXTCLK。

例如：设处理器提供给UART的主时钟为 FCLK/n为40MHz，要求设置波特率为115200，则波特率因子为：

$$UBRDIVn = (int)(40000000 / (115200×16)+0.5)-1 \tag{12-2}$$
$$= (int)(21.7+0.5)-1 = 21$$

2. 波特率的误差容限

要求 UART 数据帧误差容限小于 1.87%(3/160)，tUPCLK 计算公式如下：

$$tUPCLK = (UBRDIVn + 1)×16×1Frame / PCLK \tag{12-3}$$

实际的 UART 时钟 tUPCLK 为：

$$tUEXACT = 1Frame / 波特率 \tag{12-4}$$

理想的 UART 时钟 tUEXACT 的计算公式如下：

$$UART 误差 = (tUPCLK – tUEXACT) / tUEXACT×100\% \tag{12-5}$$

上述公式说明，1 帧包括起始位、数据位、奇偶校验位和停止位，在特殊条件下可以支持 UART 波特率最高到 921.6Kbps。例如在 PCLK 为 60MHz 情况下,可以使误差容限低于1.69%。

3. 波特率分频寄存器 UBRDIV

波特率分频寄存器 UBRDIV（UART BAUD RATE DIVISION REGISTER）的作用是设置串行数据收/发的波特率，有效数据位为16位。其基本信息见表12-7，12-8

表 12-7　波特率分频寄存器 UBRDIVn 端口地址、读写属性及初始值

寄存器名称	口地址	访问类型	功能描述	初始值
UBRDIV0	0x50000028	读/写	UART0 波特率分频寄存器	不定
UBRDIV1	0x50004028	读/写	UART1 波特率分频寄存器	不定
UBRDIV2	0x50008028	读/写	UART2 波特率分频寄存器	不定

表 12-8　波特率因子寄存器 UBRDIVn 的位功能

位名称	BIT	描述
UBRDIVn	[15:0]	设置波特率因子值

12.2.4　收发状态寄存器 UTRSTAT 及错误状态寄存器 UERSTAT

为了保证数据的正确发送和接收，UART单元设置了收发状态寄存器UTRSTAT(UART TX/RX Status Register)及错误状态寄存器UERSTAT（UART Error Status Register）。前者的作用是实时记录发送缓冲寄存器、发送移位寄存器是否为空(原有数据是否已发送)，以及接收缓冲寄存器是否已满(是否已收到新数据)，并以此提示用户程序及时发送后续数据或读取收到的新数据。后者的作用是记录接收数据可能出现的错误，包括溢出错、奇偶检验错、帧错误、间歇检测错4种类型。这两个寄存器的有关信息如表12-9、12-10。

表 12-9　发送/接收状态寄存器 UTRSTATn 端口地址、读写属性及初始值

寄存器名称	口地址	访问类型	功能描述	初始值
UTRSTAT0	0x50000010	只读	UART0 TX/RX状态寄存器	0x6
UTRSTAT1	0x50004010	只读	UART1 TX/RX状态寄存器	0x6
UTRSTAT2	0x50008010	只读	UART2 TX/RX状态寄存器	0x6

表 12-10　TX/RX 状态寄存器 （UTRSTAT0, UTRSTAT1，UTRSTAT2）的位功能

位名称	BIT	描述
发送移位寄存器空	[2]	该位在发送移位寄存器没有数据或数据移位发送完后有效 0 = 移位未完；1 = 发送中且移位完成
发送缓冲寄存器空	[1]	当发送缓冲寄存器内无有效数据时该位自动置1 0 = 发送缓冲寄存器不空；1 = 发送缓冲寄存器空 如果UART使用FIFO，用户需要通过检测UFSTAT寄存器的Tx FIFO计数位和Tx FIFO满标志位来取代检测该位
接收缓冲器数据就绪	[0]	当接收缓冲寄存器获得一个有效数据时该位为1 0 = 没有收到有效数据；1 = 收到有效数据 如果UART使用FIFO，用户需要通过检测UFSTAT寄存器的Rx FIFO计数位来取代检测该位

3.　UART 错误状态寄存器 UERSTATn

UERSTATn的基本信息见表12-11、表12-12。

表 12-11　错误状态寄存器 UERSTATn 端口地址、读写属性及初始值

寄存器名称	口地址	访问类型	功能描述	初始值
UERSTAT0	0x50000014	只读	UART0 错误状态寄存器	0x00
UERSTAT1	0x50004014	只读	UART1 错误状态寄存器	0x00
UERSTAT2	0x50008014	只读	UART2 错误状态寄存器	0x00

表 12-12　错误状态寄存器 （UERSTAT0，UERSTAT1，UERSTAT2）的位功能

位名称	BIT	描述
间歇检测	[3]	当收到一个间歇（BREAK）信号时该位自动置1 0 = 未收到间歇信号；1 = 收到间歇信号
帧错误	[2]	当收到的数据出现帧错误时该位自动置1 0 = 没有帧错误；1 = 出现帧错误
奇偶校验错	[1]	当收到的数据出现奇偶校验错时，该位自动置1 0 = 没有奇偶校验错；1 = 出现奇偶校验错
溢出错	[0]	当接收出现溢出（覆盖）错误时该位自动置1 0 = 接收没有出现溢出；1 =接收出现溢出

注：当对UART错误状态寄存器进行读操作后，该UERSATn[3:0]自动清零。

12.2.5 发送缓冲寄存器 UTXH 及接收缓冲寄存器 URXH

发送缓冲寄存器UTXH及接收缓冲寄存器URXH是串行数据收/发程序具体的程序操作对象，编程员看到的数据发送过程就是向发送缓冲寄存器UTXH写入一个字符数据，而接收过程就是从接收缓冲寄存器URXH读取一个字符数据。

1. 发送缓冲寄存器 UTXH

UART 发送缓冲寄存器 UTXH的主要作用是暂存将要拷贝到移位寄存器的数据，是用户发送数据的写入对象。如果UART选用的是单字符数据发送，该寄存器就是发送数据的目的寄存器。如果UART选用的是FIFO多字符数据发送，该寄存器就是FIFO存储区的第1个字节单元。其基本信息见表12-13、表12-14。

表 12-13　发送缓冲寄存器 UTXHn 端口地址、读写属性及初始值

寄存器名称	口地址	访问类型	功能描述	初始值
UTXH0	0x50000020(L) 0x50000023(B)	字节写	UART0 发送缓冲寄存器 L=小端格式；B=大端格式	不定
UTXH1	0x50004020(L) 0x50004023(B)	字节写	UART1 发送缓冲寄存器 L=小端格式；B=大端格式	不定
UTXH2	0x50008020(L) 0x50008023(B)	字节写	UART2 发送缓冲寄存器 L=小端格式；B=大端格式	不定

表 12-14　发送缓冲寄存器（UTXH0，UTXH1，UTXH2）的位定义

位名称	BIT	描述
UTXHn	[7:0]	写入的发送数据

2．接收缓冲寄存器 URXH

UART接收缓冲寄存器URXH用于接收数据。当接收移位寄存器移满一个字节的数据后，就会将数据拷贝到该寄存器内。如果UART采用单字符数据接收方式，该寄存器就是接收数据的目的寄存器，用户程序可由此读出接收数据。如果UART采用FIFO多字符数据接收方式，该寄存器就是FIFO存储区的第1个字节单元。其基本信息见表12-15、表12-16。

表 12-15　接收缓冲寄存器 URXHn 的端口地址、读写属性及初始值

寄存器名称	口地址	访问类型	功能描述	初始值
URXH0	0x50000024(L) 0x50000027(B)	字节读	UART0接收缓冲寄存器 L=小端格式；B=大端格式	不定
URXH1	0x50004024(L) 0x50004027(B)	字节读	UART1接收缓冲寄存器 L=小端格式；B=大端格式	不定
URXH2	0x50008024(L) 0x50008027(B)	字节读	UART2接收缓冲寄存器 L=小端格式；B=大端格式	不定

注：当出现溢出错误时，需要执行读URXHn的操作,否则即使USTATn的溢出位已经清除,下一个接收的数据也将表现为错误。

表 12-16　接收缓冲寄存器（URXH0，URXH1，URXH2）的位定义

位名称	BIT	描述
URXHn	[7:0]	存放接收到的送数据

12.2.6 UART FIFO 数据传输模式及专用寄存器

FIFO是串行数据进行批量传输的有效方法。在前面介绍的经典异步串行数据传输过程中，每次发送或接收就绪状态下只能传输不多于一个字节的有效字符数据，数据的传输效率极低。如果能够在收/发双方的串行通信接口电路内分别建立一定数量的接收/发送缓存区，并在发送方预存一批待发送字符数据，当收/发条件满足时，一次将所有缓存的数据连续发送到接收方。这样的数据缓存区为了保证串行数据的先后顺序，严格实行先存入的数据先发送、先接收的数据先读取的结构方式，这就是FIFO数据存储器。S3C2440的UART串行通信接口电路内提供了最多64字节的FIFO存储器，基于FIFO存储器的UART串行数据传输方式即FIFO工作方式。

1．UART FIFO 控制寄存器 UFCON

UART FIFO工作方式下可通过UART FIFO控制寄存器UFCON(Uart FIFO Control registers)来允许或禁止FIFO工作方式、复位FIFO存储器以及设置触发一次数据收/发所需的数据字节

数量等。其基本信息见表12-17。

表 12-17　UART FIFO 控制寄存器 UFCONn 端口地址、读写属性及初始值

寄存器名称	口地址	访问类型	功能描述	初始值
UFCON0	0x01D00008	读/写	UART0 FIFO 控制寄存器	0x00
UFCON1	0x01D04008	读/写	UART1 FIFO 控制寄存器	0x00
UFCON2	0x01D08008	读/写	UART2 FIFO 控制寄存器	0x00

UART FIFO 控制寄存器 UFCONn 的位定义见表12-18。

表 12-18　UART FIFO 控制寄存器 UFCONn 的位定义

位名称	BIT	描述
Tx FIFO 触发级别	[7:6]	设置发送 FIFO 的触发条件 00=空；01=16 字节；10=32 字节；11=48 字节
Rx FIFO 触发级别	[5:4]	设置接收 FIFO 的触发条件 00=1 字节；01=8 字节；10=16 字节；11=32 字节
Reserved	[3]	—
Tx FIFO 复位	[2]	发送 FIFO 复位位，该位在 FIFO 复位后自动清除 0 = 常规；1=Tx FIFO 复位。
Rx FIFO 复位	[1]	Rx FIFO 复位位，该位在 FIFO 复位后自动清除 0 = 常规；1=Rx FIFO 复位
FIFO 允许	[0]	0 = FIFO 禁止；1 = FIFO 允许

2. UART FIFO 状态寄存器 UFSTAT

UART FIFO状态寄存器UFSTAT(UART FIFO STATus register)用于记录收/发FIFO寄存器内的数据是否已满（等于63），以及纪录收/发FIFO寄存器内的数据字节数。其基本信息见表12-19。

表 12-19　UART FIFO 状态寄存器 UFSTATn 端口地址、读写属性及初始值

寄存器名称	口地址	访问类型	功能描述	初始值
UFSTAT0	0x50000018	只读	UART0 FIFO 状态寄存器	0x0
UFSTAT1	0x50004018	只读	UART1 FIFO 状态寄存器	0x0
UFSTAT2	0x50008018	只读	UART2 FIFO 状态寄存器	0x0

UART FIFO状态寄存器 UFSTATn的位功能定义见表12-20。

表 12-20　UART FIFO 状态寄存器 UFSTATn 的位定义

位名称	BIT	描述
保留	[15]	
Tx FIFO 满	[14]	当发送 FIFO 满时该位自动置 1 0 = Tx FIFO 内的数据多于 0 少于 63 字节；1 = 满

位名称	BIT	描述
Tx FIFO 计数	[13:8]	Tx FIFO 内已写入的数据字节数
保留	[7]	
Rx FIFO 满标志	[6]	当接收 FIFO 满时该位自动置 1 0 = Rx FIFO 内的数据多于 0 少于 63 字节；1 = 满
Rx FIFO 计数	[5:0]	Rx FIFO 内收到的数据字节数，最大 63

12.2.7 UART MODEM 数据传输模式及专用寄存器

目前的UART异步串行通信技术起源于早期的通信领域RS-232标准，该标准的主要目的是实现数据终端DT（Data Terminal，即计算机）与数据设备DS（Data Set，即调制解调器MODEM）通信的标准化。该标准被IBM PC机系列引入计算机的原因是，通过RS-232标准串行通信接口连接调制解调器MODEM可以实现计算机数据的远距离传输，以及通过计算机间串行接口的直接互连可实现计算机数据的短距离直接传输。随着计算机网络通信技术的发展，基于MODEM的计算机数据通信应用日趋减少，而基于二进制比特流传输方式的计算机间直接数据传输应用日益增多。特别是在嵌入式系统的应用中，许多嵌入式处理器对传统RS-232标准串行接口进行了技术改造，弱化了其MODEM的直接支持功能，强化了数据的FIFO等功能。例如，在S3C44B0、S3C2440、S3C6410等处理器的UART异步串行接口就不再提供RS-232标准中可直接进行MODEM数据收/发的标准联络信号集，包括发送联络信号RTS、CTS，接收联络信号DSR、DTR，数据载波检测DCD，振铃信号指示RI等。但考虑到可能的MODEM应用需要，保留了部分可以进行MODEM数据传输的方式，但需通过程序设置和选择，并且要在用户程序的配合下方可得以实现。

三星公司的S3C系列嵌入式处理器的UART串行接口提供了两种支持连续的数据传输方式，一种称为自动流控AFC（Auto Flow Control）方式，另一种称为非自动流控方式。前者用于计算机之间进行快速的比特流数据传输，后者在自定义GPIO引脚以及辅助程序段作用下可实现与MODEM的数据传输。需要注意的是，自动流控和非自动流控方式都是在FIFO存储器有效的前提下进行的，并且需要FIFO有关寄存器的配合。

1. 自动流控 AFC 收发方式

为了支持较为可靠快速的数据传输，S3C2440处理器的UART0和UART1提供了一种带有简单联络信号的称为自动流控的收/发方式，其目的是使收/发双方能够快速了解到对方的需求，从而进行可靠快速的数据传输，使得数据的传输如同一个连续不断的数据流一样。

当选择AFC收发模式时，处理器将规定两根引脚作为收/发联络信号，分别是请求发送信号nRTS和允许发送信号nCTS。RS-232C标准中的请求发送信号nRTS是由发送端送给接收端的联络信号，而S3C2440处理器内的该信号则是由接收端送给发送端的联络信号。RS-232C标准中的允许发送信号nCTS是由接收端回送给发送端的应答信号，而S3C2440中的该信号则用于发送端接收对方的nRTS信号，它们的具体定义如下。RTS（Request To Send）：请求发送，输出信号。表示接收端的接收缓冲器或 FIFO 已准备好接收数据,请求发送端发送数据。CTS (Clear To Send):清除以备发送,输入信号。是控制发送端发送数据的信号。

AFC 收/发方式下,通常将请求发送信号 nRTS 与清除以备发送信号 nCTS 相连,如图 12-4 所示。

图 12-4　UART 中的 AFC 联络信号的连接关系

在 AFC 收/发方式中,nCTS 用于控制发送器的工作,只有当 nCTS 信号有效时 FIFO 内缓存的数据才能够发送出去(nCTS 有效意味着对方 UART 的 FIFO 已准备好接收数据)。而 nRTS 则由接收端控制,在 UART 接收数据前,若接收端 FIFO 空余存储空间多于 32 字节则必须置 nRTS 信号有效,当接收端 FIFO 空余存储空间少于 32 字节时则必须置 nRTS 信号无效 (nRTS 有效意味着接收端 UART 的 FIFO 已准备好接收数据)。

由于 S3C2440 的异步串行接口没有提供标准的 RS-232C 信号集,也就无法直接支持 MODEM 连接。如果要使用 UART 连接调制解调器,则需采用程序操控通用 I/O 口(GPIO) 来产生 nRTS 、nCTS、nDSR、nDTR、DCD 和 nRI 等联络信号。另外因为 AFC 不支持 RS-232C 信号协议,所以还需要提前在 UMCONn 寄存器中设置禁止自动流模式的控制位。

2. 非自动流控收/发方式

如果不选择 AFC 方式,nRTS 和 nCTS 不会自动起作用,此时要想进行与 MODEM 的数据传输,需要设置 UART MODEM 控制寄存器 UMCONn[0] 来产生 nRTS 信号,另外还要查询 UART MODEM 状态寄存器 UMSTATn[0] 位,确认 nCTS 是否有效。由此可以看出,这是一种非自动流控方式下通过程序设置信号联络线实现数据收/发的方式。其数据收/发过程如下。

(1)数据接收的操作过程。选择接收模式 (中断或 BDMA 模式);检查 UFSTATn 寄存器中 Rx FIFO 的计数值,如果值少于 32,用户必须设定 UMCONn[0] 的值为 1(使 nRTS 有效),如果该值等于或大于 32 必须设其为 0(使 nRTS 失效);读取一个数据后再重复第 2 项。

(2)数据发送的操作过程;选择发送模式 (中断或 BDMA 模式);检查 UMSTATn[0] 的值,如果值是 1(nCTS 被激活),用户开始向发送 FIFO 数据缓存区写数据。

3. UART MODEM 控制寄存器 UMCON

UART MODEM 控制寄存器 UMCON(UART Modem Control Register)的主要作用是设置 AFC(自动流控)模式中的选项。尽管安排了 UART MODEM 控制寄存器,但 S3C2440 的串口并不能直接由硬件方式支持 MODEM 的工作,因没有专用的一组外部连接引脚线,所以只能采用定义GPIO口加软件的方式实现。UMCONn的基本信息见表12-21。

表 12-21   UART MODEM 控制寄存器 UMCONn 端口地址、读写属性及初始值

寄存器名称	口地址	访问类型	功能描述	初始值
UMCON0	0x5000000C	读/写	UART0 MODEM 控制寄存器	0x00
UMCON1	0x5000400C	读/写	UART1 MODEM 控制寄存器	0x00
保留	0x5000800C	保留	保留	无定义

UART MODEM 控制寄存器 UMCONn的位定义见表12-22。

表 12-22   UART MODEM 控制寄存器（UMCON0, UMCON1）的位定义

位名称	BIT	描述
保留	[7:5]	这两位必须为 0
AFC(自动流控)	[4]	AFC 是否允许 0 = 禁止 ；1 = 允许
保留	[3:1]	这两位必须为 0
请求发送	[0]	如果 AFC 被允许，本位不起作用，此时处理器将自动控制 nRTS 信号；如果 AFC 被禁止，nRTS 信号则由本位来控制 0=高电平，nRTS 无效；1=低电平，nRTS 有效

4. UART MODEM 状态寄存器 UMSTAT

UART MODEM状态寄存器 UMSTAT(UART Modem Status Register)的主要作用是记录可用于MODEM操作的联络信号CTS的状态。其基本信息见表12-23。

表 12-23   UART MODEM 状态寄存器 UMSTAT 端口地址、读写属性及初始值

寄存器名称	口地址	访问类型	功能描述	初始值
UMSTAT0	0x5000001C	只读	UART0 MODEM 状态寄存器	0x0
UMSTAT1	0x5000401C	只读	UART1 MODEM 状态寄存器	0x0
保留	0x5000801C			未定义

UART MODEM状态寄存器 UMSTATn 的位功能定义见表12-24。其中，nCTS与Delta CTS的时序关系如图12-5所示。

表 12-24   UART MODEM 状态寄存器 UMSTAT 的位定义

位名称	BIT	描述
Delta CTS 是否改变	[4]	该位指示输入到 S3C2440 的 nCTS 信号状态自前次读取后是否改变，0 = 未改变；1 = 已改变
保留	[3:1]	-
清除发送	[0]	0 = CTS 无效(nCTS=高电平)；1= CTS 有效(nCTS=低电平)

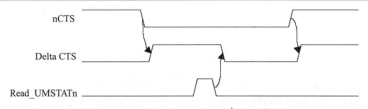

图 12-5   nCTS 与 Delta CTS 的时序图

12.3　UART 异步串行通信的应用编程

通过前面的内容可以看出，S3C2440 的 UART 串行通信有单字符和 FIFO 多字符收/发方式，在 FIFO 方式中还有自动流控、非自动流控，采用 DMA、不采用 DMA 等多种实现方法。因此，首先要根据应用的需要选择某种方式后再进行具体的编程。下面分别针对单字符和常规的 FIFO 方式（非自动流控、非 DMA）分析其程序实现方法。

12.3.1　单字符数据串行通信程序实现过程

单字符数据串行通信中的数据发送和数据接收都可以采用查询或中断方式，但由于数据接收方难以预测数据的到达时间，若采用查询方式势必要耗费处理器大量时间，所以通常采用中断方式。而数据发送是由发送方掌控，只要发送条件符合就可以发送，所以通常采用查询方式。

1.　UART 单字符数据串行通信方式下的相关编程结构

S3C2440 处理器的 UART 异步串行通信接口可以支持多种工作方式，而这些不同的工作方式都是在最基本的单字符串行通信方式基础上变化产生的，所以掌握单字符串行通信的应用及编程方法是掌握其他工作方式的基础。图 12-6 是针对单字符串行通信工作方式的简化编程结构图。

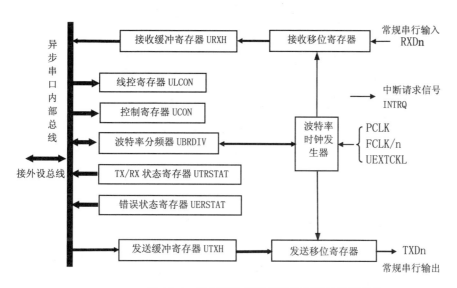

图 12-6　单字符数据串行通信相关的编程结构

图 12-6 中，需要在串口工作前设置的寄存器包括线控寄存器 ULCON，控制寄存器 UCON 和波特率分频器 UBRDIV。在串口工作过程中进行访问的寄存器有：接收缓冲寄存器

URXH、发送缓冲寄存器 UTXH、TX/RX 状态寄存器 UTRSTAT 和错误状态寄存器 UERSTAT。具体见表 12-25。

表 12-25　以 UART0 串口为例的编程寄存器端口地址、读写属性及初始值

寄存器	偏移地址	读写属性	功能描述	复位值
ULCON0	0x50000000	读/写	UART0的线控寄存器	0x00
UCON0	0x50000004	读/写	UART0控制寄存器	0x00
UTRSTAT0	0x50000010	只读	UART0 TX/RX状态寄存器	0x6
UERSTAT0	0x50000014	只读	UART0 错误状态寄存器	0x6
UTXH0	0x50000020（L）、0x50000023（B）	字节写	UART0发送缓冲寄存器	不定
URXH0	0x50000024（L）、0x50000027（B）	字节读	UART0接收缓冲寄存器	不定
UBRDIV0	0x50000028	读/写	UART0波特率分频寄存器	不定

2. 单字符数据串行通信所需的初始化程序

这部分程序的主要任务有三个。第一，定义串口接收和发送引脚占用的 GPIO 口。本例中 UART0 的串行数据发送端将占用 H 组 GPIO 引脚中的 GPH2，数据接收端将占用 H 组 GPIO 引脚中的 GPH3、为此需要通过对 H 组 GPIO 控制寄存器 GPHCON、上拉电阻寄存器 GPHUP 进行编程设置。第二，初始化与单字符数据串行通信方式有关的寄存器。所设置的寄存器包括：用于选择数据帧格式的线控寄存器 ULCON、用于选择查询/中断模式的控制寄存器 UCON、用于选择波特率的寄存器 UBRDIV。第三，为响应串口中断方式所需要的准备工作。清 0 中断源悬挂寄存器及子中断源悬挂寄存器，开通掌管异步串行通信数据接收的中断屏蔽寄存器对应的屏蔽位，提取数据接收中断处理程序的地址并填入二级向量表。

以上的程序行为可由以图 12-7 描述。

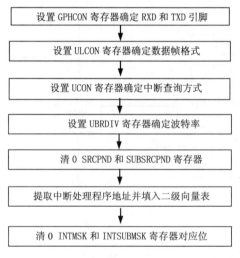

图 12-7　单字符数据串行通信初始化流程图

以 UART0 为例的示例程序如下。

;******** 单字符数据串行通信方式涉及的寄存器初始化设置程序片断 ************

```
ldr r0, =pGPHCON      ; GPIO H 组控制寄存器
ldr r1, =0x0a0        ; 设置 GPH2 为串行数据发送端 TxD0，GPH3 为接收端 RxD0，其余保留默认值 0
str r1, [r0]
ldr r0, =pGPHUP       ; GPIO H 组上拉电阻寄存器
ldr r1, =0x7f3        ; GPH2 和 GPH3 上拉电阻接通，其余禁止
str r1, [r0]
ldr r0, =pINTMOD      ; 中断模式寄存器设置
ldr r1, =0x0          ; 选择 IRQ 模式
str r1, [r0]
ldr r0, =pULCON0      ; UART0 线控寄存器
ldr r1, =0x3          ; 设置 UART0 帧格式为：8 位有效数据，1 位停止位，无校验，禁止红外
str r1, [r0]
ldr r0, =pUCON0       ; UART0 控制寄存器
ldr r1, =0x345        ; 收/发为中断或查询方式，产生接收错误中断，收/发中断请求信号为电平形式，
str r1, [r0]          ; 波特率发生器输入时钟为 PCLK(本实验=50MHz)，其余取默认值
ldr r0, =pUBRDIV0     ; 波特率设置寄存器
ldr r1, =0x01a        ; UBRDIV0=(PCLK/(115200*16))−1 取整≈26 即 0x01a
str r1, [r0]
;*************清 0 有关的悬挂寄存器*****************
ldr r0, =pSRCPND      ; 中断源悬挂寄存器
ldr r1, =0xffffffff   ; 0=未请求，1=已请求,向对应位写 1 清 0 已有的中断请求
str r1, [r0]          ; 清 0 所有主中断源
ldr r0, =pINTPND      ; 中断悬挂寄存器
ldr r1, =0xffffffff   ; 0=未请求，1=已请求,向对应位写 1 清除中断请求
str r1, [r0]          ; 清 0 中断悬挂寄存器所有位
ldr r0, =pSUBSRCPND   ; 子中断源悬挂寄存器，0~14 位有效
ldr r1, =0x7ffff      ; 0=未请求，1=已请求，向对应位写 1 清 0 已有的中断请求
str r1, [r0]          ; 清 0 所有子中断源
ldr r2, =pINTSUBMSK   ; 开启子中断屏蔽挂寄存器的 RXD0 位
ldr r3, =0x7fe        ; 0=中断服务有效，1=中断服务无效
str r3, [r2]
ldr r2, =pINTMSK      ; 开启中断屏蔽挂寄存器的 UART0 位
ldr r3, =0xefffffff   ; 0=中断服务有效，1=中断服务无效
str r3, [r2]
ldr r2, =HandleUART0  ; 设置 UART0 的 IRQ 中断服务程序在二级向量表内的入口地址
adrl r3, handleUart0_rx ; 提取中断服务程序的入口地址并置入二级向量表内
str r3, [r2]
```

3. 查询方式数据发送的程序实现过程

我们所理解的发送过程就是向发送缓存寄存器 UTXH 中写入待发送数据，随后的发送操作全部由串行接口电路自动完成。先是 UTXH 数据被拷贝到移位寄存器中，移位寄存器中的数据将按照程序规定的帧格式组帧后逐位移送到发送端引脚 TXD。在数据发送过程中，为了

避免在前一个数据尚未发送完时（如移位寄存器移位未完成）又写入新的发送数据造成数据覆盖，在发送/接收状态寄存器 UTRSTAT 中设立了两个标志位，一个称为发送缓存器空标志位，一个称为发送移位缓存器空标志位，分别对应发送缓存器 UTXH 和发送移位寄存器的工作状态。如果发送缓存器 UTXH 的内容已经拷贝到发送移位寄存器中，对应标志位为 1，反之为 0。同理，当发送移位寄存器的内容已经全部移出完毕，对应标志位为 1。因此在向发送缓存寄存器 UTXH 中写入一个新的数据前一定要先查询这两个标志位（通常查询发送缓存器空标志位），如果标志位为 1，才可以写入新数据。否则要继续查询等待。

数据发送帧格式是可编程的，有 1 个起始位，5～8 个数据位，1 个可选择的奇偶校验位和 1～2 个停止位，具体由线控制寄存器(ULCONn)进行设置选择。发送器也能产生间歇状态（Break Condition），也就是强制串口连续输出超过一个传输帧的时间长度的逻辑 0 状态，用于产生一个可预测的等待时间。间歇状态信号是在一帧数据完整地传输完之后发送的，之后将继续发送下一帧数据，即向发送缓存寄存器 UTXH 中写入下一个发送数据（如果是多字符发送方式则是向 FIFO 内写入新数据)。下面的程序片段是采用查询方式的串口单字符发送子程序。

子程序的 r0、r1 分别存放有待输出字符串的首地址和待输出字符的序号，是主程序传递的参数。

```
serial_putc
        ldr   r3,[r0,r1]        ; 将待发送字符取出到 r3，其中 r1 的字符序号初值为 0
        stmfd  r13!,{r0,r1}     ; 压栈 r0、r1
send_wait
        ldr   r0,=pUTRSTAT0     ; 读 UART0 Tx/Rx 状态寄存器
        ldr   r1,[r0]
        tst   r1,#0x02n         ; 判断发送数据缓冲寄存器是否为空（UTRSTAT0 的 D1 位=1？）
        beq   send_wait         ; 不空则继续等待
        ldr   r0,=pUTXH0        ; 发送数据缓冲寄存器
        str   r3,[r0]           ; 向发送数据缓冲寄存器输出一个字符
        ldmfd  r13!,{r0,r1}     ; 恢复 r0、r1
        mov   r15,r14           ; 返回主程序
```

4. 中断方式数据接收的程序实现过程

我们所理解的接收过程就是从接收缓存寄存器 URXH 中读出一个数据。但是为了保证读到的是一个新数据，在收/发状态寄存器 UTRSTAT 中设立了一个接收缓冲器就绪标志位。每当接收缓存寄存器到达一个新数据，该位就会自动置 1，而处理器将接收缓存寄存器的数据读取后，该位又会自动清 0，表示该数据已成为旧数据。因此程序中在读取接收缓存寄存器数据前必须要先对收/发状态寄存器 UTRSTAT 中的相应位进行判读，如果为 1 才可以读取，否则读到的将是一个旧数据。

可以采用查询方式了解接收就绪标志位的状态，即接收数据前读取 UTRSTAT 的内容并判断该标志位是否为 1。为 1 则可以读接收缓存寄存器 URXH 的数据，为 0 则需要继续查询等待。由于发送方何时发送数据是随机的，所以查询方式将使处理器处于不可预知的查询等待状态，降低处理器的利用率。因此通常采用中断方式来了解接收就绪标志位。

如果选择接收为中断模式，则当接收缓存寄存器 URXH 收到新数据时将引发 UART 接收中断，处理器可以利用中断处理程序来读取 URXH 的数据。由于中断方式不需要处理器盲目等待，所以是常用的接收方式。

以下是一个采用中断方式进行 UART 数据接收程序的中断处理程序片段。

```
rx_isr    stmfd  r13!,{r14}     ; 压栈保存返回地址,因该中断调用了子程序,会破坏 r14 的内容
rx_get    ldr  r2,=pURXH0       ; UART0 接收数据缓冲寄存器
          ldr  r3,[r2]          ; 接收一个字符
          and  r3,r3,#&ff       ; 仅保留最低字节内容
          strb  r3,[r0,r1]      ; 保存收到的字符
          add  r1,r1,#1         ; 接收数据计数值加 1
          ldr  r2,=pI_ISPC      ; 对中断服务悬挂清零寄存器进行设置
          ldr  r3,=0x80         ; 清零中断服务悬挂寄存器已响应位
          str  r3,[r2]
          ldmfd  r13!,{r14}     ; 恢复 r14 返回值
          subs  pc,lr,#4        ; 中断返回
```

12.3.2　单字符数据串行通信程序设计实例

1. 设计任务描述

本程序实现 S3C2440 裸机系统与 PC 机之间的串行通信，PC 机端可以运行 Windows 下的串口通信工具程序"HyperTerminal"或者 Linux 系统下的串口通信工具程序"Minicom"。

本程序开机运行后首先会向 PC 机发送一些预存的提示信息，提示 PC 机在串口通信工具环境下键入字符，之后转入循环等待接收 PC 机发送来的字符。PC 机每键入一个字符就会被发送到 S3C2440 目标板串口，若键入回车键表示一次传输结束。S3C2440 目标板串口在逐个接收 PC 机发来的字符过程中，一方面将字符存入接收数据缓存区，另一方面又将该字符发送回 PC 机去显示，直至接收到回车符。最后将暂存在接收数据缓存区内的全部字符一次全部发送到 PC 机显示。

2. 程序实现过程分析

在此过程中，S3C2440 串行接口发送将采用查询方式，接收采用中断方式。整个程序由主程序、中断服务程序、单字符发送子程序及字符串发送子程序组成。

主程序的主要功能：裸机板基本功能单元初始化，包括设置异常向量表、时钟/功耗管理单元、存储器工作参数，建立二级向量表；设置将要用到的工作模式下的堆栈区及堆栈指针，本例采用了管理模式（开机模式）、IRQ 模式和用户模式；初始化与串口 UART0 工作有关的功能单元，包括 GPIO H 组相关寄存器，服务于接收中断方式的有关寄存器，UART0 串口的模式(线控)、波特率寄存器；提取中断服务程序入口地址并将其填入二级向量表 HandleUART0 单元内；向 PC 机发提示信息并进入死循环等待 PC 机发数据。

中断服务程序主要功能：由中断偏移寄存器生成二级向量表 HandleUART0 单元地址并

进入中断服务程序；接收 PC 机发来的字符存入数据缓存区，调用字符发送子程序将字符发回 PC 机；接收到回车符时，调用字符串发送子程序将收到的全部字符发回 PC 机；清除子中断源悬挂寄存器、中断源悬挂寄存器、中断悬挂寄存器；中断返回。

3. 程序流程框图

本例的流程框图如图 12-8 所示。

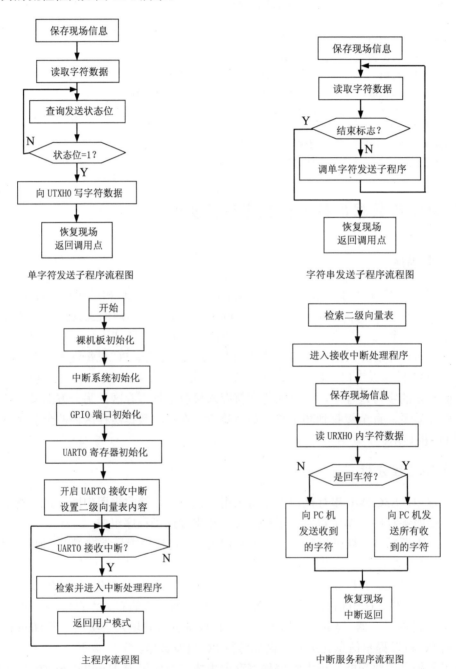

单字符发送子程序流程图

字符串发送子程序流程图

主程序流程图

中断服务程序流程图

图 12-8 流程框图

4. 汇编语言参考程序

本例程序请参见本书 3.5 节的汇编语言参考程序及 C 语言参考程序

习题与思考题

（1）S3C2440 内部 UART 单元都支持哪些工作模式？其中基于单字符数据收/发模式和基于 FIFO 的数据收/发模式各自的工作特点是什么？

（2）S3C2440 的 UART 单元在单字符数据收发模式下有哪些事件可以引发中断？如何判断是哪种中断？

（3）UART 异步串行数据接收和数据发送通常采用什么方式（中断、查询、DMA）？为什么？

（4）在单字符数据收发模式下，初始化设置需要访问哪些寄存器？在数据收/发过程中需要访问哪些寄存器？

（5）如果要设置 UART 的波特率为 9600，且已知系统时钟 PCLK=50MHz，请计算需设定的波特率因子为多少？

（6）已知系统时钟为 PCLK 为 40MHz，采用单字符数据收/发模式，数据帧为 8 位有效数据位，偶校验，2 位停止位，波特率为 4800，接收采用中断方式，发送采用查询方式，其他设置取默认值。请写出相关寄存器的初始化设置程序片段。

第13章　S3C2440 A/D 变换器及触摸屏控制器

13.1 A/D 变换器及触摸屏控制器组成结构

S3C2440 处理器内部集成了一个带采样保持的 8 通道 10 位逐次逼近式 A/D 变换器，在 A/D 工作频率 ADCLK 为 2.5MHz 时可达到 500KSPS(每秒 500 千次)的采样速率。该 A/D 变换器除了可为用户提供片上数据 A/D 变换，还可服务于片上的触摸屏控制器进行触摸屏 X、Y 坐标的数据 A/D 变换及采集。

13.1.1 A/D 变换器的技术指标及内部结构

A/D 变换器的主要技术指标如下。分辨率：10 位。微分线性误差：±1.0LSB。积分线性误差：±2.0LSB。最大转换速率：500KSPS。供电电压：3.3V。输入模拟电压范围：0~3.3V。集成采样保持功能。S3C2440 内置 A/D 变换器的原因是为触摸屏提供一体化数据 A/D 变换服务，触摸屏触点坐标 X 方向数据由 XP(A7)和 XM(A6)两个引脚输入并固定占用 A/D 变换器的 7 号通道进行 A/D 变换，而 Y 方向数据则由 YP(A5)和 YM(A4)两个引脚输入并固定占用 A/D 变换器的 5 号通道进行 A/D 变换。当触摸屏不工作时，可以提供从 A0 到 A7 共 8 个独立 A/D 变换器通道。

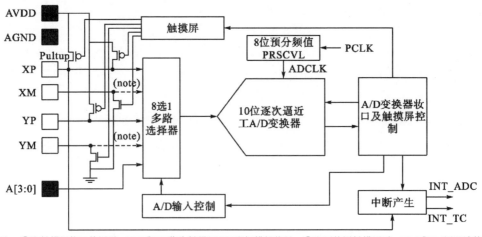

注：①当触摸屏接口使用时，XM或YM作为触摸屏X/Y坐标模拟信号；②当不使用触摸屏时，XM或YM用于连接常规的模拟输入信号，作为普通ADC转换用。

图13-1　A/D变换器内部结构图

A/D变换器提供分离的XY 坐标转换、自动（顺序）XY 坐标转换、等待中断等多种工作模式。其内部结构图13-1所示。

S3C2440内嵌的A/D变换器采用逐次逼近结构，完成一次A/D变换最多需要5个ADCLK时钟周期。而ADCLK时钟是由系统时钟功能单元产生，经过8位预分频后得到的。例如，此8位的预分频值FRSCVL为N，由用户在A/D控制寄存器ADCCON内的D13~D6位设置，N的范围为0~255。但最终有效的分频值为N+1，即有如下公式。

$$\text{ADCLK频率=PCLK频率}/(N+1) \tag{13-1}$$

需要注意的是，S3C2440手册中规定，所设置的预分频值N必须保证产生的ADCLK频率低于PCLK/5。例如，当PCLK为10MHz时，所设置预分频值产生的ADCLK要低于2MHz,也即所设置的N值要大于5。以下是一个A/D 变换时间的计算举例。当PCLK频率为50MHz，预分频值FRSCVL为49，A/D变换时间计算如下：

$$\text{A/D变换器频率= 50MHz}/(49+1) = 1\text{MHz} \tag{13-2}$$
$$\text{转换时间= } 1/(1\text{MHz} / 5) = 1/200\text{KHz} = 5 \text{ us} \tag{13-3}$$

13.1.2 A/D 变换器的工作模式

S3C2440内嵌的A/D变换器共有8个模拟输入通道，当用于触摸屏的数据采集时将占用其中的A[7:4]4个输入引脚，为X和Y坐标的两对数据信号线XP/XM和YP/YM，而其余的A[3:0]4个引脚则作为普通的A/D模拟输入信号引脚。若A/D输入没有用作触摸屏数据采集转换时，所有8个输入通道都可工作于常规的A/D变换方式。常规的A/D变换以及用作触摸屏的A/D变换可以编程设置为查询或中断等待工作模式。

1. 常规的 A/D 变换工作模式

常规的A/D变换工作模式是与触摸屏工作无关的A/D数据采集变换工作模式,此模式下启动转换有手动启动和自动启动两种方式，而了解转换结束状态有查询方式或中断方式。

（1）常规A/D变换的启动方式。一是手动启动方式。手动启动方式就是在程序中向ADC控制寄存器ADCCON内的手动启动转换位[0]内写1，以此来启动一次A/D变换。二是自动启动方式。自动启动方式则是当每次读取转换数据后即刻启动下一次转换，此方式通过设置ADC控制寄存器ADCCON内的读启动功能位[1]为1来启动A/D变换。

（2）常规A/D变换的转换结束状态。因A/D变换器从启动转换到完成转换需要一定的时间，为及时了解每次A/D变换完成的时机并快速进行后续处理,设置了查询和中断两种方式。每次A/D变换完成后都会自动将转换结果数据送入特定的数据寄存器,常规A/D变换方式下数据送入 ADCDATA0，触摸屏工作方式下，X方向数据送 ADCDATA0，Y方向数据送 ADCDATA1。

查询方式方式下通过设置ADC控制寄存器ADCCON内的手动启动转换位[0]为1来启动

一次A/D变换，然后通过查询ADCCON内的A/D变换状态位[15]是否为1来检测本次转换是否结束。一次变换结束后的转换结果将自动填入AD数据寄存器ADCDATA0的低10位内。当程序读取ADCDATA0寄存器数据后ADCCON内的A/D变换状态位自动恢复为0。

中断方式下当一次A/D转换完成后将触发中断信号的产生。S3C2440为A/D变换器设置了两个中断源，一是A/D变换完成中断，二是触摸屏触点检测中断。

A/D变换中断信号产生于一次A/D变换完成时刻，与ADCCON内的A/D变换状态位[15]具有等效的作用。触摸屏触点检测中断信号产生于触摸笔按下或抬起的时刻。这两个中断源的请求信号首先记录于子中断源悬挂寄存器SUBSRCPND的[9]和[10]位中，然后共享中断源悬挂寄存器SRCPND的[31]位向处理器申请中断服务。即当这两个中断源中的某一个发出中断请求时，首先需要查询到中断源悬挂寄存器SRCPND的[31]位为1，然后查询子中断源悬挂寄存器SUBSRCPND的[9]和[10]位是否为1，最终判定具体的中断源。在常规A/D变换模式下，可在中断处理器内读取A/D转换后的数据。

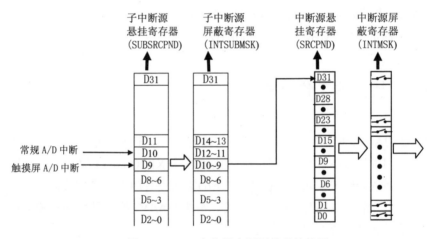

图 13-2   A/D 变换器中断源管理结构图

2. 触摸屏数据 A/D 变换工作模式

（1）常用触摸屏的类型。触摸屏是一块附着在液晶屏表明的透明薄膜，该薄膜按照目前常用的类型可分为电阻式解摸屏、电容式触摸屏、红外线触摸屏和外表声波触摸屏。其中，电阻式触摸屏可分为四线电阻式、五线电阻式、六线电阻式和七线电阻式等类型。电容式触摸屏可分为单点触摸屏和多点触摸屏。

（2）四线电阻式触摸屏结构及工作原理。本实验采用了四线电阻式触摸屏，该种触摸屏因技术成熟、工作稳定、价格低廉而得到广泛应用。四线电阻式触摸屏的外观及组成结构如图13-3所示。

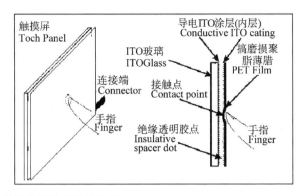

四条引出线

图 13-3　四线电阻触摸屏外观及结构图

触摸屏由两层透明的塑料薄膜组成，两薄膜相邻侧均涂有一层铟锡氧化物半导体透明导电膜 ITO（Indium Tin Oxides），该导电膜在不同位置对地间呈现不同的 X 和 Y 方向电阻值，当给 ITO 涂层施以电压时将会在其内部形成 X 和 Y 方向的电压梯度，无触压时两 ITO 薄膜间处于空气隔离态。当触摸屏某点被触压后，上下两层 ITO 涂层在触点处连接，连接点对地间 X 和 Y 方向电压值分别由 Xp、Xm 和 Yp、Ym 两对信号线输出（电位器的滑动点）。将触摸屏触压点产生的 X(横向)和 Y(纵向)坐标值电压分别送入 A/D 变换器变换成数字量，然后按照线性变换或查表方式即可将 X 和 Y 向的电压值转换为坐标值。

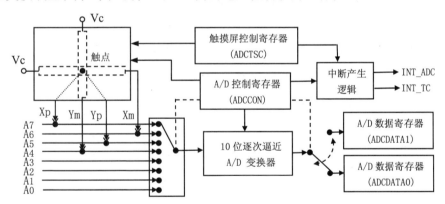

图 13-4　A/D 变换器及触摸屏编程结构示意图

（3）S3C2440 触摸屏数据 A/D 变换方式。S3C2440 内部集成的 A/D 变换器的主要用途就是为触摸屏提供数据 A/D 变换服务，所以 A/D 变换的许多设置参数是针对触摸屏的，通过这些参数可以设置触摸屏的工作方式。当触摸屏工作时，X 方向数据将固定占用 A/D 变换器的 7 号通道和 A7、A6 两个引脚，而 Y 方向数据将固定占用 A/D 变换器的 5 号通道和 A5、A4 两个引脚。

S3C2440 针对触摸屏数据 A/D 变换设置了 4 种工作模式。

第一，X/Y 坐标分别转换模式。在 X/Y 坐标分别转换模式下，X 和 Y 坐标值的采样将分别进行，每完成一次 A/D 转换各自都会产生一次中断。即当 X 坐标完成 A/D 转换并将数据送入 ADCDAT0 就触发一次中断，而当 Y 坐标完成 A/D 转换并将数据送入 ADCDAT1 后将再触发一次中断，以提示处理器及时读取数据。这种模式由触摸屏控制寄存器 ADCTSC 的手动测量模式位[1:0]位选择采样X或Y坐标值。当分别处于X或Y坐标值采样时，内部电路会自动将触摸屏各引脚按照表13-1进行连接。

表13-1   X/Y坐标分别转换模式下的引脚连接

坐标 \ 引脚	XP	XM	YP	YM
X坐标转换	触点X坐标电压	地	AIN[5]	高阻
Y坐标转换	AIN[7]	高阻	触点Y坐标电压	地

第二，X/Y坐标自动（连续）转换模式。X/Y坐标自动转换模式是连续完成一次X和Y坐标数据采样后统一触发一次中断，即在触摸屏控制器将X坐标A/D转换数据存入ADCDAT0寄存器，Y坐标A/D转换数据存入ADCDAT1寄存器后共同产生一次中断。X/Y坐标连续转换模式下的引脚连接与表13-2相同。

第三，等待中断模式。等待中断模式下，当触笔压向触屏时将产生INT_TC中断，但此时触摸屏并没有进行触点数据采集，需要在中断处理程序内采用分别转换或自动转换模式采集X和Y坐标数据。当触摸屏控制器产生中断信号INT_TC后，等待中断模式必须被清除(ADCTSC寄存器内XY_PST设置为无操作模式)，以便进行后续数据采样。

等待中断模式通过将触摸屏控制寄存器ADCTSC设置为0XD3实现。其中用[1:0]位选择等待中断模式，用[7:3]等5位用于将XP引脚上拉接通、断开XP和YP引脚与地的通路，以减少漏电流，降低功耗。此时触摸屏与A/D变换器的引脚连接情况见表13-2。

表13-2   等待中断模式下触摸屏与AD变换器引脚连接状况

坐标 \ 引脚	XP 上拉	XP	XM	YP	YM
等待中断模式	开通	禁止	禁止	禁止	开通

当触笔触压时首先需要将触摸屏控制器从睡眠态唤醒然后再进入A/D变换过程，此唤醒过程所需的时间可由启动转换延迟时间寄存器ADCDLY设置。为了降低功耗，在延迟期和AD变换过程中各采用了不同的时钟，如图13-5所示。例如若设置ADCDLY值为50000，则从触笔作用到开始进行X和Y坐标数据转换的延时时间为13.56ms。

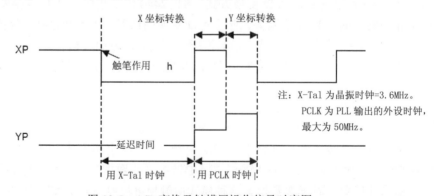

图13-5   A/D 变换及触摸屏操作信号时序图

第四，待机模式。待机模式下将停止A/D变换操作，ADCDAT0和ADCDAT1寄存器保留先前的转换数据。待机模式可通过将ADCCON寄存器内[2]位置1来启动。

3. 编程注意事项

（1）A/D转换后的数据可通过中断或查询方式访问。中断方式下的整个转换时间（从开始A/D转换到读取转换数据）可能会因中断服务程序返回时间和数据访问时间造成一定延迟。查询方式是根据检测ADCCON[15]位的（转换标志结束位）状态，然后读取ADCDAT寄存器的内容来完成的。

（2）另外一种启动A/D变换的方法是将ADCCON[1]置1（读数据启动A/D变换模式）选择自动启动模式，在读取前一个变换数据后自动启动后续A/D变换。A/D变换及触摸屏操作信号时序关系见图13-3。

13.2 A/D 变换器的编程寄存器

S3C2440内嵌的A/D变换器将触摸屏的管控功能交织在一起，所以编程面对的有些寄存器也呈现多功能化。具体的编程对象为下列5个寄存器：A/D变换控制寄存器（ADCCON）、A/D变换数据寄存器0/1（ADCDAT0/ADCDAT1）、ADC启动延时寄存器（ADCDLY）、ADC触摸屏控制寄存器（ADCTSC）、ADC触摸屏触笔起落中断检测寄存器（ADCUPDN）。

13.2.1 A/D 控制寄存器

A/D 变换控制寄存器集配置寄存器、控制寄存器、状态寄存器功能于一身。开始工作前，通过它可设置预分频值、工作模式、模拟通道，之后启动 A/D 变换，还可以通过它查询是否转换结束。转换结束后的数据将存放在 A/D 变换数据寄存器内。有关此寄存器的具体定义见表 13-3、表 13-4。

表 13-3　A/D 变换控制寄存器的端口地址及初始值

寄存器名称	地址	读写状态	功能描述	初始值
ADCCON	0x58000000	R/W	A/D 转换控制器	0x3FC4

表 13-4　A/D 变换控制寄存器的位功能

ADCCON	位	功能描述	初始值
ECFLG	[15]	A/D 变换状态标志（只读）	0x0
PRSCEN	[14]	A/D 变换器预分频器允许位： 0=禁止， 1=允许	0x0
PRSCVL	[13:6]	A/D 变换器预分频值 A/D 变换频率=PCLK/(PRSCVL+1)	0xFF
SEL_MUX	[5:3]	模拟通道输入选择： 000=AIN0； 001=AIN1； 010=AIN2； 011=AIN3； 100=AIN4； 101=AIN5； 110=AIN6； 111=AIN7	0x0

续表

ADCCON	位	功能描述	初始值
STDBM	[2]	系统电源开关: 0=正常模式　　1=休眠模式	1
READ START	[1]	A/D 转换读启动功能禁止/允许: 0=禁止,　1=允许	0x0
ENABLE		A/D 变换启动:　0=无操作,　1=启动 A/D 开始转换。	
START	[0]	该位当[1]=1 时无效,并且在转换开始后自动清除	0

注:当触摸屏触点(YM、YP、XM、XP)无效时引脚可作为ADC的模拟输入引脚(AIN4、AIN5、AIN6、AIN7)。

13.2.2 ADC 变换数据寄存器 0/1

A/D 变换数据寄存器用于记录转换后的数据以及触摸屏工作中的一些状态信息和工作模式。针对触摸屏的 X 和 Y 两个坐标,分别设置了 ADCDAT0 和 ADCDAT1 两个数据寄存器。其中的 ADCDAT0 在常规 A/D 变换模式下用于存放当前采样通道 A/D 转换结果数据,在触摸屏 A/D 变换模式下用于存放 X 坐标 A/D 转换数据。ADCDAT1 只用于存放触摸屏 A/D 变换模式下 Y 坐标 A/D 转换数据。在触摸屏工作模式下,该寄存器的[15:12]等四位还用于提供触摸屏工作的部分状态信息。

表 13-5　A/D 变换数据寄存器的端口地址及初始值

寄存器名称	地址	读写状态	功能描述	初始值
ADCDAT0	0x5800000C	R/W	ADC 转换数据寄存器	—
ADCDAT1	0x58000010	R/W	ADC 转换数据寄存器	—

表 13-6　A/D 变换数据寄存器的位功能

ADCDAT0/1	位	功能描述	初始值
UPDOWN	[15]	等待中断模式下的触笔按下或提起状态 0=触笔按下状态;1=触笔提起状态	—
AUTO_PST	[14]	X 坐标和 Y 坐标的自动连续转换 0=普通 ADC 转换;1=X 坐标和 Y 坐标的连续检测	—
XY_PST	[13:12]	X 坐标和 Y 坐标的手动检测 00=无操作模式;01=X 坐标检测;10=Y 坐标检测;11=等待中断模式	—
保留	[11:10]	保留	—
XPDATA	[9:0]	ADCDAT0=X 坐标转换数据值(含普通 ADC 转换数据)。数据值: 0~3FF	—
YPDATA	[9:0]	ADCDAT1=Y 坐标转换数据值(含普通 ADC 转换数据)。数据值: 0~3FF	—

13.2.3 ADC 变换启动延迟寄存器

该寄存器的作用是设置 A/D 变换的启动延迟时间。当工作模式设置为等待中断模式时,该寄存器用于设置将触摸屏控制器从睡眠态唤醒所需的时间。而在其他工作模式下用于设置从启动到开始进行 A/D 转换的延迟时间。有关此寄存器的定义见表 13-7、表 13-8。

表 13-7　A/D 变换启动延迟寄存器的端口地址及初始值

寄存器	地址	读写	功能描述	初始值
ADCDLY	0x58000008	R/W	ADC启动或时间间隔延时寄存器	0x00FF

表 13-8　A/D 变换启动延迟寄存器的位功能

ADCDLY	位	功能描述	初始值
DELAY	[15:0]	常规转换模式，X/Y坐标模式，自动坐标模式: AD转换开始延迟值	0x00FF
		等待中断模式：当触笔按下发生在睡眠模式时，几毫秒延迟后将产生用于退出睡眠模	
		式的唤醒信号。但不可设为 0 值	

注：在A/D转换前，触摸屏使用晶振时钟（3.68MHz），在AD转换中使用PCLK（最大50MHz）

13.2.4　ADC 触摸屏控制寄存器

ADC触摸屏控制寄存器 ADCTSC的主要作用是设置触摸屏工作模式，设置触摸屏X和Y两对输入信号引脚的开/关及上拉电阻的开/关，以及检测触摸笔的起落状态。有关此寄存器的定义见表13-9、表13-10。

表 13-9　ADC 触摸屏控制寄存器的端口地址及初始值

寄存器	地址	读写	功能描述	初始值
ADCTSC	0x58000004	R/W	ADC 触摸屏控制寄存器	0x58

表 13-10　ADC 触摸屏控制寄存器的位功能

ADCTSC	位	功能描述	初始值
UD_SEN	[8]	检测触笔起落状态。0=检测触笔按下中断信号，1=检测触笔抬起中断信号	0
YM_SEN	[7]	YM开关选通。0=YM输出驱动无效(Hi-z)，1=YM输出驱动有效(GND)	0
YP_SEN	[6]	YP开关选通。0=YP输出驱动有效(Ext -vol)，1=YP输出驱动无效(AIN5)	1
XM_SEN	[5]	XM开关选通。0=XM输出驱动无效(Hi-z)，1=XM输出驱动有效(GND)	0
XP_SEN	[4]	XP开关选通。0=XP输出驱动有效(Ext -vol)，1=XP输出驱动无效(AIN7)	1
PULL_UP	[3]	上拉开关选通。0=XP上拉有效，1=XP上拉无效	1
AUTO_PST	[2]	自动连续转换X坐标和Y坐标。0=普通ADC转换，1=自动连续测量X和Y坐标	0
XY_PST	[1:0]	手动测量X坐标和Y坐标	0
		00=无操作模式，01=X坐标测量，10=Y坐标测量，11=等待中断模式	

对照图 13-1,可将表 13-11 中的[3]~[7]的 5 个开关选通设置位的作用以图 13-6 进行说明。

（1）若要进行触摸屏 X 坐标的数据转换，需要设置 XP_SEN 为 0，XM_SEN 为 1。

（2）若要进行触摸屏 Y 坐标的数据转换，需要设置 YP_SEN 为 0，YM_SEN 为 1。

（3）若要产生触摸屏中断 INT_TC，需要设置 PULL_UP 为 0。

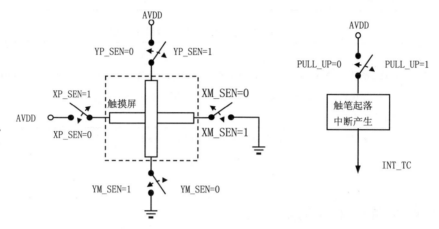

图 13-6　触摸屏控制寄存器开关选通信号作用图示

13.2.5　ADC 触摸屏触笔起落中断检测寄存器

ADC 触摸屏触笔起落中断检测寄存器 ADCUPDN 的作用是检测触摸笔的起落状态。有关此寄存器的具体定义见表 13-11、表 13-12。

表 13-11　触摸屏触笔起落中断检测寄存器的端口地址及初始值

寄存器	地址	读写	功能描述	初始值
ADCUPDN	0x58000014	R/W	触摸屏触笔起落检测寄存器	0x0

表 13-12　触摸屏触笔起落中断检测寄存器的位功能

ADCUPDN	位	功能描述	初始值
TSC_UP	[1]	触笔抬起中断。0=无触笔抬起状态，1=产生触笔抬起中断	0
TSC_DN	[0]	触笔按下中断。0=无触笔按下状态，1=产生触笔按下中断	0

13.3　A/D 变换器及触摸屏应用编程

嵌入式处理器内部集成的 A/D 变换器由于自身资源与某些其他功能单元有关（如触摸屏、时钟、中断等），应用编程可能还需要涉及到其他的相关功能单元，所以相对分离原件的 A/D 变换器应用编程具有一定的特殊性。

13.3.1 常规 A/D 变换器应用编程

所谓的常规 A/D 变换器应用意指不涉及触摸屏的 A/D 变换数据采集应用，此时的 A/D 变换器 8 个输入通道都可以作为模拟信号的输入端。

（1）常规 A/D 变换器的初始化设置。在启动 A/D 变换器进行数据采集之前需要完成对 A/D 变换器的初始化设置，包括：根据应用要求设置 A/D 变换的时钟频率，选择 A/D 变换是采用查询还是中断方式，最后需要设置 A/D 变换的启动方式。

（2）设置 A/D 变换的时钟频率。A/D 变换的时钟频率可通过对外部时钟 PCLK 进行分频获得，由以下公式计算：

$$A/D 变换时钟频率 = FPCLK/(预分频值+1) \tag{13-4}$$

式中的预分频值由 ADCCON 寄存器内的[13:6]位设置，共 8 位有效设置位，最大设置值为 255，ADCCON 寄存器内的[14]也需设置为有效。

设系统外设时钟 PCLK 频率为 50MHz，若要求设施 A/D 时钟频率为 2.5MHz，则可以算得如下结果。

$$预分频值+1 = 50\ MHz/2.5\ MHz = 20 \tag{13-5}$$
$$预分频值 = 20\text{-}1 = 19 \tag{13-6}$$

（2）选择 A/D 变换为查询或中断模式。常规 A/D 变换工作模式有查询和中断两种，可以通过对 A/D 变换控制寄存器 ADCCON 进行设置并加以选择。这两种工作方式的主要区别在于获取一次 A/D 变换结束信息的方式不同，前者需要通过查询 ADCCON 寄存器内的转换结束信息位 ADCCON[15]为有效后再读取转换数据，而后者则需要开启 A/D 变换的专用中断请求信号 INT_ADC，并对相关寄存器进行设置后，在中断处理程序内完成一次数据读取。

（3）中断方式下需要初始化设置的寄存器。采用中断方式的 A/D 变换中断结构图可参考图 13-2，编程需要对管理 A/D 变换的中断请求信号 INT_ADC 的子中断源悬挂寄存器 SUBSRCPND、子中断源屏蔽寄存器 INTSUBMSK、中断源悬挂寄存器 SRCPND、中断源屏蔽寄存器 INTMSK 进行初始化设置。设置原则是：在整个初始化设置程序开始前禁止所有的中断，避免在初始化尚未完成时中断信号就进入，造成系统错误响应。待完成初始化设置后再开启与应用相关的各级各类中断。

（4）选择 A/D 变换的启动方式。S3C2440 内嵌的 A/D 变换器为逐次逼近式结构，每次变换都需要启动 A/D 变换器从 0 开始向被测值逼近，在常规的 A/D 变换工作方式下有两种启动方式。一种是通过将 ADCCON 寄存器内的 A/D 变换启动位 ADCCON[0]置 1 启动一次转换，该位在读取数据后自动清 0，此方式适合采样间隔不固定或采样频率不高的应用场合。另外一种是在读取一次数据后即自动启动下一次 A/D 变换，该方式通过设置 ADCCON 内的 ADCCON[1]为 1 实现，此方式适合采样频率高的应用场合。设置启动方式是 A/D 变换初始化的最后一项设置，设置该项即启动了 A/D 变换过程。

13.3.2 查询方式常规 A/D 变换编程举例

查询方式是在启动 A/D 变换后,在程序中读取并判断 ADCCON 寄存器中的[15]位是否为 1
从而了解一次 A/D 变换是否完成的方式。该位在一次 A/D 变换完成后置 1,在转换结果数据
被读取后又自动归 0。以下是该方式的实例性程序片段,并设 PCLK 为 50MHz,要求将 8 个通
道的数据各采集一次存入数据缓存区 DATBUF,采样频率为 2.5 MHz。

```
        ***子 DatBuf   DCW    0,0,0,0,0,0,0,0 ***
        ldr r4, =DatBuf
        mov r5, #0
        ldr r0, =pADCCON          ; A/D 控制寄存器设置:预分频位有效,预分频值设置为 19,
        ldr r1, =0x44C0           ; 普通操作模式,A/D 开始后自动清零,首先采样 0 通道
        str r1, [r0]              ; 不启动 A/D 转换
LOOP    ldr r0, =pADCCON          ; 再次设置 A/D 控制寄存器
        ldr r1, =0x44c1           ; 启动 AD 转换(其他位设置值不变)
        str r1, [r0]
check   ldr r0, =pADCCON
        ldr r1, [r0]             ; 读取 ADCCON 寄存器内容
        tst r1, #0x8000         ; 查询并判断转换结束位[15]位是否为 1
        beq check               ; [15]位为 0,继续查询等待
        ldr r0, =pADCDAT0       ; [15]位为 1,转换结束,读取转换数据
        ldr r2, [r0]
        ldr r3, =0x3ff          ; 取后十位转换数据
        and r2, r2, r3          ; 仅保留最低 10 位有效数据,其他位清 0
        strh r2, [r4, r5]       ; 将 r2 低半字存入 DatBuf 缓存区
        mov r5, [r5, 2]         ; r5 为缓存区偏移地址加 2
        ldr r0, =pADCCON        ;
        ldr r1, [r0]            ; 读取 ADCCON 寄存器内容
        and r1, r1, #0x00000038 ;
        cmp r1, #0x00000038    ; 查询并判断通道选择位[5:3]位是否为[1:1:1]
        beq endall             ; 是:程序结束
        ldr r1, [r0]           ; 否:读取 ADCCON 寄存器内容
        add r0, r0, #0x00000008 ; 使 ADCCON 寄存器内的通道选择值加 1
        str r1, [r0]
        b check                ; 继续下一通道的数据转换
        ltorg
endall  b .                    ; 程序结束
```

13.3.3 中断方式常规 A/D 变换编程例

分配给 A/D 变换功能单元的中断源有 2 个：一个是完成一次 A/D 变换产生的中断源 INT_ADC，另一个是触摸屏触点检测产生的中断源 INT_TC。它们首先由子中断源悬挂寄存器 SUBSRCPND 受理，然后共享中断源悬挂寄存器 SRCPND 的 D31 中断请求位。常规 A/D 变换方式下只用到了 INT_ADC 中断请求。为遵循一般的裸机中断响应处理过程，首先需要在主程序内对与 INT_ADC 中断响应相关的功能单元进行初始化设置，然后编写中断处理程序。下面仅给出这两部分的程序片段，其他裸机运行环境构建程序可借鉴前面各章相关程序。

本例要求轮流采样 8 个通道的数据并反复存入数据缓存区 DatBuf，采样频率为 2.5 MHz。

```
; 主程序内 A/D 变换器初始化程序片段
    ldr  r4, =DatBuf           ; r4 为 DatBuf 区起始地址
    mov  r5, #0                ; r5 为 DatBuf 区偏移地址
    ldr  r0, =pADCCON          ; A/D 控制寄存器设置：预分频位有效，预分频值设置为 19
    ldr  r1, =0x44C2           ; 普通操作模式，A/D 开始后自动清零，首先采样 0 通道
    str  r1, [r0]              ; 选择读数据后自动启动下次 A/D 转换模式。
; 主程序内中断相关初始化程序片段
Main
    ldr  r0, =pINTMSK          ; 屏蔽全部中断
    ldr  r1, =0xffffffff       ;
    str  r1, [r0]
    ldr  r0, =pINTMOD          ; 设置中断模式全部为 IRQ 模式
    ldr  r1, =0x0
    str  r1, [r0]
    ldr  r0, =0x33FFFF7C       ; 0x33FFFF7C 为 A/D 在二级向量表中的地址
    adrl r1, HandleINT_ADC     ; 提取 A/D 变换中断处理程序起始地址
    str  r1, [r0]              ; 将 HandleINT_ADC 中断处理程序地址填入二级向量表
    ldr  r0, =pSUBSRCPND       ; 清 0 子中断源悬挂寄存器。
    ldr  r1, =0xffffffff       ;
    str  r1, [r0]              ;
    ldr  r0, =pSRCPND          ; 清 0 中断源悬挂寄存器。
    ldr  r1, =0xffffffff       ;
    str  r1, [r0]
    ldr  r0, =pINTSUBMSK       ; 仅开放 ADC 在子中断屏蔽寄存器内的屏蔽位
    ldr  r1, =0x0000fbff       ;
    str  r1, [r0]
    ldr  r0, =pINTMSK          ; 仅开放 ADC 在中断屏蔽寄存器内的屏蔽位
```

```
        ldr r1,=0x7fffffff              ;
        str r1,[r0]
lp   b .                                ; 本地死循环等待 ADC 中断,中断处理程序执行完后进入下面程序
     b lp                               ; 跳转到 lp
     LTORG
;   中断处理程序
HandleINT_ADC                           ; ADC 中断处理程序
        sub lr,lr,#4
        stmfd sp!,{r0-r5,lr}
        ldr r0,=pADCDAT0                ;读取转换数据
        ldr r2,[r0]
        ldr r3,=0x3ff                   ; 取后十位转换数据
        and r2,r2,r3                    ; 仅保留最低 10 位有效数据,其他位清 0
        strh r2,[r4,r5]                 ; 将 r2 低半字存入 DatBuf 缓存区
        mov r5,[r5,2]                   ; r5 为 DatBuf 缓存区偏移地址加 2
        ldr r0,=pADCCON                 ;
        ldr r1,[r0]                     ; 读取 ADCCON 寄存器内容
        and r1,r1,#0x00000038           ;
        cmp r1,#0x00000038              ; 查询并判断通道选择位[5:3]位是否为 111
        bneq    lp1
        ldr r1,[r0]                     ; 是,读取 ADCCON 寄存器内容
        bic    r1,r1,  #0x00000038      ; 清零 ADCCON 寄存器内通道选择位
        mov r5,#0                       ; 清 0 缓存区 DatBuf 的偏移地址
        b lp2
lp1     ldr r1,[r0]                     ; 否,读取 ADCCON 寄存器内容
        add r1,r1,#0x00000008           ; 使 ADCCON 寄存器内的通道选择值加 1
        str r1,[r0]
lp2     ldr r0,=pSUBSRCPND              ; 子中断源悬挂寄存器
        ldr r1,#0x00000400              ; 清 0 子中断源悬挂寄存器内的 ADC 请求位
        str r1,[r0]
        ldr r0,=pSRCPND                 ; 中断源悬挂寄存器
        ldr r1,#0x80000000              ; 清 0 中断源悬挂寄存器内的 ADC 请求位
        str r1,[r0]
        ldr r0,=pINTPND                 ; 中断悬挂寄存器
        str r1,[r0]                     ; 清 0 中断悬挂寄存器内的 ADC 请求位
        ldmfd sp!,{r0-r5,pc};
        LTORG
AREA RamData, DATA, READWRITE; 定义数据段,包括 AD 数据缓存区和中断二级向量表区
DatBuf  DCW  0,0,0,0,0,0,0,0       ; 从地址 0x33FF_F000 开始预留 16 字节单元存放 AD 数据
```

```
;·········· 以下为预留的 32×4 字节二级向量表区
HandleEINT0        #    4          ; 地址=0x33FF_FF00
HandleEINT1        #    4
HandleEINT2        #    4
HandleEINT3        #    4
HandleEINT4_7      #    4          ; 地址=0x33FF_FF10
HandleEINT8_23     #    4
HandleCAM          #    4
HandleBATFLT       #    4
HandleTICK         #    4          ; 地址=0x33FF_FF20
HandleWDT          #    4
HandleTIMER0       #    4
HandleTIMER1       #    4
HandleTIMER2       #    4          ; 地址=0x33FF_FF30
HandleTIMER3       #    4
HandleTIMER4       #    4          ; 地址=0x33FF_FF38
HandleUART2        #    4
HandleLCD          #    4          ; 地址=0x33FF_FF40
HandleDMA0         #    4
HandleDMA1         #    4
HandleDMA2         #    4
HandleDMA3         #    4          ; 地址=0x33FF_FF50
HandleMMC          #    4
HandleSPI0         #    4
HandleUART1        #    4
HandleNFCON        #    4          ; 地址=0x33FF_FF60
HandleUSBD         #    4
HandleUSBH         #    4
HandleIIC          #    4
HandleUART0        #    4          ; 地址=0x33FF_FF70
HandleSPI1         #    4
HandleRTC          #    4
HandleADC          #    4          ; 地址=0x33FF_FF7C
    END
```

13.3.4 触摸屏应用编程

本例实现采样保存 6 个触摸点数据，先通过等待中断模式检测触笔是否落下，然后在中断处理程序内采用查询方式采集 X、Y 坐标数据，参考程序如下。

```
;此处原有的裸机工作环境建立相关程序,可借鉴前面各章有关内容。
;主程序内触摸屏相关寄存器初始化程序片段
main
      ldr r4,=DatBufX                  ; r4=X 坐标数据区 DatBufX 起始地址
      ldr r5,=DatBufY                  ; r5=Y 坐标数据区 DatBufY 起始地址
      mov r6,#0                        ; r6=DatBuf 区偏移地址
      ldr r0,=pADCCON                  ; A/D 控制寄存器设置
      ldr r1,=0x44C0                   ; 预分频值设置为 19,AD 时钟频率=50MHz/(19+1)=2.5MHz
      str r1,[r0]                      ; 正常模式,禁止读启动方式,通道号=0,未启动转换
      ldr r0,=pADCTSC                  ; 触摸屏控制寄存器设置:落笔中断,
      ldr r1,=0x0d3                    ; YM 有效(GND), YP 无效(AIN5), XM 无效, XP 无效(AIN7),
      str r1,[r0]                      ; XP 上拉有效,普通 ADC 转换,等待中断模式。
      ldr r0,=pADCDLY                  ; A/D 延时寄存器设置:
      ldr r1,=50000                    ; 延时时间为:(1/3.6864M)*50000 = 13.56ms。
      str r1,[r0]                      ;
; 主程序内中断相关初始化程序片段
      ldr r0,=pINTMSK                  ; 屏蔽全部中断
      ldr r1,=0xffffffff               ;
      str r1,[r0]
      ldr r0,=pINTMOD                  ; 设置中断模式全部为 IRQ 模式
      ldr r1,=0x0
      str r1,[r0]
      ldr r0,=0x33FFFF7C               ; 0x33FFFF7C 为 A/D 在二级向量表中的地址 HandleADC
      adrl r1,HandleINT_ADC            ; 提取 A/D 变换中断处理程序起始地址
      str r1,[r0]                      ; 将 HandleINT_ADC 中断处理程序地址填入二级向量表
      ldr r0,=pSUBSRCPND               ; 清 0 子中断源悬挂寄存器。
      ldr r1,=0xffffffff ;
      str r1,[r0]          ;
      ldr r0,=pSRCPND                  ; 清 0 中断源悬挂寄存器。
      ldr r1,=0xffffffff;
      str r1,[r0]
      ldr r0,=pINTSUBMSK               ; 仅开放触摸屏 TSC 在子中断屏蔽寄存器内的屏蔽位 D9 位
      ldr r1,=0x0000fdff                ; 仅设置 D9 位为 0
      str r1,[r0]
      ldr r0,=pINTMSK                  ; 仅开放 ADC/TSC 在中断屏蔽寄存器内的屏蔽位 D31 位
      ldr r1,=0x7fffffff               ;
      str r1,[r0]
```

```
lp  b  .                      ; 本地死循环等待 ADC 中断,中断处理程序执行完后进入下面程序
    b  lp                     ; 跳转到 lp
    LTORG
; 中断处理程序
IsrIRQ    ; 中断源判别程序
    sub  sp, sp, #4           ; 在堆栈为最终索引出的二级向量表内容(中断处理程序地址)预留字空间
    stmfd    sp!, {r8-r9}     ; 压栈保存 r8,r9 内容
    ldr  r9, =pINTOFFSET
    ldr  r9, [r9]             ; 将中断偏移值寄存器 INTOFFSET 内容读到 r9
    ldr  r8, =HandleEINT0     ; 将二级向量表起始地址送 r8（本例 HandleEINT0 为 0x33FF_FF00）
    add  r8, r8, r9, lsl #2   ; r9=INTOFFSET×4,为二级向量表内偏移地址,r8=r8+r9 为向量地址
    ldr  r8, [r8]             ; r8 为向量内容（中断处理程序地址）
    str  r8, [sp, #8]         ; 先将向量内容存入前面预留的堆栈字单元
    ldmfd    sp!, {r8-r9, pc} ; 从堆栈恢复 r8 和 r9,同时将向量内容(中断处理程序地址)送入 PC
    LTORG
;
HandleINT_ADC                 ; 触摸屏触笔下落检测中断服务程序
    sub  lr, lr, #4
    stmfd  sp!, {r0-r6, lr}
    ldr  r0, =pINTMSK         ; 屏蔽寄存器
    ldr  r1, =0xffffffff      ; 屏蔽所有中断,避免干扰
    str  r1, [r0]
    ldr  r0, =pADCTSC         ; 重设触摸屏控制寄存器：查询方式采集 X 坐标数据
    ldr  r1, =0x069           ; YM 无效(GND)，YP 无效(AIN5)，XM 有效，XP 有效(AIN7)
    str  r1, [r0]             ; XP 上拉无效,普通 ADC 转换,采样 X 模式。
    ldr  r0, =pADCCON         ; A/D 控制寄存器设置
    ldr  r1, =0x44C1          ; 启动 AD 转换（设置 ADCCON[0]为 1）
    str  r1, [r0]             ;
lp0 ldr  r1, [r0]
    and  r1, r1, #0x01        ; 检测是否已开始转换(开始转换后 ADCCON[0]将自动清 0)
    beq  lp0                  ;
lp1 ldr  r0, =pADCCON         ;
    ldr  r1, [r0]
    and  r1, r1, #0x8000      ; 查询是否转换结束(转换结束后 ADCCON[15]将自动置 1)
    beq  lp1                  ;
;
    ldr  r0, =pADCDAT0        ; 读取转换数据
    ldr  r2, [r0]
    ldr  r3, =0x3ff           ; 取后十位转换数据
```

```
        and r2, r2, r3            ; 仅保留最低 10 位有效数据, 其他位清 0
        strh r2, [r4, r6]         ; 将 r2 低半字存入 DatBufX 缓存区
;

        ldr r0, =pADCTSC          ; 重设触摸屏控制寄存器: 查询方式采集 Y 坐标数据,
        ldr r1, =0x09a            ; YM 有效(GND), YP 有效(AIN5), XM 无效, XP 无效(AIN7),
        str r1, [r0]              ; XP 上拉无效, 普通 ADC 转换, 采样 Y 模式。(参见图 12-3)
        ldr r0, =pADCCON          ; A/D 控制寄存器设置:
        ldr r1, =0x44C1           ; 启动 AD 转换 (设置 ADCCON[0]=1)
        str r1, [r0]              ;
lp0     ldr r1, [r0]
        and r1, r1, #0x01         ; 检测是否已开始转换(开始转换后 ADCCON[0]将自动清 0)
        beq lp0                   ;
lp1     ldr r0, =pADCCON          ;
        ldr r1, [r0]
        and r1, r1, #0x8000       ; 查询是否转换结束(转换结束后 ADCCON[15]将自动置 1)
        beq lp1                   ; 否, 继续查询
        ldr r0, =pADCDAT1         ; 是, 读取转换数据
        ldr r2, [r0]
        ldr r3, =0x3ff            ; 取后十位转换数据
        and r2, r2, r3            ; 仅保留最低 10 位有效数据, 其他位清 0
        strh r2, [r5, r6]         ; 将 r2 低半字存入 DatBufY 缓存区
        mov r6, [r6, 2]           ; r6 为 DatBuf 缓存区下次数据存入偏移地址
        cmp r6, #12               ; 判断是否已采集 6 个数据
        moveq r6, #0              ; 是, 清零 DatBuf 缓存区偏移地址值
;

        ldr r0, =pSUBSRCPND       ; 子中断源悬挂寄存器
        ldr r1, #0x0ffff          ; 清 0 子中断源悬挂寄存器内所有请求位
        str r1, [r0]
        ldr r0, =pSRCPND          ; 中断源悬挂寄存器
        ldr r1, #0xffffffff       ; 清 0 中断源悬挂寄存器内的所有请求位
        str r1, [r0]
        ldr r0, =pINTPND          ; 中断悬挂寄存器
        str r1, [r0]              ; 清 0 中断悬挂寄存器内的所有请求位
;

        ldr r0, =pADCTSC          ; 重设触摸屏控制寄存器: 以产生后续触笔下落检测中断,
        ldr r1, =0x0d3            ; YM 有效(GND), YP 无效(AIN5), XM 无效, XP 无效(AIN7),
        str r1, [r0]              ; XP 上拉有效, 普通 ADC 转换, 等待中断模式
;

        ldmfd sp!, {r0-r6, pc}    ; 现场恢复及中断返回
```

```
        LTORG
;
AREA RamData, DATA, READWRITE; 定义数据段，包括 AD 数据缓存区和中断二级向量表区
DatBufX   DCW   0,0,0,0,0,0        ; 从地址 0x33FF_F000 开始预留 6 个字单元存放 X 坐标数据
DatBufY   DCW   0,0,0,0,0,0        ; 从地址 0x33FF_F00C 开始预留 6 个字单元存放 Y 坐标数据
; 以下为预留的 32×4 字节二级向量表区
HandleEINT0        #   4           ; 地址为 0x33FF_FF00
HandleEINT1        #   4
HandleEINT2        #   4
HandleEINT3        #   4
HandleEINT4_7      #   4           ; 地址为 0x33FF_FF10
HandleEINT8_23     #   4
HandleCAM          #   4
HandleBATFLT       #   4
HandleTICK         #   4           ; 地址为 0x33FF_FF20
HandleWDT          #   4
HandleTIMER0       #   4
HandleTIMER1       #   4
HandleTIMER2       #   4           ; 地址为 0x33FF_FF30
HandleTIMER3       #   4
HandleTIMER4       #   4           ; 地址为 0x33FF_FF38
HandleUART2        #   4
HandleLCD          #   4           ; 地址为 0x33FF_FF40
HandleDMA0         #   4
HandleDMA1         #   4
HandleDMA2         #   4
HandleDMA3         #   4           ; 地址为 0x33FF_FF50
HandleMMC          #   4
HandleSPI0         #   4
HandleUART1        #   4
HandleNFCON        #   4           ; 地址为 0x33FF_FF60
HandleUSBD         #   4
HandleUSBH         #   4
HandleIIC          #   4
HandleUART0        #   4           ; 地址为 0x33FF_FF70
HandleSPI1         #   4
HandleRTC          #   4
HandleADC          #   4           ; 地址为 0x33FF_FF7C
    END
```

习题与思考题

（1）对照图 13-1，请说明此 A/D 变换器的 8 个 A/D 输入端是如何与触摸屏复用的？

（2）对照图 13-1，请说明四线电阻触摸屏的工作原理及 A/D 变换器所起的作用。

（3）已知 PCLK=50MHz，要求每秒钟采集 1 万个数据，则需要设置的预分频值是多少？

（4）在 13.3.2 中的"查询方式常规 A/D 变换编程例"中每次启动转换都要通过设置启动位进行，如果改为读数据后自动启动转换方式，程序应如何修改？

（5）若将前面的查询方式 A/D 变换程序改为中断方式应如何修改程序？

（6）阅读 13.3.3 节"触摸屏应用编程"内的程序，分别画出其中的主程序部分和中断处理程序部分的流程框图。

第14章 S3C2440的SPI串行通信接口及应用

前面介绍的计算机异步串行通信UART技术具有结构简单、技术成熟、应用面广等特点，尽管经历了几十年的应用历程，目前仍然应用于通信、嵌入式系统及工业控制等领域。但由于其每次连接只能进行单字符数据传输，并且受异步串行接口标准上限传输速率的限制，无法适应计算机串行通信速率越来越高的要求。因此针对不同的应用环境和要求诞生了许多新的计算机串行通信技术，如以太网技术、USB技术、IIC技术、IIS技术和SPI技术等。其中，SPI技术由于结构和实现技术简单、成本低廉、编程容易而广泛应用于对成本敏感的各类嵌入式处理器及末端设备的串行数据通信中。

14.1 SPI工作原理及编程结构

串行外设接口SPI（Serial Peripheral Interface）是由摩托罗拉公司推出的一种同步全双工串行通信技术，它采用主从式体系结构，由一个主设备和一个或多个从设备组成，目前广泛应用于RFID卡读写器、无线传感网络、SD/MMC卡等存储器以及A/D变换器、实时时钟等设备的数据串行通信中。

14.1.1 SPI工作原理及编程结构

SPI与UART接口电路在最末端连接外部串行数据收发引脚的都是一个8位的移位寄存器。其中，UART用两个完全独立的移位寄存器进行发送和接收操作，而且在进行数据发送时无法同时进行数据接收，即UART实质上只能进行半双工的数据传输。SPI用于收发操作的移位寄存器是在时钟信号下同步工作的，双方的移位寄存器的外部引脚被连接成一个首尾相连的环状循环移位寄存器体，发送方在发出数据的同时也在接收对方的数据，因此SPI可用于实现数据的全双工数据传输。SPI接口电路的结构如图14-1所示。

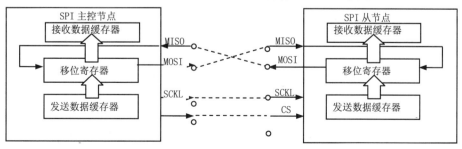

图14-1 SPI内部数据收发接口电路原理图

SPI 为主从结构，即参与数据传输的各 SPI 节点中必须要有一个主节点，从节点可以是一个或多个，而且只能在主节点控制下实现主节点与某一个从节点之间的数据传输，主节点通过向从节点的片选端发有效电平选择与之通信的从节点。主节点处理器可以采用 GPIO 或其他方式产生从节点的片选信号，任意时刻只有片选有效的从节点可以与主节点进行数据传输。主节点连接多个从节点如图 14-2 所示。

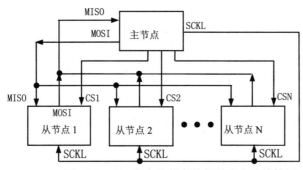

图 14-2   SPI 多个从节点外部引脚电路连接图

SPI 相对于 UART 的另一个不同点是收发双方以同步方式工作，即从节点是在主节点提供的时钟信号下"步调一致"地完成数据传输，其中，MOSI 为输出，MISO 为输入。

收发双方的移位寄存器构成一个环状移位寄存器体，发送方在发送的同时也在接收数据，而接收方在接收的同时也在发送数据。发送过程将从字节数据的最高位开始并进入过程移位寄存器的最低位。收发双方一位数据的移位将在一个时钟周期内完成，主控节点在时钟周期的上升沿（或下降沿）完成向从节点的数据移位，从节点在同一时钟周期的下降沿（或上升沿）完成向主控节点的数据移位，8 个时钟周期完成一个字节的数据传输，其结果将实现双方的数据交换，如图 14-3 所示。

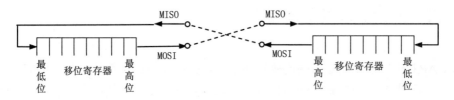

图 14-3   SPI 发送和接收数据移位顺序

14.1.2   SPI 的四种时钟有效工作模式

SPI 数据的串行传输由主控节点的时钟信号控制实施。SPI 主控节点利用一个时钟周期内电平变化的一个边沿将数据移位输出（发送）到串行数据线上，再利用电平变化的另一个边沿采集（读取）串行数据线上的数据。SPI 协议根据选择一个时钟周期内的不同极性以及不同相位的一对边沿为有效，定义了四种工作模式。

第一，时钟极性 CPOL(Clock POLarity)选择，它是指在一个时钟周期内是选择高电平的一对边沿还是低电平的一对边沿为有效，可以定义一个控制信息位 CPOL 来选择极性。例如，

CPOL 为 0 则选择高电平一对边沿有效；CPOL 为 1 选择低电平一对边沿有效。

　　第二、时钟相位 CPHA（Clock PHAse）选择，它是指在一个时钟周期内选择两个不同电平阶段之一为有效，通常定义一个控制信息位 CPHA 来选择相位，例如，CPHA 为 0 选择第二电平阶段有效；CPAH 为 1 选择第一电平阶段有效。

　　由以上两类时钟有效方式可以组合出四种不同的时钟有效工作模式，如图 14-4 所示。

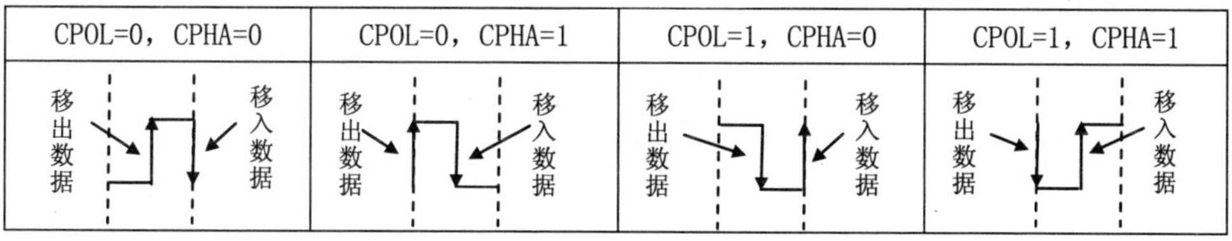

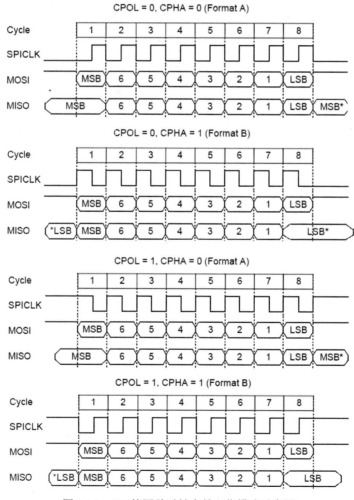

图 14-4　SPI 的四种时钟有效工作模式

　　用户可以根据需要选择并设置以上四种时钟有效模式中的一种。以下是 S3C2440 内嵌 SPI 通道的四种时钟有效模式工作时序图，其中的两种 CPHA 分别称为格式 A、格式 B。

图 14-5　SPI 的四种时钟有效工作模式时序图

14.2 S3C2440 内嵌 SPI 结构及其编程

S3C2440 内部集成了两个功能相同的 SPI 通道，它们完全遵守 SPI 的通信协议和电路连接标准，并且提供了可编程的传输速率调节机制。

14.2.1 S3C2440 SPI 功能单元的编程结构

S3C2440 处理器内嵌了两个完全相同且互相独立的 SPI 通道，每个通道都可编程设置为主控节点或从节点，下面以通道 0 为例介绍其编程结构。

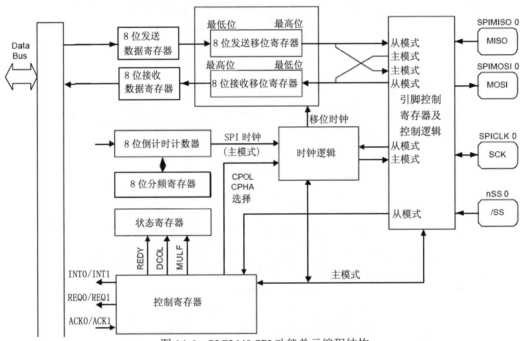

图 14-6   S3C2440 SPI 功能单元编程结构

由图 14-6 可以看出，该电路的特点是为了使 SPI 既可以作为主控节点也可以作为从节点，该 SPI 功能单元内构建了两个独立的发送和接收移位寄存器，它们可以在自身时钟（主控节点模式）或外部时钟（从节点模式）下移出或移入串行数据。

在对 SPI 功能单元的初始化编程过程中，可以通过内部的 8 位分频寄存器设置所需的串行数据传输速率（波特率），通过对控制寄存器进行编程选择不同的工作模式，通过设置引脚控制寄存器改变引脚的作用。在 SPI 串行数据的收发过程中，可以通过状态寄存器查询所需的数据收发条件状态。当发送条件满足时，向发送数据寄存器写入待发送数据即可，当接收条件满足时从接收数据寄存器读取数据。

14.2.2　SPI 功能单元的编程寄存器

SPI 功能单元通过设置控制、数据、状态三大类寄存器选择 SPI 各种工作方式和控制数据收发过程。其中的控制寄存器有 SPI 控制寄存器和 SPI 引脚控制寄存器，状态寄存器有 SPI 状态寄存器，数据寄存器有发送数据寄存器和接收数据寄存器。

（1）SPI 控制寄存器 SPCONn(SPI Control Register)。该控制寄存器主要用于选择 SPI 的多种工作模式，如查询、中断、DMA 模式选择、时钟极性选择和时钟相位选择等。具体情况见表 14-1、表 14-2。

表14-1　SPI控制寄存器SPCON的端口地址及初始值

寄存器	口地址	读写	功能描述	初始值
SPCON0	0x59000000	R/W	SPI 通道 0 控制寄存器	0x00
SPCON1	0x59000020	R/W	SPI 通道 1 控制寄存器	0x00

表14-2　SPI控制寄存器SPCON的位功能

SPCONn	位	功能描述	初始值
SPI 模式选择（SMOD）	[6:5]	确定SPTDAT 数据的读写模式。00为查询模式；01为中断模式；10 为DMA 模式；11为保留	00
SCK允许(ENSCK)	[4]	确定是禁止还是选通 SCK（仅适用主控节点）。0为止；1为许	0
主/从选择（MSTR）	[3]	选择主控节点还是从节点。0为节点；1为节点。从节点模式下要预留一定时间用于主节点对其初始化Tx/Rx	0
时钟极性选择（CPOL）	[2]	选择时钟为高电平边沿有效或低电平边沿有效。0为高电平边沿有效；1为低电平边沿有效	0
时钟相位选择（CPHA）	[1]	选择基本传输模式。0为格式A；1为格式B	0
Tx自动垃圾数据模式允许(TAGD)	[0]	决定是否保留接收的数据。0为常规模式；1为Tx自动垃圾数据模式。常规模式下如果只接收数据，可以发送哑元数据 0xFF	0

（2）SPI 引脚控制寄存器 SPPINn（SPI PIN Control Register）。SPI 共有四根引脚，无论 SPI 设置为主模式还是从模式，MOSI 始终为数据输出，MISO 始终为数据输入，但时钟引脚 SCLK 在主模式下为输出，在从模式下则为输入，片选引脚 nSS 在从模式下为输入，在主模式下用于进行多主错误检测（输入）而并非用于产生片选输出，片选输出采用 GPIO 或地址译码方式产生。这些引脚功能的变化通过设置控制寄存器内的主从工作模式选择位 MSTR 来决定。该寄存器功能见表 14-3、表 14-4。

表14-3 SPI引脚控制寄存器的端口地址及初始值

寄存器	端口地址	读/写	功能描述	初始值
SPPIN0	0x59000008	R/W	SPI 通道 0 引脚控制寄存器	0x00
SPPIN1	0x59000028	R/W	SPI 通道 1 引脚控制寄存器	0x00

表14-4 SPI引脚控制寄存器的位功能

SPPINn	位	功能描述	初始值
保留	[7:3]		
多主错误检测 允许 (ENMUL)	[2]	将 nSS 引脚设置为主控节点模式下的多主错误检测信号的输入。 0为禁止（一般情况）；1为设置为多主错误检测	0
保留	[1]	保留	0
主控节点 输出状态(KEEP)	[0]	主控模式下检测当一个字节数据传输完后 MOSI引脚是处于释放态还是继续工作态。0为释放态；1为继续保持之前的工作态电平。	0

（3）SPI波特率设置寄存器SPPREn（SPI Baud Rate Prescaler Register）。在SPI标准中并没有规定SPI数据传输速率的标准值或上、下限值，因此不同公司的SPI控制器可能达到的最高速率也不尽相同。S3C2440内嵌的SPI控制器通过一个8位的波特率设置寄存器来选择SPI串行数据的发、收速率，但该寄存器所设置的实际是一个对时钟频率的分频值，最终的波特率需要按如下计算公式得到。其中，PCLK为系统提供的时钟频率。该寄存器功能见表14-5、表14-6。

$$波特率 = PCLK / 2 / （分频值+1） \tag{14-1}$$

表14-5 SPI波特率设置寄存器的端口地址及初始值

寄存器	端口地址	读/写	功能描述	初始值
SPPRE0	0x5900000C	R/W	SPI 通道 0 波特率设置寄存器	0x00
SPPRE1	0x5900002C	R/W	SPI 通道 1 波特率设置寄存器	0x00

表14-6 SPI波特率设置寄存器的位功能

SPPREn	位	功能描述	初始值
分频值	[7:0]	用于设置SPI波特率的分频值。波特率 = PCLK / 2 / （分频值+1）	0x00

（4）SPI 状态寄存器 SPSTAn(SPI Stautus Register)。该寄存器主要用于记录发送和接收数据寄存器是否已准备好发送或接收，记录多主错误，记录是否在一次发送或接收过程未完成时进行了新一轮的数据写（发送）或读（接收）操作。其功能见表 14-7、表 14-8。

表14-7 SPI状态寄存器的端口地址及初始值

寄存器	端口地址	读/写	功能描述	初始值
SPSTA0	0x59000004	R	SPI 通道 0 状态寄存器	0x01
SPSTA1	0x59000024	R	SPI 通道 1状态寄存器	0x01

表14-8　SPI状态寄存器的位功能

SPSTAn	位	功能描述	初始值
保留	[7:3]	-	-
数据冲突 错误标志 (DCOL)	[2]	用于反映数据在传输过程中是否发生了向发送数据寄存器写入数据或从接收数据寄存器 读取数据的错误操作。0为未检测；1为冲突错误检测。该位在本状态寄存器被读取后自 动清0	0
多主节点 错误标志 (MULF)	[1]	当SPPIN寄存器内的多主控节点错误检测位ENMUL设为有效且本SPI设置为主控节点的 情况下，nSS信号出现有效低电平的错误。0为未检测到错误；1为检测到多主错误。该位 在本状态读取后自动清0	0
传输就绪 标志 (REDY)	[0]	用于标识发送数据寄存器SPTDAT或接收数据寄存器SPRDAT是否已准备好数据发送或 接收。0为未准备好；1为数据发送或接收准备好。该位在向SPTDAT寄存器写入数据后自 动清0	1

（5）SPI发送数据寄存器SPTDATn(SPI TX Data Regtster)。当待发送字节数据被写入发送数据寄存器后，就启动了一次数据的发送过程，但具体的发送将由SPI接口硬件电路自动实现，包括将数据拷贝到移位寄存器内，然后在时钟作用下一位一位向输出引脚输出数据。在数据发送过程中为了避免数据覆盖，在状态寄存器SPSTA的[0]位设置了一个状态标志位，只有当该位为1时可以向发送数据寄存器写入新数据，否则需要查询等待。该状态位为1时也可以触发中断，所以也可以采用中断方式进行数据发送。采用查询等待方式还是中断方式可以通过SPI控制寄存器SPCON内的[6:5]模式位进行选择。实际应用中发送通常采用查询方式。该寄存器功能见表14-9、表14-10

表14-9　SPI发送数据寄存器的端口地址及初始值

寄存器	端口地址	读/写	功能描述	初始值
SPTDAT0	0x59000010	R/W	SPI 通道 0 发送数据寄存器	0x00
SPTDAT1	0x59000030	R/W	SPI 通道 1发送数据寄存器	0x00

表14-10　SPI发送数据寄存器的有效数据位

SPTDATn	位	功能描述	初始值
发送数据寄存器	[7:0]	将要发送的SPI数据	0x00

（6）SPI接收数据寄存器SPRDATn（SPI RX Data Register）。程序的数据接收过程就是从接收数据寄存器读取数据。当接收移位寄存器移满一个字节数据后就会被拷贝到接收数据寄存器内，并且会自动将状态寄存器内的[0]位置1，同时也可以触发中断。程序可以通过查询该状态位或者是采用中断方式来读取接收数据寄存器内容。实际应用中通常采用中断方式进行单独的接收。另外，在小端格式下从接收数据寄存器内读到的数据仅最低字节为有效数据，而大端格式下则是最高字节为有效数据。该寄存器功能见表14-11、表14-12。

表14-11　SPI接收数据寄存器的端口地址及初始值

寄存器	端口地址	读/写	功能描述	初始值
SPRDAT0	0x59000014	R	SPI 通道 0 接收数据寄存器	0xFF
SPRDAT1	0x59000034	R	SPI 通道 1 接收数据寄存器	0xFF

表14-12　SPI接收数据寄存器的有效数据位

SPRDATn	位	功能描述	初始值
接收数据寄存器	[7:0]	接收到的SPI数据	0xFF

14.2.3　SPI 数据传输应用编程

下面以 SPI 接口的数据自发自收为例，介绍 SPI 数据传输的编程过程。这需要将主控节点 MOSI0（数据发送）和 MISO（数据接收）两个引脚短接实现同一 SPI 接口数据的自发自收。

本实验程序将实现由 SPI 节点自行发送字符数据且自行接收，然后将接收到的字符通过 UART 异步串口发送到宿主机并显示。程序主要包括系统初始化（含关闭看门狗定时器、设置系统时钟、初始化 SPI 和初始化 UART），SPI 数据发送，SPI 数据接收，接收字符的 UART 发送等功能，数据的发送和接收都采用查询传输方式。程序由主程序 reset 及关闭看门狗定时器子程序 disable_watchdog 、时钟设置子程序 init_clock 、UART 串口初始化子程序 init_uart 、SPI 数据发送和接收子程序组成。发送数据为一个字节的 ASCII 码字符 "A"。

```
pWTCON        EQU  0x53000000    ; 看门狗定时器控制寄存器
pLOCKTIME     EQU  0x4c000000    ; 锁定时间寄存器
pCLKDIVN      EQU  0x4c000014    ; 时钟分频控制寄存器
pUPLLCON      EQU  0x4c000008    ; UPLL 控制寄存器
pMPLLCON      EQU  0x4c000004    ; MPLL 控制寄存器
pBWSCON       EQU  0x48000000    ; 数据宽度控制寄存器
pSRCPND       EQU  0x4a000000    ; 中断源悬挂寄存器
pINTPND       EQU  0x4a000010    ; 中断悬挂寄存器
pTCFG0        EQU  0x51000000    ; 定时器配置寄存器 0
pTCFG1        EQU  0x51000004    ; 定时器配置寄存器 1
pTCNTB4       EQU  0x5100003c    ; 定时器 4 计数缓冲寄存器
pTCON         EQU  0x51000008    ; 定时器控制寄存器
pINTMOD       EQU  0x4a000004    ; 中断模式寄存器
pINTMSK       EQU  0x4a000008    ; 中断屏蔽寄存器
pINTSUBMSK    EQU  0x4a00001c    ; 中断子屏蔽寄存器
pINTOFFSET    EQU  0x4a000014    ; 中断偏移值寄存器
HandleEINT0   EQU  0x33FFFF00    ; IRQ 中断二级向量表起始地址
```

```
vCLKDIVN        EQU   0x4              ; 时钟分频控制寄存器值，DIVN_UPLL=0b, HDIVN=10b, PDIVN=0b
vUPLLCON        EQU   0x00038022       ; UPLL 控制寄存器值, Fin=12M, Uclk=48M, MDIV=0x38, PDIV=2, SDIV=2
vMPLLCON        EQU   0x0005c011       ; MPLL 控制寄存器值, Fin=12M, Fclk=400M, SDIV=1, PDIV=1, MDIV=0x5c

pULCON0         EQU   0x50000000
pUCON0          EQU   0x50000004
pUFCON0         EQU   0x50000008
pUTRSTAT0       EQU   0x50000010
pUTXH0          EQU   0x50000020
pURXH0          EQU   0x50000024
pUBRDIV0        EQU   0x50000028
pGPECON         EQU   0x56000040
;
_start:                                ; 代码起始位置，异常向量表
    b reset
;
  reset:                               ; 复位异常程序
    bl disable_watchdog                ; 调用关闭看门狗子程序
    bl init_clock                      ; 调用初始化时钟子程序
    bl init_uart                       ; 调用串口初始化子程序
    bl spi_send                        ; 调用 SPI 串口初始化及单字符数据收发子程序
  loop:
    b loop                             ; 死循环
  ;
  disable_watchdog:                    ; 关闭看门狗子程序
    ldr r0, =WTCON
    bic r1, r0, #0x20
    str r1, [r0]
    mov pc, lr                         ; 子程序返回
  ;
  init_clock:   ; 初始化时钟子程序。FCLK=400MHz, HCLK=100MHz, PCLK=50MHz, UCLK=48MHz
    ldr r0, =LOCKTIME
    ldr r1, =0x00ffffff
    str r1, [r0]
    ldr r0, =CLKDIVN
    ldr r1, =0x05
    str r1, [r0]
    mrc p15, 0, r1, c1, c0, 0          ; 设为异步总线模式（因为 FCLK 不等于 HCLK）
    orr r1, r1, #0xc0000000
```

```
        mcr p15, 0, r1, c1, c0, 0
        ldr r0, =MPLLCON
        ldr r1, =0x5c011
        str r1, [r0]
        ldr r0, =UPLLCON
        ldr r1, =0x38022
        str r1, [r0]
        mov pc, lr                ; 子程序返回
;
    init_uart:                    ; 串口初始化子程序
        ldr r0, =GPHCON           ; IO 口设置为串口功能
        ldr r1, =0xa0
        str r1, [r0]
        ldr r0, =ULCON0           ; 串行数据格式设置。无检验位，1 位停止位，8 位数据位
        ldr r1, =0x03
        str r1, [r0]
        ldr r0, =UCON0            ; 选择 PCLK 作为波特率时钟源(50MHz)
        ldr r1, =0x05
        str r1, [r0]
        ldr r0, =UBRDIV0          ; 设置波特率为 115200bps
        ldr r1, =0x1a
        str r1, [r0]
        mov pc, lr                ; 子程序返回
;
    spi_send:                     ; SPI 串口初始化及单字符数据发送子程序
        ldr r1, = pGPECON         ; E 组 GPIO 控制寄存器，设置 GPIO 引脚为 SPI 功能引脚
        ldr r0, = 0x0a800000      ; 设置 E 组 GPIO 引脚中的 GPE13、GPE12、GPE11 分别为 SPI 的时钟、输入、输出
        str r0, [r1]
        ldr r0, = nSPICON0        ; SPI 控制寄存器，发送自动垃圾数据模式
        ldr r1, =0x19             ; 查询传输模式，设置为主节点，CPOL=CPHA=0，允许 SCK，自动发送哑元
        str r1, [r0]
        ldr r0, = nSPPRE0         ; SPI 波特率寄存器, 设置时钟分频值：(PCLK/2/(249+1))
        ldr r1, =0xf9             ;
        str r1, [r0]
    wait_send:                    ; 判读 SPI 收发状态寄存器的收发允许位是否有效
        ldr r2, =SPSTA0           ; 读 SPI 状态寄存器
        ldr r1, [r2]
        ldr r3, =0x01
        and r3, r1, r3
```

```
        cmp r3, #0x01           ; 判读 SPI 状态寄存器收发允许位是否有效
        bne wait_send           ; 若 SPI 状态寄存器收发允许位为 0, 继续轮询等待
        ldr r0, =SPTDAT0        ; 若 SPI 状态寄存器收发允许位为 1, 发送一个字符
        ldr r1, =0x41           ; 字符 = 0x41 = "A"
        str r1, [r0]
    wait_read:                  ; 判读 SPI 状态寄存器收发允许位是否有效
        ldr r1, [r2]
        ldr r3, =0x01
        and r3, r1, r3
        cmp r3, #0x01           ; 判读 SPI 状态寄存器收发允许位是否有效
        bne wait_read           ; 若 SPI 状态寄存器收发允许位为 0, 继续轮询等待
        ldr r0, =SPRDAT0        ; 若 SPI 状态寄存器收发允许位为 1, 读接收到的数据到 r5
        ldr r5, [r0]
        bl uart_send_one_byte   ; 调用 UART 串口单字符发送子程序将接收到的数据发送到终端
        mov pc, lr              ; 子程序返回
    ;
    uart_send_one_byte:         ; UART 串口单字符发送子程序
    wait_se:
        ldr r0, =UTRSTAT0       ; 读 UART 状态寄存器
        ldr r1, [r0]
        and r1, r1, #0x4
        cmp r1, #0x4            ; 判读 UART 状态寄存器发送就绪位是否有效
        bne wait_se            ; 若发送允许位为 0, 不断轮询等待
        ldr r3, =UTXH0         ; 若发送允许位为 1, 发送数据(将待发送数据写入发送缓存寄存器)
        str r5, [r3]
        mov pc, lr             ; 子程序返回
```

习题与思考题

（1）对比 SPI 和 UART 两种串行数据通信方式，说明它们都有哪些不同的地方。

（2）从 SPI 串行数据的收发结构说明为什么 SPI 需要采用主/从方式工作。

（3）请说明 SPI 的四种时钟有效工作模式的原理。

（4）SPI 在 1Mbps 的波特率下每秒传输的数据字节数是多少？

（5）欲设置 SPI 的数据传输波特率为 1Mbps，需要设置哪个寄存器的哪个位域？对应 PCLK 为 20MHz 时具体的设置值是多少？

（6）分析前面 SPI 数据传输应用编程实例程序，画出 SPI 数据发送和接收过程的流程框图。

参考文献

创维特公司．CVT-2440 嵌入式实验教学系统用户手册

华清远见嵌入式培训中心. 2009. 嵌入式 Linux 应用程序开发标准教程. 第 2 版. 北京：人民邮电出版社

三星公司．User's Manual S3C2410X 16/32-Bit RISC Microprocessor

三星公司．S3C2440 32-Bit RISC Microprocessor User's Manual

温尚书，等. 2012.从实践中学嵌入式 Linux 应用程序开发. 北京：电子工业出版社

杨斌. 2011.嵌入式系统应用开发基础. 北京：电子工业出版社

Knaggs P, Welsh S．2004.ARM: Assembly Language Programming

ARM 公司．ARM 920T Technical Reference Manual (Rev1)

Seal D．ARM Architecture Reference Manual (2nd Edition)